教育部高等学校电子信息类专业教学指导委员会规划教材

高等学校电子信息类专业系列教材

光学测量
原理、技术与应用

冯其波 主编　李家琨 副主编

清華大學出版社
北京

内 容 简 介

本书以光学测量中光的特性为主线，以光学测量方法与技术为中心，全面介绍了光学测量涉及的基本理论、测量原理与方法、技术特点与典型应用等。全书共 10 章，第 1 章介绍光学测量的基本知识，第 2～5 章分别介绍光干涉测量、激光准直与跟踪测量、激光全息与散斑测量、激光衍射和莫尔条纹测量；第 6 章介绍机器视觉测量；第 7 章介绍激光测速与测距；第 8 章介绍光纤传感原理与技术；第 9 章介绍激光雷达三维成像技术；第 10 章介绍光学探针测量。

本书可作为高等院校光电信息科学与工程、光学工程、仪器仪表、机械电子工程、自动化等专业本科生的教学用书，也可供从事相关专业的科研技术人员学习阅读。

图书在版编目（CIP）数据

光学测量原理、技术与应用/冯其波主编. —北京：清华大学出版社，2023.8（2024.7重印）
高等学校电子信息类专业系列教材
ISBN 978-7-302-63068-5

Ⅰ．①光…　Ⅱ．①冯…　Ⅲ．①光学测量－高等学校－教材　Ⅳ．①TB96

中国国家版本馆 CIP 数据核字（2023）第 045019 号

策划编辑：盛东亮
责任编辑：吴彤云
封面设计：李召霞
责任校对：时翠兰
责任印制：刘海龙

出版发行：清华大学出版社
   网　　　址：https://www.tup.com.cn，https://www.wqxuetang.com
   地　　　址：北京清华大学学研大厦 A 座　　　　邮　　编：100084
   社　总　机：010-83470000　　　　　　　　　　邮　　购：010-62786544
   投稿与读者服务：010-62776969，c-service@tup.tsinghua.edu.cn
   质量反馈：010-62772015，zhiliang@tup.tsinghua.edu.cn
   课件下载：https://www.tup.com.cn，010-83470236
印　装　者：三河市铭诚印务有限公司
经　　　销：全国新华书店
开　　　本：185mm×260mm　　印　张：19.75　　　　字　　数：483 千字
版　　　次：2023 年 8 月第 1 版　　　　　　　　　　印　　次：2024 年 7 月第 3 次印刷
印　　　数：2501～4000
定　　　价：59.00 元

产品编号：087048-01

本书编委会

主　　编：冯其波（北京交通大学　教授）

副主编：李家琨（北京交通大学　副教授）

编　　委（按姓氏笔画排序）：

匡翠方（浙江大学　教授）

毕卫红（燕山大学　教授）

张　斌（北京交通大学　教授）

郏继贵（天津大学　教授）

高　瞻（北京交通大学　教授）

前言
PREFACE

光学测量为精密测试领域注入了新的活力,它与现代电子技术相结合,具有非接触、精度高、速度快、信息量大、效率高、智能化程度高等突出特点,已广泛应用于工业、国防、医学、交通、计量和空间科学等诸多领域,展现出独特的优势和强大的生命力。

本书以光学测量原理、方法与技术为主线,全面介绍了光学测量涉及的基本理论、测量原理、方法以及关键技术等,通过各种具体光学方法的典型应用加深读者对光学测量的理解与掌握。本书既注重基本概念和基本原理,又将理论与应用紧密结合,并突出近年来光学测量的最新科研成果及发展趋势,具有较高的使用及参考价值。

本书在《光学测量技术与应用》的基础上,根据近年来光学测量的最新发展,增加了具有量大面广应用场景的机器视觉测量、激光雷达成像测量、光学探针测量等内容。为加强对本书知识的掌握,每章增加了习题与思考部分。

全书共 10 章,第 1 章从光学测量的基本概念入手,讲述光学测量的发展现状与趋势、光学测量方法的分类以及测量系统的基本构成;第 2~5 章分别介绍光干涉测量、激光准直与跟踪测量、激光全息与散斑测量、激光衍射和莫尔条纹测量;第 6 章介绍机器视觉测量;第 7 章介绍激光测速与测距;第 8 章介绍光纤传感原理与技术;第 9 章介绍当前在自动驾驶和航天遥感等领域发挥重要作用的激光雷达三维成像技术;第 10 章介绍应用于微观表面形貌测量的光学探针测量。

本书可作为高等院校光电信息科学与工程、测量与控制、光学工程、仪器仪表、机械电子工程、自动化等专业本科生的教学用书,也可供从事相关专业的科研技术人员学习阅读。北京交通大学冯其波教授任本书主编,制定全书内容主线、章节结构;李家琨副教授为副主编,协助冯其波教授具体组织各章节编写,并提炼应用案例。第 1~3 章由冯其波教授编写;第 4 章和第 5 章由张斌教授编写;第 6 章由郗继贵教授编写;第 7 章由高瞻教授编写;第 8 章由毕卫红教授编写;第 9 章由匡翠方教授编写;第 10 章由李家琨副教授编写。何启欣副教授和李宁、张海峰、张莹、伍李鸿、胡凯锋等研究生为本书的编写付出了辛勤的劳动,在此表示感谢。同时,感谢清华大学出版社的热情帮助及辛勤的编辑出版工作。在本书的编写过程中参阅了许多国内外文献,这些文献的研究成果使本书内容更加丰富,在此向有关作者表示感谢。

限于水平,书中难免存在不足之处,敬请广大读者批评指正,以便再版时改进。

编　者

2023 年 2 月

目 录
CONTENTS

视频目录
VIDEO CONTENTS

第 1 章

光学测量的基础知识

本章从光学测量涉及的基本概念入手,讲述光学测量方法的分类、光学测量系统的基本构成以及光学测量的发展现状与趋势,最后介绍构成一个完整光学测量系统的主要组成部分,包括常用光源、光学器件、探测器与处理电路、调制方法等。各种具体的光学测量原理、方法与技术将在后续各章节中进行介绍。

1.1 基本概念、基本方法、应用领域及发展趋势

1.1.1 基本概念

第 01 集
微课视频

第 02 集
微课视频

计量学(Metrology)是指研究测量、保证测量统一和准确的科学;计量泛指对物理量的标定、传递与控制。计量学研究的主要内容包括计量单位及其基准,标准的建立、保存与使用,测量方法和计量器具,测量不确定度,观察者进行测量的能力以及计量法制与管理等。计量学也包括研究物理常数和物质标准,以及材料特性的准确测定。

测量(Measurement)是指将被测值和一个作为测量单位的标准量进行比较,求其比值的过程。测量过程可以用一个基本公式表示,即

$$L = K \cdot u \tag{1-1}$$

其中,L 为被测值;u 为标准量;K 为比值。

从计量学的定义和内容可以看出,计量的主要表现方式是测量。测量的目的是得到一个具体的测量数值,这个测量数值还应包含测量的不确定度。一个完整的测量过程包括 4 个测量要素:测量对象和被测量、测量单位和标准量、测量方法、测量的不确定度。

测量标准(Measurement Standard)是指为了定义、实现、保存或复现量的单位,或者一个或多个量值,用作参考的物理常数、实物量具、测量仪器、参考物质等。

校准(Calibration)是指在规定条件下,为确定测量仪器或测量系统所指示的量值,或者实物量具、标准物质所代表的量值,与对应的计量标准所复现的量值之间的关系的一组操作。校准的对象是测量仪器、实物量具、标准物质或测量系统,也包括各单位、各部门的计量标准装置。校准的目的是确定被校正对象示值所代表的量值。校准的方法是用测量标准测量被校量。

检验(Inspection)是指判断测量是否合格的过程,通常不一定要求具体数值。

测试(Measuring and Testing)是指具有试验研究性质的测量,一般是测量、试验与检验

的总称。测试是人们认识客观事物的方法。测试过程是从客观事物中摄取有关信息的认识过程。在测试过程中,需要借助专门的设备,通过合适的实验和必要的数据处理,求得所研究对象的有关信息量值。

灵敏度(Sensitivity)是指测量系统输出变化量 Δy 与引起该变化量的输入变化量 Δx 之比,其表达式为

$$k = \frac{\Delta y}{\Delta x} \tag{1-2}$$

测量系统输出曲线的斜率就是其灵敏度。对于线性系统,灵敏度是一个常数。

分辨力(Resolution Power)是指测量系统能检测到的最小输入增量。

1.1.2 误差与测量不确定度

误差(Error)是指测得值与被测量真值之间的差。被测量真值是指被观量被测时本身所具有的真实大小。只有完善的测量才能得到真值,因此真值是一个理想的概念,一般情况下无法确切地知道,通常用约定真值来表示,如多次测量的平均值、高一等级测量仪器的测量值等。

误差可以分为系统误差、随机误差和粗大误差。

系统误差(Systemic Error)是指在对同一量进行多次测量的过程中,对每个测量值的误差保持恒定或以可预知的方式变化的测量误差。

随机误差(Random Error)是指在对同一量的多次测量过程中,每个测量值的误差以不可预知方式变化,整体而言却服从一定统计规律的测量误差。

在一列重复测量数据中,有个别数据与其他数据有明显差异,它可能是含有粗大误差的数据。**粗大误差**(Gross Error)是指明显超出统计规律预期值的误差,又称为疏忽误差或过失误差。如果测量数据中包含可疑数据,不恰当地剔除含粗大误差的正常数据,会造成测量重复性偏好的假象;如果未剔除,必然造成测量重复性偏低的后果,应当按照一定的方法合理地剔除粗大误差。

精度(Accuracy)是反映测量结果与真值接近程度的量,在现代计量测试中,精度的概念逐步被测量不确定度代替。

测量不确定度(Uncertainty of Measurement)是表征合理赋予被测量的量值的分散性参数。

测量不确定度的来源有如下方面:

(1) 对被测量的定义不完整或不完善;

(2) 复现被测量定义的方法不理想;

(3) 测量所取样本的代表性不够;

(4) 对测量过程受环境影响的认识不周全,或对环境条件的测量或控制不完善;

(5) 对模拟仪器的读数存在人为偏差;

(6) 仪器计量性能的局限性;

(7) 赋予测量标准和标准物质的标准值不准确;

(8) 引用常数或其他参量不准确;

(9) 与测量原理、测量方法和测量程序有关的近似性或假定性;

（10）在相同的测量条件下，被测量重复观测值随机变化；

（11）对一定系统误差的修正不完善；

（12）测量列中的粗大误差因不明显而未剔除。

测量不确定度评定方法主要包括标准不确定度的 A 类评定、标准不确定度的 B 类评定、合成标准不确定度和扩展不确定度。

1. 标准不确定度的 A 类评定

标准不确定度的 A 类评定是指用对样本观测值的统计分析进行不确定度评定，用统计学的试验标准差或样本标准差表示。

当用单次测量值作为被测量 x 的估计值时，标准不确定度为单次测量的实验标准偏差 $s(x)$，即

$$u_A(x) = s(x) \tag{1-3}$$

当用 n 次测量的平均值作为被测量的估计值时，其标准不确定度为

$$u_A(\bar{x}) = \frac{s(x_k)}{\sqrt{n}} \tag{1-4}$$

其中，$s(x_k)$ 为任意一次测量值 x_k 的实验标准偏差。计算实验标准偏差的基本方法有贝塞尔公式法和极差法等。一般推荐当样本数 $n \geqslant 4$ 时采用贝塞尔公式法；当 $2 \leqslant n < 4$ 时采用极差法。

2. 标准不确定度的 B 类评定

标准不确定度的 B 类评定是指用不同于统计分析的其他方法进行不确定度评定。B 类评定方法获得不确定度，不依赖于对样本数据的统计，而是设法利用与被测量有关的其他先验信息进行估计。

B 类评定的信息来源如下：

（1）以前测量得到的数据；

（2）经验和有关测量器具性能或材料特性的知识；

（3）生产厂的技术说明书；

（4）检定证书、校准证书、测试报告及其他提供数据的文件；

（5）引用的手册。

具体评定方法：根据经验及有关信息资料分析判断被测量的可能值不会超出的区间 $(-a, a)$，并假设被测量的概率分布，由要求的置信水平估计包含因子 k，则标准不确定度用 $u_B(x)$ 表示为

$$u_B(x) = \frac{a}{k} \tag{1-5}$$

其中，a 为区间半宽度；k 为包含因子。

由先验信息给出的测量不确定度 U 为标准偏差的 k 倍时，则标准不确定度用 $u_B(x)$ 表示为

$$u_B(x) = \frac{U}{k} \tag{1-6}$$

3. 合成标准不确定度

当测量结果由多个因素影响形成若干个不确定度分量时，测量结果的标准不确定度等

于这些量的方差和(或)协方差加权和的正平方根,权的大小取决于这些量的变化及测量结果影响的程度。

当各分量相互独立时,合成不确定度为单个标准不确定度 u_i 的方和根,即

$$u_c = \sqrt{\sum_{i=1}^{n} u_i^2} \tag{1-7}$$

当被测量 Y 由 N 个其他量 $X_1, X_2, \cdots, X_N$ 的函数关系确定时,有

$$Y = f(X_1, X_2, \cdots, X_N) \tag{1-8}$$

X_i 中包含了对测量结果的不确定度有明显贡献的量,并且可能彼此相关。若 Y 的估计量为 y,N 个输入量的估计值为 $x_1, x_2, \cdots, x_N$,则有

$$y = f(x_1, x_2, \cdots, x_N) \tag{1-9}$$

测量结果的合成不确定度为

$$
\begin{aligned}
u_c(y) &= \left[\sum_{i=1}^{n} \left(\frac{\partial f}{\partial x_i} \right)^2 u^2(x_i) + 2 \sum_{i=1}^{N-1} \sum_{j=i+1}^{N} \frac{\partial f}{\partial x_i} \cdot \frac{\partial f}{\partial x_j} u(x_i, x_j) \right]^{\frac{1}{2}} \\
&= \left[\sum_{i=1}^{n} \left(\frac{\partial f}{\partial x_i} \right)^2 u^2(x_i) + 2 \sum_{i=1}^{N-1} \sum_{j=i+1}^{N} \frac{\partial f}{\partial x_i} \cdot \frac{\partial f}{\partial x_j} r(x_i, x_j) u(x_i) u(x_j) \right]^{\frac{1}{2}}
\end{aligned}
\tag{1-10}
$$

其中,x_i 和 x_j 为输入量($i \neq j$);$\dfrac{\partial f}{\partial x_i}$ 为灵敏度系数,有时用符号 C_i 表示,它描述输出估计值 y 如何随输入估计值 $x_1, x_2, \cdots, x_N$ 的变化而变化;$u(x_i)$ 为输入量 x_i 的标准不确定度;$u(x_j)$ 为输入量 x_j 的标准不确定度;$r(x_i, x_j)$ 为输入量 x_i 与 x_j 的相关系数;$u(x_i, x_j) = r(x_i, x_j) u(x_i) u(x_j)$ 为输入量 x_i 和 x_j 的协方差。

式(1-10)为 $y = f(x_1, x_2, \cdots, x_N)$ 的一阶泰勒级数近似值,并称为不确定度的传递律。

4. 扩展不确定度

扩展不确定度由包含因子 k 乘以合成不确定度 $u_c(y)$ 得到,即

$$U = k u_c(y) \tag{1-11}$$

在式(1-11)中,关键是确定包含因子 k,主要有自由度法、超越系数法和简易法等。

1.1.3　基本构成

所谓光学测量,是指通过各种光学测量原理实现对被测物体的测量。近年来,随着科学技术的发展,出现了各种类型的激光器和各种新型的光电探测器,数据处理及图像处理方法与技术也得到了快速发展,使光学测量的内容愈加丰富,应用领域越来越广,几乎已渗透到所有工业领域和科研部门。

实际上,任何一个测量系统,其基本组成部分可用如图 1-1 所示的原理方框图来表示。

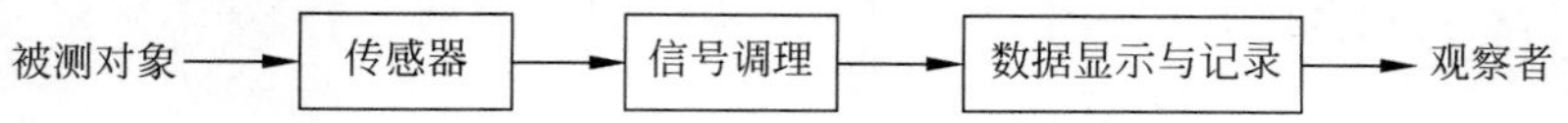

被测对象 ⟶ 传感器 ⟶ 信号调理 ⟶ 数据显示与记录 ⟶ 观察者

图 1-1　测量系统原理框图

传感器用于从被测对象获取有用的信息,并将其转换为适合测量的信号。不同的被测物理量要采用不同的传感器,这些传感器的作用原理所依据的物理效应或其他效应是千差

万别的。对于一个测量任务,第 1 步是能够有效地从被测对象取得能用于测量的信息,因此传感器在整个测量系统中的作用十分重要。

信号调理是对从传感器所输出的信号做进一步加工和处理,包括信号的转换、放大、滤波、存储和一些专门的信号处理。这是因为从传感器出来的信号中往往除有用信号外,还夹杂各种干扰和噪声,因此在进一步处理之前必须尽可能将干扰和噪声滤除。此外,传感器的输出信号往往具有光、机、电等多种形式,而对信号的后续处理通常采取电的方式和手段,因此必须把传感器的输出信号转换为适合电路处理的电信号。通过信号调理,最终获得便于传输、显示、记录及可进一步处理的信号。

数据显示和记录是将调理和处理过的信号用便于人们观察和分析的介质与手段进行记录或显示。

图 1-1 中的 3 个方框构成了测量系统的核心部分。但被测对象和观察者也是测量系统的组成部分,它们与传感器、信号调理以及数据显示与记录部分一起构成了一个完整的测量系统。这是因为在用传感器从被测对象获取信号时,被测对象通过不同的连接或耦合方式对传感器产生了影响和作用;同样,观察者通过自身的行为和方式直接或间接地影响着系统的特性。

一个光学测量系统的基本组成部分主要包括光源、被测对象与被测量、光信号的形成与获得、光信号的转换、信号与信息处理等部分。按照不同的需要,实际的光学测量系统可能简单些,也可能还要增加某些环节,或者由若干个不同的光学测量系统集成。下面对每部分分别加以说明。

光源是光学测量系统中必不可少的一部分。在许多光学测量系统中需要选择一定辐射功率、一定光谱范围和一定发光空间分布的光源,以此发出的光束作为携带被测信息的载体。

被测对象主要是指具体要测量的物体或物质。**被测量**就是具体要测量的参数,被测量可以分为十大计量,即几何计量、热学计量、力学计量、电磁学计量、电子学计量、时间频率计量、电离辐射计量、声学计量、光学计量、化学计量。

光信号的形成与获得实际上就是光学传感部分,主要是利用各种光学效应,如干涉、衍射、偏振、反射、吸收、折射等,使光束携带被测对象的特征信息,形成可以测量的光信号。能否使光束准确地携带所要测量的信息,是决定光学测量系统成败的关键。

光信号的转换就是通过一定的途径获得原始的光信号。目前主要通过各种光电接收器件将光信号转换为电信号,以利于采用目前最成熟的电子技术进行信号的放大、处理和控制等。也可采用信息光学或其他手段获得光信号,并用光学或光子学方法对其进行直接处理。需要指出的是,最终观察者得到的是电信号、图像信息或数字信息。

根据获得的信号的类型不同,**信号与信息处理**主要包括模拟信号处理、数字信号处理、图像处理以及光信息处理。在当代光学测量系统中,大部分系统采用计算机处理、分析和显示各种信息,也可以通过计算机形成闭环测量系统,对某些影响测量结果的参数进行控制。

在光学测量系统中,特别需要注意的是光信号的匹配处理。通常表征被测量的光信号可以是光强的变化、光谱的变化、偏振性的变化、各种干涉和衍射条纹的变化等。要使光源发出的光或产生携带各种待测信号的光与光电探测器等环节间实现合理甚至是最良好的匹配,经常需要对光信号进行必要的处理。例如,利用光电探测器进行光强信号测量时,当光信号过强时,需要进行中性减光处理;当入射信号光束不均匀时,则需要进行均匀化处理等。

1.1.4 主要应用范围

光学测量技术已应用到各个科技领域中,主要包括以下几方面。

1. 光度量和辐射度量的测量

光度量是以平均人眼视觉为基础的量,利用人眼的观测,通过对比的方法可以确定光度量的大小。至于辐射度量的测量,特别是对不可见光辐射的测量,是人眼无能为力的。在光电方法没有发展起来之前,常利用照相底片感光法,根据感光底片的黑度估计辐射量的大小。目前常用的这类仪器有光强度计、光亮度计、辐射计、光测高温计和辐射测温仪等。

2. 非光物理量的测量

非光物理量的测量是光学测量当前应用最广、发展最快且最活跃的应用领域,也是本书要讲述的主要内容。这类测量技术的核心是如何把非光物理量转换为光信号。主要方式有两种:一是通过一定手段将非光物理量转换为发光量,通过对发光量的测量,完成对非光物理量的检测;二是使光束通过被测对象,让其携带待测物理量的信息,通过对携带待测信息的光信号进行测量,完成对非光物理量的检测。

这类光学测量的检测对象十分广泛,如各种机械量的测量,包括重量、应力、压强、位移、速度、加速度、转速、振动、流量,以及材料的硬度和强度等参量;各种电量、磁量的测量;温度、湿度、材料浓度及成分等参量的测量。

3. 光电子器件与材料及光电子系统特性的测试

光电子器件与材料及光电子系统不仅包括各种类型的光电探测器、各种光谱区中的光电成像器件、各种光电子材料和各种光电成像系统,还包括近年来大量出现在光电子行业的各种器件和系统,如发光器件、光检测器、复合光器件、光传输引接器、显示器件、太阳能电池、光纤、光连接器、光无源器件等光学元器件;以及光传输仪器、设备、光测量仪器、布线用设备、光传感器设备、光输入输出设备、医疗用激光设备、激光加工与印刷制版设备等光学仪器与设备。

对以上这些光电子器件与材料及光电子系统参数或性能的测试,往往需要使用光学测量方法,目前这一领域由于光电子业的发展变得越来越重要。

1.1.5 基本方法

1. 基本方法

由于激光技术、光波导技术、数字技术、计算机技术以及信息光学的发展,促使光学测量出现许多新方法与新技术。主要测量方法和涉及的主要内容如表 1-1 所示。

表 1-1 光学测量技术研究领域

方 法 分 类	测 量 技 术	主 要 内 容
相位检测(干涉法)	光干涉技术	波面干涉、激光外差干涉、激光自混合干涉、白光干涉、条纹扫描干涉、实时剪切干涉
	光全息技术	全息干涉、全息等高线、多频全息、计算机全息、实时全息
	光散斑技术	客观散斑法、散斑干涉法、散斑剪切法、白光散斑法、电子散斑法
	莫尔技术	莫尔条纹法、莫尔偏折法、莫尔等高线法

续表

方 法 分 类	测 量 技 术	主 要 内 容
时间探测	光扫描技术	激光扫描、外差扫描、扫描定位、扫描频谱法、无定向扫描、三维扫描
谱探测	激光光谱技术	激光拉曼光谱、激光荧光光谱、激光原子吸收光谱、微区光谱、光声光谱、光谱共焦探针
衍射法	光衍射技术	间隙法、反射衍射法、互补法、全场衍射测量、衍射光栅干涉测量、X 射线衍射测量、同步辐射 X 射线衍射测量
图像探测	CCD/CMOS 成像技术	结构光测量、机器视觉测量、激光雷达、数字图像处理、光信息处理
各种物理效应	激光多普勒技术	多普勒测速、差动多普勒、激光多普勒、光频梳
	光学诊断与无损检测	光伏效应、光热偏转法、激光超声、红外热波
	光学纳米技术	扫描隧道显微、原子力显微、扫描近场显微、扫描探针显微、光学焦点探针

2. 方法的选择

面对一个计量测试任务,首先遇到的问题是如何合理地选择一种好的测量方法。选择光学测量方法主要依据以下 5 方面来综合考虑:被测对象与被测量、测量范围、测量的灵敏度或精度、经济性、测量时的环境要求。

被测对象主要是指具体要测量的物体或物质,其大小、形状、材料差别很大;被测量是指被测参数的类型,如是测量长度还是测量角度、是测量速度还是测量位移、是测量温度还是湿度等。不同的被测对象和被测量,需要不同的测量方法。同样,同一被测量测定范围不同时,测量方法也需要变化。

选择测量方法的另一主要依据是灵敏度和精度的要求。图 1-2 所示为主要光学测量方法在尺寸上能达到的分辨力,而精度一般来说是分辨力的 1~3 倍。

测量方法的选择还要依据方法的经济性与使用时对环境的要求。表 1-2 大致列出主要光学测量方法的经济性和对环境的要求。

以上选择的依据是初步的,测量方法的最终确定应有具体设计方案,综合考虑以上各方面的因素。测量方法的确定往往是测量是否取得成功的关键。

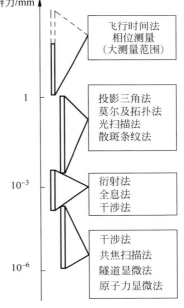

图 1-2 常用光学测试方法的分辨力

表 1-2 主要光学测量方法的经济性和环境要求

经济性好,环境要求低	经济性中等,环境要求一般	经济性偏高,有环境要求
衍射计量 扫描计量 散斑计量 光纤计量	莫尔与拓扑法 图像计测法 共路干涉计量	全息计量 光谱计量 纳米计量

1.1.6 发展趋势

1. 技术特色

利用光学进行精密测量,一直是计量测试技术领域中的主要方法。由于光学测量方法具有非接触、高灵敏度和高精度等优点,在近代科学研究、工业生产、空间技术、国防技术等领域中得到广泛应用,成为一种无法取代的测量技术。概括起来,光学测量方法的主要特点如表 1-3 所示。

表 1-3　光学测量方法的主要特点

主 要 特 点	应 用 领 域
非接触性	液面测量、柔性或弹性表面测量 高温表面测量 远距离监测 微深孔等特殊测量
高灵敏度	测量灵敏度:$0.1\mathrm{nm} \sim 10\mu\mathrm{m}$ 实时监测微变形、微振动、微位移
三维性	三维测量
快速性与实时性	故障诊断、在线检测质量监控、生产自动化

随着微光学和集成光学的发展,光学测量系统向微型化、集成化方向发展,促使光学测量技术成为近代科学技术与工业生产的眼睛,是保证科学技术、工业生产发展的主要高新技术之一。

2. 技术现状

利用自然界存在的光线进行计量与测试最早开始于天文和地理测量。望远镜和显微镜的出现,光学与精密机械的结合,使许多传统的光学计量与测试仪器广泛用于各级计量及工业测量部门。激光器的出现和信息光学的形成,特别是激光技术与微电子技术、计算机技术的结合,导致光机电一体化的光学测量技术出现。在光机电金字塔中,塔顶是"光",光学是这个基本体系中的原理基础;而精密机械、电子技术与计算机技术构成塔底,是光学测量的支撑基础。相比于传统的光学测量系统,近代光学测量系统的主要特点如下。

(1)从主观光学发展成为客观光学,即用光电探测器取代人眼这个主观探测器,提高了测量精度与效率。

(2)用激光光源取代常规光源,获得方向性极好的实际光线,用于各种光学测量。

(3)从光机结合的模式向光机电算一体化的模式转换,实现测量与控制的一体化。

3. 技术发展方向

随着光电子产业的迅速发展,各领域对光学测量技术提出新的要求,促使光学测量技术向以下几个方向发展。

(1)亚微米级、纳米级的高精密光学测量方法首先得到优先发展,利用新的物理学原理和光电子学原理产生的光学测量方法将不断出现。

(2)以微细加工技术为基础的高精度、小尺寸、低成本的集成光学和其他微传感器将成为技术的主流方向,小型、微型非接触式光学传感器以及微光学这类微结构光学测量系统将崭露头角。

（3）快速、高效的三维测量技术将取得突破，发展带存储功能的全场动态测量仪器。

（4）发展闭环式光学测试技术，实现光学测量与控制的一体化。

（5）发展光学诊断和光学无损检测技术，以替代常规无损检测方法与手段。

1.2　光学测量中的常用光源

光源作为光学测量系统的重要组成部分，对光学测量起着重要作用。

1.2.1　光源选择的基本要求和光源的分类

为适应各种不同场合的实际需要，存在各种不同光学性质和结构特点的光源。在具体的光学测量系统中，应按实际工作的要求选择光源，这些要求主要包括以下几方面。

1. 对光源发光光谱特性的要求

光学测量系统中总是要求光源特性满足测量的需要，其中重要的要求之一就是光源发光的光谱特性必须满足测量系统的需要。按照测量任务的不同，要求的光谱范围也不同，如可见光区、紫外光区和红外光区等。系统对光谱范围的要求都应在选择光源时给予满足。

为增大测量系统的信噪比，引入光源和光电探测器之间光谱匹配系数的概念，以此描述两光谱特性间的重合程度或一致性。光谱匹配系数 α 定义为

$$\alpha = \frac{A_1}{A_2} = \frac{\int_0^\infty W_\lambda \cdot S_\lambda \, d\lambda}{\int_0^\infty W_\lambda \, d\lambda} \tag{1-12}$$

其中，W_λ 为波长 λ 时光源光辐射通量的相对值；S_λ 为波长 λ 时光电探测器灵敏度的相对值。

A_1 和 A_2 的物理意义如图 1-3 所示，它们分别表示 $W_\lambda \cdot S_\lambda$ 和 W_λ 两条曲线与横轴所围成的面积。由此可见，α 是光源与探测器配合工作时产生的光电信号与光源总通量的比值。实际选择时，应综合兼顾二者的特性，使 α 尽可能大些。

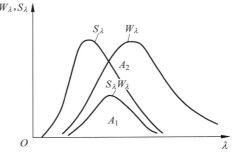

图 1-3　光谱匹配关系

2. 对光源发光强度的要求

为确保光学测量系统正常工作，通常对所采用的光源的强度有一定的要求。光源强度过低，系统获得信号过小，以致无法正常检测；光源强度过高，又会导致系统工作的非线性，有时可能损坏系统、待测物或光电探测器等。因此，在设计时必须对探测器所需获得的最大、最小光通量进行正确的估计，并按估计选择光源。

3. 对光源稳定性的要求

不同的测量系统对光源的稳定性有着不同的要求。通常以光强幅度变化得到被测量的系统对光源的稳定性要求很高；而以光的相位、频率等参数得到被测量的系统对光源的稳定性要求可稍低些。稳定光源发光的方法很多，可采用稳压电源供电，也可采用稳流电源供电或反馈控制光源的输出。

4. 对光源其他方面的要求

除上述基本要求外,用于光学测量系统中的光源还有一些具体要求,如使用激光波长作为测量时,主要要求激光器具有高的波长稳定性和复现性。

5. 光源的种类

广义来说,任何发出光辐射的物体都可以叫作光辐射源。这里的光辐射包括紫外线、可见光和红外线的辐射。通常把能发出可见光的物体叫作光源,而能把发出非可见光的物体叫作辐射源,下面的介绍中统称为光源。

按照光辐射来源不同,通常将光源分为两大类:自然光源和人工光源。自然光源主要包括太阳、恒星等,这些光源对地面辐射通常不稳定且无法控制,很少在光学测量系统中采用,通常作为杂散光,需要予以消除或抑制它对测量的影响。在光学测量系统中,大多采用的是人工光源。按工作原理不同,人工光源大致可以分为热光源、气体放电光源、固体光源和激光光源。

1.2.2 热光源

利用物体升温产生光辐射的原理制成的光源叫作热光源。常用热光源主要是黑体源和以炽热钨发光为基础的各种白炽灯。

热光源发光或辐射的材料或是黑体,或是灰体,因此它们的发光特性可以利用普朗克公式进行精确估算。也就是说,可以精确掌握和控制它们发光或辐射的性质。此外,它们发出的通量构成连续的光谱,且光谱范围很宽,因此适应性强。但是,它们在通常温度或炽热温度下,发光光谱主要在红外区域,少量在可见光区域,只有在温度很高时,才会发出少量的紫外线辐射。这类光源大多属于电热型,通过控制输入电量,可以按需要在一定范围内改变它们的发光特性。同时,采用适当的稳压或稳流供电,可使这类光源的输出获得很高的稳定度。

1. 黑体

在任意温度条件下,能全部吸收入射在其表面上的任意波长辐射的物体叫作绝对黑体,简称为黑体。自然界不存在具有绝对黑体性质的物质,但是采用人工的方法可以制成十分接近黑体的模型。

黑体辐射的最基本公式是普朗克公式,它给出了绝对黑体在绝对温度为 T 时的光谱辐射出射度,即

$$M_\lambda = \frac{2\pi c^2 h}{\lambda^5 (e^{hc/\lambda kT} - 1)} \ \text{W/m}^3 \tag{1-13}$$

其中,λ 为波长(单位为 m);M_λ 为波长 λ 处的单色辐射出射度;h 为普朗克常数,其值为 6.626×10^{-34}(单位为 J·s);c 为真空中光速,其值为 2.998×10^8(单位为 m/s);k 为玻耳兹曼常数,其值为 1.38×10^{-23}(单位为 J/K);T 为绝对温度(单位为 K)。

利用上述普朗克公式可以导出绝对黑体的全辐射出射度公式,即斯蒂芬-玻耳兹曼公式

$$M = \sigma T^4 \ \text{W/m}^2 \tag{1-14}$$

其中,σ 为斯蒂芬-玻耳兹曼常数,其值为 5.67×10^{-8}(单位为 W/m²·K⁴)。

黑体主要用作光度或辐射度测量中的标准光源或标准辐射源,完成计量工作中的光度或辐射度标准的传递。

2. 白炽灯

白炽灯在照明中仍是应用最广的光源,主要有真空白炽灯、充气白炽灯和卤钨白炽灯等3类。目前使用最多的白炽灯是真空白炽灯。泡壳内的真空条件是为了保护钨丝,使其不被氧化。一般情况下,当光源电压增加时,其电流、功率、光通量和发光效率等都相应增加,但寿命也随之迅速降低。

1.2.3　气体放电光源

利用置于气体中的两个电极间放电发光,构成了气体放电光源。常见的气体放电光源是气体灯,将电极间的放电过程密封在泡壳中进行,所以又叫作封闭式电弧放电光源。气体灯的特点是辐射稳定,功率大,且发光效率高,因此在照明、光度和光谱学中都起着很重要的作用。

气体灯的种类繁多,灯内可充不同的气体或金属蒸气,如氩、氖、氢、氮、氙等气体和汞、钠、金属卤化物等,从而形成不同放电介质的多种灯源。图 1-4 所示为常用的原子光谱灯的结构。阳极和圆筒形阴极封在玻壳内,玻壳上部有一透明石英窗。工作时窗口透射出放电辉光,其中主要是阴极金属的原子光谱。空心阴极放电的电流密度可比正常辉光高出 100 倍以上,电流虽大,但温度不高,因此发光的谱线不仅强度大,而且波长宽度很小。

原子光谱灯的主要作用是引出标准谱线的光束,确定标准谱线的分光位置,以及确定吸收光谱中的特征波长等。

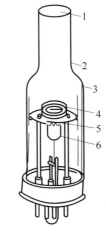

图 1-4　原子光谱灯结构原理
1—石英窗;2—过渡玻璃;3—阳极;
4—云母片;5—阴极;6—灯脚

1.2.4　固体发光光源

电致发光是电能直接转换为光能的发光现象,利用电致发光现象制成的电致发光屏和发光二极管,将完全脱离真空,成为全固体化的发光器件。

发光二极管也叫作注入型电致发光器件。它是由 P 型和 N 型半导体组合而成的二极管,当在 PN 结上施加正向电压时产生发光。其发光机理是在 P 型半导体与 N 型半导体接触时,由于载流子的扩散运动和由此产生内电场作用下的漂移运动达到平衡而形成 PN 结,若在 PN 结上施加正向电压,则促进了扩散运动的进行,即从 N 区流向 P 区的电子和从 P 区流向 N 区的空穴同时增多,于是有大量的电子和空穴在 PN 结中相遇复合,并以光和热的形式放出能量。

发光二极管的结构原理如图 1-5(a)所示。为了能将发光引出,通常将 P 型半导体充分减薄,于是结中复合发光主要从垂直于 PN 结的 P 型区发出,在结的侧面也能发出较少的光。

发光二极管的主要特点如下。

(1) 发光二极管的发光亮度与正向电流之间的关系如图 1-5(b)所示。正向电流低于25mA 时,两者基本为线性关系。当正向电流超过 25mA 后,由于 PN 结发热而使曲线弯曲。采用脉冲工作方式,可减少结发热的影响,使线性范围扩大。由于这种线性关系,可以

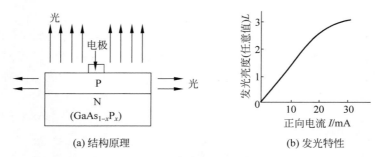

(a) 结构原理　　　　　　　　(b) 发光特性

图 1-5　发光二极管结构原理和发光特性

通过改变电流大小的方法对发光量进行调制。

（2）发光二极管的响应速度极快，时间常数为 $10^{-6} \sim 10^{-9}$ s，具有良好的频率特性。

（3）发光二极管的正向电压很低，约为 2V，能直接与集成电路匹配使用。

发光二极管的主要缺点是发光效率低，有效发光面很难做大。另外，发出短波光（如蓝紫色）的材料极少，制成的短波发光二极管的价格昂贵。

常用的发光二极管如下。

（1）磷化镓（GaP）发光二极管。在磷化镓中掺入锌和氧，所形成的复合物可发红光，发光中心波长为 $0.69\mu m$，其带宽为 $0.1\mu m$。当掺入锌和氮时，可发绿光，发光中心波长为 $0.565\mu m$，带宽约为 $0.035\mu m$。

（2）砷化镓（GaAs）发光二极管。砷化镓发光二极管的发光效率较高。反向耐压约为 $-5V$，正向突变电压约为 1.2V。砷化镓发光二极管发出近红外光，中心波长为 $0.94\mu m$，带宽为 $0.04\mu m$。当温度上升时，辐射波长向长波方向移动。这种发光二极管的最大优点是脉冲响应快，时间常数约为几十毫微秒。

（3）磷砷化镓（GaAs$_{1-x}$P$_x$）发光二极管。当磷砷化镓的材料含量比不同时，其发光光谱可由 $0.565\mu m$ 变化到 $0.91\mu m$。所以，可以制成不同发光颜色的发光二极管。

1.2.5　激光光源

激光器作为一种新型光源，与普通光源有显著的差别。它利用受激发射原理和激光腔的滤波效应，使所发束具有一系列新的特点。这些特点主要如下。

（1）极小的光束发散角，即所谓的方向性好或准直性好，发散角可小到 0.1mrad 左右。

（2）激光的单色性好，或者说相干性好。普通的灯源或太阳光都是非相干光，就是曾作为长度标准的氪 86 的谱线的相干长度也只有几十厘米。而氦-氖（He-Ne）激光器发出的谱线的相干长度可达数十米甚至数百米。

（3）激光的输出功率虽然有限度，但光束细，所以功率密度很高，一般的激光亮度远比太阳表面的亮度大。

激光的出现成为光学测量划时代的标志。下面简单介绍在光学测量中常用的气体激光器、固体激光器和半导体激光器，以及近年来迅速发展的飞秒激光频率梳。

1. 气体激光器

气体激光器采用的工作物质为气体。目前气体激光器可采用的物质最多，激励方式多样，发射的波长也最多。

He-Ne 激光器是世界上首先获得成功的气体激光器件，广泛应用于精密计量、检测、准直、信息处理以及医疗、光学实验等各方面。与其他激光器相比，He-Ne 激光器具有高频率稳定性(相对稳定度为 $10^{-7} \sim 10^{-11}$)、谱线窄(几兆赫)、光束均匀(典型的高斯分布)等优点，在可见光和红外波段可形成多条激光谱线振荡，其中最强的是 $0.5433\mu m$、$0.6328\mu m$、$1.15\mu m$ 和 $3.39\mu m$ 4 条谱线。

图 1-6 所示为 He-Ne 激光器的基本结构，由 He-Ne 气体放电管、电极和光学谐振腔组成。放电管由毛细管和储气室构成，M1 和 M2 是两个反射镜，构成一个光学谐振腔。M1 是凹球面反射镜，激光器越长，曲率半径越大。M2 是平面反射镜。M1 和 M2 中一个为全反射镜，一个为输出镜，透过率根据管长而定。S 是硬质玻璃壳，由人工吹制而成。S 内充氦气(He)和氖气(Ne)。壳内又分为 3 个区，A 区为毛细管，当高压直流电源 DC 在激光正负电极间加上高压后，毛细管中的气体放电，运动电子的撞击使基态 Ne 原子受激吸收跃迁到激光上能级，激光上能级的粒子数大于下能级的粒子数(粒子数反转)；B 区为储气室，存有大量 He 与 Ne 的混合气体，当激光壳外大气掺进壳内时，能起到稀释掺气，维持 He、Ne 混合气体的总气压、分气压，从而延长激光器寿命的作用；D 区为阴极区，区内装有阴极 C。阳极是钨杆。这种放电管和两个反射镜封接成一个整体的结构叫内腔式结构。

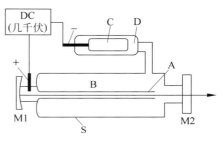

图 1-6 He-He 激光器基本结构

除了内腔式结构，还有半外腔式和全外腔式两种结构，如图 1-7 所示。其中，T 是 He-Ne 气体放电管，其内部结构与内腔式结构激光器的放电管一样(图中未画出)。图 1-7(a)中的半外腔式 He-Ne 激光器，其放电管 T 的右端与输出腔镜 M2 封接，左端与一片增透窗片 W 封接；而图 1-7(b)中，放电管 T 的两端都封接了增透窗片，分别为 W1 和 W2。这两种结构中，增透窗片的两通光面镀增透膜。图 1-7(c)为另一种半外腔式，与图 1-7(a)和图 1-7(b)不同的是 W 为布儒斯特窗片，偏振方向平行于入射面的光无损耗地通过布儒斯特窗，因此输出光为平行于入射面的线偏振光。采用半外腔式结构的主要目的是方便在光腔内插入元件，如甲烷气体、石英晶体片、电光晶体等。如图 1-7(b)所示，全外腔式结构主要应用在激光放电管比较长、激光器输出功率比较大的情况下，因为当把激光放电管做长以增加激光器

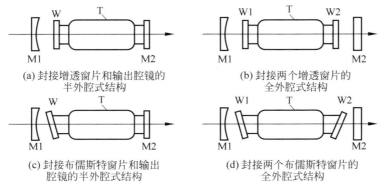

(a) 封接增透窗片和输出腔镜的　　　　　　(b) 封接两个增透窗片的
　　　半外腔式结构　　　　　　　　　　　　　　全外腔式结构

(c) 封接布儒斯特片和输出　　　　　　　　(d) 封接两个布儒斯特窗片的
　　　腔镜的半外腔式结构　　　　　　　　　　　全外腔式结构

图 1-7 He-Ne 激光器的半外腔式和全外腔式结构示意图

增益时,导致 M1 和 M2 不平行,严重影响激光器的出光功率,采用外腔式结构能方便地调谐 M1 和 M2,使之保持严格平行,获得大功率输出。

氩离子激光器是用氩气为工作物质,在大电流的电弧光放电或脉冲放电的条件下工作。输出光谱属于线状离子光谱。它的输出波长有多个,其中功率主要集中在 $0.5145\mu m$ 和 $0.4880\mu m$ 两条谱线上。

二氧化碳(CO_2)激光器中除充入二氧化碳外,还充入氦和氮,以提高激光器的输出功率,其输出谱线波长分布在 $9\sim11\mu m$,通常调整在 $10.6\mu m$。这种激光器的运转效率高,连续功率可达 $10^4 W$ 以上,脉冲功率峰值可达 $10^{12} W$ 脉冲能量可达数千焦耳。小型 CO_2 激光器可用于测距,大功率 CO_2 激光器可用作工业加工和热处理等。其他气体激光器还有氮分子激光器、准分子激光器等,在化学、医学等方面都有广泛的应用。

2. 固体激光器

目前可供使用的固体激光器材料很多,同种晶体因掺杂不同也能构成不同特性的激光器材料。

红宝石激光器是最早制成的固体激光器,其结构原理如图 1-8 所示。脉冲氙灯为螺旋

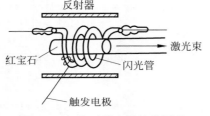

图 1-8 红宝石激光器结构原理

形管,包围着红宝石作为光泵。红宝石磨成直径为 8mm,长度约 80mm 的圆棒,将两端面抛光,形成一对平行度误差在 $1'$ 以内的平行平面镜,一端镀全反射膜,另一端镀透射比为 10% 的反射膜,激光由该端面输出。两端面间构成的谐振腔也即长间距的 F-P 标准具,间距满足干涉加强原理,即

$$2nL = k\lambda \qquad (1-15)$$

其中,n 为红宝石的折射率;L 为两端镜面间距离;λ 为激光波长;k 为干涉级。

光在两端面间多次反射,使轴向光束有更多的机会感应处于粒子数反转的激发态粒子,产生并不断增加受激光束的强度,同时使谱线带宽变窄。红宝石激光器输出激光的波长为 $0.6943\mu m$,脉冲宽度在 1ms 以内,能量约为焦耳数量级。

玻璃激光器常用钕(Nd)玻璃作为工作物质,它在闪光氙灯照射下 $1.06\mu m$ 波长附近发射出很强的激光。钕玻璃的光学均匀性好,易做成大尺寸的工作物质,可做成大功率或大能量的固体激光器。

YAG 激光器是以钇铝石榴石为基质的激光器。随着掺杂的不同,可发出不同波长的激光。最常用的是掺钕 YAG 激光器,它可以在脉冲或连续泵浦条件下产生激光,波长约为 $1.064\mu m$。

3. 半导体激光器

半导体激光器是以半导体材料作为工作物质的激光器。最常用的材料为砷化镓,其他还有硫化镉(CdS)、铅锡碲(PbSnTe)等。其结构原理与发光二极管十分类似。例如注入式砷化镓激光器,最常用波长为 $0.84\mu m$。如图 1-9 所示,将 PN结切成长方块,其侧面磨成非反射面,二极管的端

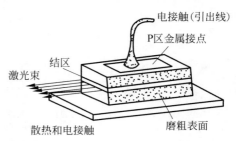

图 1-9 半导体激光器结构原理

面是平行平面并构成端部反射镜。大电流由引线输入,当电流超过阈值时便产生激光辐射。

半导体激光器体积小,重量轻,寿命长,具有高的转换效率。随着半导体技术的快速发展,新型的半导体激光器也在不断出现。目前可制成单模或多模、单管或列阵,波长可从 $0.4\mu m$ 到 $1.61\mu m$,功率可由毫瓦(mW)数量级到瓦(W)数量级的多种类型半导体激光器。它们可应用于光通信技术、光存储技术、光集成技术、光计算机和激光器泵浦等领域中,在光学测量中也发挥越来越重要的作用。

4. 飞秒光学频率梳

飞秒光学频率梳由"锁模激光器"产生,是一种超短脉冲(飞秒,10^{-15}s 量级)的新型激光光源。1999 年,德国 Max-Planck 量子光学研究所的 Hanesch 教授领导的科研小组提出了飞秒光学频率梳技术,采用锁模飞秒脉冲激光技术与光子晶体光纤技术实现了铯原子微波频标与光学频率的直接连接,实现了从红外到可见光区域光学频率的直接绝对测量,这是光频测量技术发展的重大突破,为光学测量的历史开启了革命性的篇章,堪称光频计量学发展中新的里程碑。

飞秒激光脉冲是通过锁定飞秒激光器内所有能够振荡的激光纵模的相位而形成的周期性脉冲。

一般情况下,谐振腔输出的飞秒激光脉冲的电场强度为

$$E(t) = A(t)\exp(-\mathrm{i}2\pi f_c t) + \mathrm{c.c} \tag{1-16}$$

其中,$A(t)$ 为周期性的载波包络函数;f_c 为光载波频率;c.c 代表前一项的复数共轭,即 complex conjugate 的缩写。

载波包络函数 $A(t)$ 可以用傅里叶级数展开为

$$A(t) = \sum_{n=-\infty}^{\infty} A_n \exp(-\mathrm{i}2\pi n f_r t) \tag{1-17}$$

其中,f_r 为脉冲的重复频率,$f_r = v_g/2L$,v_g 为群速度,L 为激光谐振腔的腔长。

在频域内,这个电场是由一系列相等频率间隔 f_r 的窄谱线构成的梳状光谱。如果不考虑包络与载波的相对相位问题,则第 n 根光梳齿的频率 f_n 为脉冲重复频率 f_r 的整数倍,即 $f_n = nf_r$。但由于激光谐振腔内的介质存在色散,会造成包络以群速度而载波以相速度传播。由于这两个速度不同,激光脉冲在谐振腔内往返一次,载波相位和包络相位就会产生 $\Delta\phi$ 的相位差,$2\pi > \Delta\phi > 0$,如图 1-10 所示。

根据激光谐振腔的自洽场理论,激光在谐振腔内往返一次后必须恢复到原来的初始状态,因此载波相位必须满足

$$2\pi f_c T - \Delta\phi = n2\pi \tag{1-18}$$

其中,T 为激光在谐振腔内往返一次所需要的时间;n 为正整数。

满足这样条件的光载波频率,也即光梳中第 n 个梳齿谱线的频率为

$$f_n = nf_r + f_0 \tag{1-19}$$

其中,$f_0 = \Delta\phi/2\pi T$,也可以表示为 $f_0 = \Delta\phi f_r/2\pi$。

载波与包络的相对相位差使各梳齿的频率并不恰好等于脉冲重复频率的整数倍,而是有一个系统频移 f_0。在时域内,飞秒激光脉冲的重复频率为 f_r,因为腔内介质的色散,每经过一个脉冲载波相对于包络的相位就会超前 $\Delta\phi$。实验已经证实:整个梳状光谱内的各部分光梳齿分布均匀,梳齿间隔在 10^{-16} 精度内严格地等于飞秒脉冲激光的重复频率。这

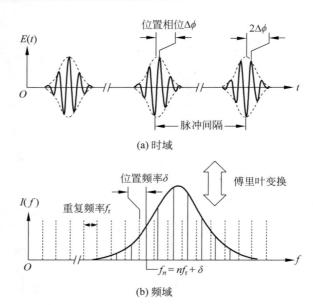

图 1-10 飞秒脉冲激光在时域和频域的表示

一结果为使用飞秒光梳测量光学频率奠定了基础。

脉冲重复频率 f_r 和系统频移 f_0。在微波波段,利用锁模飞秒脉冲激光器就可以将微波频率与光学频率连接起来。如果将 f_r 和 f_0 锁定到铯原子喷泉钟校准的氢钟的参考频率上,那么每个梳齿都相当于一个频率稳定的激光器,具有和氢钟几乎同等的频率准确度。飞秒脉冲激光器的输出光谱宽度一般为十几太赫兹,经过光子晶体光纤扩展到超过一个光学倍频程后,对应的光谱可以达到几百太赫兹。如果飞秒激光器的脉冲重复频率为 1GHz,则这样的倍频程宽的飞秒光梳就包含几十万个频率稳定的激光器。那么,对于任何未知的激光器,只要其频率落在光梳的覆盖范围内,就可通过和飞秒光梳直接进行拍频测量它的光学频率。计算式为

$$f_1 = nf_r \pm f_0 \pm f_b \tag{1-20}$$

其中,f_1 为未知激光器的频率;f_b 为拍频测量的结果;n 和 $\pm$ 符号可以通过对 f_1 的粗测获知。

f_1 的粗测可以使用商用的光波长计实现,要求光波长计的分辨力优于飞秒脉冲激光重复频率 f_r 的 $1/2$。

由于现行时间频率定义于铯原子的微波跃迁,所有频率测量最终都必须以铯原子钟的微波频率标准为参考,光学频率的测量也不例外。

由上述讨论可知,使用飞秒光梳测量光学频率,必须首先探测到脉冲重复频率 f_r 和系统频移 f_0,并将二者锁定到铯原子微波频率标准上。脉冲重复频率可以很容易地用快速光电二极管直接探测得到,经过滤波放大和锁相环,通过控制激光谐振腔的腔长将其锁定到微波参考频率上。然而,系统频移 f_0 的获得却复杂得多。如果飞秒脉冲激光的输出光谱足够宽,以至于能够覆盖包括 f_n 和 f_{2n} 在内的大于一个光学倍频程的范围,f_0 则可以通过第 $2n$ 根光梳齿和第 n 根光梳齿的倍频的差频获得,即 $f_0 = f_{2n} - 2f_n$。

飞秒光梳实现了微波频标与光学频率的直接连接,可实现从兆赫兹到太赫兹的直接频

率传递,为新一代时间频率基准的建立和频率传递等方面的研究奠定了基础。同时,由于飞秒光梳独特的时域、空域和频域特性,其在激光频率计量、光钟、频率标准传递、绝对距离测量和精密光谱等方面有着更大的优势和应用前景。此外,由于光学频率梳在频域上具有一系列整齐的光谱谱线,它可作为光谱分析的天然"刻线",而且各"刻线"间的宽度很窄细,拥有较高的光谱分辨力,在中红外光梳高分辨力气体光谱分析中发挥着重要作用。

1.3 光学测量中的常用光学器件

任何一个光学测量系统,均需要使用光学器件组成系统完成测量。常用的光学器件主要包括准直镜、分光镜、偏振分光镜、波片、光栅、调制器等,一般透镜与棱镜在各种应用光学书籍中有介绍,这里不单独介绍。

1.3.1 激光准直镜

大多数激光器输出的激光光束都属于基模高斯光束,其在轴向的振幅服从高斯分布,如图 1-11 所示。

假设激光沿着 z 轴传播,在垂直于 z 轴的 x-y 平面上,光振幅为

$$E \propto \exp\left[-\frac{x^2 + y^2}{\omega^2(z)}\right] \quad (1-21)$$

定义 x-y 平面上光振幅衰减到中心振幅 $1/e$ 处的半径为光斑尺寸,其大小为 $\omega(z)$。$\omega(z)$ 的变化规律为

$$\omega(z) = \omega_0 \sqrt{1 + (z/f)^2} \quad (1-22)$$

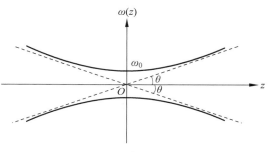

图 1-11 基模高斯光束示意图

其中,$\omega_0 = \sqrt{f\lambda/\pi}$ 为基模高斯光束的束腰半径;f 为激光谐振腔的共焦参数,其数值由激光器的具体结构决定。

基模高斯光束的发散角定义为

$$2\theta = \lim_{z \to \infty} \frac{2\omega(z)}{z} = \frac{2\lambda}{\pi\omega_0} \quad (1-23)$$

可见基模高斯光束的发散角与束腰半径成反比。

激光准直的原理是使用透镜组合对高斯光束的束腰半径进行变换,目的是获得较大的束腰半径,从而减小激光的发散角。高斯激光准直机构在结构上可等效于由一个小焦距透镜和一个大焦距透镜构成的倒置望远镜结构,其中小焦距透镜的作用是获得较小的束腰光斑,该束腰光斑位于大透镜的焦平面上,该光斑的尺寸越小,大透镜的焦距越大,则变换后的光束束腰半径越大,即变化后光束的发散角越小。

由两个透镜构成的准直透镜组合对高斯光束的准直倍率(扩束倍率)可以表示为

$$M_X = \frac{F_2}{F_1} \sqrt{1 + \left(\frac{l}{f}\right)^2} \quad (1-24)$$

其中,F_1 和 F_2 分别为小焦距透镜和大焦距透镜的焦距;f 为基模高斯光束的共焦参数;l 为变换前高斯光束束腰光斑到准直透镜组的距离。

由式(1-24)可以看出,两个透镜的焦距之比越大,光束的准直倍率就越高。准直后的激光高斯光束的束腰光斑的尺寸大于入射光束,因此激光准直镜又称为激光扩束镜。激光准直镜在结构上是一个倒置的望远镜,通常分为开普勒型和伽利略型。如图 1-12 所示,开普勒型准直镜的两个透镜都为正透镜,而伽利略型准直镜中小焦距透镜为负透镜(焦距为负),大焦距透镜为正透镜,伽利略型准直镜的长度要小于开普勒型激光准直镜,在结构上更为紧凑。图 1-13 给出了一种激光准直镜的实物图。

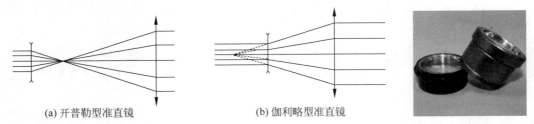

(a) 开普勒型准直镜　　　　(b) 伽利略型准直镜

图 1-12　激光准直镜的两种典型结构　　　　图 1-13　激光准直镜实物

1.3.2　分光镜

分光镜(Beam Splitter,BS)是可将一束入射光分为一束反射光和一束透射光的光学元件,在不考虑光学能量损失的情况下,反射光束和投射光束的光强度和等于入射光强度。分光镜通常由玻璃镀膜制成,按照几何外形,主要可分为立方体型分光镜和平行平板分光镜两种,如图 1-14 所示,其中立方体型分光镜是将一块立方体玻璃从对角面切开,并在其中一个对角面上镀上分光薄膜,然后将两块棱镜胶合在一起重新组成一个立方整体。使用时光从立方体的一个表面入射,被分离成空间上成 90°的两束光,根据分光薄膜结构的不同,分离后的两束光强度的比例也可以不同,常见的分光比有 1:2 和 1:1 等。平行平板分光镜是在一块平板玻璃的表面镀上一层分光薄膜,使用时入射光一般以 45°角入射。

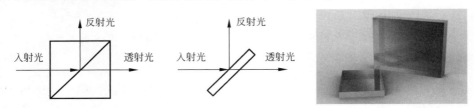

图 1-14　立方体型分光镜和平行平板分光镜

根据镀膜的不同,分光镜又可以分为普通分光镜和消偏振分光镜。对于前者,P 光和 S 光的分光比、反射相移基本一致,因此,对于任意偏振态的入射光,其反射光与透射光的偏振态与入射光基本相同。对于后者,P 光和 S 光的分光比、反射相移差异较大。因此,对于任意偏振态的入射光,其反射光与透射光的偏振态将可能与入射光产生较大的差别。

1.3.3　偏振分光镜

偏振分光镜(Polarizing Beam Splitter,PBS)在外形结构上与分光镜完全一致,只是分光镜对角面上镀的光学薄膜为偏振分光膜。当光束在立方体对角面上的入射角为 45°时(从立方体端面正入射),由于满足布儒斯特入射条件,偏振方向平行于入射面(光线与界面法线构成的平面)的 P 光完全透射,偏振方向垂直于入射面的 S 光被偏振膜反射,如图 1-15 所示。偏振分光镜能够将不同偏振方向的光束按照偏振态进行分离。

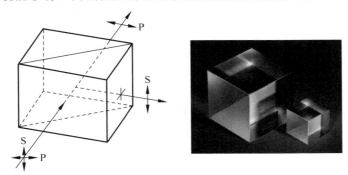

图 1-15　偏振分光镜及其分光示意图

　　偏振分光镜制作过程是将一块立方棱镜沿着对角面切开,并在两个切面上交替镀上高折射率和低折射率的膜层,并选择适当的膜层折射率,使光线在相邻膜层界面上的入射角等于布儒斯特角。如图 1-16 所示,根据菲涅耳反射和折射定律,当光束以布儒斯特角 θ_B 通过不同膜层界面时,在每个膜层界面上光束中的 S 光(振动方向垂直于入射面)一部分被反射,一部分透射,P 光(振动方向平行于入射面)完全透射。则光束每透过一个膜层界面,透射光中 S 光的比例就减小一次,相应地,P 光的比例就增加一次,即透射光被逐步提纯。

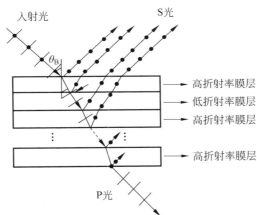

图 1-16　偏振分光膜的分光示意图

　　偏振分光镜通常采用 $\lambda/4$ 膜系制作,其膜层结构可以表示为 $G(HL)^n GH$,其中 G 代表玻璃,H 和 L 分别代表高折射率膜层(如 ZnS)和低折射率膜层(如冰晶石),镀膜层数为 $2n+1$。利用光学等效导纳法可以求得膜系的反射率为

$$R = \left(\frac{\eta_G - \eta_H^{2n+2} / \eta_G \eta_L^{2n}}{\eta_G + \eta_H^{2n+2} / \eta_G \eta_L^{2n}} \right)^2 \tag{1-25}$$

其中,η_G、η_H 和 η_L 分别为入射光在玻璃、高折射率膜层和低折射率膜层中的等效折射率。对于 S 光和 P 光,等效折射率可计算为

$$
S\text{光:} \begin{cases} \eta_G = n_G \cos\theta_G \\ \eta_H = n_H \cos\theta_H, \\ \eta_L = n_L \cos\theta_L \end{cases} \quad
P\text{光:} \begin{cases} \eta_G = n_G / \cos\theta_G \\ \eta_H = n_H / \cos\theta_H \\ \eta_L = n_L / \cos\theta_L \end{cases} \tag{1-26}
$$

其中，n_G、n_H 和 n_L 分别为入射光在玻璃、高折射率膜层和低折射率膜层中的绝对折射率；θ_G、θ_H 和 θ_L 分别为入射光在玻璃、高折射率膜层和低折射率膜层中的入射角。

根据光学折射定律，上述参数满足以下数学关系。

$$\begin{cases} \cos\theta_G = \sqrt{1 - (n_G/n_H)\sin^2\theta_G} \\ \cos\theta_L = \sqrt{1 - (n_G/n_L)\sin^2\theta_G} \end{cases} \tag{1-27}$$

将式(1-26)代入式(1-25)可得到 S 光和 P 光的反射率为

$$\begin{cases} R_S = \left(\dfrac{n_G\cos\theta_G - (n_H\cos\theta_H)^{2n+2}/\left[n_G\cos\theta_G(n_L\cos\theta_L)^{2n}\right]}{n_G\cos\theta_G + (n_H\cos\theta_H)^{2n+2}/\left[n_G\cos\theta_G(n_L\cos\theta_L)^{2n}\right]} \right)^2 \\ R_P = \left(\dfrac{n_G\cos\theta_G - (n_H\cos\theta_H)^{2n+2}/\left[n_G/\cos\theta_G(n_L/\cos\theta_L)^{2n}\right]}{n_G\cos\theta_G + (n_H\cos\theta_H)^{2n+2}/\left[n_G/\cos\theta_G(n_L/\cos\theta_L)^{2n}\right]} \right)^2 \end{cases} \tag{1-28}$$

利用式(1-27)和式(1-28)可以求出不同光束入射角 θ_G 下偏振分光镜中 S 光和 P 光的反射率。一般偏振分光镜的膜层数为 10～30，图 1-17 给出了 $n=7$ 时（镀膜层数为 $2\times 7+1=15$）不同入射角情形下 S 光和 P 光的反射率曲线。从图 1-17 中可以看出，当入射角为 $40°\sim 50°$ 时，S 光被全部反射，反射率 $R_S=100\%$，偏振分光镜透射光束中不包含 S 光分量，透射光束为纯净的 P 光。当入射角偏离布儒斯特角（$45°$）时，P 光的反射率迅速上升，当 $\theta_G=43°$、$44°$、$45°$、$46°$ 和 $47°$ 时，P 光的反射率为 $R_P=0.1070$、0.0301、0.0000105、0.04821 和 0.1936。此时若入射光中包含 P 光分量，则一部分的 P 光被反射，使偏振分光镜反射光束同时包含 S 光分量和 P 光分量，一般为部分偏振光。

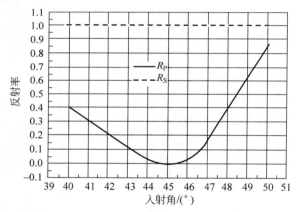

图 1-17　$n=7$ 时偏振分光镜中 P 光与 S 光反射率随入射角的变化曲线

根据式(1-28)和图 1-17，可将偏振分光镜的分光特性总结如下。

(1) 当入射光线满足布儒斯特条件时（$\theta_G=45°$），偏振分光镜的反射光束和透射光束都具有很高的消光比，可近似为完全线偏振光，并且反射光束和透射光束偏振态相互正交。

(2) 当入射光线入射角在一定程度上偏离布儒斯特角时（$40°<\theta_G<50°$），偏振分光镜反光束主要为 S 光，同时包含一部分 P 光，反射光束为部分偏振光，偏振分光镜透射光束线只包含 P 光，其偏振方向为水平方向，反射光束与透射光束偏振态不满足正交性。

(3) 当入射光线仅包含 S 光时，即使入射角在一定程度上偏离布儒斯特角（$40°<\theta_G<50°$），偏振分光镜反射光束只包含 S 光，并且反射率为 100%。

1.3.4　波片

波片又称为相位延迟片,由双折射材料加工而成。通过波片的两个正交偏振分量能够产生相位差,从而可改变光束的偏振态。波片在外形上与玻璃平板类似,但其采用双折射体制作而成。晶体光轴平行于波片的表面,当光束从波片表面正入射时,进入波片内部的光束由于双折射效应而分解为偏振方向平行于光轴的 o 光和偏振方向垂直于入射面的 e 光,两种光束具有不同的折射率,分别为 n_o 和 n_e,由于折射率的不同,o 光和 e 光在波片中的光程将不同,所以 o 光和 e 光通过波片后将会产生相位差,可表示为

$$\Delta\phi = \frac{2\pi}{\lambda}\left|n_o - n_e\right|d_{wp} \tag{1-29}$$

其中,λ 为真空中的光波波长;d_{wp} 为波片的厚度。当 $d_{wp} = (m+1/4)\lambda$,$\Delta\phi = 2m\pi + \pi/2$ 时,称为 $\lambda/4$ 波片(其中 m 为整数);当 $d_{wp} = (m+1/2)\lambda$ 时,此时 $\Delta\phi = 2m\pi + \pi$,称为 $\lambda/2$ 波片。由于 o 光和 e 光的偏振方向相互正交,二者通过波片后叠加合成的光波的偏振态将由入射光的偏振态和相位差共同决定。例如,$\lambda/4$ 波片可将线偏振光变为椭圆偏振光或圆偏振光,反之,也可将椭圆偏振光或圆偏振光变为线偏振光;而 $\lambda/2$ 波片可将与快轴(平行或垂直于光轴方向,取决于波片使用的双折射晶体材料类型,与快轴正交的方向为慢轴)成 α 角的线偏振光的电矢量方向旋转 2α 角。为了使用方便,产品化的波片一般具有金属保护外套,且外套上有波片快轴方向的标记,如图 1-18 所示。

根据 m 取值的不同,波片又可分为零级波片($m=0$)和多级波片($m\neq0$)。多级波片的厚度比零级波片要大,加工制作相对容易,但更容易受到温度变化的影响而产生误差,对波长和入射角也比较敏感,一般用于精度要求较低的场合。零级波片按照结构的不同,又分为复合零级波片和真零级波片,复合零级波片由两个多级波片胶合而成,其中一个波片的快轴与另一个波片的慢轴重合,可以消除相位差的整数部分,留下所需的小数部分。复合零级波片可以在一定程度上改善温度对其影响,降低对波长的敏感度,但由于厚度的增加,提高了波片对入射角度的敏感性。真零级波片对温度、波长和入射角敏感度比较低,温度稳定性高,适用于精度要求高的场合,但由于厚度非常薄,很容易破碎,所以在制作上一般将真零级波片和玻璃基底胶合在一起,以增大机械强度。需要指出的是,由于加工误差、环境的变化以及调整误差等因素,波片的实际相位延迟相对于设计值会存在一定的偏差,该偏差可能会引起光波偏振态的误差,所以在对光波偏振态敏感的精密测量装置中,即使采用精度高的波片,也还需要考虑波片相位延迟引入的误差。

图 1-18　波片

1.3.5　角锥棱镜

角锥棱镜是一种利用临界角原理制作的回光元件,其反射面由 3 个互成 90° 角的 3 平面组成,入射光线在角锥的内部经过 3 次全反射后,出射光沿着入射光的反方向被完全反射回去,且与入射角无关,如图 1-19 所示。

角锥棱镜在激光准直和激光干涉等精密光学测量中具有重要作用,是一种应用十分广泛的光线反射器,其重要特点将在 2.3 节中进行详细介绍。需要指出的是,角锥棱镜对光波

图 1-19　角锥棱镜及其光束反射示意图

的偏振态会产生一定的影响。当入射光为线偏振光时,对于未镀膜的角锥棱镜,一般情况下反射光存在一定程度的椭圆极化,仅当入射光偏振位于某些特殊方位上时,出射光依然为线偏振光,但其偏振方位发生了变化。如果在角锥棱镜的反射面上镀膜,可在一定程度上改善其偏振特性。由于角锥棱镜会改变入射光的偏振态,所以在基于光学偏振测量的场合,角锥棱镜可能会对测量结果引入测量误差。

1.3.6　衍射光栅

衍射光栅通常简称为光栅,是一种由密集、等间距平行刻线构成的重要光学器件,广泛应用于光谱分析等技术领域。如图 1-20 所示,光栅可分为反射光栅和透射光栅,利用多缝衍射和干涉作用,将入射到光栅上的光束按波长的不同进行色散。根据光栅方程(即衍射光的极大值条件)$d_g \sin\theta = m\lambda$(其中,$d_g$ 为光栅常数,即相邻刻线的间隔;m 为衍射级数;θ 为衍射角),可见对于不同波长的光,衍射级数相同,对应的衍射角不同,由此可将不同波长的光在空间上分离开来。光栅的刻线非常密集,每毫米的刻线数可高达几百甚至上千,刻线越密,刻线数越多,则色散本领越高。图 1-20 给出了一种衍射光栅的实物图,由于刻线非常细密,且刻线的深度非常浅,所以外观上与平面镜有些类似。

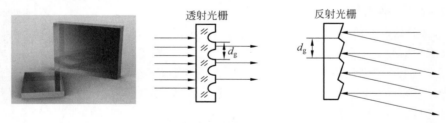

图 1-20　衍射光栅及其光束衍射示意图

1.3.7　调制器

在光学测量中,常用的调制器是指利用电光效应、声光效应和磁光效应等物理光学原理制成的能够对光的强度、频率或传输方向等实现调制的器件,一般包括电光调制器、声光调制器和磁光调制器等。3 类调制器的具体调制原理和特点将在 1.6 节进行详细介绍。

1.3.8　光隔离器

光隔离器主要利用磁光晶体的法拉第磁致旋光效应,某些不具有旋光性的材料在磁场作用下使通过该物质的光的偏振方向发生旋转。沿磁场方向传输的偏振光,其偏振方向旋转角度 θ 与磁场强度 B 和材料长度 d_m 的乘积成正比,即

$$\theta = V_{ed} B d_m \tag{1-30}$$

其中，$V_{\rm ed}$ 为维德尔常数，取决于磁光晶体本身的性质。

偏振光的旋转方向取决于磁场的方向，与入射光方向无关。顺着磁场方向观察，绝大多数物质的磁致旋光的方向都是右旋的(顺时针方向)，对应的晶体类型叫作正旋体，自然界中有少数物质是负旋体。

磁致旋光的方向与入射光的传播方向无关这一特点可用于制作光隔离器。对于正向入射的光束，通过起偏器后成为线偏振光，磁致旋光介质与磁场共同作用使信号光的偏振方向右旋 $45°$，并恰好通过与起偏器成 $45°$ 放置的检偏器。对于反向光，出检偏器的线偏振光经过磁光介质时，偏转方向也右旋 $45°$，从而使反向光的偏振方向与起偏器方向正交，完全阻断了反射光的传输。图 1-21 所示为光隔离器实物及其结构。

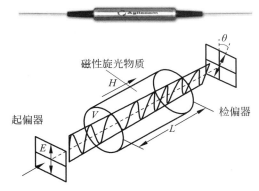

图 1-21　光隔离器实物及其结构

光隔离器的作用是防止光路中由于各种原因产生的后向传输光对光源以及光路系统产生不良影响。例如，在半导体激光源和光传输系统之间安装一个光隔离器，可以在很大程度上减少反射光对光源输出功率稳定性产生的不良影响。

1.4　光学测量中的常用光电探测器

1.4.1　常用光电探测器的分类

第 04 集
微课视频

在光学测量中，要涉及如何将光信号转换为可测信号的问题。凡是能把光辐射量转换为另一种便于测量的物理量的器件，就叫作光探测器。由于电量是目前最方便的可测量，所以大多数光探测器都是把光辐射量转换为电量。从这个意义上讲，凡是把光辐射量转换为电量的光探测器，都称为光电探测器。

光电探测器的物理效应通常分为两大类：光子效应和光热效应。

1. 光子效应

所谓光子效应，是指单个光子对产生的光电子起直接作用的一类光电效应。探测器吸收光子后，直接引起原子或分子内部电子状态的改变。光子能量的大小直接影响内部电子状态改变的大小。因为光子能量为 $h\nu$，所以光子效应对光波频率 ν 表现出选择性。在光子直接与电子相互作用的情况下，其响应速度一般比较快。光子效应分为外光电效应(即光电发射效应)和内光电效应(当光照射材料时，无光电子逸出体外的光子效应)，而内光电效应又分为光电导效应和光伏效应。

1) 光电发射效应

在光照下，物体向表面的外空间发射电子(即光电子)的现象称为光电发射效应。能产生光电发射效应的物体称为光电发射体。

根据光的量子理论，频率为 ν 的光照到固体表面时，进入固体的光能量总是以单个光子的能量 $h\nu$ 起作用。固体中的电子吸收能量后将增加动能，其中向表面运动的电子，如果吸收的光能满足除了途中由于与晶格或其他电子碰撞而损失的能量外尚有一定能量足以克服固体表面势垒(或称为逸出功)W,那么这些电子就能穿出材料表面。这些逸出表面的电子称为光电子,这种现象叫作光电发射效应。图 1-22 所示为光电发射效应示意图。

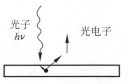

图 1-22 光电发射效应示意图

吸收光能的电子在向材料表面运动途中的能量损失显然与其到表面距离有关。吸收光能的电子离表面越近,则耗损能量越少,越易逸出,当然它还与吸收的光子能量有关。逸出表面的光电子最大可能动能由爱因斯坦方程描述,即

$$E_k = h\nu - W \tag{1-31}$$

其中,E_k 为光电子的动能,$E_k = \dfrac{1}{2}mv^2$(m 为光电子的质量,v 为光电子离开材料表面时的速度);W 为光电子发射材料的逸出功,表示产生一个光电子必须克服材料表面对其束缚的能量。由此可见,光电子的动能与照射光的强度无关,仅随入射光频率增大而增大,光电子材料的逸出功 W 应越小越好。光电材料应是非常薄的表面层,以使电子穿越到表面的损耗尽可能小,以致忽略不计。在临界情况下,当光电子逸出材料表面后,能量全部耗尽而速度减为 0,即 $E_k = 0$,$v = 0$,则 $\nu_0 = W/h$。也就是说,当入射光频率为 ν_0 时,光电子刚刚能逸出表面;当入射光频率 $\nu < \nu_0$ 时,则无论光通量多大,也不会产生光电子。ν_0 称为光电子发射效应的低频极限值。这也说明红外探测比可见光探测要求材料的逸出功更低,这是外光电效应探测器选择材料光谱响应的物理基础。

2) 光电导效应

若光照射到某些半导体材料上时,透过表面到达材料内部的光子能量足够大,某些电子吸收光子能量后,从原来束缚态变成导电的自由态,这时在外电场的作用下,流过半导体的电流增大,即半导体的电导增大,这种现象叫作光电导效应。

光电导效应可分为本征型和杂质型两类,如图 1-23 所示。前者是指能量足够大的光子使电子离开价带跃入导带,价带中由于电子离开而产生空穴,在外电场作用下,电子和空穴参与导电,使电导增加,此时长波极限值由禁带宽度 E_g 决定,即 $\lambda_0 = hc/E_g$。

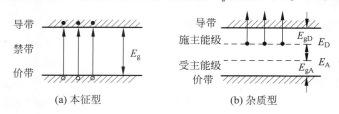

(a) 本征型　　　　　　　(b) 杂质型

图 1-23 光电导效应示意图

当半导体材料中掺入某些杂质后,如金、银、镉等,在能带图中增加了受主和施主两个能级。能量足够大的光子使施主能级中的电子或受主能级中的空穴跃迁到导带或价带,从而使电导增加,此时波长极限值由杂质的电离能 E_{gA} 或 E_{gD} 决定,即 $\lambda_0 = hc/E_{gA}$ 或 $\lambda_0 = hc/E_{gD}$。

3) 光伏效应

如果说光电导现象是半导体材料的体效应,那么光伏现象则是半导体材料的"结"效应。

P 型半导体和 N 型半导体相接触时产生 PN 结,在结区有一个从 N 侧指向 P 侧的内建电场存在,如图 1-24(a)所示。在热平衡下,多数载流子(N 侧的电子和 P 侧的空穴)的扩散作用与少数载流子(N 侧的空穴和 P 侧的电子)由于内建电场的漂移作用相抵消,没有净电流通过 PN 结。PN 结两端没有电压,称为零偏状态。

在零偏状态下,若用光照射 P 区(或 N 区),只要照射光的波长满足 $\lambda < \lambda_c$,就会激发出光生电子-空穴对。如图 1-24(b)所示,当光照射 P 区时,由于 P 区的多数载流子是空穴,光照前热平衡空穴浓度本来就比较大,因此光生空穴对 P 区空穴浓度影响很小。相反,光生电子对 P 区的电子浓度影响很大,从 P 区表面（吸收光能多,光生电子多）向区内自然形成扩散趋势。如果 P 区厚度小于电子扩散长度,那么大部分光生电子都能扩散进入 PN 结,一进入 PN 结,就被内建电场拉向 N 区。这样,光生电子-空穴对就被内建电场分离开来,空穴留在 P 区,电子通过漂移流向 N 区。这时用电压表就能测量出 P 区正、N 区负的开路电压 u_0,这种光照零偏 PN 结产生开路电压的效应,称为光伏效应。

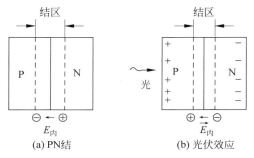

图 1-24　PN 结与光伏效应

2. 光热效应

光热效应和光子效应完全不同。探测元件吸收光辐射能量后,并不直接引起内部电子状态的改变,而是把吸收的光能变为晶格的热运动能量,引起探测元件的电学性质或其他物理性质发生变化。所以,光热效应与单光子能量 $h\nu$ 的大小没有直接关系。原则上,光热效应对光波频率没有选择性,只是在红外波段上,材料吸收率高,光热效应也就更强烈,所以广泛用于对红外光辐射的探测。因为温度升高是热积累作用,所以光热效应的响应速度一般比较慢,而且容易受环境温度变化的影响。但有一种所谓热释电效应,它比其他光热效应(如熟知的温差电效应)的响应速度要快得多,并已获得广泛应用。

1.4.2　光电探测器的主要特性参数

光电探测器种类繁多,要判断光电探测器的优劣,以及根据特定的要求合理地选择光电探测器,就必须找出能反映光电探测器特性的参数。光电探测器的主要特性参数如下。

1. 灵敏度和频率响应

灵敏度常称为响应度,它是光电探测器的光电转换特性、光电转换的光谱特性以及频率特性的量度。一般来说,光电探测器得到的光电流是探测器外偏置电压 V、入射光功率 P、光波波长 λ 和光强度调制频率 f 的函数,即

$$i = F(V, P, \lambda, f) \tag{1-32}$$

所以分别有积分(电流、电压)灵敏度、光谱灵敏度和频率灵敏度。

1)积分灵敏度

由式(1-32)可知,如果 V、λ 和 f 为参量,则有 $i = F(P)$ 或通过负载电阻的输出电压 $u = g(P)$ 的关系,称为光电探测器的光电特性,相应曲线称为光电特性曲线。相应曲线的斜率定义为电流灵敏度 R_i 和电压灵敏度 R_u,即

$$R_i = \mathrm{d}i/\mathrm{d}P \qquad \mathrm{A/W} \tag{1-33}$$

$$R_u = \mathrm{d}u/\mathrm{d}P \qquad \mathrm{V/W} \tag{1-34}$$

其中，i 和 u 分别为电流有效值和电压有效值。

光功率 P 一般是指分布在某光谱范围内的总功率，因此，这里的 R_i 和 R_u 又分别称为积分电流灵敏度和积分电压灵敏度。

2）光谱灵敏度

由于光电探测器的光谱选择性，不同波长的光功率谱密度 P_λ 在其他条件不变时所产生的光电流 i 是波长的函数，记为 i_λ，于是定义光谱灵敏度 R_λ 为

$$R_\lambda = \mathrm{d}i_\lambda/\mathrm{d}P_\lambda \tag{1-35}$$

通常给出的是相对光谱灵敏度 S_λ，定义为

$$S_\lambda = R_\lambda/R_{\lambda\max} \tag{1-36}$$

其中，$R_{\lambda\max}$ 为 R_λ 的最大值，相应的波长称为峰值波长。由 $S_\lambda = S(\lambda)$ 所绘制的曲线称为探测器的光谱灵敏度曲线。如果入射光功率有波长范围，引入相对光功率谱密度函数 f_λ，定义为

$$f_\lambda = P_\lambda/P_{\lambda\max} \tag{1-37}$$

3）频率灵敏度

如果入射光强度被调制，以 V、P、λ 为参量，$i = F(f)$ 的关系称为光电频率特性，相应的曲线称为频率特性曲线。这时的灵敏度称为频率灵敏度 R_f，定义为

$$R_f = i_f/P = R/\sqrt{1+(2\pi f\tau)^2} \tag{1-38}$$

其中，τ 为探测器响应时间或时间常数，由材料、结构和外电路决定。

一般规定，R_f 下降到 $R/\sqrt{2}$ 时的频率 f_c 为探测器的截止响应频率或响应频率，有

$$f_c = \frac{1}{2\pi\tau} \tag{1-39}$$

如果入射光是脉冲形式的，则频率灵敏度常用响应时间来表述，探测器对突然光照的输出电流要经过一定时间才能上升到与这一辐射功率相应的稳定值 i。当辐射突然除去后，输出电流也需经过一定时间才能下降到零。一般而言，上升和下降时间相等。时间常数值近似地由式(1-39)决定。

2. 量子效率

灵敏度是从宏观角度描述光电探测器的光电、光谱以及频率特性，而量子效率 η 则是对同一个问题的微观-宏观描述。量子效率 η 和电流灵敏度 R_i 的关系为

$$\eta = \frac{h\nu}{e}R_i \tag{1-40}$$

其中，e 为电荷电量。

类似地，还可以得到量子效率与电压灵敏度等参数之间的关系。

3. 通量阈和噪声等效功率

实际情况表明，当 $P=0$ 时，光电探测器的输出电流并不为零，这个电流称为暗电流或噪声电流，它是瞬时噪声电流的有效值。噪声的存在限制了探测微弱光信号的能力。通常认为，如果信号光功率产生的信号光电流等于噪声电流 I_n，那么就刚刚能探测到光信号的存在。根据这一判据，利用式(1-33)，定义探测器的通量阈 P_{th} 为

$$P_{th} = \frac{I_n}{R_f} \quad W \tag{1-41}$$

所以,通量阈是探测器所能探测的最小光信号功率。

除通量阈的概念外,还有一种更通用的表述方法,这就是噪声等效功率(Noise Equivalent Power,NEP)。它的定义为单位信噪比时的信号光功率,即电流信噪比或电压信噪比为 1 时的信号光功率,按式(1-41)有

$$NEP = P_{th} = P_s\big|_{(SNR)_i=1} = P_s\big|_{(SNR)_u=1} \tag{1-42}$$

显然,NEP 越小,表明探测器探测微弱信号的能力越强。

4. 归一化探测度

将 NEP 的倒数定义为探测度 D,即

$$D = 1/NEP \tag{1-43}$$

但实际使用中发现,D 值大的探测器的探测能力一定好的结论并不充分,原因在于探测器光敏面积 A 和测量带宽 Δf 对 D 值影响很大。因为探测器噪声功率与 A 和 Δf 成正比,所以 D 与 $(A\Delta f)^{1/2}$ 成反比,为消除这一影响,定义归一化探测度为

$$D^* = D(A\Delta f)^{1/2} \quad cm \cdot Hz^{1/2}/W \tag{1-44}$$

这时就可以说,D^* 值大的探测器的探测能力一定好。考虑到光谱特性影响,一般给出 D^* 值时要注明波长 λ、光辐射调制频率 f 及测量带宽 Δf,即 $D^*(\lambda, f, \Delta f)$。

5. 线性度

线性度是指探测器的输出光电流(或光电压)与输入光功率成正比的程度和范围。

6. 其他参数

在使用探测器时,还要注意一些其他参数,如光敏面积、探测器电阻、电容等,特别是在极限工作条件。正常使用时不允许超过规定的工作电压、电流、温度以及光照功率范围,否则会影响探测器的正常工作,甚至使探测器损坏。

1.4.3　常用光电探测器介绍

1. 光电倍增管

光电倍增管是一种非常灵敏的微弱信号探测器,它是依据光电发射效应而工作的,其结构原理如图 1-25 所示。与光电管相比,除阴极 K、阳极 A 以及管壳外,光电倍增管多了若干中间电极,这些中间电极称为倍增极或打拿极,每相邻两个电极称为一级,V_i 为分级电压,一般为百伏量级。这样,从阴极 K 经过打拿极 D_i 到阳极 A,各级间形成逐级递增的加速电场。阴极在光照下发射光电子,光电子被极间电场加速聚焦,从而以足够高的速度轰击倍增极,倍增极在高速电子轰击下产生更多的电子,即产生所谓的二次电子发射,使电子数目增大若干倍。如此逐级倍增使电子数目大量增加,最后被阳极收集形成阳极电流。当光信号变化时,阴极发射的光电子数目发生相应变化。由于各倍增极的倍增因子基本上是常数,所以阳极电流也随光信号而变化,

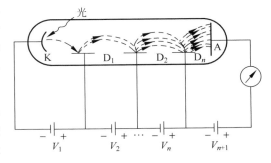

图 1-25　光电倍增管结构原理

此即光电倍增管的工作原理。

光电倍增管的性能主要由阴极和倍增极以及极间电压决定,负电子亲和势材料是目前最好的光阴极材料。倍增极二次电子发射特性用二次发射系数 σ 描述,即

$$\sigma_n = N_{n+1}/N_n \tag{1-45}$$

其中,n 为倍增极级数;N 为发射的电子数。

σ_n 表示第 n 级倍增极每个入射电子所能产生的二次电子的倍数,即该级的电流增益。

如果倍增极的总级数为 n,且各级性能相同,考虑到电子的传输损失,则光电倍增管的电流增益 M 为

$$M = i_A/i_K = f(g\sigma)^n \tag{1-46}$$

其中,i_A 为阳极电流;i_K 为阴极电流;f 为第 1 倍增极对阴极发射电子的收集效率;g 为各倍增极之间的电子传递效率,良好的电子光学设计可使 f 和 g 值在 0.9 以上。

2. 光电导探测器

利用光电导效应原理工作的探测器称为光电导探测器。光电导效应是半导体材料的一种体效应,无须形成 PN 结,故又常称为无结光电探测器。这种器件在光照下会改变自身的电阻率,光照越强,器件电阻越小,故又称为光敏电阻。本征型光敏电阻一般在室温下工作,适用于可见光和近红外辐射探测;非本征型光敏电阻通常必须在低温条件下工作,常用于中、远红外辐射探测。

1)光电转换规律

光敏电阻的分析模型如图 1-26 所示,其中 V 表示外加偏置电压,L、w 和 h 分别表示 N 型半导体的三维尺寸,光功率 P 在 x 方向均匀入射。假定光电导材料的吸收系数为 α,表面反射率为 R,则光功率在材料内部沿 x 方向的变化规律为

$$i = \frac{e\eta'}{h\upsilon}MP \tag{1-47}$$

其中,υ 为电子在外电场方向的漂移速度;$M = \dfrac{\mu_n V\tau}{L^2}$ 为电荷放大系数(也称为光电导体的光电流内增益);$\eta' = \alpha\eta(1-R)\displaystyle\int_0^h e^{-\alpha x}\mathrm{d}x$ 为有效量子效率;μ_n 为电子迁移率;τ 为电子的平均寿命;e 为电子电荷;η 为量子效率。

光敏电阻结构如图 1-27 所示。掺杂半导体薄膜淀积在绝缘基底上,然后在薄膜面上蒸镀金或铟等金属,形成梳状电极结构。这种结构使间距很近(即 L 小,M 大)的电极之间具有较大的光敏面积,从而获得高的灵敏度。

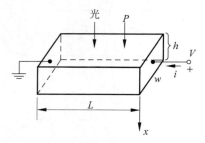

图 1-26 光敏电阻的分析模型

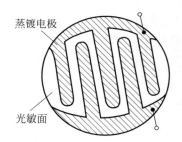

图 1-27 光敏电阻结构

2) 常用光电导探测器件

(1) CdS 和 CdSe(CdS：$0.3\sim0.8\mu m$，CdSe：$0.3\sim0.9\mu m$)：主要特点是高可靠性和长寿命，这两种器件的光电导增益比较高($10^3\sim10^4$)，但响应时间比较长(约 50ms)。

(2) PbS：一种性能优良的近红外辐射探测器，它可在室温下工作，响应时间为 $20\sim100\mu s$。

(3) PbTe：在常温下对 $4\mu m$ 以内的红外光灵敏，冷却到 90K，可在 $5\mu m$ 范围内使用，响应时间为 $10^{-4}\sim10^{-5}s$。

(4) InSb：一种良好的近红外(峰值波长约为 $6\mu m$)辐射探测器，能在室温工作，但噪声较大。在 77K 工作时，噪声性能大大改善，响应时间比较短(约 $0.4\mu s$)，因而适用于快速红外信号探测。

(5) TeCdHg：一种化合物本征型光电导探测器，是由 HgTe 和 CdTe 两种材料混合在一起的固溶体。响应波长范围为 $8\sim14\mu m$，工作温度为 77K，广泛用于 $10.6\mu m$ 的 CO_2 激光探测。

3. 光伏探测器

PN 结受光照射时，即使没有外加偏压，自身也会产生一个开路电压，即光伏效应。这时如果将 PN 结两端短接，便有短路电流通过回路。利用光伏效应制成的结型器件有光电池和光伏探测器，而光伏探测器(光电二极管)又有两种工作模式，即光导(PC)模式和光伏(PV)模式，由外偏压电路决定。零偏压时为光伏工作模式；当外电路采用反偏压时，即外加 P 端为负，N 端为正时，为光导工作模式。光导模式工作时，可以大大提高探测器的频率特性，但反向电压产生的暗电流会带来较大的噪声。光伏模式工作时，噪声小，但频率特性较差。

1) 光伏效应器件的伏安特性

光伏效应器件的等效电路如图 1-28(a)所示。它与晶体二极管的作用类似，只是在光照下产生恒定的电动势，并在外电路中产生电流。因此，其等效电路可由一电流源 I_Φ 与二极管并联构成。U 为外电路对器件形成的电压，I 为外电路中形成的电流，以箭头方向为正。其伏安特性如图 1-28(b)所示，取 U 和 I 的正方向与坐标一致。当无光照时，光生电流源的电流值 $I_{\Phi_0}=0$，于是等效电路只是一个二极管的作用，伏安特性与一般二极管的相同。见图 1-28(b)中 $\Phi_0=0$ 的曲线，该曲线通过坐标原点。当 U 为正并增大时，电流 I_d 迅速上升；当 U 为负并随其绝对值增大时(为光导模式)，反向电流很快达到饱和值 $I_d=I_s$，不再随电压变化而变化，直到击穿时电流再发生突变为止。

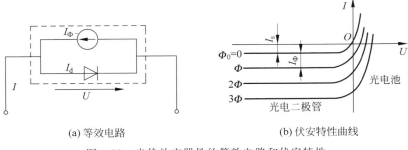

(a) 等效电路　　　　　　　　　　(b) 伏安特性曲线

图 1-28　光伏效应器件的等效电路和伏安特性

当有光照时,若射入光敏器件的通量为 Φ,对应电流源产生光电流 I_Φ,使外电路电流变为 $I=I_d-I_\Phi$,对应的伏安特性曲线下移一个间距 I_Φ。

当射入光敏器件的通量增加时,如 2Φ、3Φ 等,则对应伏安特性曲线等距或按对应间距下降,从而形成入射光通量变化的曲线族。

上述关系可用晶体二极管的特性方程加以改造来描述,即

$$I=I_d-I_\Phi=I_s(e^{qU/kT}-1)-I_\Phi \tag{1-48}$$

其中,I 为光电器件外电路中的电流;I_s 为器件不受光照时的反向饱和电流;I_Φ 为器件光照下产生的光电流;q 为电子电荷;U 为外电路电压;k 为玻耳兹曼常数;T 为器件工作环境的绝对温度。

式(1-48)右端第 1 项是二极管的特性方程。

分析图 1-28(b)第 4 象限中曲线的情况可知,外加电压为正,而外电路中的电流却与外加电压方向相反,为负,即外电路中电流与等效电路中规定的电流相反,而与光电流方向一致。这一现象意味着该器件在光照下能发出功率,以对抗外加电压而产生电流,该状态下的器件被称为光电池(光伏模式)。曲线族与电流轴之间的交点(即 $U=0$)表示器件外电路短路的情况,短路电流的大小可由式(1-48)获得,$I=-I_\Phi$,即短路电流与光电流大小相等,方向相反。

2)常用光伏探测器

(1)PIN 硅光电二极管

从光电二极管的讨论中知道,载流子的扩散时间和电路时间常数大约为同数量级,是决定光电二极管响应速度的主要因素。为改善其频率特性,就要设法减小载流子扩散时间和结电容,为此提出了一种在 P 区和 N 区之间相隔一个本征层(Ⅰ层)的 PIN 光电二极管。性能良好的 PIN 硅光电二极管,其扩散时间一般在 10^{-10} s 量级,相当千兆赫兹频率响应。而且 PIN 结构的结电容 C_j 一般可控制在 10pF 量级。适当加大反偏压,C_j 还可减小一些。因此,PIN 光电二极管的响应速度比普通 PN 结光电二极管要快得多。

(2)异质结光电二极管

异质结是由两种不同的半导体材料形成的 PN 结。PN 结两边是由不同的基质材料形成的,两边的禁带宽度不同。通常以禁带宽度大的一边作为光照面,能量大于宽禁带的光子被宽禁带材料吸收,产生电子-空穴对。如果光照面材料的厚度大于载流子的扩散长度,则光生载流子达不到结区,因而对光电信号无贡献。而能量小于宽禁带的长波光子却能顺利到达结区,被窄禁带材料吸收,产生光电信号。所以,异质结的宽禁带材料具有滤波作用。一般异质结探测器的量子效率高,背景噪声较低,信号比较均匀,高频响应好。

(3)雪崩光电二极管

以上讨论的光电二极管都是没有内部增益的,即增益小于或等于 1。这里讨论的雪崩光电二极管(Avalanche Photodiode,APD)是有内部增益的,增益可达 $10^2\sim10^4$。它是利用雪崩管在高的反向偏压下发生雪崩倍增效应而制成的光电探测器。一般光电二极管的反偏压在几十伏以下,而 APD 的反偏压一般在几百伏量级。当 APD 在高反偏压下工作,势垒区中的电场很强,电子和空穴在势垒区中作漂移运动时得到很大的动能。它们与势垒区中的晶格原子碰撞,可将价键电子激发到导带,形成电子-空穴对。激发产生的二次电子与空穴在电场下得到加速也可以碰撞产生新的电子-空穴对,如此继续下去,此过程犹如雪崩过

程,故名为雪崩光电二极管。

（4）位置敏感探测器

位置敏感探测器（Position Sensitive Detector，PSD）是一种具有特殊结构的大光敏面的光电二极管，又称为 PN 结光电传感器，主要有两种结构形式：横向结构式和象限式。PSD 可将目标发射在光敏面上的位置转换为电信号。

横向结构式 PSD 如图 1-29 所示。

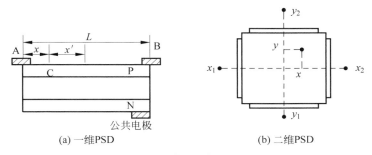

(a) 一维PSD   (b) 二维PSD

图 1-29   横向结构式 PSD

图 1-29(a)所示为一维 PSD 原理图。在高阻半导体硅的两面形成均匀的电阻层，即 P 型和 N 型半导体层，并在电阻层的两端制作电极引出电信号，图中 C 点决定了均匀扩散层（P-Si）中 AC 段和 BC 段电阻的比例。当有光照时，在无外加偏压时，面电极 A、B 与衬底公共电极相当于短路，可检测出短路电流。设 AC 段电阻值为 R_1，BC 段电阻值为 R_2，R 为 R_1 和 R_2 的并联值。光电流 I_0 分别经 R_1 和 R_2 并由 A 和 B 流出，其值分别为

$$I_1 = I_0 R / R_1 \tag{1-49}$$

$$I_2 = I_0 R / R_2 \tag{1-50}$$

假如 PSD 光敏面的表面电阻层具有理想的均匀特性，则表面电阻层的阻值和长度成正比，有

$$\begin{cases} I_1/I_0 = R/R_1 = (L - x)/L \\ I_2/I_0 = R/R_2 = x/L \end{cases} \tag{1-51}$$

由式(1-51)可得

$$x = \frac{L}{2}\left(1 - \frac{I_1 - I_2}{I_1 + I_2}\right) \tag{1-52}$$

一般以 AB 的中点为坐标原点，则

$$x' = \frac{L}{2} \frac{I_1 - I_2}{I_1 + I_2} \tag{1-53}$$

式(1-53)中 $I_1 - I_2$ 与 $I_1 + I_2$ 的比值线性地表达了与光点位置的关系。它与光强无关，只取决于器件的结构及入射光点的位置，从而抑制了光点强度变化对检测结果的影响。

对于二维 PSD，如图 1-29(b)所示，有 4 个电极，一对为 x 方向，另一对为 y 方向。光敏面的几何中心设在坐标原点。当光点入射到 PSD 任意位置时，在 x 和 y 方向各有一个唯一的信号与其对应。与一维 PSD 的分析过程一样，光点坐标为

$$x = k \frac{I_1 - I_2}{I_1 + I_2} \tag{1-54}$$

$$y = k' \frac{I_3 - I_4}{I_3 + I_4} \tag{1-55}$$

其中，k 和 k' 为常数。

（5）四象限 PSD

把 4 个性能完全相同的光电二极管按照 4 个象限排列，称为四象限 PSD，它的基本形态如图 1-30 所示。象限之间的间隔称为死区，工艺上要求做得很窄。光照面上二极管元各有一条引出线，而基区引线则为 4 个所共有。光照时，每个象限都输出一个相应于光照面积的电流 I_1、I_2、I_3 和 I_4。把这 4 个电流按如下规则组合起来，就可以给出光点在四象限光电二极管上的位置信息。

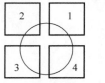

图 1-30 四象限 PSD 示意图

$$\begin{cases} I_x = \dfrac{(I_1 + I_4) - (I_2 + I_3)}{I_1 + I_2 + I_3 + I_4} \\[2mm] I_y = \dfrac{(I_1 + I_2) - (I_3 + I_4)}{I_1 + I_2 + I_3 + I_4} \end{cases} \tag{1-56}$$

（6）光电三极管

光电三极管具有内增益，但获得内增益的途径不是雪崩效应，而是利用一般晶体管的电流放大原理。

光电三极管的结构、等效电路、回路连接方式如图 1-31 所示，图中 b、e、c 分别表示光电三极管的基极、发射极和集电极，β 表示晶体管的电流放大倍数。

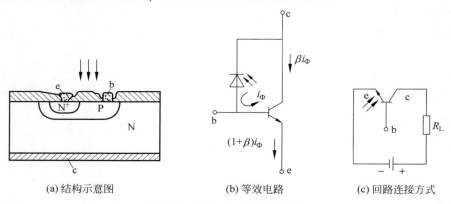

(a) 结构示意图　　　　　(b) 等效电路　　　　　(c) 回路连接方式

图 1-31　光电三极管工作原理

结合图 1-31 说明光电三极管的工作原理。由图 1-31(c) 可见，基极和集电极处于反向偏压状态，内电场从集电极指向基极。光照基极，产生光生电子-空穴对。光生电子在内电场作用下漂移到集电极，空穴留在基极，使基极电位升高，这相当于 eb 结上加了一个正偏压。根据一般晶体管原理，基极电位升高，发射极便有大量电子经基极流向集电极，最后形成光电流。光照越强，由此而形成的光电流越大。上述作用可用如图 1-31(b) 所示的等效电路表示，光电三极管等效于一个光电二极管与一般晶体管基极、集电极并联。

4. 单光子探测器

单光子探测器是进行光探测最灵敏的器件，不仅在量子保密通信中扮演重要角色，而且在其他领域的应用也越来越广泛。例如，在生物工程中用于生物体发光探测、单分子探测、荧光探测，在计量学中用于超光谱成像、探测器校准、放射性测量，在气象学中用于雷达和环境监测,以及在军事上用于夜视成像、化学品和生物探测等。

理想单光子探测器的特点包括:量子效率(入射光子被探测到的概率)为100%;暗计数概率(无光子入射时探测器的响应脉冲数)为0;死时间(探测器接收光子后的恢复时间)为0;计时抖动(光子入射与探测器电信号输出之间时间差的变化)为0;具有分辨同一入射光脉冲中光子数目的能力。

按照探测机制不同,单光子探测器可以分为以下几类:基于电子倍增机制的光电倍增管(Photomultiplier Tube,PMT)探测器、基于载流子雪崩机制的单光子雪崩二极管(Single-photon Avalanche Diode,SPAD)探测器、基于超导相变机制的超导探测器以及基于频率转换的上转换探测器,其表征特性主要包括量子效率、暗计数概率、后脉冲概率、死时间、重置时间或恢复时间、最大计数率、计时抖动等。

光电倍增管单光子探测器被广泛应用于天体物理、粒子物理等领域,主要工作原理与普通光电倍增管类似。光电倍增管的光谱响应由光阴极和光窗的材料决定,现有光阴极材料主要有 Cs-I、Sb-Cs、GaAsP 等,主要光谱响应范围为 $200\sim1200\text{nm}$,对波长超过 1200nm 的光响应很差。光电倍增管的感光区域可以做得很大,日本滨松光子学株式会社(Hamamatsu)研制生产了世界上最大的光电倍增管,尺寸为 20 英寸,用于超级神冈探测器,在宇宙中微子探测器中发挥了重大作用。然而,由于光电倍增管的单光子探测效率很低,暗计数较大,不能满足更高的单光子探测需求。

超导单光子探测器的原理是超导相变机制,主要分为超导纳米线单光子探测器(Superconducting Nanowire Single-Photon Detector,SNSPD)和边缘相变传感器(Transition-Edge Sensor,TES)。边缘相变传感器通常工作在 mK 量级的超低温环境,感光器件主要是通过在硅衬底上镀一层薄膜金属钨制成,当钨膜吸收入射光子后,其温度发生变化,使超导态的钨薄膜发生超导相变,转换为正常态,电阻的转变被转换为电流信号输出。随后与钨薄膜相连的衬底就会缓慢地将热量导出,钨薄膜的温度恢复至初始状态。这种探测器几乎没有暗计数,同时探测效率很高(>98%),接近于理想的单光子探测器。

基于 SPAD 的半导体单光子探测器是当前最主流的实用化单光子探测器。SPAD 是一种固态器件,其设计基于 APD 的结构,工作在盖革模式下,即加在二极管两端的反向偏置电压大于其雪崩击穿电压。基本工作原理为:光子在其吸收层被吸收后会激发出载流子,由于加在 SPAD 上的反向偏置电压大于其雪崩击穿电压,载流子进入倍增层,并在电场的作用下发生碰撞电离,从而形成雪崩效应并输出宏观电流。探测器的外围电路会甄别雪崩信号并输出一个与其高度同步的标准数字信号,同时将 SPAD 及电路复位至初始状态,用于探测下一个光子。SPAD 种类繁多,从组成材料来看,主要有用于可见光波段探测的硅(Silicon)SPAD、用于通信波段探测的砷化镓铟/磷化铟(InGaAs/InP)SPAD、1300nm 波段探测的锗(Ge)SPAD、红外波段探测的碲镉汞(HgCdTe)SPAD 以及用于探测紫外光的碳化硅(SiC)和氮化镓(GaN)等材料的 SPAD。硅 SPAD 已经非常成熟,在 650nm 波长的探测效率可达 65% 以上,暗计数最低只有每秒几十个,时间分辨力一般小于 400ps。相比于超导单光子探测器,半导体单光子探测器在实用化上有巨大优势,体积小,成本低,易于系统集成,无须超低温制冷,更适用于实用化。

上转换单光子探测器是另一种近红外波段的光子探测器,它利用非线性光学的和频过程,将红外光子通过参量上转换为可见光波段光子,再使用硅单光子探测器进行探测,可获得较高的探测效率。上转换探测器的核心元器件是周期性极化铌酸锂（Periodically Poled Lithium Niobate，PPLN）波导，通过计算信号光（1550nm）和泵浦光（一般在 1900nm 左右）在波导中的相干长度，在相干长度位置改变极化方向，使信号光和泵浦光在相同的传播方向和偏振方向下满足相位匹配条件，可以实现近红外光子向可见光波段的高效率转换。上转换单光子探测器探测效率可达 30%，对应暗计数 120cps（cps 即 counts per second）。由于上转换过程需要使用高功率的泵浦激光，上转换单光子探测器的实用化成本较高。

5. CCD 像传感器

CCD（Charge-Coupled Device）即电荷耦合器件的简称。自美国贝尔实验室 Boyle 和 Smith 在 1970 年发明了 CCD 以来，随着半导体微电子技术的迅猛发展，其技术研究取得了惊人的进展。由于 CCD 具有光电转换、信息存储等功能，并具有体积小、重量轻、空间分辨力较高等优点，在图像传感、信号处理、数字存储三大领域内得到了广泛应用。

CCD 是基于金属-氧化物-半导体（Metal-Oxide-Semiconductor，MOS）电容器在非稳态下工作的一种器件，具有 3 个基本功能：电荷的收集、电荷的转移、将电荷转换为可测量的电压值。图 1-32 所示为 CCD 最基本单元 MOS 电容的结构。给金属电极加上正电压，由于同性相斥，P 型硅中的空穴将朝衬底方向移动，形成一个没有空穴的所谓的耗尽层。如果有一个电子的能量大于耗尽层的能级，则它将在耗尽层中产生电子-空穴对，电子聚集在耗尽层中，而空穴则流向衬底。耗尽层能容纳电子的总数称为势阱，它是一个非常重要的参数，与所加的电压大小、氧化层厚度和栅极的面积等参数成正比。

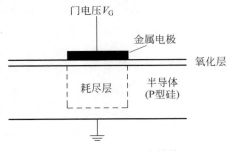

图 1-32　MOS 电容结构

CCD 工作时，可以用光注入或电注入的方法向势阱注入信号电荷，以获得自由电子或自由空穴。势阱所存储的自由电荷通常也称为电荷包。在提取信号时，需要将电荷包有规律地传递出去，即进行电荷转移。CCD 的电荷转移是利用耗尽层耦合原理，即根据加在 MOS 电容器上的 V_G（加在栅电极上的门电压）越高，产生的势阱越深的事实，在耗尽层耦合的前提下，通过控制相邻 MOS 电容器栅压的大小调节势阱的深浅，使信号电荷由势阱浅的位置流向势阱深的位置。

CCD 寄存器由一系列上述 MOS 器件组成。按一定的顺序控制每个 MOS 器件上的门电压，电子就会像在传送带上一样从一个 MOS 器件传送到另一个 MOS 器件。每个门都有自己的时序控制电压。控制电压是方波信号，也称为时钟信号。如图 1-33（a）所示，刚开始时，当门 1 被加上高电压时，光电子被收集到势阱 1 中。当门 2 被加上高电压时，如图 1-33（b）所示，则电子将从势阱 1 流向势阱 2，直到电子在这两个势阱中达到平衡。当势阱 1 的外加电压变低后，势阱 1 变浅，势阱 1 中的电子又开始流向势阱 2。当势阱 1 的外加电压变为 0 时，所有电子便从势阱 1 转移到了势阱 2。不断重复这个过程直到电荷被转移到移位寄存器中。下面以一个 3×3 的 CCD 为例说明电荷的转移过程。如图 1-34 所示，每个像素由 3 个门（即 3 个 MOS 器件）组成。CCD 受到光照射后产生光电子，重复图 1-33（b）的过程，电子开始逐行转移；电子转移到串行读出寄存器后，以同样的道理，逐列被转移出串行读出寄存器。

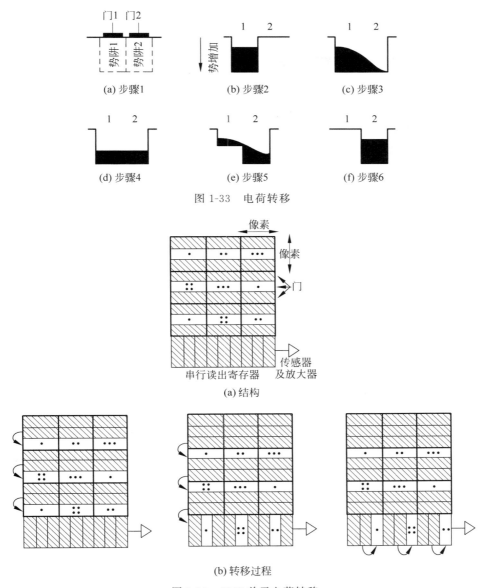

图 1-33 电荷转移

(a) 结构

(b)转移过程

图 1-34 3×3 单元电荷转移

此外,CCD 中电荷的转移必须按照确定的方向。为此,MOS 电容器列阵上所加的电位脉冲必须严格满足相位时序要求,使任何时刻势阱的变化总是朝着一个方向。

1)线阵 CCD 传感器

线阵 CCD 传感器是用来完成摄像和传输两项功能的器件,由接收并转换光信号为电信号的光敏区和移位寄存器按一定方式联合组成,如图 1-35 所示。

光敏区在光信号作用下产生光电子,由转移门电极 z 控制转移到 $a_1,a_2,\cdots,a_n$ 相应的势阱中去,这是一个平行转移的过程,在 U_a'、U_z 和 U_a 间施加脉冲电压的时序关系如图 1-36 所示。U_a' 在光电转换积累过程中保持高电位,使其产生的光生载流子在各光敏区单元中累加。当需要将光生载流子向移位寄存器转移时,将本来加低电位而关闭的转移门电位 U_z

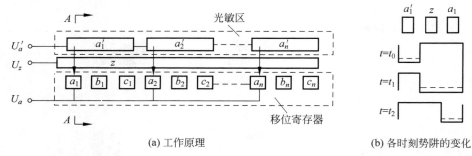

(a) 工作原理　　　　　　　　　　　　　　(b) 各时刻势阱的变化

图 1-35　线阵 CCD 传感器

升高,同时将光敏区 U_a' 施加低电位。这时 U_a 是高电位,于是光敏单元中积累的电荷通过 z 区向 a 区转移,为使这种转移彻底而不致产生回流,先使 U_z 降低关门,这时 U_a' 和 U_z 均为低电位,电荷进一步流向 a 区。然后,U_a' 返回高电位,开始下一个周期的光电转换与电荷积

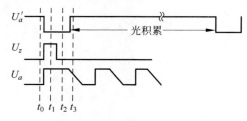

图 1-36　时序脉冲关系

累过程。同时 a 区电位开始下降,三相驱动脉冲电位开始工作,也就是说,开始电荷传输的过程。全部电荷包的输出过程也正是光敏区光生载流子积累的时间间隔。当电荷包传输完毕,则开始下一个周期信号电荷的平行转移。以上是一种三相脉冲单边读出的线阵 CCD 结构。

2）面阵 CCD 传感器

面阵 CCD 传感器结构原理如图 1-37 所示。它可以分为 3 个区域,即成像区、暂存区、水平输出移位寄存区和输出通道。成像区相当于 m 个光敏元个数为 n 的线阵图像传感器并排组成,每列 CCD 就形成了一个电荷转移沟道,每列之间由沟阻隔开,驱动电极在水平方向横贯光敏面,这就组成了像元素为 $m \times n$ 元的成像光敏面。当加上光敏元的积分脉冲后,

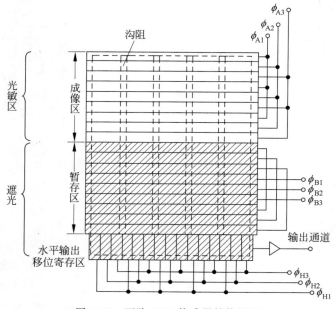

图 1-37　面阵 CCD 传感器结构原理

便在成像区形成了一幅具有 $m \times n$ 像元的"电荷像"。

3）CCD 传感器特性及优点

评价 CCD 传感器性能的主要指标是光谱响应特性、光灵敏度、电荷转移效率、读出信噪比；对于成像 CCD，还应考虑其分辨能力、线性度和动态范围，以及图像的"脏窗"现象等。

4）红外 CCD

在红外 CCD 中，红外探测器阵列完成对目标红外辐射的探测，并将光生电荷注入 CCD 寄存器中，由 CCD 完成延时、积分、传输等信号处理工作。用于红外波段的 CCD 图像传感器会遇到背景辐射影响等问题。

6. 热电探测器

用于测量辐射量的热电探测器是光辐射探测器的重要组成部分。这些器件都是建立在某些物质接收光辐射后由于温度变化导致其电学特性变化的热电效应的基础上。热电探测器的特点主要是光谱响应几乎与波长无关，故称其为无选择性探测器。由于热惯性大，所以响应速度一般较慢，要提高其响应速度，则会使探测率下降。常用的热电探测器有热敏电阻、热电堆以及热释电等。

热释电探测器是利用热释电效应制成的探测器，与其他类型的热探测器相比，具有许多突出的优点。它的工作频率可达几百千赫兹以上，远远超过其他类型的热电探测器，而且在很宽的频率和温度范围内，$D^* > 1 \times 10^9 \, \text{cm} \cdot \text{Hz}^{1/2}/\text{W}$。此外，它还可以比较容易地制成各种尺寸和形状的探测器，而且受温度的影响较小，从近红外（$2\mu\text{m}$）到远红外（1mm）具有均匀的吸收率。

1.5 光学测量系统中的噪声和常用处理电路

1.5.1 光学测量系统中的噪声

在测量系统中，任何虚假的和不需要的信号统称为噪声。噪声的存在干扰了有用信息，影响了测量系统的准确性和可靠性。实际上，光学测量系统中的每个环节都会产生噪声，有来自光电子器件或系统产生的噪声，如散斑噪声；有电路产生的噪声，如放大器噪声；有光源产生的噪声，如自然光或背景光产生的干扰；有光电接收器产生的噪声。噪声的处理比较复杂，需要根据不同类型噪声的特点进行分别处理，如采用调制方法可以减少背景光的影响；采用空间滤波可以减少散斑的影响；采用各种电路处理方法可以减少电路或光电接收器件噪声对测量结果的影响。

测量系统的噪声可分为外部干扰噪声和内部噪声。来自系统外部噪声，就其产生原因可分为人为造成的和自然造成的干扰两类。人为造成的干扰噪声通常来自电器电子设备，如电磁干扰等。自然形成的干扰噪声主要来自大气和宇宙间的干扰，如大气折射率变化对激光测量的影响，自然光对光学测量的影响等。

系统内部的噪声就其产生的原因也可分为人为造成和固有噪声两类。内部人为产生的噪声主要是指 50Hz 干扰和寄生反馈造成的自激干扰等。这些干扰可以通过合理地设计或调整将其消除或降到允许的范围内。内部固有噪声是由于系统各元器件中带电微粒不规则运动的起伏所造成，它们主要是热噪声、散弹噪声、产生-复合噪声、$1/f$ 噪声和温度噪声等。这些噪声对实际元器件是固有的，不可能消除。对于某个工作中的探测器，还存在着光子噪声。固定噪声可以在制造、处理等环节予以抑制。

1.5.2 光学测量系统中的常用处理电路

下面简要介绍一些光学测量系统中的常用电路，主要说明这些常用电路的作用原理。

1. 前置放大器

在光学测量系统中，前置放大器主要完成将光电探测器接收到的微弱信号转换为电信号。由于工作所选的光电或热电探测器不同、使用要求不同、设计者的考虑方法不同，前置放大器的电路形式差别很大。前置放大器一般按以下步骤设计。

（1）测试或计算光电探测器及偏置电路的源电阻 R_s。

（2）从噪声匹配原则出发，选择前置放大器第一级的管型。如果源电阻小于 100Ω，可选用变压器耦合；如果源电阻为 $10\Omega\sim1M\Omega$，可选用半导体三极管；如果源电阻为 $1k\Omega\sim1M\Omega$，可选用运算放大器（Operational Amplifier，OPAMP）；如果源电阻为 $1k\Omega\sim1G\Omega$，选用结型场效应管（Junction Field-Effect Transistor，JFET）；如果源电阻超过 $1M\Omega$，可选用 MOS 场效应管（MOS-FET）。

（3）在管型选定后，第一级和第二级应采用噪声尽可能低的器件，按照最佳源电阻的原则确定管子的工作点，并进行工作频率、带宽等参量的计算及选择。

2. 选频放大器

在测量系统中，为突出信号和抑制噪声，常采用选频放大器。将放大器的选放频率与光电信号的调制频率一致，同时限制带宽，使所选频率间隔外的噪声尽可能滤除，达到提高信噪比的目的。

一种选频放大器是利用 LC 振荡电路，通过谐振的方式对所需频率的信号直接进行放大输出。放大电路中接有 LC 并联的谐振回路，如图 1-38 所示，最后用变压器输出，它适用于较高频率的选频电路。

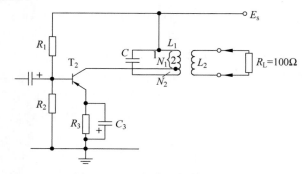

图 1-38 LC 振荡选频放大电路

另一种选频放大器是利用 RC 振荡回路的选频特性，并把该振荡回路作为放大器的反馈网络而构成。该放大器中最典型的是带有双 T RC 反馈网络的放大电路。双 T RC 网络及其频率特性如图 1-39 所示。可见网络的选频特性是对频率 ω_0 滤波最强，输出最小。该网络不同于 LC 谐振回路作为放大器的输出端，而是作为放大器的负反馈电路，以构成性能良好的选频放大器。由于双 T 网络有很好的频率特性，因此应用相当广泛。其缺点是频率调节比较困难，因此适用于对单一频率的选频。通常采用 RC 振荡器产生几赫兹到几百千赫兹的低频振荡,要产生更高频率的振荡,则要借助于 LC 振荡回路。

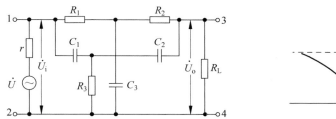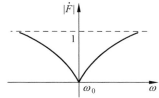

图 1-39　双 T RC 网络及其频率特性

3. 相敏检波器

相敏检波器的工作原理如图 1-40 所示,它是由模拟乘法器和低通滤波器构成。图 1-40 中,$u_i(t)=u(t)\cos\omega t$ 为振幅调制信号,即待测的振幅缓慢变化的信号。乘法器另一输入 $u_L(t)=u_L\cos(\omega t+\varphi)$ 是本机振荡或参考振荡信号,乘法器的输出信号为

$$u_1(t)=K_M u(t)\cos\omega t\, u_L\cos(\omega t+\varphi)=\frac{1}{2}K_M u(t)u_L[\cos\varphi+\cos(2\omega t+\varphi)] \quad (1-57)$$

低通滤波器滤去高频 2ω 的分量,其输出量为

$$u_o(t)=\frac{1}{2}K_\varphi K_M u(t)u_L\cos\varphi \quad (1-58)$$

其中,K_φ 为低通滤波器的传输系数。

由式(1-58)可知,输出电压 u_o 的大小正比于载波信号 $u(t)$ 和本机振荡信号 u_L 之间相位差的余弦。这说明输出电压大小对两者间相位差敏感,故称其为相敏检波器。当 $\varphi=0$ 时,检出信号幅度最大。

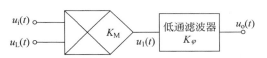

图 1-40　相敏检波器的工作原理

由相敏检波器的上述特点可知,凡本机载波频率不同,或频率虽相同但相位相差 90° 的信号,均能被相敏检波器的低通滤波器滤除,起到了抑制干扰与噪声的作用。因此,在光学测量系统中,相敏检波器可将淹没于强背景噪声中的微弱信号提取出来。具体做法是在对待检测信号进行调制的同时,引出与调制频率、相位一致的参考信号,以此作为本机载波信号,通过相敏检波器达到提取微弱信号的目的。

4. 相位检测器

在许多光学测量系统中,待测量反映在信号波的相位变化中,因此相位检测十分重要。下面介绍的相位检测器的相位范围为 $\pm180°$,且输出电压与相位差呈线性关系,其工作原理如图 1-41 所示。对应各环节的波形如图 1-42 所示。基准信号与待测信号分别加到不同的过零检测器上,将其变换为方波。图 1-42(a)是两信号同相位的情况。实际输入时,把待测信号反相输入,于是 u_1 与 u_2 的相位相反,它们分别经微分器和限幅器后,各取其上升沿形成的尖脉冲 u_3 和 u_4,然后把它们送至双稳态触发器,产生脉冲 u_5,再经低通滤波器取其平均分量。由于 u_5 的正、负极性持续期相等,则平均分量 $u_o=0$。图 1-42(b)是 u_B 滞后 u_A 90° 的情况,这时负极性持续时间为 $3T/4$,而正极性时间为 $T/4$,所以其平均分量 $u_o<0$。图 1-42(c)是 u_B 超前 u_A 90° 的情况,可得 $u_o>0$。

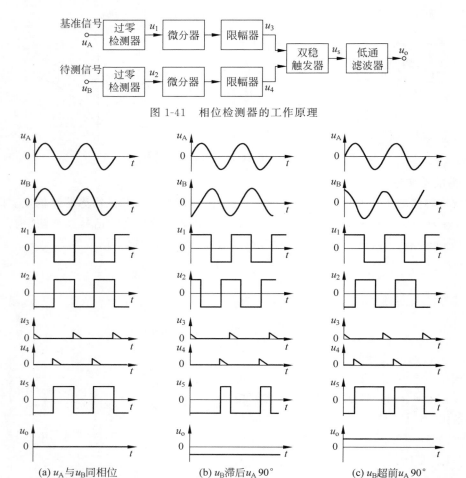

图 1-41　相位检测器的工作原理

(a) u_A 与 u_B 同相位　　　(b) u_B 滞后 u_A 90°　　　(c) u_B 超前 u_A 90°

图 1-42　相位检测器各环节的波形

5. 鉴频器

在光学测量系统中,有时被测信息包含在调频波中,即以频率的高低表征待测信号量。为解出待测信号,需采用实现调频波解调的鉴频器。

一种时间平均值鉴频器的工作原理如图 1-43 所示,它由 4 部分组成。各环节波形如图 1-44 所示。输入调频波经过零检测器后变换为方波,方波的频率随调频波频率变化。当方波经微分器后,每个方波变换为一个正负尖脉冲对。经线性检波器可取出正向尖脉冲或负向尖脉冲,尖脉冲数正比于调频波的频率。然后,将尖脉冲送入低通滤波器,输出的是尖脉冲的平均值。调频波的瞬时频率越高,单位时间内尖脉冲数越多,尖脉冲的平均值就越大,所以输出电压 u_o 将正比于调频波的频率。图 1-44 给出了两个不同频率调频波的有关波形,以便比较。

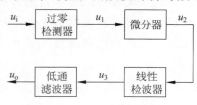

图 1-43　鉴频器的工作原理

6. 积分微分运算器

1) 积分运算器

积分运算器的电路如图 1-45 所示。待积分的输入信号由反相端输入,并采用电容负反馈,可获得基本积

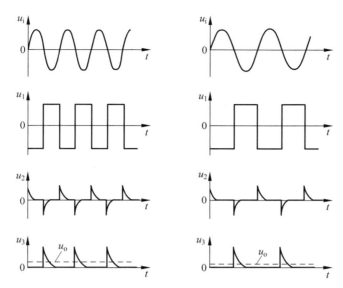

图 1-44 鉴频器各环节波形

分运算器。这时输出信号 u_o 与输入信号 u_i 的关系为

$$u_o(t) = -\frac{1}{R_f C_f} \int u_i(t) \mathrm{d}t \qquad (1\text{-}59)$$

可见这时输出电压正比于输入电压对时间的积分,比例常数与反馈电路的时间常数($\tau_f = R_f C_f$)有关,而与运算放大器的参数无关。

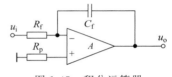

图 1-45 积分运算器

2)微分运算器

微分运算器的基本电路如图 1-46 所示。微分信号输入反相端,输出信号 u_o 与输入信号 u_i 的关系为

$$u_o(t) = -R_f C_f \mathrm{d}u_i(t)/\mathrm{d}t \qquad (1\text{-}60)$$

可见输出电压为输入电压对时间的导数,比例常数取决于反馈电路的时间常数($\tau_f = R_f C_f$),与放大器的参数无关。

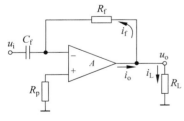

图 1-46 基本微分运算器

7. 锁相环及锁相放大器

自动相位控制是使一个简谐波自激振荡的相位受基准振荡的控制,即自激振荡器振荡的相位和基准振荡的相位保持某种特定的关系,叫作"相位锁定",简称为"锁相"。锁相在电子学和自动控制技术中应用十分广泛。锁相技术具有许多优点,如采用锁相技术进行稳频比采用频率自动控制技术要好得多。

锁相环的工作原理如图 1-47 所示,它主要由 3 部分组成:鉴相器、低通滤波器和压控振荡器。当输入信号 $u_i(t)$ 和输出信号 $u_o(t)$ 频率不一致时,其间必有相位差。鉴相器将此相位差变换为电压 $u_d(t)$,叫作误差电压,该电压通过低通滤波器滤去高频分量后,控制压控振荡器,改变其振荡频率,使之趋向输入信号的频率。在稳定的情况下,输出信号 $u_o(t)$ 和输入信号 $u_i(t)$ 频率相同,但它们将保持一个固定的相位差,该工作状态叫作锁定状态。另一种工作情况是输入信号频率在一定范围内变化,使输出信号随输入信号频率变化,该状态叫作跟踪状态。

图 1-47 锁相环的工作原理

1.6 光学测量中的常用调制方法与技术

第 06 集
微课视频

1.6.1 概述

为了对光信号的处理更加方便、可靠,并能获得更多的信息,常将直流信号转换为特定形式的交变信号,这一转换就叫作调制。

1. 调制光信号的优点

(1)调制光信号可以降低自然光或杂散光对测量结果的影响。在测量过程中,很难避免外界非信号光输入光电探测器,影响测量结果,这些附加信号的共同特点是以直流量或缓慢变化的信号出现。将信号光进行调制,并在放大器级间实施交流耦合,使交变的信号量通过,隔除非信号的直流分量,从而消除自然光或杂散光的影响。

(2)调制光信号可以消除光电探测器暗电流对检测结果的影响。各种光电器件由于温度、暗发射或外加电场的作用,当无外界光信号作用时,在其基本工作回路中都会有暗电流产生。在直流检测中,暗电流将附加在信号中影响检测结果,如果采用调制,则可消除探测器暗电流的影响。

(3)调制光信号的方法提供了多种形式的信号处理方案,可达到最佳检测的设计。通常交流电路处理信号方便、稳定,没有直流放大器零点漂移的问题。如果与光信号的调制特性相匹配,采用选频放大或锁相放大等技术方案,又可有效地抑制噪声,从而实现高精度的检测。

2. 光电信号调制的途径

完整的光学测量过程都应包括光源发光、光束传播、光电转换和电信号处理等环节,这些环节中均可实施调制。

1) 对光源发光进行调制

对光源发光进行调制是常用的调制方法之一。常用的光源有激光器、发光二极管等,通过调制电源调制发光。采用光源调制的好处,除了设备简单外,还能消除任何方向杂散光,以及探测器暗电流对测量结果的影响。

2) 对光电器件产生的光电流进行调制

这种调制方法是在光电探测器上实施,对不同性质的器件采用不同的方法。这种方法只对后续的交流处理有好处,不能消除杂光或器件暗电流的影响。

3) 在光源与光电器件的途径中进行调制

这种调制方法在光学测量中应用最多,如机械调制法、干涉调制法、偏振面旋转调制法、双折射调制法和声光调制法等。

具体选用哪一类调制方案,应根据检测器的用途、所要求的灵敏度、调制频率以及所能提供光通量的强弱等具体条件确定。

1.6.2　机械调制法

最简单的调制盘,有时叫作斩波器,如图 1-48 所示。一块圆盘,由透明和不透明相间的扇形区构成。当以圆盘中心为轴旋转时,就可以对通过它的光束 M 进行调制。经调制后的波形是由光束的截面形状和大小,以及调制盘图形的结构决定。调制光束的频率 f 由调制盘中透光扇形的个数 N 和调制盘的转速 n 决定,即 $f=Nn/60\,\mathrm{Hz}$。

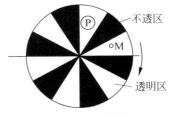

图 1-48　调制盘

当光束是圆形截面,其大小与调制盘通光处相应半径上的线度相比又很小时,如图 1-48 中的 M 光束截面,那么调制波形近似为方波;当光束截面增大到与调制盘图形结构相仿时,如图 1-48 中的 P 光束截面,那么调制波形近似为正弦波形。

1.6.3　利用物理光学原理实现的光调制技术

在光学测量技术中,大量采用物理光学的原理进行调制,主要包括干涉原理、电光效应、磁光效应和声光效应等实现光调制的方法。

1. 激光调制的基本概念

将信号加载到激光辐射源上,使激光作为传递信息的工具。把要传输的信息加载到激光辐射源的过程称为激光调制,把完成这一过程的装置称为激光调制器。激光起到携带低频信号的作用,所以称为载波,调制的激光称为已调制波或已调制光。

激光调制可分为内调制和外调制两类。内调制是指在激光振荡过程中加载调制信号,即以调制信号的规律改变激光振荡的参数,从而改变激光的输出特性。半导体激光器一般是以注入调制电流的方式实现内调制。外调制是指在激光形成以后,再用调制信号对激光进行调制,它不改变激光器的参数,而是改变已经输出的激光参数(如强度、频率、位相等)。

设激光瞬时电场表示为

$$E(t)=A_0\cos(\omega_0 t+\varphi) \tag{1-61}$$

则瞬时光强度为

$$I(t)\propto E^2(t)=A_0^2\cos^2(\omega_0 t+\varphi) \tag{1-62}$$

若调制信号 $a(t)$ 为正弦信号,即 $a(t)=A_{\mathrm{m}}\cos\omega_{\mathrm{m}}t$,则振幅调制的表达式为

$$E_{\mathrm{A}}(t)=A_0(1+M\cos\omega_{\mathrm{m}}t)\cos(\omega_0 t+\varphi) \tag{1-63}$$

强度调制表达式为

$$I(t)=\frac{A_0^2}{2}(1+M_1\cos\omega_{\mathrm{m}}t)\cos^2(\omega_0 t+\varphi) \tag{1-64}$$

频率调制的表达式为

$$E_{\mathrm{F}}(t)=A_0\cos(\omega_0 t+M_{\mathrm{F}}\sin\omega_{\mathrm{m}}t+\varphi) \tag{1-65}$$

相位调制的表达式为

$$E_{\mathrm{P}}(t)=A_0\cos(\omega_0 t+M_{\mathrm{P}}\sin\omega_{\mathrm{m}}t+\varphi) \tag{1-66}$$

其中，M、M_I、M_F、M_P 分别为调幅系数、强度调制系数、调频系数和调相系数。

调幅时要求 $M \leqslant 1$，否则调幅波就会发生畸变。强度调制时要求 $M_I \ll 1$。调频和调相在改变载波相位角上是等效的，所以很难根据已调制的振荡形式判断是调频还是调相。

在实际应用中，为提高抗干扰能力，往往采用二次调制方式，即先用要传递的低频信号对一高频副载波振荡进行频率调制，然后再用调制后的副载波进行激光载波的强度调制，使激光载波的强度按照副载波信号发生变化。

2. 电光调制

图 1-49 所示为一个典型的 KDP 晶体的电光强度调制器结构。它由起偏器 P1、调制晶体 KDP、$\lambda/4$ 波片和检偏器 P2 组成。其中，P1 的偏振方向平行于 KDP 晶体的 x 轴，P2 的偏振方向平行于 y 轴。入射的激光经 P1 后变为振动方向平行于 x 轴的线偏振光，在进入 KDP 晶体时，在晶体感应主轴 x' 和 y' 上的分量为

$$E_{x'} = A\,\mathrm{e}^{\mathrm{i}\omega t}, \quad E_{y'} = A\,\mathrm{e}^{\mathrm{i}\omega t} \tag{1-67}$$

则通过长度为 l 的 KDP 晶体后，这两个分量之间产生位相差 $\Delta\varphi = \pi V/V_\pi$。其中，$V = E_z l$ 为晶体两端所加的电压；$V_\pi = \lambda/(2n_0^3\gamma_{63})$ 为半波电压，γ_{63} 为 KDP 晶体的电光系数，n_0 为 KDP 的主折射率。

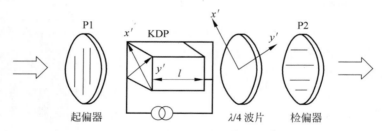

图 1-49　电光强度调制器结构示意图

为实现线性强度调制，在 KDP 晶体和检偏器之间插入一个 $\lambda/4$ 波片，使其光轴与晶体主轴成 45°角，使 x' 和 y' 两个分量上有一个固定的相位差 $\pi/2$，这样经过 KDP 晶体和 $\lambda/4$ 波片后的两个正交偏振分量间的位相差为

$$\Delta\varphi = \frac{\pi}{2} + \frac{\pi V}{V_\pi} \tag{1-68}$$

它们的电矢量表示为 $E_{x'} = A\,\mathrm{e}^{\mathrm{i}(\omega t + \varphi)}$ 和 $E_{y'} = A\,\mathrm{e}^{\mathrm{i}(\omega t + \varphi - \Delta\varphi)}$，其中 $\varphi = n_0 l \dfrac{2\pi}{\lambda}$。

x' 和 y' 两个分量的光通过检偏器后，出射的光是各自在 y 轴上的投影之和，即

$$E_y = A(\mathrm{e}^{-\mathrm{i}\Delta\varphi} - 1)\mathrm{e}^{\mathrm{i}(\omega t + \varphi)}\cos 45° = \frac{A}{\sqrt{2}}(\mathrm{e}^{-\mathrm{i}\Delta\varphi} - 1)\mathrm{e}^{\mathrm{i}(\omega t + \varphi)} \tag{1-69}$$

相应的输出光强为

$$I = |E_y|^2 = 2A^2\sin^2\frac{\Delta\varphi}{2} = I_0\sin^2\frac{\Delta\varphi}{2} \tag{1-70}$$

其中，$I_0 = 2A^2$ 为光入射 KDP 晶体时的光强。因此，光强透过率为

$$T = \frac{I}{I_0} = \sin^2\frac{\Delta\varphi}{2} \tag{1-71}$$

若外加电场 $V = V_m\sin\omega_m t$，则有

$$T = \sin^2\left(\frac{\pi}{4} + \frac{\pi V}{2V_\pi}\right) = \frac{1}{2}\left[1 + \sin\left(\frac{\pi V_\mathrm{m}}{V_\pi}\sin\omega_\mathrm{m}t\right)\right] \tag{1-72}$$

如果调制信号较弱,即有 $V_\mathrm{m} \ll V_\pi$,则式(1-72)可写为

$$T \approx \frac{1}{2}\left(1 + \frac{\pi V_\mathrm{m}}{V_\pi}\sin\omega_\mathrm{m}t\right) \tag{1-73}$$

3. 声光调制

1)声光调制原理

当一块各向同性的透明介质受外力作用时,介质的折射率会发生变化,这就是所谓的弹光效应。声波是一种机械疏密波,当声波作用于介质时,也会引起弹光效应。通常把超声波引起的弹光效应称为声光效应。因此,超声波在声光介质中传播时,介质密度呈现疏密的交替变化,这会导致折射率大小的交替变化。这样,可以把超声波作用下的介质等效为一块相位光栅,当光通过该介质时,就被衍射。

若超声波以行波的形式在介质中传播,则在介质中形成的超声光栅将以声波的速度 v_s 移动。如果在声光介质中由相向传播的两组声波形成驻波,则声光介质折射率变化为

$$\Delta n(z,t) = 2\Delta n_0 \frac{\omega_\mathrm{s}}{v_\mathrm{s}}z\sin\omega_\mathrm{s}t \tag{1-74}$$

其中,ω_s 为声波角频率;Δn_0 为折射率变化幅值,其大小取决于声光介质特性及超声波场的强弱。对于宽为 H,长为 L 的矩形截面的超声柱,理论上有

$$\Delta n_0 = -\frac{1}{2}n^3 p \sqrt{2P_\mathrm{s}/\rho v_\mathrm{s}^3 LH} \tag{1-75}$$

其中,p 为介质的声光系数;n 为折射率;P_s 为超声功率;ρ 为介质密度。

图 1-50 所示为光垂直于声波传播方向入射时产生的 Raman-Nath 声光衍射示意图。以频率为 ω_0 的平行光通过超声光栅时,将产生多级衍射,而且各级衍射光极值对称地分布在零级极值的两侧。

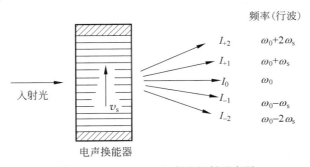

图 1-50　Raman-Nath 声光衍射示意图

各级衍射光的衍射角满足

$$\lambda_\mathrm{s}\sin\theta_\mathrm{m} = \pm m\lambda, \quad m = 0,1,2,\cdots \tag{1-76}$$

各级衍射光的极值光强为

$$I_m = I_\mathrm{i}J_m^2(\phi) \tag{1-77}$$

其中,I_i 为入射光强;$\phi = \dfrac{2\pi}{\lambda}\Delta n_0 L$ 表示光通过声光介质时产生的附加位相移;$J_m(\phi)$ 为第 m 阶贝塞尔函数,而且由 $J_m^2(\phi) = J_{-m}^2(\phi)$ 可知各级衍射光强是对称分布的。

对于声行波光栅,各级衍射光的频率为

$$\omega_m = \omega_0 \pm m\omega_s, \quad m = 0, 1, 2, \cdots \tag{1-78}$$

当入射光的入射角 $\theta_i = \theta_B = \arcsin\dfrac{\lambda}{2\lambda_s}$ 时,产生 Bragg 衍射,θ_B 称为 Bragg 角。衍射方向由入射光和声波的相对传播方向而定,± 1 级衍射光强可表示为

$$I_{\pm 1} = I_i \sin^2\left(\frac{\omega L}{2c}\Delta n_0\right) = I_i \sin^2\left(\frac{\phi}{2}\right) \tag{1-79}$$

其中,c 为光速。

由 $I_i = I_{\pm 1} + I_0$ 可得零级衍射光强的表达式为

$$I_0 = I_i \cos^2\left(\frac{\phi}{2}\right) \tag{1-80}$$

由此可见,可以适当地选择参数,使 $\varphi = \pi$ 或 2π,则入射光的能量便能全部都移到一级或零级的衍射方向上去。所以,Bragg 衍射效率比 Raman-Nath 衍射效率高得多。

2) 声光调制器

声光调制器主要由声光介质(如熔融石英、钼酸铅($PbMoO_4$)、铌酸锂($LiNbO_3$)等)、电声换能器、吸声(或反射)装置及驱动电源组成,如图 1-51 所示。作为调制器,无论采用哪种

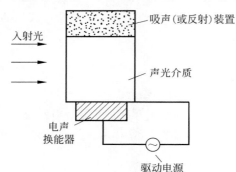

图 1-51　声光调制器结构

衍射形式,或是将零级光作为输出,或是将一级衍射光作为输出,不需要的其他各级衍射光用光阑挡去。当超声波的功率随着调制信号改变时,光通过声光介质产生的附加相移 ϕ 将改变,衍射光的强度将随之发生变化,从而实现光强的调制。ϕ 和超声波功率 P_s 的关系为

$$\phi = \frac{2\pi}{\lambda}\Delta n_0 L = -\frac{\pi}{\lambda}n^3 L p \sqrt{\frac{2P_s}{\rho v_s^3 L H}} \tag{1-81}$$

根据式(1-78),角频率为 ω 的光波发生声光衍射后,各级衍射光的频率是衍射级的函数。因此,声光调制器不仅可以调制入射光的相位,也可以调制入射光的频率。

4. 磁光调制

磁光调制是利用法拉第旋光效应。如图 1-52 所示,光束沿磁光介质(如 YIG 棒)的轴向传播,在垂直于光的传播方向上加一直流磁场,其强度足以使 YIG 棒的磁化方向与光传播方向相垂直。另外,将高频线圈环绕在 YIG 棒上,以在 YIG 棒内产生一个轴向的时变磁场调制经起偏器产生的线偏振入射光,其偏振方向由于法拉第效应而在 YIG 棒内发生旋转,其旋转角 $\phi(t)$ 与外加射频场强度 $H_{rf}\sin\omega t$ 和 YIG 棒的长度 l 成正比,与外加直流磁场强度 H_{dc} 反比,即

$$\phi(t) = \phi_s \frac{l H_{rf}}{H_{dc}}\sin\omega t \tag{1-82}$$

其中,l 为磁光介质的长度;ϕ_s 为磁光材料的旋光系数,与磁光介质的入射光波长有关,是一个表示介质磁光特性强弱的参数。

对于给定的磁光介质,振动面的旋转方向只取决于磁场的方向,与光线的传播方向无

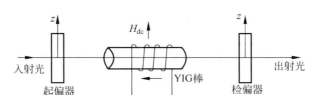

图 1-52 钇铁石榴石(YIG)磁光调制器

关。这样,通过 YIG 棒的光的偏振面发生周期性变化,再通过检偏器,就可以把偏振面的旋转变为光的强度调制。

5. 电源调制

直接将调制信号加载于激光电源,从而使激光器发射的激光强度或激光脉冲参数随调制信号而变化的调制,称为电源调制或直接调制。对于半导体激光器,一般采用注入调制电流的方式调制输出激光的强度和相位。例如,在激光光纤通信中,为提高抗干扰能力和工作的稳定性,多采用脉冲调位。图 1-53 所示为半导体激光器脉冲调位原理。由脉冲发生器产生一定幅度和宽度的脉冲去控制半导体激光器的泵浦电流密度,半导体激光器受脉冲调制后发射激光脉冲。脉冲发生器产生脉冲的时刻由比较器控制,比较器将锯齿波与信号进行比较,在两者电平相同的每个瞬间都产生一个脉冲,如图 1-53(b)所示,这样,产生脉冲的位置就受到信号的控制,从而实现了脉冲调制。

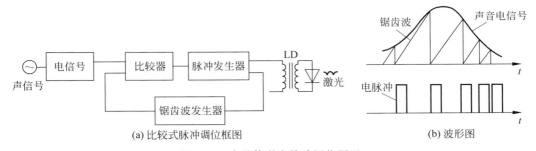

(a) 比较式脉冲调位框图　　　　　(b) 波形图

图 1-53 半导体激光脉冲调位原理

6. 干涉调制

图 1-54 所示为一种干涉调制。利用迈克尔逊干涉仪的原理,把其中一个反射镜用压电元件驱动,压电元件上加上调制电信号,使动镜在干涉仪中产生有规律的周期变动,从而获得周期性变化的干涉,以实现光的调制。

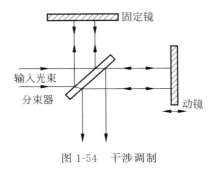

图 1-54 干涉调制

习题与思考 1

1-1 一个完整的测量过程主要包括哪些测量要素？

1-2 测量灵敏度的含义是什么？请写出其表达式。

1-3 什么是测量误差？测量误差主要有哪几种？各有什么特点？

1-4 什么是测量的不确定度？不确定度的来源主要有哪些方面？如何评定测量不确定度？

1-5 一个光学测量系统主要包括哪些基本组成部分？

1-6 非光物理量测量的核心是将非光物理量转换为光信号，主要有哪些转换方式？

1-7 针对某个具体检测任务，为了选择尽可能最优的光学测量方法，一般需要从哪些方面进行综合考虑？

1-8 光源是光学测量系统的重要组成，针对具体的光学测量系统，一般对光源有哪些方面的要求？

1-9 与普通光源相比，激光光源主要有哪些特点？

1-10 光电探测器种类繁多，从物理效应上主要分为哪两大类？这两大类光电探测器的主要区别是什么？

1-11 请对比分析 PSD 和 QD 两种光电探测器的异同点。

1-12 请对比分析 CCD 和 CMOS 两种光电探测器的异同点。

1-13 在光学测量中，为什么要对光信号进行调制？可以通过哪些途径实施调制？

1-14 在光学测量中，采用物理光学的原理实施光调制的方法主要有哪些？可以对光的哪些参数进行调制？

1-15 在日常生活或工业生产中，你都了解哪些光学测量相关的系统或产品？试针对其中一种，调研其测量原理、性能指标及最新发展趋势。

第 2 章

CHAPTER 2

光干涉测量

本章首先讲述光干涉的基础知识,包括光的相干条件、干涉条纹的形状、干涉条纹对比度以及产生干涉的几种途径;然后以光学零件或系统为对象,讲述用于检测这些光学零件或系统成像质量的常用干涉方法,以及用于测量长度的实用激光干涉仪的构成及各主要部件的作用原理。本章还将介绍白光干涉仪、外差式激光干涉仪、激光自混合干涉测量、绝对长度干涉仪,以及激光干涉在引力波测量和光刻机上的应用。

2.1　光干涉基础知识

2.1.1　光的干涉条件

第 07 集
微课视频

光的干涉现象是光的波动性的重要特征。1801 年,杨氏(Thomas Young)双缝实验证明了光可以发生干涉,其后菲涅耳(A. Fresnel)等用波动理论很好地说明了干涉现象的各种细节。20 世纪 30 年代,范西特(P. H. van Cittert)和泽尼克(F. Zernike)发展了部分相干理论,使干涉理论进一步完善。

在两个(或多个)光波叠加的区域,某些点的振动始终加强,另一些点的振动始终减弱,形成在该区域内稳定的光强弱分布的现象,称为光的干涉现象。下面从矢量波叠加的强度分布引出光波相干的条件。

根据波的叠加原理,在空间一点处同时存在两个振动 E_1 和 E_2 时,叠加后该点的光强为

$$I = \langle (E_1 + E_2) \cdot (E_1 + E_2) \rangle = I_1 + I_1 + I_{12} \tag{2-1}$$

其中,利用了关系式 $I = \langle E \cdot E \rangle$,即该点的光强度应是该点光振幅平方的时间平均值。

从式(2-1)可以看出,因为 I_{12} 的存在,该点合振动的强度不是简单地等于两振动单独在该点产生的强度之和,I_{12} 称为干涉项。

两个平面波可表示为

$$E_1 = A_1 \cos(k_1 r - \omega_1 t + \delta_1) \tag{2-2}$$

$$E_2 = A_2 \cos(k_2 r - \omega_2 t + \delta_2) \tag{2-3}$$

则这两个平面波在 P 点的合振动的强度为

$$I_1 + I_2 + I_{12} = I_1 + I_2 + 2\langle E_1 \cdot E_2 \rangle = I_1 + I_2 + 2A_1 A_2 \cos\delta \tag{2-4}$$

其中

$$\delta = [(k_1 - k_2)r + (\delta_1 - \delta_2) - (\omega_1 - \omega_2)t] \tag{2-5}$$

干涉项 I_{12} 与这两个平面波的振动方向(A_1，A_2）及在 P 点的相位差 δ 有关。分析这两项可以得到产生稳定干涉的条件。

（1）频率相同。由式（2-4）和式（2-5）可以看出两光波频率差造成相位差 δ 随时间变化，如果变化太快，通过观察实际得到的是 I_{12} 的平均值，这个平均值等于零，看不到干涉现象。

需要说明的是，若两个光波的频率相差不大，且频率差能被探测器响应，虽然人眼看不到干涉条纹，但通过探测器仍然能看到拍波干涉现象。图 2-1 所示为不同频率的两个平面波叠加形成的拍波干涉现象。在拍波的中心位置和两个近边缘位置，两波完全重合，相位差为零，为相长干涉；在拍波的左、右两个中部位置相位相反，为相消干涉。因此，两波叠加后形成的光强度包络在相长干涉的位置光强度最大，在相消干涉的位置光强度最小，此包络决定了两波叠加形成的干涉条纹可见度。拍波的频率 $\omega = \omega_2 - \omega_1$，称为拍频（Beat Frequency），

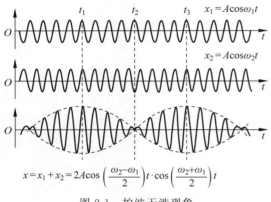

图 2-1　拍波干涉现象

波长为 $\lambda = \lambda_1 \lambda_2 / (\lambda_1 - \lambda_2)$，称为合成波长。

（2）振动方向相同。干涉项 I_{12} 与 A_1 和 A_2 的标量积有关。当两光波的振动方向互相垂直时，则 $A_1 \cdot A_2 = 0$，$I_{12} = 0$，因此不产生干涉现象；当两光波的振动方向相同时，$I_{12} = A_1 \cdot A_2 \cos\delta$，类似于标量波的叠加；当两光波振动方向有一定夹角 α 时，$I_{12} = A_1 \cdot A_2 \cos\alpha \cos\delta$，即只有两个振动的平行分量能够产生干涉而其垂直分量将在观察面上形成背景光，对干涉条纹的清晰程度产生影响。

（3）相位差恒定。对于确定时刻，相位差应是坐标的函数。对于确定的点，则要求在观察时间内两光波的相位差 $\delta_1 - \delta_2$ 恒定，此时 δ 保持恒定值，该点的强度稳定。否则，δ 随机变化，在观察时间内多次经历 $0 \sim 2\pi$ 的一切数值，而使 $I_{12} = 0$。

光波的频率相同、振动方向相同和相位差恒定是能够产生稳定干涉的必要条件。满足干涉条件的光波称为相干光波，相应的光源称为相干光源。

两个普通的独立光源发出的光波是不能产生干涉的，即使同一光源，不同部位辐射的光波也不能满足干涉的条件。因此，要获得两个相干光波，必须由同一光源的同一发光点或微小区域发出的光波，通过具体的干涉装置获得两个相关联的光波，它们相遇时才能产生干涉。在具体的干涉装置中，还必须满足两叠加光波的光程差不超过光波的波列长度这一补充条件。因为实际光源发出的光波是一个个波列，原子某一时刻发出的波列与下一时刻发出的波列，其光波的振动方向和初始相位都是随机的，它们相遇时相位差无固定关系，只有同一原子发出的同一波列相遇才能相干。

2.1.2　干涉条纹的形状

图 2-2 所示为由相干点源 S_1 和 S_2 在空间形成的干涉场。干涉条纹实际上是空间位置

对 S_1 和 S_2 等光程差的轨迹（m 为等光程差簇的级数）。由 S_1 和 S_2 在 xOz 平面中形成的干涉条纹，显然是距 S_1 和 S_2 等光程差点的集合，这是一簇以 S_1 和 S_2 为共焦点的双曲线，在 $xyz\text{-}O$ 三维空间，等光程差轨迹则是该簇双叶双曲线绕 S_1、S_2 连线回转的双曲面簇。某个观察屏上的干涉条纹，相当于屏平面与双曲面簇的交线。在 S_1 和 S_2 连线的垂直平面上，得到的交线形成圆环形条纹，而在 S_1、S_2 连线的等分线的远方，得到的是杨氏干涉的直线等距条纹，在其他平面上得到双曲线状的条纹。

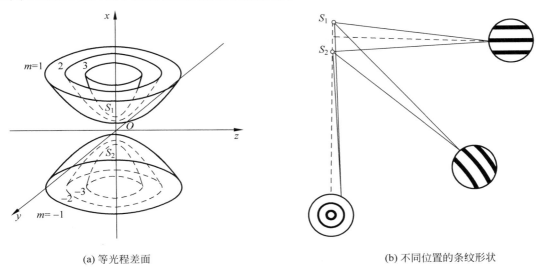

(a) 等光程差面　　　　　　　　　　　　　　　(b) 不同位置的条纹形状

图 2-2　两相干点源的干涉场

2.1.3　干涉条纹的对比度

第 08 集
微课视频

1. 条纹对比度的定义

干涉场某点干涉条纹的对比度定义为

$$K = \frac{I_{\max} - I_{\min}}{I_{\max} + I_{\min}} \tag{2-6}$$

其中，$I_{\max}$ 和 $I_{\min}$ 分别为考查位置的最大光强和最小光强。

条纹对比度表征了干涉场中某处条纹亮暗反差的程度，是衡量干涉条纹质量的一个重要参数。双光束干涉的强度分布可表示为

$$I = (I_1 + I_2)\left(1 + \frac{2\sqrt{I_1 I_2}}{I_1 + I_2}\cos\delta\right) \tag{2-7}$$

由此可得条纹的对比度为

$$K = \frac{2\sqrt{I_1 I_2}}{I_1 + I_2} \tag{2-8}$$

因此有

$$I = (I_1 + I_2)(1 + K\cos\delta) \tag{2-9}$$

由式(2-9)可知，在求得余弦光强的分布式之后，将其常数项（直流分量）归化为 1，余弦变化部分的振幅（或称调制度）即是条纹的对比度。

2. 影响条纹对比度的因素

影响干涉条纹对比度的主要因素是两相干光束的振幅比、光源的大小和光源的单色性。

1）两相干光束振幅比的影响

由式（2-8）可得

$$K = \frac{2\sqrt{I_1 I_2}}{I_1 + I_2} = \frac{2(A_1/A_2)}{1 + (A_1/A_2)^2} \tag{2-10}$$

表明两相干光的振幅比对干涉条纹的对比度有影响：当 $A_1 = A_2$ 时，$K=1$；当 $A_1 \neq A_2$ 时，$K < 1$。两光波振幅相差越大，K 越小。设计干涉系统时应尽可能使 $K=1$，以获得最大的条纹对比度。

2）光源大小的影响和空间相干性

实际光源总有一定的大小，通常称为扩展光源。扩展光源可以看作许多不相干点源的集合，其上每个点通过干涉系统形成各自的一组干涉条纹，在屏幕上再由许多组干涉条纹进行强度叠加，叠加后干涉条纹的对比度将下降。

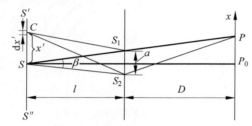

图 2-3　杨氏双缝干涉扩展光源干涉情形

（1）条纹对比度随光源大小的变化

如图 2-3 所示的杨氏双缝干涉，可以将扩展光源分为许多强度相等、宽度为 $\mathrm{d}x'$ 的元光源。位于宽度为 b 的扩展光源 $S'S''$ 上 C 点的元光源 $I_0 \mathrm{d}x'$，在屏平面 x 上的 P 点形成干涉条纹的强度为

$$\mathrm{d}I = 2I_0 \mathrm{d}x'[1 + \cos k(\Delta' + \Delta)] \tag{2-11}$$

其中，Δ' 为从 C 点到 P 点的一对相干光在双缝左方的光程差；Δ 为从 C 点到 P 点的一对相干光在双缝右方的光程差。

由几何关系容易得到 $\Delta = \dfrac{xa}{D}$、$\Delta' = \dfrac{a}{l}x'$ 或 $\Delta' = \beta x'$，其中 $\beta = \dfrac{a}{l}$ 为干涉孔径角，即到达干涉场某点的两条相干光束从实际光源发出时的夹角。于是，宽度为 b 的整个光源在 x 平面 P 点处的光强为

$$I = \int_{-b/2}^{b/2} 2I_0 \left[1 + \cos \frac{2\pi}{\lambda}\left(\frac{a}{l}x' + \frac{a}{D}x\right)\right]\mathrm{d}x'$$

$$= 2I_0 b \left[1 + \frac{\sin(\pi b\beta/\lambda)}{\pi b\beta/\lambda}\cos\left(\frac{2\pi}{\lambda}\frac{a}{D}x\right)\right] \tag{2-12}$$

显然式（2-12）中的 $\dfrac{\sin(\pi b\beta/\lambda)}{\pi b\beta/\lambda}$ 就是干涉条纹的对比度，写作

$$K = \left|\frac{\lambda}{\pi b\beta}\sin\frac{\pi b\beta}{\lambda}\right| \tag{2-13}$$

式（2-13）中第 1 个 $K=0$ 时对应 $b=\lambda/\beta$，此时条纹的对比度为 0，对应的光源宽度为光源的临界宽度，记为 b_c。$b_c = \lambda/\beta$ 是求解干涉系统中光源临界宽度的普遍公式。实际工作中，为了能够较清晰地观察到干涉条纹，通常取该值的 1/4 作为光源的允许宽度 b_P，这时条纹对比度 $K=0.9$。

$$b_P = b_c/4 = \lambda/4\beta \tag{2-14}$$

（2）空间相干性

由 $b_c\beta=\lambda$ 可知光源大小与干涉孔径角成反比。给定一个光源尺寸，就限制着一个相干空间，这就是空间相干性问题。也就是说，若通过光波场横向上两点的光在空间相遇时能够发生干涉，则称通过空间这两点的光具有空间相干性。如图 2-4 所示，对于大小为 b 的光源，相应地有一个干涉孔径角 β，在这个干涉孔径角所限定的空间范围内，任意取两点 S_1 和 S_2，它们作为被光源照明的两个次级点光源，发出的光波是相干的；而同样由光源照明的 S'_1 和 S'_2 次光源发出的光，因其不在 β 角的范围内，其发出的光波是不相干的。

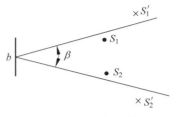

图 2-4 空间相干性

3）光源单色性的影响和时间相干性

（1）光源单色性的影响

实际使用的单色光源都有一定的光谱宽度 $\Delta\lambda$，会影响条纹的对比度。因为条纹间距与波长有关，$\Delta\lambda$ 范围内的每条谱线都各自形成一组干涉条纹，且除零级以外，各组条纹相互有偏移且重叠，结果使条纹对比度下降。

为简便起见，以带宽为 Δk 的矩形分布的光源光谱结构为例，求解干涉条纹对比度与光谱带宽的关系。

设位于波数 k_0 处的元谱线 $\mathrm{d}k$ 的强度为 $I_0(\mathrm{d}k)$，I_0 为光强的光谱分布，在此为常数。元谱线（$\mathrm{d}k$）在干涉场中产生的光强分布为 $\mathrm{d}I=2I_0\mathrm{d}k(1+\cos k\Delta)$，则所有谱线在干涉场中产生的光强分布为

$$I=\int_{k_0-\frac{\Delta k}{2}}^{k_0+\frac{\Delta k}{2}}2I_0(1+\cos k\Delta)\,\mathrm{d}k=2I_0\Delta k\left[1+\frac{\sin(\Delta k\cdot\Delta/2)}{\Delta k\cdot\Delta/2}\cos(k_0\Delta)\right] \tag{2-15}$$

于是有

$$K=\left|\frac{\sin(\Delta k\cdot\Delta/2)}{\Delta k\cdot\Delta/2}\right| \tag{2-16}$$

K 随 Δ 的变化如图 2-5（b）所示。当 $\Delta k\cdot\Delta/2=\pi$ 时，求得第 1 个 $K=0$ 对应的光程差为

$$\Delta_{\max}=\frac{2\pi}{(\Delta k)}=\frac{\lambda_1\lambda_2}{(\Delta\lambda)}\approx\frac{\lambda^2}{(\Delta\lambda)} \tag{2-17}$$

这时的 Δ 就是对于光谱宽度为 $\Delta\lambda$ 或（Δk）的光源能够产生干涉的最大光程差，即相干长度。

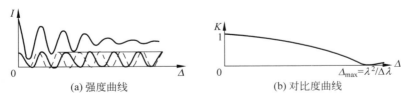

(a) 强度曲线   (b) 对比度曲线

图 2-5 光源单色性对条纹的影响

（2）时间相干性

光波在一定的光程差下能发生干涉的事实表现了光波的时间相干性。通常把光通过相干长度所需的时间称为相干时间。显然，若光源某一时刻发出的光在相干时间 Δt 内，经过

不同的路径相遇时能够产生干涉,称光的这种相干性为时间相干性。它对应于光波场纵向上空间两点的相位关联。相干时间 Δt 是光的时间相干性的量度,它取决于光波的光谱宽度。显然,由式(2-17)得

$$\Delta_{\max} = c\,\Delta t = \frac{\lambda^2}{\Delta\lambda} \tag{2-18}$$

由波长 λ 与频率 ν 之间的关系 $\lambda\nu = c$,可以得到波长宽度 $\Delta\lambda$ 与频率宽度 $\Delta\nu$ 之间的关系为 $\Delta\lambda/\lambda = \Delta\nu/\nu$,代入式(2-17)可得

$$\Delta t\,\Delta\nu = 1 \tag{2-19}$$

式(2-19)表明 $\Delta\nu$(频率带宽)越小,Δt 越大,光的时间相干性越好。所以,相干长度、光谱带宽、单色性都是时间相干性的参数。

2.1.4　产生干涉的途径

　　尽管有很多具体方案可以将一束光分成两束或多束光,并使它们相遇产生干涉,但从原理上讲,可以把这些方法分为 3 类:分波阵面、分振幅和分偏振方向。常见干涉实验装置如图 2-6 所示。

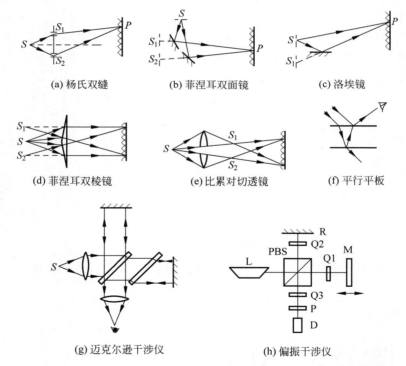

(a) 杨氏双缝　　　　(b) 菲涅耳双面镜　　　　(c) 洛埃镜

(d) 菲涅耳双棱镜　　　(e) 比累对切透镜　　　(f) 平行平板

(g) 迈克尔逊干涉仪　　　　　(h) 偏振干涉仪

图 2-6　常见干涉实验装置

1. 分波阵面

　　分波阵面就是将一个点光源所发出的波阵面经过反射或折射,分成两个或多个波阵面,使其在重叠区域产生干涉,如图 2-6(a)～图 2-6(e)所示。在分波阵面方法中,必须选择合适的光源的大小,才能产生干涉。

2. 分振幅

将一束光的振幅分成两个或多个部分,使其在重叠区域产生干涉,就是分振幅,如图 2-6(f)和图 2-6(g)所示。常用的分光器有平行平板分光器和立方体分光器。在分振幅干涉中,对光源的大小没有限制。

3. 分偏振方向

一般来说,分偏振方向法就是通过偏光分光器将一束光分成偏振方向相互垂直的两个部分,通过一个检偏器使其在偏振方向相同的重叠区域产生干涉,如图 2-6(h)所示。常见的偏振分光器有渥拉斯顿棱镜、洛匈棱镜、格兰-傅科棱镜和格兰-汤普逊棱镜。在分偏振方向干涉中,同样对光源的大小没有限制。

2.2 波面干涉测量

2.2.1 概述

这里的波面干涉测量主要是指使用光干涉方法测量光学系统或光学零件的成像质量。一般来说,其干涉采用一个理想的平面波或球面波与具有像差的平面波或球面波进行干涉,获得光学系统或光学零件各种像差大小。

第 10 集
微课视频

1. 光学系统像差的概念

在几何光学中,若任何一个物点发出的光线经过光学系统后,所有出射光线仍然相交于一点,而且只相交于这一点,称这样的光学系统为理想光学系统或理想光组。实际光学系统只有在近轴区内才具有理想光组成完善像的性质。但只能以细光束对近轴小物体成完善像的光学系统是没有实际意义的,因为恰恰是孔径和视场这两个因素与光学系统的功能和使用价值紧密相连。从实用的角度,光学系统都需要一定大小的视场和孔径,它远超出近轴区所限定的范围,此时一个物点发出的光线在系统的作用下,其出射光线不再相交于一点,而是形成一个斑。这种由于实际光路与理想光路之间的差别而引起的成像缺陷称为像差,它反映为实际像的位置和大小与理想像的位置和大小之间的差异。

在所有光学零件中,平面反射镜是唯一能成完善像的光学零件。

如果只讨论单色光的成像,光学系统会产生性质不同的 5 种像差,分别是球差、彗差、像散、像面弯曲和畸变,统称为单色像差。实际上,绝大多数光学系统以白光或复色光成像。白光是不同波长的单色光所组成的,它们对于光学介质具有不同的折射率,因而白光进入光学系统后就会因色散而有不同的传播光路,形成了复色像差,这种由不同颜色光的光路差别引起的像差称为色差。像差是光学系统设计的基础,在很多光学设计书中都有介绍,这里不再赘述。

2. 理想光学系统的成像与分辨力

以如图 2-7 所示的望远镜成像为例,从波动光学的角度来看,无穷远一点 P 经过望远镜后,在其焦平面上得到的不是一个点,而是一幅夫琅禾费衍射图案,衍射图案的中间亮斑就是艾里斑。艾里斑的半角宽为

$$\theta_1 = 1.22 \frac{\lambda}{D} \tag{2-20}$$

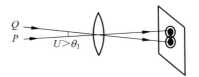

图 2-7 望远镜成像

其中，λ 为入射光的波长；D 为望远镜的通光口径。

若物空间另外有一个与 P 点相邻的 Q 点，通过光学系统成像，它们各自都会形成一幅衍射图样，由于这两个点光源是不相干的，故光屏上的总照度是两组明暗条纹按各自原有强度的直接相加，如图 2-8 所示。图 2-8（a）为能分开的两点的像，图 2-8（b）为刚能分辨时的像，而图 2-8（c）为难以区分的像。为了区别两个像点能被分辨的程度，通常都按瑞利提出的判据判断，即当一个中央亮斑的最大值位置恰与另一个中央亮斑的第 1 个最小值位置相重合时，两个像点刚好能被分辨，如图 2-8（b）所示的圆孔衍射情况。此时，其总照度分布曲线中央凹下部分强度约为每条曲线最大值的 74%，两个发光点对望远镜入射光瞳中心所张的视角 U 等于各衍射图样第 1 暗环半径的衍射角 θ_1，即 $U=\theta_1$。

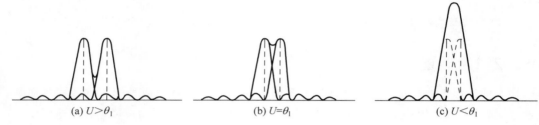

$$（a）U>\theta_1 \qquad （b）U=\theta_1 \qquad （c）U<\theta_1$$

图 2-8　光强分布情况

视角 $U>\theta_1$ 时，能分辨出两点的像；$U<\theta_1$ 时，则分辨不出。$U=\theta_1$ 的这个极限角称为光学系统的分辨极限，而它的倒数称为分辨本领。也用像面上或物面上能够分辨的两点间的最小距离表示分辨极限。

因此，由于衍射效应，即使是一个理想的光学系统也不能将一个物点成像为一个理想的像点，而是形成一个艾里斑，艾里斑的大小决定了光学系统的分辨力。理想光学系统的分辨力与光学系统的通光口径以及入射光的波长有关。常见光学系统的理论分辨力如下。

（1）人眼的分辨本领。眼睛瞳孔的半径约为 1mm，波长为 $\lambda=555$nm 的黄绿色光进入瞳孔时，人眼在明视距离（250mm）处能分辨两个点之间的距离约为 0.08mm，也就是说，对物面上比这个距离更小的细节，人眼就分辨不出了。

（2）望远镜的分辨力。望远镜的分辨力一般用分辨角表示，具体的计算见式（2-20）。

（3）显微镜的分辨力。计算式为

$$\Delta y = \frac{0.61\lambda}{n\sin u} = \frac{0.61\lambda}{\text{NA}} \tag{2-21}$$

其中，λ 为入射波长；n 为入射物空间的折射率；u 为入射角；NA 为数值孔径。

3. 实际光学系统的成像情况

一个光学系统实际的成像更为复杂，其分辨力不仅与光学系统的通光孔径或数值孔径有关，更多的是与光学系统的几何像差有关。通过光学系统设计完全消除像差是困难的，也是不符合实际的。此外，对于整个光电系统，有时其他一些因素也影响整个系统的分辨力，如在照相系统中，底片的分辨力同样也影响整个系统的分辨力。

4. 光学系统像差的测量与评估方法

对一个光学系统进行性能评价，总体上有 3 种方法。

（1）像差评价。光学系统设计者经常选择对其设计的光学系统进行光线追迹，评价其系统的性能。

（2）分辨力板测试。光学系统的使用者有时采用分辨力板测试其光学系统的分辨力，采用测量光学系统的传递函数评价光学系统。

（3）成像质量测试。光学系统制造者经常采用，即使用性能测试评价他们制造的系统，往往在光学系统的加工过程中进行测试。这样的测试不仅需要知道光学系统的像差，还需要知道如何修正这些像差。最常用的测试方法就是采用基于光学干涉的方法测量光学系统的波前质量，因为光学干涉方法具有测量灵敏度高、容易实现测量自动化、得到的干涉图像容易解释等优点。

瑞利判据表明：对于一个趋于衍射极限的光学系统，其实际波前与理想波前之间的偏差不应该大于 $\lambda/4$。由于干涉的自然单位是波长，要求采用单色光源，激光成为干涉仪的标准光源。实际上，所有用于光学系统测试的干涉仪都是将被测波前与参考波前进行比较，得到的干涉条纹实际上是两个波前之间差别的包络线。如果参考波前是个理想的平面波或球面波，干涉条纹实际上就是被测波前的等高线。

使用干涉测量最简单的方法是使用测试样板，当被测零件与测试样板放在一起，在它们的接触面就会出现干涉条纹，根据干涉条纹就可以得到被测零件的像差或尺寸。这种方法测量简单、快速，干涉图像直观、易懂，其缺点是容易损伤被测表面，且需要制作精密的测试板，测试板尺寸受到了限制不能做得太大，因此在实际中经常采用以下各种光学干涉系统测量光学系统或零件的成像质量。

2.2.2　泰曼-格林干涉仪

泰曼-格林干涉仪实质上是迈克尔逊干涉仪的一种变型，是近代光学检验领域一种很重要的仪器，其光路原理如图 2-9 所示。准单色点光源和透镜 L1 提供入射的平面波，干涉仪的一臂装有参考反射镜 M1，另一臂则装有被测试的光学元件。透镜 L2 使全部通过孔径的光都能进入位于 L2 焦点处的观察孔，所以能看到整个视场，即能看到 M1 和 M2 的任何一部分。干涉条纹可用目视观察，或用照相机和摄像头把干涉条纹拍摄下来进行观察。根据干涉条纹的变化，就可判断被测光学元件的质量。采用连续输出功率为 1mW 的 He-Ne 激光器，就足以在整个干涉场上产生明亮而清晰的干涉条纹，使泰曼-格林干涉仪不仅能满足各种静态测试的要求，也能适应大位移的动态测量。激光条纹的高亮度，还能缩短对条纹照相的曝光时间，因而能减少不希望有的振动效应。图 2-9 所示的仪器是检验透镜的泰曼-格

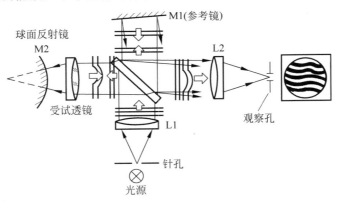

图 2-9　泰曼-格林干涉仪光路原理

林干涉仪,其中球面镜 M2 的曲率中心和被测透镜的焦点重合。如果待测透镜没有像差,返回到分束器的反射波将仍是平面波;如果被测透镜有像差引起波阵面的变形,那么就会清楚地看到一幅具有畸变的干涉条纹图。若把 M2 换成平面镜,就可以检验其他类型的光学元件,如棱镜、光学平板等,还可直接采用 CCD 摄像技术获得干涉图,用计算机分析得到各种像差。

2.2.3 移相干涉仪

如图 2-10 所示的迈克尔逊干涉仪,参考镜上装有压电陶瓷(PZT)移相器,驱动参考镜产生几分之一波长量级的光程变化,使干涉场产生变化的干涉图形。干涉场的光强分布可表示为

$$I(x,y,t)=I_d(x,y)+I_a(x,y)\cos[\varphi(x,y)-\delta(t)] \qquad (2-22)$$

其中,$I_d(x,y)$ 为干涉场的直流光强分布;$I_a(x,y)$ 为交流光强分布;$\varphi(x,y)$ 为被测波面与参考波面的相位差分布;$\delta(t)$ 为两支干涉光路中的可变相位。

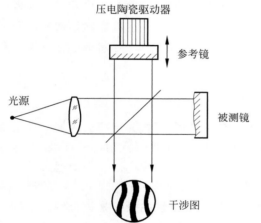

图 2-10 装有压电陶瓷驱动的迈克尔逊干涉仪

传统的干涉测量方法是固定 $\delta(t)=\delta_0$,直接判读一幅干涉图中的条纹序号 $N(x,y)$,由此获得被测波面的相位信息 $\varphi(x,y)=2\pi N(x,y)$。由于干涉域的各种噪声、探测与判读的灵敏度限制及其不一致性等因素的影响,其条纹序号的测量不确定度只能做到 0.1,相应地,被测波面的面形不确定度为 $0.05\lambda\sim 0.1\lambda$。

为了减小干涉测量的不确定度,设法采集多幅相位变化的干涉图中的光强分布 $I(x,y,t)$,用数值计算解出 $\varphi(x,y)$。对于给定的干涉场某点 (x,y) 处,式(2-22)中 I_a、I_d 和 φ 均未知,至少需要 $\delta(t_1)$、$\delta(t_2)$ 和 $\delta(t_3)$ 3 幅干涉图才能确定出 $\varphi(x,y)$。

一般取 $\delta_i=\delta(t_i)$,$i=1,2,\cdots,N(N\geqslant 3)$,式(2-22)可改写为

$$I(x,y,\delta_i)=I_d(x,y)+I_a(x,y)\cos[\varphi(x,y)+\delta_i]$$
$$=a_0(x,y)+a_1(x,y)\cos\delta_i+a_2(x,y)\sin\delta_i \qquad (2-23)$$

其中,$a_0(x,y)=I_d(x,y)$;$a_1(x,y)=I_a(x,y)\cos[\varphi(x,y)]$;$a_2(x,y)=-I_a(x,y)\sin[\varphi(x,y)]$。

根据最小二乘原理 $\sum\limits_{i=1}^{N}[I_i(x,y)-a_0(x,y)-a_1(x,y)\cos\delta_i-a_2(x,y)\sin\delta_i]^2=$ Min,得

$$\begin{bmatrix} a_0(x,y) \\ a_1(x,y) \\ a_2(x,y) \end{bmatrix}=\boldsymbol{A}^{-1}(\delta_i)\boldsymbol{B}(x,y,\delta_i) \qquad (2-24)$$

$$A(\delta_i) = \begin{bmatrix} N & \sum\cos\delta_i & \sum\sin\delta_i \\ \sum\cos\delta_i & \sum\cos^2\delta_i & \sum\cos\delta_i\sin\delta_i \\ \sum\cos\delta_i & \sum\sin\delta_i\cos\delta_i & \sum\sin^2\delta_i \end{bmatrix} \qquad (2\text{-}25)$$

$$B(x,y,\delta_i) = \begin{bmatrix} \sum I_i(x,y) \\ \sum I_i(x,y)\cos\delta_i \\ \sum I_i(x,y)\sin\delta_i \end{bmatrix} \qquad (2\text{-}26)$$

最后,被测相位 $\varphi(x,y)$ 可通过 $a_2(x,y)$ 与 $a_1(x,y)$ 的比值求得,即

$$\varphi(x,y) = \arctan\frac{a_2(x,y)}{a_1(x,y)} \qquad (2\text{-}27)$$

取 4 步移相,即 $N=4$, $\delta_1=0$, $\delta_2=\dfrac{\pi}{2}$, $\delta_3=\pi$, $\delta_4=\dfrac{3}{2}\pi$,代入式(2-24)~式(2-27)得

$$\varphi(x,y) = \arctan\frac{I_4(x,y)-I_2(x,y)}{I_1(x,y)-I_3(x,y)} \qquad (2\text{-}28)$$

如果考虑干涉场中有固定噪声 $n(x,y)$,面阵探测器的灵敏度分布为 $s(x,y)$,则式(2-22)改写为

$$I(x,y,t) = s(x,y)\{I_0(x,y)+I_1(x,y)\cos[\varphi(x,y)+\delta(t)]\}+n(x,y)$$

$$(2\text{-}29)$$

由于式(2-28)中含有减法和除法运算,上述干涉场中的固定噪声和面阵探测器的不一致性影响均自动消除,这是移相干涉技术的一大优点。

2.2.4　共路干涉仪

在泰曼-格林干涉仪或迈克尔逊干涉仪中,由于参考光束和测量光束沿着彼此分开的光路行进,它们受到环境因素(如振动、温度等)的影响不同,如果不采取适当的隔振和恒温措施,得到的干涉条纹是不稳定的,将影响测量结果的稳定性。共路干涉仪可以解决这个问题。所谓共路干涉仪,就是干涉仪中参考光束与测量光束经过同一光路,对外界振动和温度、气流等环境因素的变化能产生彼此共模抑制,一般无需隔震和恒温条件也能获得稳定的干涉条纹。在某些共路干涉仪中,甚至不需要专门的参考表面,参考光束直接来自被测表面(或系统)的微小区域,它不受被测表面误差或像差的影响。当这一光束与通过被测表面全孔径的测量光束干涉时,就可直接获得被测表面或系统缺陷的信息。在这类共路干涉仪中,干涉场中心的两支光束的光程差一般为 0,对光源的时间相干性要求不高,甚至可以使用白光光源。在另一类共路干涉仪中,干涉是由一支光束相对于另一支光束错位产生的,参考光束和检测光束均受被测表面信息的影响,干涉图不直接反映被测表面的信息,要经计算才能求得被测表面或系统的信息,此类干涉仪称为剪切干涉仪。

第 12 集
微课视频

第 13 集
微课视频

第 14 集
微课视频

1. 斐索共路干涉仪

当参考面与被检面靠得很近,且两者通过合理的具有足够刚度的机械结构联结在一起时,就形成了早期的共路干涉仪。这种干涉仪有较好的抗干扰性能,可以用于车间现场测试。

平面斐索共路干涉仪的工作原理如图 2-11 所示。一针孔被置于准直物镜的焦点处，单色光源的尺寸受针孔限制。单色光经针孔及准直物镜后形成准直光束，直接射向参考平面

分光镜

R
T

图 2-11 平面斐索共路干涉仪的
工作原理

和被检表面。当参考平面 R 和被测表面 T 之间形成很小空气楔时，人眼可以通过小孔观察到由两者形成的等厚条纹，如果参考平面是理想的，则等厚条纹的任何形状变化（弯曲或局部弯曲等）就是被检表面的缺陷。斐索干涉仪不仅可以方便地测量平面被检面的缺陷，也可以检测球面或非球面的表面缺陷，当然，此时的参考面也应该是理想的球面或非球面。此外，斐索干涉仪还可用于棱镜及透镜像质的检测，是一种多功能的测试仪器。

在斐索干涉仪中，针孔的离焦、准直透镜的像差及分光板的厚度都会使出射光束的准直性受到破坏，设计时应有严格要求。作为参考面的平面样板通常与透镜一起安置且预先调节平面样板，使参考面反射的针孔像落回到针孔上。参考面样板常做成楔形（10′～20′），以隔离样板背面产生的有害反射光线。在近代的斐索干涉仪中，基准面与准直物镜可形成一体，透镜的下表面设计成平面作为参考面，上表面设计成非球面，以消除像差对准直光束的影响。

必须指出，对斐索干涉仪来说，只有参考面与被检面之间的空气间隔很小，且在结构上使两者形成一体时，它才具有共路干涉的特性，对外界干扰才具有"脱敏"性能。如果不满足上述条件，则斐索干涉仪将丧失共路干涉的特性，此时不能把它看作共路干涉仪。通常把空气间隔很小的斐索干涉仪称为共路型斐索干涉仪，而把空气间隔较大且无法在结构上把两者连成一体的斐索干涉仪称为非共路型斐索干涉仪。

球面斐索干涉仪通常采用凹球面参考波。如图 2-12(a)所示的干涉布置，可以测量凸面镜和凹面镜。在两种情况下，被测面的中心必须与参考面的中心重合，这样能保证当被测表面理想时，所有光线能够相交于中心，并沿原路返回，回来的波前与入射的波前（参考波前）有相同曲率半径。当被测物为凸面镜时，凸面镜应放在参考面和参考面球心之间，且其曲率半径应该小于参考镜的曲率半径，被测凸面的直径应该小于干涉仪的通光口径。

通过如图 2-12(b)所示的猫眼光路安排，球面斐索干涉仪还可以用来测量被测面的曲率半径。当被测表面的球心与参考表面的球心重合时，反射光沿原路返回，经过参考球面后，其测量光束与参考光束平行，干涉条纹的间距最大或没有干涉条纹。移动被测球面，当入射光线会聚到被测球面顶点时，形成猫眼光路，反射光线沿对称方向，经过参考面后反射光线又与入射光平行，看到的条纹间距最大或看不到条纹。测量出这两个特殊位置的距离，

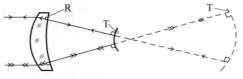

(a) 测量凸面镜和凹面镜的干涉光路

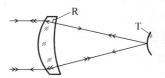

(b) 测量曲率半径的干涉光路

图 2-12 球面斐索干涉仪的光路图

就是被测面的曲率半径。

图 2-13 所示为一种激光数字波面干涉仪测量凹球面的光路原理,He-Ne 激光器代替了传统的光源,CCD 摄像头代替了人眼,通过专用软件可以分析和得到被测物体的各种像差。图 2-14 所示为该系统测量其他光学系统或零件的光路图。

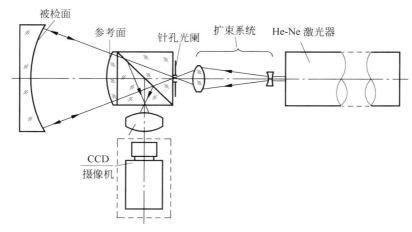

图 2-13　激光数字波面干涉仪测量凹球面的光路原理

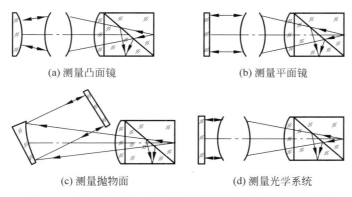

(a) 测量凸面镜　　　　　　　　(b) 测量平面镜

(c) 测量抛物面　　　　　　　　(d) 测量光学系统

图 2-14　激光数字波面干涉仪测量其他光学零件的光路图

2．散射板干涉仪

1）散射板分束器

散射板分束器是一块利用特种工艺制作的弱散射体。会聚入射光束经散射板后被一分为二,一部分光束 t 直接透过散射板,通过被测系统中心区域;另一部分光束 s 经散射板后,被散射到被测系统的全孔径,如图 2-15 所示。这两支光束经过第 2 个散射板后,再次被散射板透射、散射,形成 4 种光,分别如下。

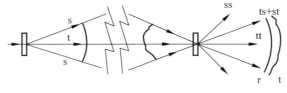

图 2-15　散射板分束器

（1）tt 光：两次都是直接透过散射板的光。

（2）ts 光：第 1 次直接透过散射板，第 2 次被散射板散射的光。

（3）st 光：第 1 次被散射板散射，第 2 次直接透过散射板的光。

（4）ss 光：两次都经散射板散射的光。

上述 4 种光振幅中，tt 光在像平面上形成中心亮斑，常称为热斑（Hot Spot），它实际上是光源经干涉后所形成的像。ts 光和 st 光相互干涉，形成干涉条纹。而两次散射的 ss 光，由于发生随机的干涉而形成背景散斑，必须控制好这部分光，以免影响条纹对比度。

在散射板分束器上，各散射点的位相并非像普通散射板那样随机分布。散射板分束器上的每个散射点都具有对散射板中心反转对称的位相分布，即相对于散射板中心的每对对称散射点都是同相点，但相邻散射点的相对位相呈随机分布。

2）散射板干涉仪

图 2-16 所示为散射板干涉仪的光路原理。光源被会聚透镜会聚到针孔上，投影物镜把针孔成像在被测凹球面的中心点上。当光束通过安置在被测件球心处的散射板时，光束被部分透射和部分散射。透射光束会聚于凹球面的中心，而散射光束则充满凹面镜的整个孔径。这两部分光线经凹球面反射后再次经过散射板，被分为透射和散射两部分。这样，在与被测表面共轭的像平面上就有 ts 和 st 光产生干涉。如图 2-16 所示，第 1 次直接透过散射板的光束会聚在凹球面的中心，它不受凹球面面形误差的影响，因此这一光束第 2 次经散射板散射后形成 ts 光，可作为参考光束。被散射板第 1 次散射的这部分光，充满被测表面的整个孔径，经被测表面反射后将包含被测面的面形信息，这部分光束再经散射板透射后所形成的 st 光可作为测量光束。因此，由 ts 光和 st 光所产生的干涉条纹形状就可确定被测表面的面形。

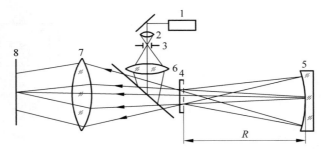

图 2-16　散射板干涉仪的光路原理

1—光源；2—聚光镜；3—针孔；4—散射板；5—被测凹面；6—投影物镜；7—成像系统；8—观察屏

由上述光路原理可以看出，ts 光和 st 光的干涉基本上是共路干涉，所以干涉条纹比较稳定。干涉仪没有专门的参考表面，参考光束来自被测表面中心的微小区域。虽然从光路原理来看，采用普通的准单色光源就可满足要求，但为了提高干涉条纹亮度，目前常采用 He-Ne 激光器作为散射板干涉仪光源。

图 2-16 相比于图 2-15，其优点是采用一个散射板消除了两个散射板性能不一致给测量带来的误差。

散射板干涉仪作为一种共路干涉仪，具有条纹稳定、无需专门的参考表面、结构简单等优点，特别适用于大口径凹面反射镜的干涉测试；主要缺点是目前还无法用它来检测凸面面形，以及干涉场上存在的散斑背景，条纹对比度受到一定的影响。

3. 剪切干涉仪

剪切干涉仪是另一类共路干涉仪,也称为波面错位干涉仪。通过一定的装置将一个具有空间相干性的波面分裂成两个完全相同或相似的波面,并且使这两个波面彼此产生一定量的相对错位,在错位后的波面重叠区形成一组干涉条纹。根据错位干涉条纹的形状,并通过一定的分析就可获得原始波面所包含的信息。

剪切干涉仪具有共路干涉仪的共同优点。由于剪切干涉条纹是被测波面互相错位干涉的结果,它并不直接反映被测波面。为求被测波面,必须进行一定的分析计算,这在一定程度上曾影响其应用。当剪切干涉仪与计算机结合以后,这个问题才得到解决。此外,剪切干涉由于是自身波前相互错位形成的干涉现象,不需要参考系统,是一种较为经济的干涉系统。

根据波面剪切方式的不同,波面剪切可分为横向剪切、径向剪切、旋转剪切和翻转剪切4 类,如图 2-17 所示。其中 A、B、C、D 为原始波面,A′、B′、C′、D′ 为剪切后的波面,两个波面的重叠区即为干涉区。

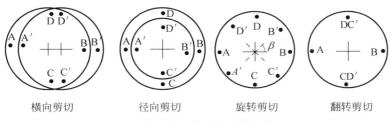

横向剪切　　　　径向剪切　　　　旋转剪切　　　　翻转剪切

图 2-17　波面剪切的 4 种分类

原始波面与剪切波面之间,在某一参考面内产生的小量横向位移称为横向剪切,如图 2-18 所示。其中,图 2-18(a)为平面波的横向剪切,其参考面显然是平面;图 2-18(b)为球面波的横向剪切,其参考面是一个与实际波面接近的球面。横向剪切是由于原始波面与剪切波面之间存在绕参考球面球心的相对转动而引起的。在平面波的横向剪切中,其剪切量以线量 s 表示;在球面波横向剪切中,其剪切量则以角量 α 表示。

图 2-19 所示为横向剪切波面及其干涉图。

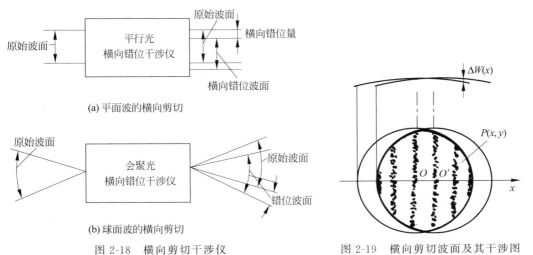

(a) 平面波的横向剪切

(b) 球面波的横向剪切

图 2-18　横向剪切干涉仪　　　　　　　图 2-19　横向剪切波面及其干涉图

设图 2-19 所示波面相对某参考平面的波差为 $W(x,y)$，波面上任意点 P 的坐标为 (x,y)，若波面在 x 方向上的错位量为 s，两波面在 P 点的光程差为

$$\Delta W(x,y)=W(x,y)-W(x-s,y)=m\lambda \tag{2-30}$$

其中，m 为干涉条纹的相对干涉级次；λ 为光源波长。

1）平板剪切干涉仪

图 2-20 所示为默蒂（Murty）于 1964 年设计的一种平板横向剪切干涉仪。由 He-Ne 激光器出射的光束经过扩束系统（被测透镜形成扩束系统的一部分），并经过针孔滤波后，形成平行光束射向平板。一部分光被前表面反射后形成原始波面；另一部分光透过平板再被后表面反射，与原始波面有一个横向剪切，这两个波面在重叠区产生干涉。

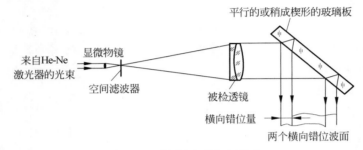

图 2-20　平板横向剪切干涉仪

平板是一个关键剪切干涉器件，横向剪切量不仅与平板的厚度、折射率以及光线的入射角有关，同时平板本身的质量（表面形貌和光学折射率均匀性等）直接影响干涉条纹的质量。

2）萨瓦干涉仪

萨瓦（Savart）偏振分束器由两个完全相同的单轴晶体片组成，晶体的光轴与晶片法线成 45°角，如图 2-21 所示。

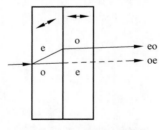

图 2-21　萨瓦偏振分束器

两个晶片的主截面（包含晶体光轴和晶片法线的平面）彼此交叉。第 1 个晶片的光轴位于图平面内，第 2 个晶片的光轴与图平面成 45°角，图 2-21 中双向箭头线表示该光轴在图平面内的投影。入射光束被第 1 个晶片分成两束，即寻常光 o 和非常光 e。因为第 2 个晶片相对于第 1 个晶片转过 90°，所以第 1 个晶片中的寻常光在第 2 个晶片中变为非常光，反之亦然。光线 oe 不在图面内，而是穿过图面出射，并与它相伴的光线 eo 平行，虚线表示该光线在图面内的投影。每个晶片在两条光线间产生的横向位移量相等，并且在互相垂直的方向上。厚度为 t 的萨瓦偏振分束器在出射光线 eo 和 oe 间产生的总位移量为

$$d=\sqrt{2}\,\frac{n_e^2-n_o^2}{n_e^2+n_o^2}t \tag{2-31}$$

其中，n_o 为寻常光的折射率；n_e 为非常光的折射率；t 为每个晶片的厚度。

如果偏振分束器是由石英制成，则 10mm 厚的偏振分束器，oe 和 eo 的横向位移量为 80μm；如果偏振分束器由方解石制成，则可产生 1.5mm 的横向位移。如图 2-21 所示，若入射光线不平行于晶片法线，则出射的两束光线仍平行于原入射光线，而且它们的相对位移

量保持不变。

平行的出射光线在无限远处或在一个正透镜的后焦点上产生干涉,干涉图形与杨氏干涉实验中用两个间距为 d 的相干光源产生的干涉图形相似。对于射角小的光线,产生的干涉条纹是与横移方向垂直的等间隔直条纹,这些条纹的间距为

$$e = \frac{\lambda L}{d} = \frac{\lambda}{\theta} \tag{2-32}$$

零级条纹与垂直入射的光线相对应,它位于干涉场的中心。从萨瓦偏振分束器出射的 oe 光和 eo 光的偏振方向互相垂直。为使这两束光干涉,分束器后面可用一个检偏振器使它们的振动方向一致,只要检偏振器的轴线与两相互正交的偏振光成 45°即可。与此同时,在分束器前也应放一个起偏振器,使自然光中只有一个偏振分量进入分光器。

萨瓦偏振分束器的横向剪切干涉仪已被广泛用于测定光学系统的像差。图 2-22 所示为一个测量像差用的萨瓦干涉仪。被检透镜 L 使小光源 S 成像于 S′,透镜 L1 准直 S′发出的光线,使经过萨瓦偏振分束器的光线是一束平行光。萨瓦偏振分束器使有像差的波面产生横向错位,在分束器的前后各放置一个线偏振器。透镜 L1 和 L2 组成一个低倍显微镜,并调焦于被检透镜 L 上。萨瓦干涉仪将产生一组等间隔的直条纹,若被测透镜存在像差,直条纹将会变形。

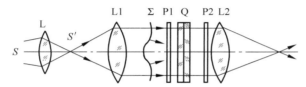

图 2-22 检验光学系统的萨瓦干涉仪

3)渥拉斯顿棱镜干涉仪

图 2-23(a)所示为渥拉斯顿分束器的光路图,该分束器由两个相似的单轴晶体光楔组成,它们胶合在一起,组成一个平行平板。两个光楔的光轴与外表面平行且彼此垂直。

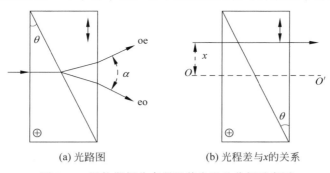

(a) 光路图   (b) 光程差与x的关系

图 2-23 渥拉斯顿分束器及其光程差分析示意图

渥拉斯顿棱镜将入射光线分为两条沿不同方向行进的光线,两条光线偏振方向正交,两条光线的横向位移量随入射光线在渥拉斯顿棱镜上的高度不同而不同,其分束角 α 为

$$\alpha = 2(n_e - n_o)\tan\theta \tag{2-33}$$

其中,θ 为光楔楔角。在大多数实际应用中,可认为分束角 α 与入射角无关。$\theta = 5°$的石英渥拉斯顿棱镜,其分束角为 6′;而同样角度的方解石渥拉斯顿棱镜,其分束角 $\alpha = 2°$。

如图 2-23(b)所示,与渥拉斯顿棱镜 OO' 轴相距 x 处出射的 oe 光和 eo 光的光程差为

$$\Delta = 2(n_e - n_o) x \tan\theta = \alpha x \tag{2-34}$$

沿 OO' 轴出射的光线,其光程差为 0,此处两光楔的厚度相同。光程差随 x 线性增大。在渥拉斯顿棱镜前后各安置一个偏振器,只要两个偏振器取向合适,就可观察到一组与楔边平行且定域于棱镜内的直条纹,条纹方向垂直于图面,沿 OO' 轴的光程差为 0,其条纹间隔为

$$e = \frac{\lambda}{2(n_e - n_o) \tan\theta} \tag{2-35}$$

例如,$\theta = 5°$,$\lambda = 0.55\mu m$,$n_e - n_o = 9 \times 10^{-3}$ 的石英渥拉斯顿棱镜,每毫米大约有 3 个条纹。减小楔角 θ,可使条纹间隔增大。

严格来说,oe 光和 eo 光的光程差关系(式(2-34))只有对垂直入射光才是正确的。对于非垂直入射光,式(2-34)的右边要加上一个与入射角的平方成比例的项,但由于一般入射角都小于 $10°$,故此项可以忽略。

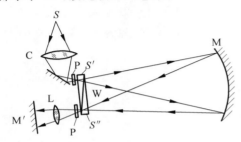

图 2-24 检验凹面镜用的光程补偿干涉仪

图 2-24 所示为用渥拉斯顿棱镜干涉仪测试凹面镜的装置。光源 S 成像在渥拉斯顿棱镜分束器上的 S' 点,S' 接近于被检凹面镜 M 的曲率中心,成像物镜 L 使 M 成像于观察屏 M' 上。在照明及接收光路上各安置一个偏振器。前者为起偏振器,它可绕光轴旋转,用来调节 eo 光和 oe 光的光强,以保证条纹的对比度;后者为检偏振器,用来进行偏振耦合,使不同偏振方向的 eo 光和 oe 光产生干涉。干涉条纹为直条纹,根据干涉条纹的形状变化,即可测量被检凹面镜的面形。

在这种干涉装置中,渥拉斯顿分束棱镜类似于萨瓦干涉仪中萨瓦分束器的作用,所产生的干涉图为横向剪切干涉图。

4. 点衍射干涉仪

点衍射分束器实际上是带有针孔或不透明小圆盘的膜片,如图 2-25 所示。针孔通常是用光刻或镀膜方法在镀有透过率约为 1% 的镀层的基版上制作的。一旦被测波前聚焦,就会在点衍射板上形成弥散斑,针孔使一部分光线衍射而产生一参考球面波;另一部分光线直接透过膜片,其波前形状不变而光振幅被膜片衰减,这部分光保持原来被测波前的形状而作为测量光束,它们在点衍射板的后方干涉形成干涉条纹。

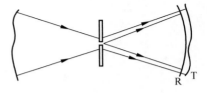

图 2-25 点衍射分束器

为了得到高对比度的干涉图,透过膜片的光与针孔衍射的光振幅应相等,这可通过改变膜片的透过率和针孔的大小来控制。此外,点衍射波的光强还取决于有多少成像光线落在针孔上,而这又取决于被测波前波像差的大小和针孔的位置。最常用的膜片透过率为 1%,而针孔的最佳尺寸约等于无像差时原波面产生的艾里斑的大小。

点衍射干涉仪是 1972 年由斯马特(Smartt)和斯特朗(Strong)发明的。图 2-25 为用于测量物镜像差的点衍射干涉仪。平面波前通过被测物镜后,带有物镜像差信息的波前聚焦

在点衍射板上并被一分为二,透过点衍射板的光波保持被测前的位相分布,形成测量波前 Σ_M;经针孔衍射的波前形成参考波前 Σ_r,它们的复振幅可表示为

$$\Sigma_\mathrm{r}=a\,\mathrm{e}^{\mathrm{i}2kL_1} \tag{2-36}$$

$$\Sigma_\mathrm{M}=b\,\mathrm{e}^{\mathrm{i}2k\,[L_2+w(x,y)]} \tag{2-37}$$

其中,a 为参考波前的振幅;b 为测量波前的振幅;L_1 为针孔到观察点的距离;L_2 为像点中心到观察点的距离;k 为波矢,$k=2\pi/\lambda$;$w(x,y)$ 为被测物镜的波像差。

则干涉条纹的强度为

$$I=1+K\cos 2k\,[L_1-L_2-w(x,y)] \tag{2-38}$$

其中,K 为干涉条纹的对比度,$K=2ab/(a^2+b^2)$。

点衍射干涉仪的干涉图与泰曼-格林干涉仪的干涉图相同,若点衍射板垂直于光轴方向移动,使针孔相对于焦点横移,则相当于参考波前与被测波前互相倾斜,从而形成直条纹。若点衍射板沿光轴轴向移动,具有一定离焦,则将形成圆条纹,波像差 $W(x,y)$ 使干涉条纹变形。

2.3 激光干涉仪

2.3.1 迈克尔逊干涉仪

在大多数激光干涉测长系统中,都采用了迈克尔逊干涉仪或类似的光路结构。因此,迈克尔逊干涉仪是激光干涉仪的基础。

迈克尔逊干涉仪的光路如图 2-26 所示。光源发出的光经由透镜 L1 和 L2 组成的准直望远镜,准直成平行光束。此平行光束由平板分光器 BS 分为两路:一路反射向上,一路透射向右。这两路光分别经固定全反镜(参考镜)M1 和可动全反镜(测量镜)M2 反射后,形成参考光束和测量光束,并在 BS 上重新会合后向下出射,成为相干双光束。通过接收系统 D,可以接收到典型的双光束干涉条纹。

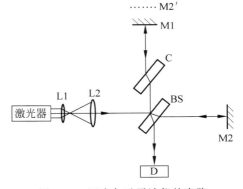

在分析迈克尔逊干涉仪时,常常将 M1 和 M2 反射形成的双光束干涉等效成 M1 和 M2′ 两反射

图 2-26 迈克尔逊干涉仪的光路

镜表面构成的空气虚平板的干涉。M2′ 是 M2 经分光器 BS 所生成的虚像。调整 M2 使 M2′ 与 M1 完全平行,这时将观察到等倾条纹;调整 M2 使 M2′ 与 M1 构成楔形空气平板,这时将观察到等厚条纹。

如图 2-26 所示,测量光经过分光器 BS 3 次,而参考光只经过分光器一次。在使用白光光源时,即使 M1、M2 相对于分光器 BS 等距分布,双光束的光程仍然是不等的。因此,必须加入材料、厚度与分光器 BS 完全相同的程差补偿板 C,使双光束能够实现零程差,以便得到白光干涉时标志明显的零级条纹。若分光器 BS 两面均不镀半透银膜,参考光束与测量光束半波损失的情况不同,因此两光程差为 0 时,将得到黑色零级条纹。若在分光器的表面镀

上半透银膜,则双光束的附加程差与该银膜的厚度有关,当银膜厚度刚好使双光束的附加程差完全相同时,将得到白色的零级条纹。

当使用激光光源时,程差补偿板 C 可以取消,因为这时分光板引起的附加程差可以通过调整测量镜 M2 的位置加以补偿。

迈克尔逊干涉仪的测长原理很简单。若起始时双光束光程差为 0,则当测量镜 M2 沿光轴方向位移 L 距离时,双光束产生程差 $2L$,由亮纹条件可知 $2L = k\lambda$,k 为干涉级次。因此,测量镜每移动半个波长的距离,光电接收器 D 接收到的干涉场固定点上的条纹级次就变化 1,也即有一个亮条纹移过。数出移过该点的亮条纹数目,就可以求出被测长度,即

$$L = N\lambda/2 \tag{2-39}$$

其中,N 为光电接收器 D 接收到的干涉场固定点明暗变化的次数。

2.3.2 实用激光干涉仪主要部件的作用原理

大多数实用激光干涉仪都采用迈克尔逊干涉仪的光路形式,但在具体以下几方面都采用了特殊的技术,以提高测量的精度来满足实际测量的需要。

1. 稳频激光器

在式(2-39)所表达的激光干涉测量长度中,激光的波长是一个标准值,测量的精度很大程度上取决于波长的精确程度,这就要求激光器在实现单频输出的同时激光频率变动尽可能小。要使频率保持某一特定值不变是不可能的,但可采用一定的措施,使输出频率稳定到一定程度。

1)激光器频率变化的原因

为表示频率变化的程度,引入以下两个物理量。

(1)频率稳定度,指频率稳定的程度,用 S_ν 表示,即

$$S_\nu = \Delta\nu/\bar{\nu} \tag{2-40}$$

其中,$\bar{\nu}$ 为参考频率,也是频率平均值;$\Delta\nu$ 为频率的变化量。

(2)频率再现性,指同一激光器在不同时间、不同地点、不同条件下频率的重复性,用 R 表示,即

$$R = \delta_\nu/\bar{\nu} \tag{2-41}$$

其中,δ_ν 为在不同时间、不同地点、不同条件下频率的变化量。

一台普通的单横模、单纵模激光器的频率是随时间变化的,激光的纵模频率为

$$\nu_q = q\frac{c}{2nl} \tag{2-42}$$

其中,ν_q 为激光器的纵模频率;q 为激光器的模数;n 为介质折射率;l 为腔长;c 为光速。

如果激光器的腔长和介质折射率发生变化,激光器的纵模频率必然发生改变。造成腔长和介质折射率变化的主要原因有以下 3 点。

(1)温度:任何物体的线性尺寸都随温度而变化,同时,温度变化也会引起介质折射率的变化。

(2)振动:振动会引起激光管变形,使腔长发生变化。

(3)大气的影响:外腔式 He-Ne 激光管,谐振腔的一部分暴露在大气之中,大气的气压和温度的改变影响折射率,使谐振频率发生变化。

2）激光器的稳频方法

一般 He-Ne 激光器可能达到的频率稳定度极限为 $S_\nu = 5 \times 10^{-17}$，这是在只考虑原子自发发射所造成的无规则噪声时的频率稳定度理论极限值。不加任何稳频措施的频率稳定度约为 $S_\nu = 10^{-6}$，不能满足精密激光测量长度的要求，需要对激光器进行稳频。稳频方法分为被动稳频和主动稳频两种。

（1）被动稳频

在激光器工作时间内，设法使其腔长保持不变，一般采用的措施有以下 3 个。

① 控制温度，如 $\Delta T = 0.01℃$，一般 $S_\nu \approx 10^{-8}$。

② 腔体材料互补：采用正、负线膨胀系数的材料组合，达到腔长稳定的效果，一般 $S_\nu \approx 10^{-8}$。

③ 防震：一般采用防震平台。

由于条件、环境及相关技术的限制，被动稳频达到的效果是有限的，必须采用进一步的措施。

（2）主动稳频

主动稳频技术选取一个稳定的参考标准频率，当外界影响使激光频率偏离此特定的标准频率时，设法鉴别出来，再通过控制系统自动调节腔长，将激光频率恢复到特定的标准频率上，最后达到稳频的目的。主动稳频大致可以分为两类：一类是利用原子谱线中心频率作为鉴别标准进行稳频，如兰姆(Lamb)稳频法；另一类是利用外界参考频率作为鉴别标准进行稳频，如饱和吸收稳频法。下面简单介绍兰姆凹陷稳频法。

由于增益介质的增益饱和，在激光器的输出功率 P 和频率 ν 的关系曲线上，在中心频率 ν_0 处输出功率出现凹陷，且凹陷对中心频率对称，这种现象称为兰姆凹陷。图 2-27(a)所示为兰姆凹陷稳频装置示意图。它由 He-Ne 激光器和稳频伺服系统组成。激光管是采用热膨胀系数很小的石英管，谐振腔的两个反射镜安置在殷钢架上，并把其中一个贴在压电陶瓷环上，环的内、外表面接有两个电极，利用压电陶瓷的电致伸缩效应，通过改变加在压电陶

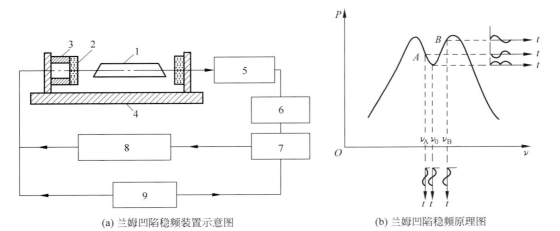

(a) 兰姆凹陷稳频装置示意图　　(b) 兰姆凹陷稳频原理图

图 2-27　兰姆凹陷稳频装置

1—He-Ne 激光管；2—反射镜；3—压电陶瓷；4—殷钢架；5—光电接收器；
6—选频放大；7—相敏检波器；8—直流放大；9—振荡器

瓷上的电压调整谐振腔的长度。振荡器除供给相敏检波器信号外,还提供一个可调正弦电压加在陶瓷环上,以对腔长进行调制。光电接收器将光信号转换为电信号。相敏检波器采用环形相敏桥,当输入信号与参考信号同相时,则输出一个正的直流电压;当两电压信号反相时,则输出一个负的直流电压。

当压电陶瓷环上加有音频调制电压时,其长度产生周期性的伸缩,因而激光器腔长将以相同的频率周期性地伸缩,于是激光器的振荡频率也产生周期性的变化。设频率变化的幅度为 $\Delta\nu$,激光器的输出功率也将相应地产生幅度为 ΔP 的周期性变化。如图 2-27(b)所示,如果激光器工作频率由于某种外界因素偏离了中心频率 ν_0,如图中的 ν_A,则相应 ν_A 处的功率调谐曲线的斜率是负值,所得到的输出功率的变化与调制信号同频、反相。如果偏离到 ν_B,则所得到的输出功率的变化与调制信号同频且同相。而相应 ν_0 处输出功率变化的频率是调制频率的 2 倍。由此可知,输出功率变化的规律,不仅反映了激光工作频率偏离中心频率 ν_0 的大小,而且反映了激光工作频率偏离标准频率的方向。由此可以通过压电陶瓷调节激光器的腔长,精确地将激光器的输出波长稳定在中心频率 ν_0 处。

兰姆凹陷稳频是以原子跃迁中心频率 ν_0 作为标准频率的,所以 ν_0 本身的漂移会直接影响频率的长期稳定性和再现性。采用兰姆凹陷稳频法可使 He-Ne 激光器 $0.6328\mu m$ 谱线的频率稳定度达到 $10^{-10}\sim10^{-9}$,再现度只有 10^{-7},满足一般用途的激光干涉测量。

3) 常用稳频激光器

在激光干涉系统中,常见干涉光源的光谱特性与相干长度如表 2-1 所示,白光常用于干涉条纹定位。

表 2-1 常见干涉光源的光谱特性与相干长度

光 源 类 型	波长 λ/nm	频率 ν/THz	频谱宽 $\Delta\nu$	相干长度 d_{max}/m
白光	$400\sim600$	$700\sim450$	250THz	$<1\times10^{-6}$
多模离子激光器	515	482	10GHz	0.01
水银灯	546	550	300MHz	0.3
单模半导体激光器	780	380	50MHz	2
单模 He-Ne 激光器	633	473	1MHz	100
主动稳频的 He-Ne 激光器	633	473	50kHz	2000

2. 准直系统

尽管激光的方向性好,但一般 He-Ne 激光器的发散角为 $1\sim2mrad$,意味着激光每传播 1m 距离,其激光光斑的直径要增加 $2\sim4mm$。传播较远距离后,必然造成迈克尔逊干涉仪中参考光和测量光的光斑大小的不一致,干涉条纹对比度下降。因此,在实际干涉仪的应用中,往往需要采用激光准直镜作为准直系统,改善激光光束的方向性,从而压缩光束的发散角。

3. 光线反射器

在一般的迈克尔逊干涉仪中,测量镜常采用平面反射镜。平面反射镜的特点是当它平行于镜面横向移动时,不会带来测量误差。但是,当平面反射镜的镜面在测量过程中出现偏转角 α 时,则相干双光束的夹角随之变化 2α,不仅带来附加的光程差,严重时造成参考光和测量光的光斑不能相交,不能产生干涉。要保证回来的测量光与参考光干涉,需要精密的移动导轨,因此只有对导轨的直线度提出极为苛刻的要求,才能保证平面镜在移动中不出现镜面偏转,否则就无法保证测长精度。但是,对导轨的这种苛刻要求很难在加工中实现。因此,激光干涉仪中常常采用对偏转不敏感的角锥棱镜或猫眼测量镜作为测量镜,降低了对导轨直线度的要求。常用的光线反射器有以下几种。

1) 角锥棱镜

角锥棱镜如图 2-28(a)所示,它就好像是从一个玻璃立方体上切下的一角。角锥棱镜的基础是三面直角反射镜,如图 2-28(b)所示,三面直角反射镜由 3 块平面反射镜互成 90°组装而成。与三面直角反射镜相比,角锥棱镜制造比较容易,性能也比较稳定。但在白光干涉仪中,由于很难制造出完全补偿色差的角锥参考镜和角锥测量镜"镜对"(要求材料折射率等各种性能均相同),因此不能用角锥棱镜代替三面直角反射镜。

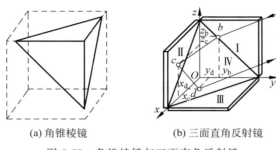

(a) 角锥棱镜　　　　　(b) 三面直角反射镜

图 2-28　角锥棱镜与三面直角反射镜

如图 2-28(b)所示,若在三面(分别为Ⅰ面、Ⅱ面、Ⅲ面)直角反射镜上加一个平面Ⅳ(称为斜面或底面),则可构成一个四面体。这样的四面体若由玻璃实心体制成,则成为上面讨论的角锥棱镜。四面体中为空气介质的角锥棱镜又称为空心角锥棱镜。

角锥棱镜具有以下特点。

① 入射光与出射光始终平行。迎底面入射于棱镜的光线,经过 3 个面相继反射后,其出射光线平行于入射光线。而且棱镜绕角顶转动时,不会引起反射光线方向的变化。

② 点对称。不管入射光线与底面成何种角度入射,只要光线在 3 个直角面上依次反射,入射光线和出射光线在沿光线方向出,其投影与棱镜的顶点 O 呈中心对称。

③ 光程恒定。对于等边三面直角棱镜,正入射时光线在角锥棱镜内的路程为定值,它等于从顶点到入射点和出射点连线中点距离的 2 倍,即

$$nL = 2nh \qquad (2\text{-}43)$$

其中,n 为棱镜材料的折射率;h 为锥顶到底面的距离。

因此,当光线正入射角锥棱镜的底面时,角锥棱镜可等效于一块厚度为 $2h$,折射率为 n 的玻璃平板。

一般情况下,很难保证入射光线与角锥棱镜的底面严格垂直。研究可知,入射角 i 不为 0 时,角锥棱镜内光线的光程为

$$nL = \frac{2nh}{\sqrt{1 - \dfrac{\sin^2 i}{n^2}}} \qquad (2\text{-}44)$$

可以看出,入射角 i 不为 0 以及测量过程中 i 的变化,都会产生附加光程,这个附加光程差为

$$\Delta = i^2 h \left(1 - \frac{1}{n}\right) \tag{2-45}$$

测量初始位置时这一光程差可以通过计数器清零而消除。但在以后的测量过程中,测量棱镜的入射角 i 将因导轨的角度误差影响而发生变化,从而引起附加光程差 Δ 的变化。将式(2-45)对 i 微分即可得到因 i 变化而引起的附加光程差 Δ 的变化量为

$$d\Delta = 2ih\left(1 - \frac{1}{n}\right)\delta i \tag{2-46}$$

其中,i 为测量初始时刻角锥棱镜底面上激光束的入射角;δi 为测量过程中入射角 i 的变化量(棱镜在测量过程中的偏转角);$d\Delta$ 为棱镜偏转角引起的附加光程差的变化量。

必须指出的是,如果参考棱镜由于某种原因产生了上述偏转,则将产生同样的附加光程差。因此,结构设计时应考虑避免参考棱镜在测量过程中发生偏转。

2) 猫眼测量镜

猫眼测量镜(Cat's Eye Retro-reflector,CER)是另一类重要的逆向反射器,它是由一个焦距为 f 的凸透镜和一块平面镜或曲率半径为 R 的凹面镜以间距 d 共轴组装起来,并满足 $f = R = d$ 条件,如图 2-29(a)所示。其特点是反射光的方向不受猫眼绕凸透镜光心摆动的影响。入射光束经主镜聚焦于副镜上,并由副镜反射后复经原路返回,形成逆向反射。通过猫眼的反射光不会引起光束偏振度的变化,因此用它作为激光测长干涉仪的逆向反射器,可以得到比角锥棱镜更好的条纹对比度。由于猫眼所需的光学元件比角锥棱镜容易得到,只要严格满足 $f = R = d$ 的条件,就是一种性能较好且较省钱的逆向反射器。

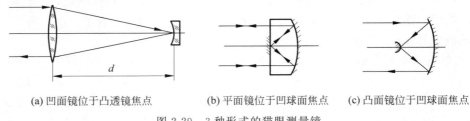

(a) 凹面镜位于凸透镜焦点　　(b) 平面镜位于凹球面焦点　　(c) 凸面镜位于凹球面焦点

图 2-29　3 种形式的猫眼测量镜

如图 2-29(b)和图 2-29(c)所示的逆向反射器是由猫眼系统派生出来的,它是把平面镜或凸面镜放在凹球面的焦点上,平行入射光束会聚于焦点,即平面镜或凸面镜上,反射后复经凹面镜出射,形成逆向反射。

3) 对摆动和横移都不敏感的测量镜

采用角锥棱镜作为干涉测长仪的测量镜,虽对偏摆不灵敏,降低了对导轨直线性要求,但对角锥棱镜在移动过程中的横移有较高的要求,否则将产生附加光程差,影响测量精度。图 2-30 所示的特伦逆向反射系统是一种对偏摆和横移都不灵敏的测量镜。该测量镜是由一个角锥棱镜和一个平面反射镜组合而成,平面反射镜调整成与光束垂直,并固定不动,入射光束从角锥棱镜的下半部射入,由上半部射出,经平面反射镜反射后沿原路返回,再经角锥棱镜反射,反射光与入射光平行反向。当测长时,棱镜在导轨上平移,而平面镜始终固定不动。由图 2-30 显而易见,在这种情况下,由于平面镜的作用,无论角锥镜

平面镜　　　　　角锥棱镜

图 2-30　特伦逆向反射系统

在移动过程中存在偏摆、俯仰或上下左右的移动,反射光束都能逆向反射,因而进一步降低了对导轨的要求,这是这种测量镜的最大特点,高精度的激光干涉测长仪常用这种测量镜系统。由于入射光束是从棱镜的一边射入的,因此这种测量镜的通光口径要比单独的角锥棱镜测量镜大一倍,体积也相应增大,这是其不足之处。

4. 干涉条纹计数及判向原理

干涉仪在实际测量位移时,由于测量反射镜在测量过程中可能需要正、反两方向的移动,或由于外界振动、导轨误差等干扰,使反射镜在正向移动中偶然有反向移动,所以干涉仪中需要设计方向判别部分,将计数脉冲分为加和减两种脉冲。当测量镜正向移动时,所产生的脉冲为加脉冲,而反向移动时所产生的脉冲为减脉冲。将这两种脉冲送入可逆计数器进行可逆计算,就可以获得真正的位移值。如果测量系统中没有判向能力,光电接收器接收的信号是测量镜正、反两方向移动的总和,并不代表真正的位移值。

图 2-31 所示为判向计数原理。图 2-32 所示为判向计数电路波形。通过移相获得两路相差 90° 的干涉条纹光强信号。该信号由两个光电探测器接收,便可获得与干涉信号相对

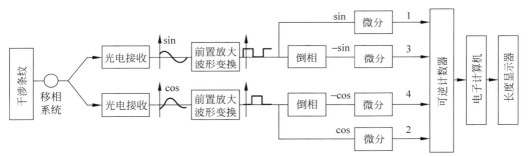

图 2-31　判向计数原理

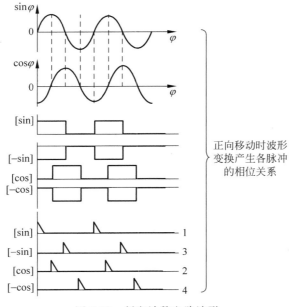

图 2-32　判向计数电路波形

应的两路相差 $90°$ 的正弦信号和余弦信号,经放大、整形、倒向及微分等处理,可以获得 4 个相位依次相差 $90°$ 的脉冲信号。若将脉冲排列的相位顺序在反射镜正向移动时定为 1、2、3、4,反向移动时则为 1、4、3、2。由此,后续的逻辑电路便可以根据脉冲 1 后面的相位是 2 还是 4 判断脉冲的方向,并送入加脉冲的"门"或减脉冲的"门",这样便实现了判向的目的。同时,经判向电路后,将一个周期的干涉信号变成 4 个脉冲输出信号,使一个计数脉冲代表 1/4 干涉条纹的变化,即表示目标镜的移动距离为 $\lambda/8$,实现了干涉条纹的四倍频计数。

为了实现对干涉信号的更高倍频计数,常常采用高精度高位数的 A/D(模数)转换电路,将光电探测器接收到的干涉信号进行放大和滤波等处理后,直接 A/D 采样转换为数字量送入嵌入式系统或计算机,然后利用数字信号处理算法对干涉信号的相位进行判向、细分和解算,其相位细分可高达 4096,甚至更高,从而显著提升相位解算精度。

5. 大气修正

1) 大气条件的影响

激光干涉测长是以激光波长为尺子来测量长度的,测得的结果应是标准大气条件下的被测件长度。在测长公式 $L = N \cdot \lambda/2$ 中,λ 为标准大气条件下传播介质中的激光波长,简称标准激光波长。通常的标准大气条件是指气温为 $20℃$,气压为 $760\mathrm{mmHg}$,湿度(水汽分压)为 $10\mathrm{mmHg}$。测长公式可改写为

$$L = N \frac{\lambda_0}{2n} \tag{2-47}$$

其中,λ_0 为激光的真空波长;n 为标准大气条件下的空气折射率。

2) 大气条件修正

空气折射率是大气条件的函数,当测量环境的大气条件偏离标准大气条件时,空气的折射率将随之变化,使激光干涉测量用的激光波长这把尺子不再标准,从而造成测量误差,目前主要采用两种方法修正激光的波长。

(1) Edlen 经验公式

空气折射率与气压、气温、湿度以及大气成分有关。Edlen 于 1965 年给出了适用于 $100\sim800\mathrm{mmHg}$ 气压,$5\sim30℃$ 气温的计算空气折射率的一组经验公式,即

$$n_{15} - 1 = [8342.13 + 2406030(130 - \sigma^2)^{-1} + 15997(38.9 - \sigma^2)^{-1}] \times 10^{-8} \tag{2-48}$$

$$n_{t,p} - 1 = \frac{p(n_{15}-1)}{720.775} \times \frac{p(0.817 - 0.0133t) \times 10^{-6}}{1 + 0.0036610t} \tag{2-49}$$

$$n_{t,p,f} = n_{t,p} - f(5.7224 - 0.0457\sigma^2) \times 10^{-8} \tag{2-50}$$

其中,n_{15} 为 $t = 15℃$,$p = 760\mathrm{mmHg}$,CO_2 含量为 0.03% 时的干燥空气的折射率;σ 为真空波数,$\sigma = \lambda_0^{-1}$;λ_0 为激光的真空波长(单位为 $\mu\mathrm{m}$);t 为实测的气温(单位为 $℃$);p 为实测的气压(单位为 mmHg);$n_{t,p}$ 为气温为 t,气压为 p 时的空气折射率;$n_{t,p,f}$ 为要确定的测量环境气温为 t,气压为 p,湿度为 f 时的空气折射率。

对气温在 $15\sim30℃$,气压在 $700\sim800\mathrm{mmHg}$ 的干燥空气,$n_{t,p} - 1$ 表达式可简化为

$$n_{t,p} - 1 = (n_{15} - 1) \times \frac{0.00138823p}{1 + 0.003671t} \tag{2-51}$$

$$n_{t,p,f} - 1 = n_{t,p} - 5.608343365f \times 10^{-8} \tag{2-52}$$

这种简化带来的误差小于 1×10^{-8}。因此,一般情况下,测量出大气的气温、压强以及

相对湿度,就可以按式(2-51)和式(2-52)计算得到空气的实际折射率,再代入式(2-47)对激光的波长进行修正。

（2）空气折射率的实时测量

用经验公式计算空气折射率往往不能准确反映实际测量环境的许多复杂情况,不能满足高精度测量的要求。因此,人们发展了许多采用干涉法实时测量空气折射率的方法,图 2-33 就是其中的一种。长度为 L 的真空室和空气室用玻璃和两块厚度均匀的玻璃平板制成。激光经过移相分光器 B1、反射器 B2 以及角锥棱镜 S1 和 S2 后,形成分别通过真空室和空气室的两支光路,干涉场分别由光电接收器 D1 和 D2 接收,接收条纹信号经放大整形后由 32 倍频可逆计数器计数。

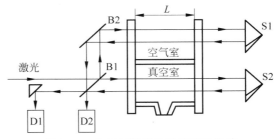

图 2-33　空气折射率的干涉测量光路

进行空气折射率测量时,用真空泵抽走真空室中的空气,则干涉仪两臂出现的光程差为

$$(n_{t,p,f} - 1)L = N\frac{\lambda_0}{64} \tag{2-53}$$

其中,N 为可逆计数器所计的条纹数。

环境大气参数变化引起的 $n_{t,p,f}$ 的变化,随时都可由 N 的变化反映出来,因此这种方法可以对测量环境的空气折射率进行连续的实时测量,对激光的波长进行实时修正。

此外,当温度变化时,被测件的长度也会发生变化,也应进行修正。其温度修正量为

$$\Delta L_t = L(t - 20)\alpha \tag{2-54}$$

其中,L 为标准温度 20℃ 时工件的长度;t 为被测工件的温度;α 为工件材料的线膨胀系数。

6. 分光器

激光干涉仪常需要分光器件将一束光分成两束或多束光,常用的分光器件如下。

1) 平板分光器

激光干涉仪中使用较多的分光器是镀有半透膜的平行平板分光镜。由于激光具有高亮度的特性,因此平板分出的许多非主干涉光束仍能干涉而形成非主干涉条纹。图 2-34 中仅给出了最主要的非主双光束 I_3' 和 I_4'。主双光束 I_1' 和 I_2' 形成主干涉条纹,二次反射光生成的光束 I_3' 和分光器背面的反射光束 I_4' 将在干涉场中形成非主干涉条纹。当分光器的厚度 d 较小时,主干涉条纹和非主干涉条纹将发生重叠,结果使主干涉条纹的对比度下降,影响测量结果。

当分光平板存在一定的楔角时,分光器前后表面的一、二次反射光生成的 I_1' 和 I_3' 光束还将形成与测量镜的运动无关的一组等厚条纹。这组固定的干涉条纹也将干扰主条纹,同样也影响主条纹的对比度。

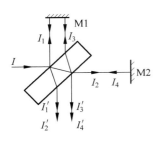

图 2-34　干扰双光束的生成

为了消除干扰因素,可以采用厚度足够的分光平板,使非主双光束 I_3' 和 I_4' 与主光束 I_1' 和 I_2' 完全分开,可用光阑将干扰双光束 I_3' 和 I_4' 挡住。通过如图 2-35 所示关系的计算可知,为了

使干扰双光束与主双光束分开,分光板的厚度不应小于由式(2-55)求得的数值。

$$d = \frac{n\cos i'}{\sin 2i} D \qquad (2\text{-}55)$$

其中,n 为平板的折射率;i 为入射角;i' 为折射角;D 为入射光束的直径。

图 2-36 所示为双平板分光器,它由两块相同的平行平板用加拿大树脂等胶合剂胶合而成,在其中一个胶合面上镀有半透膜层。

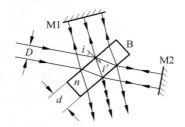 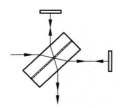

图 2-35　分光平板最小厚度时的情况　　　图 2-36　双平板分光器

2)非偏振分光棱镜

在一般迈克尔逊干涉仪中,也常常使用如图 2-37 所示的非偏振分光棱镜。这些分光棱镜都由结构对称的两部分胶合而成,在一个胶合面上镀有半透膜层。其中,如图 2-37(b)所示的斜立方体分光棱镜的每个锥面角都与直角差 1°～2°,这样可以消除光束在棱镜直角面反射而产生的有害光线;如图 2-37(c)所示的科斯特分光棱镜分出的两束光相互平行,因此温度变化对两光程差的影响大致相等。这些分光器的特点是结构紧凑,半透膜层得到了很好的保护,机械稳定性和热稳定性好。这些分光器都能用于白光干涉,而无须另加程差补偿板。

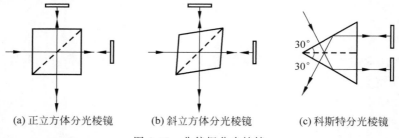

(a)正立方体分光棱镜　　　(b)斜立方体分光棱镜　　　(c)科斯特分光棱镜

图 2-37　非偏振分光棱镜

图 2-38 所示的干涉光路使用了两表面镀有全反膜的立方体分光棱镜。这种整体式结构虽然调整比较困难,但使用元件少,稳定性好,而且可以实现光学二倍频,即当测量角锥棱镜沿着光传播方向平移 L 距离时,干涉仪的测量公式为

$$L = N \frac{\lambda}{4} \qquad (2\text{-}56)$$

其中,N 为干涉场观测点亮暗变化的次数。

3)偏振分光镜

在偏振干涉仪中,还常常使用偏振分光镜。一些由双折射原理产生两个振动方向互相垂直的线偏振光的元件,也可以用作偏振干涉仪的分光器。如图 2-39 所示的

图 2-38　整体式结构的二倍频
干涉光路

4 种双折射偏振分光棱镜,其中,图 2-39(a)所示为渥拉斯顿棱镜,在 2.3.1 节中已进行了介绍。图 2-39(b)所示为洛匈棱镜,它的作用与渥拉斯顿棱镜相似,这种棱镜也是由光轴互相垂直的两个方解石直角棱镜胶合而成,其中第 1 个直角棱镜的光轴与入射表面垂直,因此当光线垂直入射时,第 1 个棱镜中实际上不产生双折射效应。另外,由于粘合用胶的折射率与方解石对寻常光的折射率 n_o 一样,所以对于胶合面上的寻常光分量,胶合层就像不存在一样,寻常光分量将按入射方向直线传播,因此洛匈棱镜的第 1 个方解石直角棱镜完全可以用一个折射率与方解石的 n_o 相等的玻璃直角棱镜来代替。

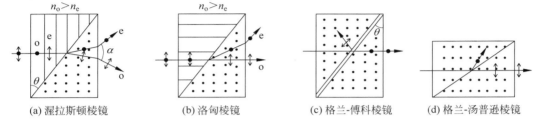

(a) 渥拉斯顿棱镜　　(b) 洛匈棱镜　　(c) 格兰-傅科棱镜　　(d) 格兰-汤普逊棱镜

图 2-39　几种类型的偏振分光镜

格兰-傅科棱镜是一种为产生紫外线线偏振光而设计的偏振棱镜,其结构如图 2-39(c)所示,两块方解石棱镜之间留有空气隙。这种棱镜的 θ 角大约为 $38.5°$,振动方向垂直于纸面的偏振分量传播方向不变,而振动方向平行于纸面的偏振分量则被全反射。这种偏振棱镜的缺点是光在棱镜界面上的衰减很大。

为了减小棱镜界面上的光损耗,又产生了如图 2-39(d)所示的格兰-汤普逊棱镜。这种棱镜与格兰-傅科棱镜相似,但长、宽比较大。入射角(即孔径角)可达 $40°$ 左右,而格兰-傅科棱镜入射角的允许范围仅为 $8°$ 左右。由于格兰-汤普逊棱镜的孔径角较大,因此它比格兰-傅科棱镜用途更广。

7. 干涉条纹的移相

在图 2-31 的判向计数原理中,需要有位相差为 $90°$ 的两路输入信号,否则无法达到倍频和鉴向的目的。通常把获取位相差为 $90°$ 的两路条纹信号的方法称为移相。下面介绍几种常见的移相方法。

1) 机械法移相

图 2-40 所示为两种机械法移相的原理示意图。如图 2-40(a)所示,使布置在干涉条纹间距方向上的两个接收光电管的中心间距等于 1/4 条纹宽度,这时若 D1 接收的信号为

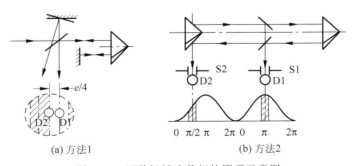

(a) 方法1　　　　　(b) 方法2

图 2-40　两种机械法移相的原理示意图

$\cos\phi$，则 D2 接收的信号为 $\sin\phi$。图 2-40(b)所示为用光阑将接收的两组条纹互相错开 90°的相位。

机械法移相的特点是简单，适用于干涉条纹的宽度和走向都较稳定的场合。

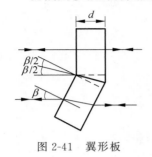

图 2-41　翼形板

2）移相板移相

移相板移相有以下两种。

（1）翼形板移相。翼形板由两块材料、厚度均相同的平行平板胶合而成，两块平板的表面如图 2-41 所示，互成一定的倾角。翼形板通常放置在参考光路中。当翼形板如图 2-42 所示放置时，参考光束通过翼形板，被翼形板分成两部分，这两部分的相位相差 90°。通过下面的直角棱镜将对应的两部分光束在空间分开，与相对的测量光束产生干涉，获得两组位相差为 90°的干涉条纹。

翼形板的厚度 d 和角度 β 应满足

$$\beta = \sqrt{\frac{n\lambda}{2d}} \tag{2-57}$$

其中，n 为翼形板材料的折射率。

（2）介质膜移相板移相。如图 2-43 所示的介质膜移相板是在一块平行平板的一个表面蒸镀上一定光学厚度的介质膜层而制成的。当用介质膜移相板代替图 2-42 光路中的翼形板时，介质膜层的厚度 d 应满足

$$d = \frac{\lambda}{8(n-1)} \tag{2-58}$$

其中，n 为所镀介质膜材料的折射率。

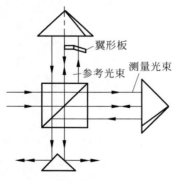

图 2-42　使用翼形板的干涉光路

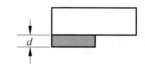

图 2-43　介质膜移相板

使用移相板移相时，一般调整使测量光束与参考光束的夹角等于 0，这时左、右两半干涉场中任意两等路程点的位相差均为 90°，因此两个光电接收器只要大致对称地放置在移相双光束的两半边，就可以得到相移量比较稳定的移相信号。

3）分光器镀膜分幅移相

利用光波经过金属膜反射和透射都会使光波改变位相的原理，在干涉仪分光器表面镀上适当厚度的金属材料（如铝、金银合金等）膜层，使反射光波与透射光波的位相差正好为 45°。如图 2-44 所示，入射光由分光器分成两组双光束，其中 I_2' 经移相膜反射两次，I_1' 经移相膜透射两次；而 I_2'' 和 I_1'' 均经移相膜一次反射和一次透射。因此，双光束 I_2' 和 I_1' 的干涉图

样将与 I_2'' 和 I_1'' 的干涉图样在位相上相差 $90°$，从而实现了分幅移相的目的。

镀膜分幅移相分光器也可采用介质膜系，但这种分光器通常存在条纹对比度不理想或 $90°$ 相移量不准确等问题，这是由于镀膜技术很难同时兼顾条纹对比度（即输出等光强双光束）和准确的 $90°$ 相移量这两个要求。为了解决这个问题，可以采用相位补偿的方法，即对移相膜主要要求输出信号的等光强性，放宽对 $90°$ 相移量准确度的要求，然后通过电子位相补偿电路将两路信号的相移量精密地调整为 $90°$，这样不仅避免了对分光器蒸镀移相膜的过高要求，还可避免在干涉

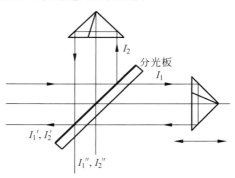

图 2-44　分光器镀膜分幅移相

光路中添加用来改善条纹对比度的其他光学元件。若条纹对比度很好，则采用位相补偿板往往是精确调整相移量的一种简单而有效的办法。

4）偏振移相

图 2-45 所示为一种偏振移相光路。入射的 $45°$ 线偏振光经分光器 BS 分为两束。其中，参考光两次经过一个 $\lambda/8$ 波片后，成为圆偏振光透过分光器，测量光束经分光器 BS 反射后仍为 $45°$ 线偏振光。由于圆偏振光的两个正交分量相位差为 $90°$，而 $45°$ 线偏振光的两个正交分量相位相同，因此当用渥拉斯顿棱镜将水平分量与垂直分量分开时，便可得到两组位相差为 $90°$ 的干涉条纹，其中一组条纹由两个水平分量相干形成，另一组条纹是由两个垂直分量相干形成。

8. 激光干涉中的零光程差布局

在激光干涉仪中，为使初始光程差不随环境条件的变化而变化，常采用参考臂 L_c 和测量臂 L_m 相等且将两臂布置在仪器同一侧的结构形式。此时，干涉仪的初始光程差 $L_m - L_c = 0$，即所谓的零光程差结构形式，这种结构布局可以提高干涉仪的测量精度。

图 2-46 所示为一个测量起始时为非零光程差布局的激光干涉光路。起始位置两臂程差对应的条纹计数为

$$N_1 = \frac{2n}{\lambda_0}(L_m - L_c) \qquad (2-59)$$

其中，L_m 为起始位置测量光束的路程；L_c 为起始位置参考光束的路程。

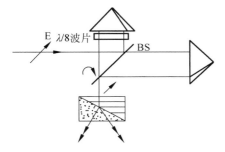

图 2-45　偏振移相光路

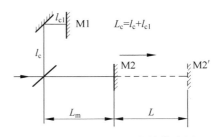

图 2-46　非零光程差的结构布局

当测量镜 M2 移过 L 距离时，两臂程差对应的条纹计数应为

$$N = \frac{2n}{\lambda_0}(L_m - L_c) + \frac{2n}{\lambda_0}L = N_1 + N_2 \qquad (2-60)$$

其中

$$N_2 = \frac{2n}{\lambda_0} L \tag{2-61}$$

当大气条件变化时,将产生干涉条纹的计数误差。对式(2-60)全微分,可得到

$$dN = dN_1 + dN_2 \tag{2-62}$$

其中

$$dN_1 = \frac{\partial N_1}{\partial n} dn + \frac{\partial N_1}{\partial (L_m - L_c)} d(L_m - L_c)$$

$$= \frac{2}{\lambda_0} \left[(L_m - L_c) dn + n d(L_m - L_c) \right] \tag{2-63}$$

$$dN_2 = \frac{\partial N_2}{\partial n} dn + \frac{\partial N_2}{\partial L} dL = \frac{2}{\lambda_0} [L dn + n dL] \tag{2-64}$$

显然,测量结束时因测量环境的大气条件变化导致的条纹误计数的积累,就是大气条件变化所引起的测量误差,即条纹计数误差为

$$\Delta N = \int dN = \int dN_1 + \int dN_2 = \Delta N_1 + \Delta N_2 \tag{2-65}$$

在实际测量时,测量起始时刻的大气条件就可能已经偏离了标准大气条件。而在测量过程中,测量环境的大气条件相对于起始状态又可能产生偏离。因此,上述测量误差中的每一项都包括了两部分,具体如下。

(1) 测量起始时刻大气条件偏离标准大气条件造成的条纹计数误差,即

$$\Delta N_{10} = \frac{2}{\lambda_0} \left[(L_m - L_c) \Delta n + n \Delta (L_m - L_c) \right] \tag{2-66}$$

$$\Delta N_{20} = \frac{2}{\lambda_0} (L \Delta n + n \Delta L) \tag{2-67}$$

其中,Δn、$\Delta(L_m - L_c)$ 以及 ΔL 分别为测量起始时大气条件偏离标准大气条件造成的空气折射率、两臂程差以及被测长度的变化量。

对以后整个测量过程而言,测量起始时刻的条纹计数误差是常值,因此式(2-66)和式(2-67)是由式(2-64)和式(2-65)用增量形式改写后得到的。

(2) 测量过程中大气条件偏离测量起始时刻大气条件造成的条纹计数误差。这一误差在每个测量时刻不一定相等,测量结束时,该项误差是整个测量过程中所有误差的积累,即

$$\delta N_1 = \frac{2}{\lambda_0} \int (L_m - L_c) dn + \frac{2}{\lambda_0} n \int d(L_m - L_c) \tag{2-68}$$

$$\delta N_2 = \frac{2}{\lambda_0} \int (L dn - n dL) \tag{2-69}$$

其中,dn、$d(L_m - L_c)$ 以及 dL 分别为测量过程中大气条件偏离测量初始时刻大气条件造成的空气折射率、两臂程差以及被测长度的变化量。

所以,总的条纹计数误差为

$$\Delta N = \Delta N_1 + \Delta N_2 = \Delta N_{10} + \delta N_1 + \Delta N_{20} + \delta N_2 \tag{2-70}$$

显然,由于大气条件变化的影响,测量结束时计得的条纹总数应为

$$N + \Delta N = (N_1 + \Delta N_{10} + \delta N_1) + (N_2 + \Delta N_{20} + \delta N_2) \tag{2-71}$$

测量起始时一般将计数器清零,即

$$N_1 + \Delta N_{10} = 0 \tag{2-72}$$

计数器清零是指将如图 2-46 所示测量镜的开始位置定作测量起点,因此式(2-72)必然成立。但计数器清零不能使 $\delta N_1 = 0$,因为 δN_1 是测量过程中大气条件偏离测量起始时刻的大气条件而形成的,测量起始时计数器清零不能清除与测量过程有关的误差项。由式(2-68)可见,δN_1 与被测长度 L 完全无关,这说明测量过程中大气条件的变化会使测量零点发生变化,造成零位计数误差,且该项误差与光路两臂的布局有关。当测量起始时刻光路两臂为零程差布局(即 $L_m = L_c$ 时),则可使该项误差为 0,此时有

$$\Delta N = \Delta N_{20} + \delta N_2 \tag{2-73}$$

9. 提高激光干涉仪分辨力的途径

1)电路倍频

激光干涉仪经常用倍频的方法提高测量分辨力。除了使光程差倍增的光学倍频方法外,更多的是采用硬件电路和软件方法实现条纹的细分。图 2-31 所示就是一种典型四倍频鉴向电路的原理图。

2)光路倍频

为提高干涉仪的灵敏度,可使用光学倍频(也称为光程差放大器)棱镜系统,如图 2-47 所示。

3)减小波长

减小干涉仪的波长,同样可以提高干涉的分辨力,如 X 射线干涉仪。

利用 X 射线衍射效应进行位移测量的设想最初是由 Hart 等在 1968 年提出的。在实际使用

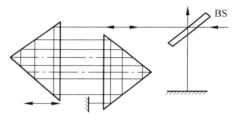

图 2-47　光学倍频棱镜系统

中,单晶硅的晶格尺寸是非常稳定的,美国国家标准与技术研究院(National Institute of Standards and Technology,NIST)和德国联邦物理技术研究院(Physikalisch-Technische Bundesanstalt,PTB)分别对硅(220)晶体的晶面间距 d 进行了测量,结果为 PTB 测得 $d = 192015.560 \pm 0.012\text{fm}$;NIST 测得 $d = 192015.902 \pm 0.019\text{fm}$。可见,在不同地域不同条件下生长的硅单晶,其晶面间距非常接近。日本 NRLM 在 $0.02℃$ 恒温下对硅(220)晶面间距进行了 18 天稳定性测试,结果发现晶面间距的变化为 0.1fm,充分说明单晶硅晶面间距作为长度测量基准具有较好的稳定性。

X 射线干涉长度测量的基本原理如图 2-48 所示。3 片等厚的单晶硅等距排列,X 射线以布拉格角 θ 入射单晶硅,$n\lambda = 2d\sin\theta$,d 为晶格间距,λ 为射线波长。当晶体 A 相对于其他两块晶体移动时,输出光的强度会按照周期性正弦规律变化,且晶体每移动一个晶格间距,输出光强变化一个周期。晶格间距 0.192nm 为长度基准单位,很容易实现纳米精度测量,测量标准偏差达到 5pm,测量位移范围为 $100 \sim 200\mu\text{m}$。

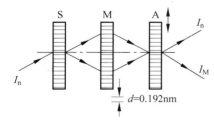

图 2-48　X 射线干涉长度测量的
基本原理

通过 X 射线干涉测量技术,容易得到皮米数量级的高分辨力,随之而来的缺点是其测量范围小,测量速度低,而且弹性变形和机械加工因素的误差对测量结

果有较大的影响,在很大程度上限制了它的应用。

英国国家物理实验室(National Physical Laboratory,NPL)、德国 PTB 和意大利国家计量研究所(IMGC)3 个国家实验室联合开展 X 射线干涉仪的研制工作,将 X 射线干涉仪和平面干涉仪结合起来,研制成组合式光学 X 射线干涉仪(Combined Optical and X-ray Interferometer)用于位移传感器的校准,图 2-49 所示为该系统的原理框图。平面干涉仪给出的条纹移动当量为 $\lambda/4$,约为 158nm,相当于 X 射线干涉仪中 824 个干涉条纹。在 100 倍条纹细分的情况下,这个系统的测量精度可以达到 2pm。实验结果证实,该系统在 $10\mu m$ 范围内可达到 10pm 的测量精度;在 1mm 范围内可达到 100pm 的测量精度。

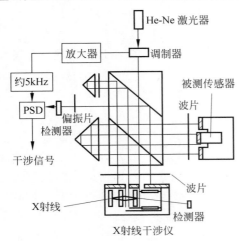

图 2-49　X 射线干涉仪与平面干涉仪相结合测量方案

要实现 X 射线干涉测量,提高系统抗干扰能力与测量速度是需要解决的关键问题。由于在纳米、亚纳米计量领域的特殊优越性,X 射线干涉计量技术越来越显示出其重要的研究及应用价值,其应用范围包括:

(1) 建立亚纳米量级长度尺寸的基准;

(2) 实现物理常数的精确测定;

(3) 点阵应变的精确测量和晶体缺陷的观察;

(4) 在医学方面,可以利用 X 射线干涉仪进行病理切片的计算机体层摄影(Computed Tomography,CT)分析,其分辨力远高于传统的 CT 技术;

(5) 进行纳米尺度上各种物理现象的研究等。

2.3.3　实用激光干涉仪的实际构成和常见光路

1. 实用激光干涉仪的实际构成

由以上讨论可知,实用激光干涉系统实际上是在迈克尔逊干涉仪的基础上对每个影响测量精度的光学与电子学部分进行了技术改进。一般来说,一套实用激光干涉测长系统主要包括三大部分,即稳频激光器、干涉仪本体以及光电信号接收与处理部分,如图 2-50 所示。光电信号接收与处理部分实现条纹的可逆计数,并在长度显示器上直接以数字形式显示出测量镜的位移量。另外,激光干涉测长系统一般还配有测量空气折射率和测量工件温度的辅助装置或附件,环境条件变化对测量的影响可以通过将测得的环境参数置入信号处理部分进行修正。

2. 激光干涉常见的光路

在激光干涉仪光路设计中,一般应遵循"共路原则",即测量光束与参考光束尽量走同一路径,以避免大气等环境条件变化对两条光路影响不一致而引起测量误差。同时,根据不同的应用需要,要考虑测量精度、条纹对比度、稳定性及实用性等因素,还要考虑使用不同移相方法得到两组干涉条纹,实现可逆计数。下面介绍几种典型的光路布局。

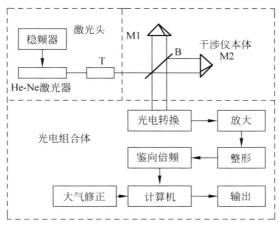

图 2-50　实用激光干涉测长系统的构成

1）使用角锥棱镜反射器的光路布局

这是一种常用的光路布局，如图 2-51 所示。图 2-51(a)为使用介质模移相的光路布局，角锥棱镜可使入射光和反射光在空间分离一定距离，所以这种光路可避免反射光束返回激光器。激光器是一个光学谐振腔，若有光束返回激光器，将引起激光输出频率和振幅的不稳

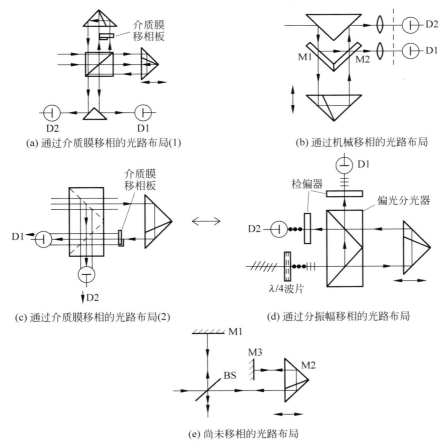

(a) 通过介质膜移相的光路布局(1)　　　　(b) 通过机械移相的光路布局

(c) 通过介质膜移相的光路布局(2)　　　　(d) 通过分振幅移相的光路布局

(e) 尚未移相的光路布局

图 2-51　使用角锥棱镜反射器的光路布局

定。图2-42、图2-44和图2-45均采用双角锥棱镜的光路布局,不同的是采用的移相方法不同。角锥棱镜还具有抗偏摆和俯仰的性能,可以消除测量镜偏转带来的误差。图2-51(a)所示光路的缺点是这种成对使用的角锥棱镜要求配对加工,而且加工精度要求高,常采用一个作为可动反射镜,另一个在参考光路中用作固定反射镜。使用一个角锥棱镜作为可动反射器还可采用其他几种光路。图2-51(b)中,反射镜M1和M2上都镀有半反半透膜,M1用作分光器,参考光束经M1反射后在M2上与测量光束叠加,产生干涉,同时采用机械移相的方法得到相位相差90°的两路信号。M1和M2还能做成一体,如图2-51(c)所示,在这里也采用了使用介质模移相板得到两路信号。图2-51(d)是采用分振幅移相和采用λ/4波片得到相位相差90°的一种光路。只用一个角锥棱镜作测量镜还可以组成如图2-51(e)所示的双光束干涉仪,它也是一种较理想的光路布局,基本上不受镜座多余自由度的影响,而且光程增加一倍。

2)整体式布局

这是一种将多个光学元件结合在一起,构成一坚固的组合结构的布局,参见图2-38。整个系统对外界的抗干扰性较好,测量灵敏度提高一倍,但这种布局调整起来不方便,对光的吸收较严重。

2.4 白光干涉仪

由于白光条纹的特点,使其在长度计量中得到广泛利用。迈克尔逊1893年使用台阶标准距比较测量国际米原器的长度。图2-52所示为应用法布里-珀罗标准具检验线纹尺的光学原理示意图,其中法布里-珀罗标准具在此并不起干涉的作用,它的两个高反射内表面距离可以精确测定。光源所发射的光经过聚光镜、光阑和准直物镜组成的平行光管后成为平行光,透过标准具后,由分光板、补偿板分为两部分,分光板与补偿板在此处胶合在一起。由参考镜、测量镜组成的虚平板使光发生干涉,通过物镜和目镜观测干涉条纹的移动。可见,若去掉标准具,与迈克尔逊干涉仪没有什么区别。放入标准具后,光束将在标准具内多次反射,依次透出光束I_1,I_2,I_3,…,相邻两光束间光程相差$2d$,这些光束经分光镜后分为向上的光束I_1',I_2',I_3',…和向右的光束I_1'',I_2'',I_3'',…。如果参考镜、测量镜到分光板反射面有相等的光程,则相干光束I_1'和I_1'',I_2'和I_2'',I_3'和I_3'',…的光程分别相等,在视场中心产生零级暗条纹。移动测量镜,白光条纹很快消失,可是当移动量正好等于d时,光束I_1'',I_2'',I_3'',…都增加$2d$的光程。这样光束I_1'',I_2'',I_3'',…将分别和I_2',I_3',I_4',…对应地在视场中心产生白光零级暗条

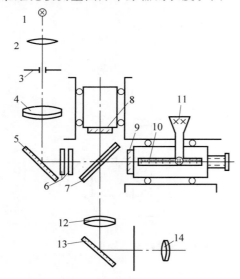

图2-52 应用法布里-珀罗标准具检验线纹尺的光学原理示意图

1—水银灯;2—聚光镜;3—光阑;4—准直物镜;5—反射镜;6—标准具;7—分光板和补偿板;8,9,13—反射镜;10—线纹尺;11—显微镜;12—物镜;14—目镜组

纹,而光束 I'_1 只作为背景,使条纹的对比略为下降而已。继续移动测量镜一个距离 d 时,可看到类似现象。当然,移动测量镜数次后,最好将参考镜也移动同样距离,不然将使干涉条纹的对比度过分降低而模糊,以致影响测量精度。这样通过显微镜瞄准被测的线纹尺上的刻线,通过以上白光干涉得到线纹尺刻线之间的距离,实现对线纹尺的检测。

图 2-53 所示为激光量块干涉仪光学系统(一种白光定位的激光干涉测长装置)的光路原理图。其中 B1 和 B2 分别为白光干涉仪和激光干涉仪的分光器;D1 和 D2 分别为白光干涉仪和激光干涉仪的光电接收器。两干涉仪的测量镜由滑板带动同向联动。当滑块移动使白光干涉仪中测量光光程与量块上表面形成的参考光光程严格相等时,D1 将接收到

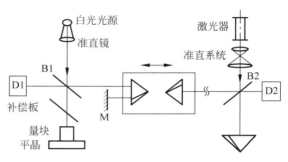

图 2-53　激光量块干涉仪光学系统

白光干涉零级条纹信号,将此信号用作激光干涉计数的开门信号;当滑块继续移动且使白光干涉仪中的测量光光程与量块下表面(即平晶上表面)形成的参考光光程严格相等时,D1将再次接收到清晰的白光干涉零级条纹信号,用此信号控制激光干涉计数关门,这样就完成了对待测量块长度的干涉测量。

随着计算机和图像处理技术的发展,近年来白光干涉越来越受到重视。相对于激光干涉仪,白光干涉具有如下优点:不存在 $\lambda/2$ 的测量盲区,垂直分辨力与光学系统的放大倍数无关,对光滑表面同样能够达到干涉的分辨力,测量装置能够应用于不连续表面。图 2-54 所示为 LINNIK 白光干涉仪测量物体表面形貌的光路结构。在测量臂和参考臂中使用两套相同的物镜系统,采用普通 CCD 摄像头,通过 16 位 D/A 转换和压电陶瓷驱动,可得到 1.5nm 的测量分辨力。

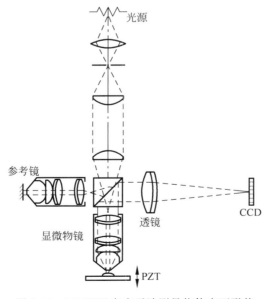

图 2-54　LINNIK 白光干涉测量物体表面形貌

2.5　外差式激光干涉仪

2.5.1　概述

1. 直流干涉仪的不足

以上介绍的激光干涉测量系统，以光波波长为基准测量各种长度，具有很高的测量精度。但在这种干涉测量系统中，由于测量镜在测量时一般是从静止状态开始移动到一定的速度，因此干涉条纹的移动也是从静止开始逐渐加速。为了对干涉条纹的移动进行正确的计数，光电接收器后的前置放大器一般只能用直流放大器，因此对测量环境有较高要求，测量时不允许干涉仪两臂的光强有较大的变化。为了保证测量精度，一般只能在恒温、防震的条件下工作。

图 2-55 所示为当激光干涉仪的测量镜移动时，光电接收器经直流前置放大器后的输出信号。由于测量时外界环境的干扰，使干涉仪两支光路的光强发生变化，引起光电信号的直流电平也相应地发生起伏。当光强变化使光电信号幅值低于计数器的触发电平时，计数器停止计数，此时测量镜虽在继续移动，但计数器却没有累加计数，造成测量误差。要使计数器恢复计数，就要重新调整触发电平。有些情况下，可以通过调低触发电平适应光强的变化，但对车间现场各种干扰因素引起的光强随机变化，调整触发电平的方法往往跟不上光强的变化。因此，一般的激光干涉仪不能用于车间现场进行精密计量。为了适应在车间现场实现干涉计量的需要，必须使干涉仪不仅具有高的测量精度，而且还要能克服车间现场环境因素变化引起的光电信号直流漂移，光外差干涉技术就是在这种需求下发展起来的。这种技术的重要特点是在干涉仪中引入具有一定频率的载波信号，干涉后被测信号是通过这个载波信号传递，并被光电接收器接收，从而可以用交流放大器代替常规的直流放大器作为光电接收器后面的前置放大器，以隔绝由于外界环境干扰引起的直流电平漂移，使仪器能在车间现场环境中稳定工作。利用这种激光外差技术设计的干涉仪称为外差干涉仪，由于它是用交流放大器工作的，所以外差干涉仪也常称为交流（AC）干涉仪，而常规使用直流放大器的干涉仪则可称为直流（DC）干涉仪。

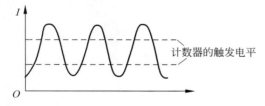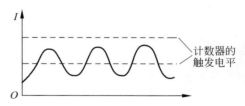

图 2-55　直流干涉仪的漂移情况

2. 激光外差干涉的条件及途径

拍频信号即为在外差干涉技术中引入的具有一定频率的载波信号。虽然光的频率很高，约为 10^{15} Hz，不能直接探测，但拍频频率为两光波频率的差值，只要参与干涉的两光波频率谱线十分接近，光电探测器就可以响应并记录。

为了利用偏振光学的方法把两个频率紧密相邻的光波在偏振分束器中分开，并在干涉仪的两臂中进行相对调制，然后再汇合并干涉，一般需要两个频率的光波满足以下条件：

①双频必须成对地发射；②双频必须是相干的；③光学参数必须有区别；④频率间隔必须能被光电探测器探测。因为任意两光源辐射的光波彼此不相干，所以为了满足条件①和条件②，两光波必须是同一辐射源的辐射，然后利用分频技术实现双频条件。

光频调制技术不仅可以把一个频率的光波分解成两个频率的光波，而且频率差可以调制，以使合成后的拍频能被探测器记录。光频调制技术主要有 3 种：电光调制、声光调制和磁光调制，具体原理请参考 1.6 节的详细介绍。

2.5.2　双频激光干涉仪

双频激光干涉仪是一种精密、多功能的干涉测量系统，可以测量多种几何量，如位移、角度、垂直度、平行度以及直线度、平面度等，广泛用于装配、制造、非接触测量等精密计量工作。

图 2-56 所示为双频激光外差干涉仪的光路图。干涉仪的光源为一个双频 He-Ne 激光器，这种激光器是在全内腔单频 He-Ne 激光器上加上约 300×10^{-4} T 的轴向磁场。由于塞曼效应和频率牵引效应，使该激光器输出两个不同频率的左旋和右旋圆偏振光，其频率差 Δf 约为 1.5MHz。

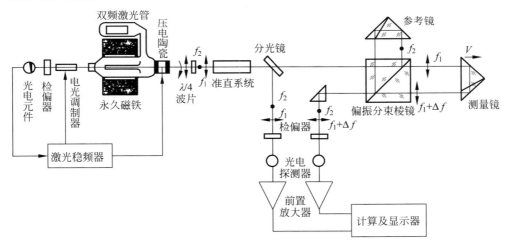

图 2-56　双频激光干涉仪的光路图

图 2-56 中双频激光管发出的双频激光束通过 $\lambda/4$ 波片变成两束振动方向互相垂直的线偏振光（设 f_1 平行于纸面，f_2 垂直于纸面）。经光束扩束器扩束准直后，光束被分束镜分为两部分，其中一部分光束被反射到检偏器上，检偏器的透光轴与纸面成 45°。根据马吕斯定律，两束互相垂直的线偏振光在 45° 方向上的投影，形成新的同向线偏振光并产生"拍"，其拍频就等于两个光频之差，即 $\Delta f_0 = f_1 - f_2 = 1.5$MHz，该信号由光电接收器接收后进入前置放大器，放大后的信号作为基准信号送给计算机。另一部分光束透过分束镜沿原方向射向偏振分束棱镜。偏振方向互相正交的线偏振光被偏振分束镜按偏振方向分光，f_2 被反射至参考角锥棱镜，f_1 则透过射至测量角锥镜。这时，若测量镜以速度 V 运动，由于多普勒效应，从测量镜返回光束的光频发生变化，其频移 $\Delta f = 2V/\lambda$。该光束返回后重新通过偏振分束镜与 f_2 的返回光会合，经反射镜及透光轴与纸面成 45° 的检偏器后也形成"拍"，其拍频信号可表示为

$$f_1 - (f_2 \pm \Delta f) = \Delta f_0 \pm \Delta f \tag{2-74}$$

其中,正、负号由测量镜移动方向决定。当测量镜向偏振分束器方向移动时 Δf 为负,反之 Δf 为正。拍频信号被光电接收器接收后,进入交流前置放大器,最后也被送到计算机。

计算机将拍频信号 $\Delta f_0 \pm \Delta f$ 与参考信号 Δf_0 相减,就可得到所需的测量信息 Δf。

设在测量镜移动的时间 t 内,由 Δf 引起的条纹亮暗变化次数为 N,则有

$$N = \int_0^t \Delta f \, dt = \int_0^t \frac{2V}{\lambda} dt = \frac{2}{\lambda} \int_0^t V dt \tag{2-75}$$

其中,$\int_0^t V dt$ 为在时间 t 内测量镜移动的距离 L。

于是有

$$L = N \cdot \frac{\lambda}{2} \tag{2-76}$$

由 Δf 换算成 L 的工作由计算机通过软件自动进行,最后由显示器显示被测长度值。

以上采用多普勒方法对外差式激光干涉测长的计算公式进行了推导,下面使用干涉的方法进行描述。由激光器出射的两束相互垂直的线偏振光可以分别表示为

$$E_1 = E_0 \sin(2\pi f_1 t + \varphi_{01}) \tag{2-77}$$

$$E_2 = E_0 \sin(2\pi f_2 t + \varphi_{02}) \tag{2-78}$$

这两束线偏振光被分光镜反射,通过检偏器后,产生干涉,由光电接收器得到参考信号为

$$I_{\text{ref}} = \frac{1}{2} E_0^2 \{ \cos[2\pi(f_1 - f_2)t + (\varphi_{01} - \varphi_{02})] \} \tag{2-79}$$

同样,透过分光器的光被偏光分光镜分为两部分:参考光 f_2 和测量光 f_1,它们被各自的角锥棱镜反射后返回,再次通过偏光分光镜和检偏器,产生干涉,在光电接收器上得到的干涉信号为

$$I_{\text{meas}} = \frac{1}{2} E_0^2 \{ \cos[2\pi(f_1 - f_2)t + (\varphi_{01} - \varphi_{02}) + \Delta\varphi] \} \tag{2-80}$$

其中,$\Delta\varphi$ 为测量光束与参考光束之间的相位差,即

$$\Delta\varphi = \frac{4\pi n L}{\lambda_0} \tag{2-81}$$

其中,n 为介质折射率;L 为测量光与参考光之间的路程差或测量移动的距离。

由式(2-81)可得

$$L = \frac{\Delta\varphi}{2\pi} \cdot \frac{\lambda_0}{2n} = N \cdot \frac{\lambda}{2} \tag{2-82}$$

与式(2-76)完全一样。

双频激光干涉仪中,双频起了调频的作用,被测信号只是叠加在这一调频载波上,这一载波与被测信号一起均被光电接收器接收并转换为电信号。当测量镜静止不动时,干涉仪仍然保留一个 $\Delta f = 1.5\text{MHz}$ 的交流信号。测量镜的运动只是使这个信号的频率增加或减少,因而前置放大器可采用交流放大器,避免了使用直流放大器时所遇到的棘手的直流漂移问题。一般单频激光干涉仪中,光强变化 50% 就不能继续工作;而对于双频激光干涉仪,即使光强损失达 95%,干涉仪还能正常工作,抗干扰性能强,适用于现场应用。

2.5.3 激光测振仪

基于多普勒测速的非接触激光测振方法与技术的发展已相当成熟,激光多普勒测速实际上就是使用激光干涉仪测量多普勒频移。

图 2-57 所示为 POLYTEC 生产的激光测振仪(Laser Doppler Vibrometry,LDV)工作原理示意图。由 He-Ne 激光器发出频率为 ν_0 的激光束,通过一个 M-Z 干涉仪,其中在 M-Z 干涉仪的一个臂上安装一个布拉格盒(声光调制器),通过声光调制器后,得到频率为 $\nu_0+\nu_s$(ν_s 为声光调制器的调制频率)的调制光。频率 ν_0 的光透过分束器 BS_2 后,经透镜会聚在被测振动体上,并由物体后向散射,经过 BS2 和 BS3 后到达光电接收器,这一束光为测量光束,其在光电接收器上的光频为 $\nu_0\pm\Delta\nu$($\Delta\nu$ 为振动引起的多普勒频移)。频率为 $\nu_0+\nu_s$ 的光由分束器 BS3 反射后,直接到达光电接收器,两光束会合后获得拍频光束为

$$\Delta\nu=\nu_0+\nu_s-(\nu_0\pm\Delta\nu)=\nu_s\pm\Delta\nu \tag{2-83}$$

其中,多普勒频移 $\Delta\nu$ 为

$$\Delta\nu=\frac{2v(t)}{\lambda_0} \tag{2-84}$$

其中,$v(t)$ 为物体振动的速度;λ_0 为入射激光的波长。

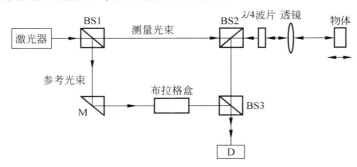

图 2-57 激光测振仪工作原理示意图

因此,参考光与测量光的频率差与振动物体的速度成比例,或者说参考光与测量光之间的相位差与振动物体的移动距离成比例,即 $\Delta\varphi=2\pi(n\cdot\Delta L/\lambda_0)$,$\Delta L$ 为测量光与参考光之间的路程差。

由于被测振动体通常为漫反射体,为尽可能收集由漫反射表面散射回来的光,并尽量改善返回光的波面,测量光必须是会聚光。会聚光点越小,会聚透镜的口径就越大,越有利于收集返回光和改善返回光波面。

以上激光测振仪只能对物体表面的单点振动进行测量与分析。一种使用声光调制器的扫描激光测振仪原理如图 2-58 所示。

利用声光调制器可以实现光线偏转,第 1 级衍射光相对于入射光的偏转角为

$$\theta_m\approx\sin\theta_m=\frac{\lambda}{\lambda_s}=\frac{f_s}{V_s}\lambda \tag{2-85}$$

其中,V_s 为声波在晶体中的传播速度;f_s 为声波的频率。

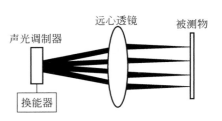

图 2-58 使用声光调制器的扫描激光测振仪原理

因此,光的偏转角与声波的频率成正比,改变声波的调制频率,就可以对光的偏转方向进行控制,通过一个远心透镜就可以将偏转的激光会聚到被测物体表面,经过被测表面散射后再经过该透镜会聚到原来的发射处。

基于以上声光偏转器的一种激光扫描测振仪的光路图如图 2-59 所示。激光器发射的光经过空间滤波器、声光调制器(Acoustic Optical Modulator,AOM)后,没有衍射的光直接透过分光器,经过第 1 个声光偏转器(Acoustic Optical Deflector,AOD)后,偏转光经分光器透射后由远心透镜会聚到被测物体表面;而经过声光调制器(AOM)后发生衍射的光被分光镜反射,经过第 2 个性能完全相同的声光偏转器(AOD)后,其偏转光经分光器透射后由另外一个远心透镜会聚到固定的参考表面;经被测表面和参考表面反射回来的光再次通过各自的远心透镜,经过分光镜反射后达到光探测器 2,形成测量信号。改变声光调制器的频率,测量光束和参考光束发生同样的光线偏转,实现对物体表面的扫描。此外,经过两个声光偏转器后的零级光束被两个分光器反射后,达到光探测器 1,形成参考信号。由于参考信号和测量信号经过相同的 M-Z 干涉仪,外界振动及温度变化等均形成共模信号而被抑制,从而提高了测量系统的抗干扰能力。

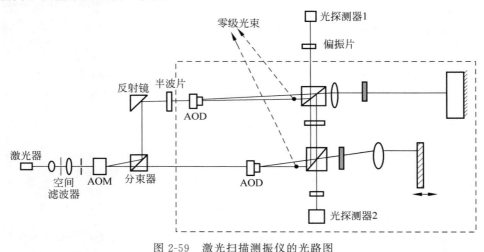

图 2-59 激光扫描测振仪的光路图

2.6 激光自混合干涉测量

在激光应用系统中,许多因素会对激光器产生光反馈。所谓光反馈,是指激光器输出光被外部物体反射或散射后,其中一部分光又反馈回激光器谐振腔中的现象,如准直透镜等光学元件和光探测器表面等的光反射、光学非线性效应的背向散射光等。反馈的光作用的结果严重影响激光器的输出特性,当反馈的光达到一定强度时,引起谱线展宽,模式不稳定,甚至会出现相干猝灭(Coherent Collapse)现象。上述光反馈效应的存在严重影响传统干涉测量系统的工作特性,但被外界物体反射或散射回来的反馈光携带了外部物体信息,与谐振腔内的光相混合并调制激光器的功率甚至光谱等输出特性。利用激光器输出特性的变化可以实现对目标物的物理量的测量,即激光自混合干涉测量(Laser Self-mixing Interferometry)。

关于自混合的干涉理论,主要有 Lang-Kobayashi 理论、旋转矢量叠加模型和三镜腔模型。三镜腔模型是 P. J. Groot 于 1988 年提出,用 3 个反射面隔成两个腔,激光器内称为内腔,激光器与外部物体之间称为外腔,其原理简单易懂,而且能很好地解释自混合干涉现象。图 2-60 所示为三镜腔模型。激光器端面 M2 距离被测物体的距离为 L,也就是激光器外腔长;M1 端面到 M2 端面的距离为 L_0,也就是激光器内腔长。r_1 和 r_2 分别为 M1 和 M2 端面的反射系数;r_3 为振动物体的反射系数,激光器内腔和外腔的折射率分别为 n_0 和 n_1。无光反馈时,激光激发的条件为:激光器内的光波在内腔经历一次往返的传播后,光波具有

相同的相位和幅值,并达到最大光输出功率。有光反馈时可以用类似方法分析。光波从 M1 端面发出,向右传播,遇到 M2 端面,分成透射光和反射光,反射光被 M2 端面反射,并在内腔往返一次,透射光穿过 M2 端面进入激光器外腔,由被测物体反射后再次进入内腔,最后反射光和透射光在 M1 端面汇合。

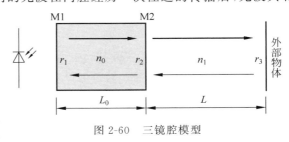

图 2-60　三镜腔模型

　　激光自混合干涉的应用比较广泛,可用于位移、振动、表面轮廓、颗粒运动、玻璃厚度和折射率等方面的测量以及血液流速测量、心率检测等医学领域。图 2-61 所示为半导体激光二极管(LD)自混合干涉位移测量系统。该系统由光学子系统和电路子系统两部分组成,其中光学子系统包括 LD、准直透镜、衰减器和外部反射物体或反射镜,电路子系统包括 LD 驱动电路及光探测器(PD)信号处理电路。LD 和准直透镜安装在激光准直管上,通过调节螺丝调整透镜位置,从而实现对激光束的准直,构成 LD 自混合传感头。传感头安装在精密光学调整架上,便于系统调整。外部反射物或反射镜安装在位移驱动机构上,反射物表面无须特殊处理,位移驱动机构可采用微动平台、扬声器、压电陶瓷、扫描驱动系统等装置,反射物距激光管前表面距离理论上为相干长度。激光管和外腔之间,插入一个连续可调衰减器,用于调整系统光反馈水平。自混合干涉信号由 PD 探测,PD 可以是封装在 LD 内部的光二极管,也可以是外加的硅光探测器,PD 探测的自混合干涉信号经信号处理电路处理后,送入计算机进行信号分析。

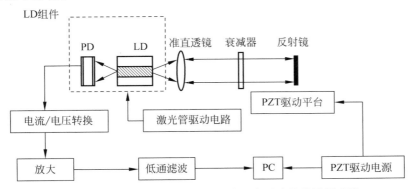

图 2-61　半导体激光二极管(LD)自混合干涉位移测量系统

　　研究表明,自混合干涉与传统的双光束干涉具有相同的条纹分辨力,即外腔长度变化半波长时,自混合干涉信号变化一个干涉条纹。与传统激光干涉仪相比,激光自混合干涉测量具有以下特点。

（1）光路简单、光路易准直、外部光学元件少、结构紧凑。

（2）可适用于散射目标表面，实现对非合作目标的测量。

（3）激光腔本身作为滤波器，不需要附加波长或杂散光的滤波器。

（4）无须外加方向识别器件，可以直接辨识目标的运动方向。适度光反馈水平下，自混合干涉信号为非对称的类锯齿波形，倾斜方向敏感于目标靶的运动方向。

（5）不依赖于光源的相干长度，不依赖于激光器的类型，不受系统采用的光纤是单模还是多模的影响。

2.7　绝对长度干涉计量

绝对长度（距离）干涉计量是 20 世纪 60 年代后期兴起的一种以多波长激光为基础的大长度计量技术，它的基本原理是条纹小数重合法。由于该技术只测量干涉条纹的尾数，测量镜无须移动，因此免除了干涉测长仪中加工困难且价格昂贵的精密导轨。特别是大长度（距离）的干涉测长，精密导轨的制造及设置更加困难，因此这种无导轨干涉测长是大长度测量的发展方向。

2.7.1　柯氏绝对光波干涉仪

图 2-62 所示为柯氏绝对光波干涉仪的原理图。其工作原理与迈克尔逊干涉仪类似，只是有几个部件略有不同，其中光源是镉光谱灯，能同时发出 3 条谱线：$\lambda_1 = 0.643\,847\,\mu m$，$\lambda_2 = 0.508\,582\,\mu m$，$\lambda_3 = 0.479\,991\,\mu m$。色散棱镜由 3 块棱镜组合而成，它的作用是将光源发出的 3 条谱线分开，借助调整旋钮每次只让其中一条谱线进入干涉系统。将被测块规的一个表面和平晶表面研合后，由块规的另一表面和平晶表面一起作为测量反射镜。由于参

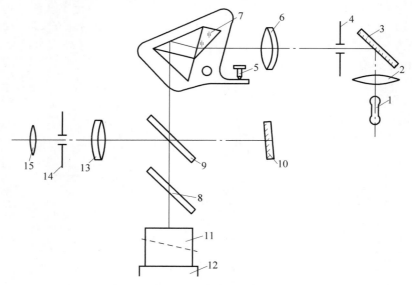

图 2-62　柯氏绝对光波干涉仪的原理图

1—光源；2—聚光镜；3—反射镜；4—狭缝光阑；5—光源调整旋扭；6—聚光镜；7—色散棱镜；8—补偿板；
9—分光板；10—参考反射镜；11—被测块规；12—平晶工作台；13—物镜；14—狭缝；15—目镜

考反射镜的虚像和块规上表面、平晶表面分别形成两个虚楔形平板,因此在视场中将有两组干涉条纹。又因为块规表面与平晶表面平行,所以这两组条纹具有相同间距(见图 2-63)。在测量中等尺寸的块规时,为了不使光程差太大导致干涉条纹对比度下降太多,需要调节参考镜使其虚像处于块规上表面与平晶表面之间约一半的地方。

测量时还要判定条纹级数增加的方向,用手轻压参考镜,使其稍微远离分光板,此时条纹运动的方向就是干涉级次增加的方向,用箭头 A 表示。需要注意的是,在如图 2-63 所示的情况下,当参考镜虚像向下时,条纹移动如箭头 A 所示。对于其与平晶所组成的楔形平板,箭头方向就是干涉级数增加方向;但对于与块规上表面所组成的楔形平板,箭头方向则是条纹级次减小的方向。

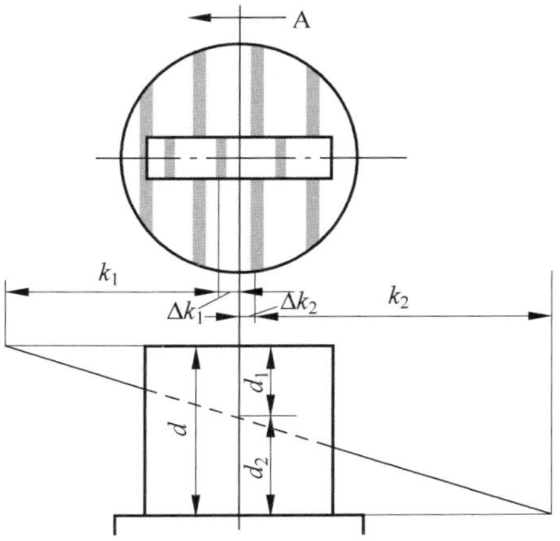

若块规长为 d,则从图 2-63 可以看出

图 2-63 干涉条纹

$$d = d_1 + d_2$$
$$= (k_1 + \Delta k_1)\lambda/2 + (k_2 + \Delta k_2)\lambda/2$$
$$= (k + \Delta k)\lambda/2 \tag{2-86}$$

其中,k_1 为由参考镜虚像和块规上表面形成的上楔形板在观察中心处形成的干涉条纹级数;k_2 为由参考镜虚像和平晶表面形成的下楔形板在观察中心处形成的干涉条纹级数;k 为块规长 d 对应于 $\lambda/2$ 的整数倍,$k = k_1 + k_2$;Δk 为块规长 d 对应于 $\lambda/2$ 的小数部分,$\Delta k = \Delta k_1 + \Delta k_2$。

显然小数部分可以从图中直接测出,约为 0.7。困难的是干涉级次的整数不能确定,因此就要采用多个波长分别测出其小数部分,然后用小数重合法求得整数。

被测件是一种精度较高的基准件,可以先用其他测量方法测出其长度初值。这个初值的误差不会超过 $\pm(1\sim2)\mu m$,用这个初值估算出来的条纹干涉级数整数的变化范围应为 $\pm(4\sim8)$。

若应用的波长为 λ_1、λ_2、λ_3,分别测得的小数部分为 Δk_1、Δk_2、Δk_3,设块规预测近似长度为 d_0,选择 λ_1 为基本波长,就可以近似地计算对应 λ_1 的干涉级数为

$$k_1 + \Delta k_1 = \frac{d_0}{\lambda_1/2} \tag{2-87}$$

只需得到整数 k_1 的近似值,Δk_1 采用测量值,因此得到对于 λ_1 的可能的级数 $k_1 + \Delta k_1$,将级数变更 $\pm 1, \pm 2, \pm 3, \cdots$,得到一组可能的级数 $k_1 + \Delta k_1, k_1 \pm 1 + \Delta k_1, k_1 \pm 2 + \Delta k_1, \cdots$,用这种可能的级数可以计算块规可能的长度,即

$$\begin{cases} d_0 = (k_1 + \Delta k_1)\lambda_1/2 \\ d_1 = (k_1 \pm 1 + \Delta k_1)\lambda_1/2 \\ d_2 = (k_1 \pm 2 + \Delta k_1)\lambda_1/2 \\ \cdots \end{cases} \tag{2-88}$$

反过来,用这组可能长度值对另外两个波长来求其干涉条纹级数 k_2 和 k_3(包括小数部分 Δk_2 和 Δk_3)。若这组长度中的某一个长度对于另两个波长求得的级数小数正好和测得的小数重合或极其重合,那么这个级数的整数也就是所需的级数了。

举例计算：已知 $\lambda_1=0.643847\mu m$，$\lambda_2=0.508582\mu m$，$\lambda_3=0.479991\mu m$，测得小数部分为 $\Delta k_1=0.8$，$\Delta k_2=0$，$\Delta k_3=0.9$。预测块规长为 $d_0=9.997\pm0.001$mm。

首先用 λ_1 求得近似级数 $k_1=2d_0/\lambda_1\approx31054$，因此对于 λ_1，其可能级数为 31054.8、31053.8、31052.8、……。由此级数求出可能长度，转而再求对于 λ_2、λ_3 的可能级数 k_2、k_3，如表 2-2 所示。

表 2-2　柯氏绝对波长干涉仪测量块规长度数据

k_1	k_2	k_3	k_1	k_2	k_3
31051.8	39310.5	41652.1	31055.8	39315.6	41657.5
31052.8	39311.8	41653.4	31056.8	39316.8	41658.8
31053.8	39313.0	41654.9	31057.8	39318.1	41660.1
31054.8	39314.3	41656.1			

从表 2-2 中可以看出，仅在 $k_1=31053.8$，$k_2=39313.0$ 和 $k_3=41654.9$ 时，计算的小数部分才与测得的小数部分重合，因此块规的真实长度应为

$$d_0=\frac{(31053.8\times\lambda_1+39313.0\times\lambda_2+41654.9\times\lambda_3)}{2\times3}$$

$$=9996.96\mu m=9.99699\text{mm} \tag{2-89}$$

2.7.2　激光无导轨测量

尽管柯氏绝对光波干涉仪能实现无导轨测量，但由于采用光源的相干长度很短，无法实现长距离的无导轨测量。对于大长度的无导轨检测，入射光必须用时间相干性好的激光，如何用单一激光器产生多波长进行无导轨测长，是 20 世纪 80～90 年代各国学者研究的一个重点。下面介绍一种红外双线 He-Ne 激光绝对干涉测长系统。

以双波长激光干涉仪为例说明多波长干涉的情况。如图 2-64(a)所示，双波长激光器发出波长为 λ_1 和 λ_2 的光，其干涉条纹由光电探测器 D 接收。探测器输出的信号是一个受空间频率 $2/\bar{\lambda}$ 调制的波长为 λ_s 的空间拍波，$\bar{\lambda}=\dfrac{2\lambda_1\lambda_2}{\lambda_1+\lambda_2}$，$\lambda_s=\dfrac{\lambda_1\lambda_2}{\lambda_1-\lambda_2}$，其波形如图 2-64(b)所示，$\lambda_s$ 称为 λ_1 和 λ_2 的合成波长。干涉仪两光束的光程差为

$$L=\frac{\lambda_s}{2}(m_s+\varepsilon_s) \tag{2-90}$$

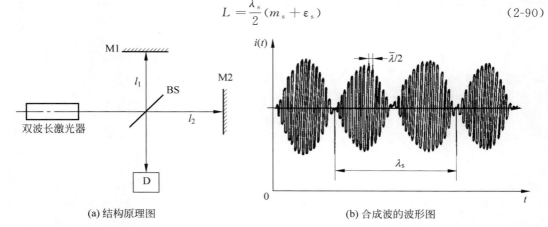

(a) 结构原理图　　　　　　　　　(b) 合成波的波形图

图 2-64　双波长激光干涉仪

其中,m_s 为合成波长干涉的条纹整数;ε_s 为合成波长干涉的条纹小数。

从式(2-90)可以看出,激光绝对测量的方程与一般激光干涉的测量方程完全相同,不同的是合成波长 λ_s 比激光器的波长要大得多,合成波长一般在 10mm 到几百毫米,为估算测量的整数部分提供了基础。例如,若激光的合成波长为 100mm,只要使用简易的测量工具,使测量的误差在 $\lambda_s/4$ 之内,即在 25mm 以内,就可完全依照初测的数据计算出整数部分,这样绝对干涉测量系统就只需要测量出小数部分即可。

图 2-65 所示为红外拍波干涉仪原理图。He-Ne 激光器同时输出波长 $\lambda_1 = 3.3922\mu m$ 和 $\lambda_2 = 3.3912\mu m$ 的双波长红外激光,经分光镜分出约 15% 的光用于稳频。透射光经分光镜分为两部分,一部分射向测量镜,另一部分射向参考镜。分别反射回的光重新会合于分光镜形成干涉,干涉信号由两个红外接收器接收。透射信号和反射信号经差动放大后,可在示波器上得到如图 2-64(b)所示的拍波波形,其合成波长 $\lambda_s = 11.50363mm$,即要求初测误差小于 2.88mm。在等光强稳频的情况下,微移动参考镜,就能观察到信号幅度涨落。用 PZT 微幅调制参考镜,以观察不同参考镜位置下拍波幅度的大小。参考镜每移动半个合成波长 ($\lambda_s/2$),信号重复一次零值。

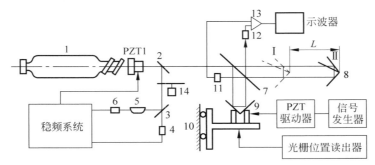

图 2-65　红外拍波干涉仪原理

1—He-Ne 双波长激光器;2,3,7—可见光/红外光合用分光镜;4,6,11,12—红外探测器和前置放大器;
5—CH_4 吸收盒;8—测量镜;9—参考镜;10—导轨位移机构;13—放大器;14—斩波器

测量时,首先将测量镜置于测量位置 I,然后移动参考镜,并通过 PZT 寻找光强最大处或最小处,找到后记为零点。然后将测量镜置于测量位置 II,上下移动参考镜,并通过 PZT 寻找光强最大处或最小处,找到后可通过光栅传感器得到参考镜两次移动的距离,即为小数测量部分 $\Delta L = \varepsilon_s \cdot \lambda_s/2$。整数部分通过估算得到,最后按式(2-90)计算得到总的长度。

2.8　激光干涉测量的重大应用举例

激光干涉在很多领域得到广泛应用,下面列举两个重大应用案例。

2.8.1　激光干涉测量引力波

自 20 世纪 80 年代,人们开始研究利用激光干涉仪进行引力波的探测。引力波会引起长基线激光干涉仪的两个工作臂的臂长产生不同的变化,从而导致干涉条纹的变化。地面的引力波探测干涉仪为 L 形工作臂,臂长在千米量级,预计能探测到本星系群附近双中子星或太阳质量级双黑洞系统的绕转和合并、超新星以及毫秒脉冲星等天体波源。地面引力波探测干涉仪的主要代表包括美国的 LIGO、意大利与法国合作的 VIRGO 以及德英合作的 GEO600 等。

2016 年 2 月 11 日,LIGO 科学合作机构(LIGO Scientific Collaboration)宣布,在爱因斯坦预言引力波整 100 周年之后,首次直接探测到引力波。2015 年 9 月 14 日,LIGO 在美国路易斯安那州和华盛顿州的两个探测器探测到 13 亿年前两个分别为 29 倍和 36 倍太阳质量的黑洞合并的事件(GW150914),该引力波的峰值应变仅为 10^{-21},相当于地球和太阳间的距离发生一个氢原子大小的改变。LIGO 探测器是一个 L 形的改良的迈克尔逊干涉仪,其结构如图 2-66 所示,两个 4km 长的干涉臂相互垂直。为了达到足够的灵敏度,LIGO 探测器在光学上采取了多个增强措施。首先,每个干涉臂本身是法布里-珀罗谐振腔,激光在法布里-珀罗谐振腔中来回振荡约 300 次后才返回分束镜,相当于干涉仪的有效臂长提高了 300 倍,同时腔中激光功率也因共振增强。在激光器和分束镜之间以及光电探测器之前均设有部分透过的反射镜,用以共振增强干涉仪中的激光功率,从而降低光子散粒噪声,使引力波应变产生的光学信号最大化。所有耦合的光学腔均通过伺服控制系统锁定,使法布里-珀罗谐振腔的腔长起伏稳定到小于 100fm,其他光学腔保持在 1～10pm。同时,每个镜子需要调节并保持与光轴完美重合,偏差在数十纳弧度(nrad)以内。为了降低震动噪声,每个镜子都被悬挂在一个复杂的四级摆系统上,四级摆系统又固定在一个主动震动隔离平台上。为了降低热噪声,干涉仪中的镜子选择超高纯熔石英材质,表面抛光精度达千分之一激光波长,即 1nm 左右。镜子上镀有超低损耗电介质光学膜,300 万个光子打在上面只会吸收一个光子。此外,除了激光之外所有部件都安装在超高真空的震动隔离平台上。在 1.2m 粗的干涉臂管道中,气压保持小于 $1\mu Pa$,以降低空气瑞利散射产生的相位起伏。所有上述技术措施加在一起,使 LIGO 探测器在最灵敏的 100～300Hz 频段,应变灵敏度达到前所未有的 $10^{-23}/\sqrt{Hz}$。

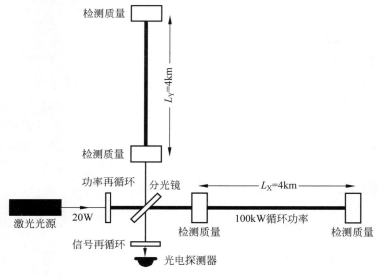

图 2-66　LIGO 探测器简化示意图

近年来,随着黑洞天文学的飞速发展,人们逐步意识到在 0.1mHz～1Hz 频段拥有大量的天体波源,主要来自 10^2～10^6 倍太阳质量的双黑洞并合。由于受地表震动和引力梯度噪声的影响以及干涉臂长的限制,地面引力波探测的频段无法覆盖天体事件所产生的引力波中低频范围,因此需要发展空间百万千米量级的长基线激光干涉引力波探测系统。20 世纪 90 年代以来,美国国家航空航天局(National Aeronautics and Space Administration, NASA)和欧洲航天局(European Space Agency,ESA)合作的激光干涉空间天线(Laser Interferometer Space Antenna,LISA)项目是最早开始发展的空间激光干涉引力波探测项目。之后,由于 NASA 的退出,欧洲提出了缩减预算的 eLISA(Evolved-LISA)/NGO(New Gravitational Wave Observatory)项目。中国于 2014 年提出了国际空间引力波探测"天琴计划",并于 2019 年 12 月 20 日成功发射"天琴计划"第 1 颗试验卫星。

引力波对时空产生的效应十分微弱,需在 5×10^{6} km 距离上测量皮米量级的距离改变,这对测量仪器及测试方法提出了很大挑战。LISA、eLISA 以及"天琴计划"都需要突破等边三角形卫星编队的空间激光干涉测距系统、非保守力屏蔽的惯性传感器和无拖曳航天控制等关键技术。

为了消除卫星之间相对运动所产生的多普勒频移的影响,双星激光干涉测距一般采用外差干涉法,基本原理如图 2-67 所示。望远镜既是激光接收装置(接收由远处卫星发过来的激光),又是激光发射装置(将本地卫星上的激光发射至远端航天器)。望远镜在接收到远处发射过来的激光时,将其导入本地激光干涉仪,经测试质量反射后,与本地激光器的激光发生干涉。通过测量干涉信号的相位变化 δ_{φ},可以反演由引力波所引起的测试质量间的距离变化 δL,即

$$\delta_{\varphi} = 4\pi \frac{\delta L}{\lambda} \tag{2-91}$$

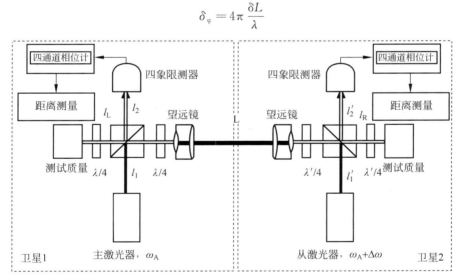

图 2-67 双星激光干涉测距

由于双星间的距离在 10^{6} km 量级,接收到的远处卫星的激光能量极其微弱,必须采用弱光锁相放大技术,即卫星 2 将接收到的激光与本地激光进行干涉,读出相位差信息,控制本地激光器的相位,对接收到的激光相位进行跟踪和锁定,然后将本地激光发射回卫星 1,于是卫星 1 接收到的光强将会增强,并且相位信息得以保持,从而达到信号放大的目的。

卫星 1 和卫星 2 均载有独立的激光器,分别表示为 $E_1 = \cos(\omega_1 t + \varphi_1)$ 和 $E_2 = \cos(\omega_2 t + \varphi_2)$。卫星 2 在接收到卫星 1 发来的信号激光以后,与本地激光进行干涉,得到干涉信号为

$$\cos(\Delta\omega t + \Delta\varphi) \tag{2-92}$$

其中

$$\Delta\varphi = (\varphi_1 - \varphi_2) + \frac{2\pi}{\lambda}(l_1 + L + 2l_R - l'_1)\qquad(2\text{-}93)$$

从干涉信号中读出信号光和本地激光的相位差，反馈控制卫星 2 上的激光光源，将卫星 2 上激光器的相位跟入射光的相位锁定。这样本地激光信号变为

$$E_2\cos(\omega_2 t + \varphi_2 + \Delta\varphi) = E_2\cos\left[\omega_2 t + \varphi_1 + \frac{2\pi}{\lambda}(l_1 + L + 2l_R - l'_1)\right]\qquad(2\text{-}94)$$

将卫星 2 上的激光发射回卫星 1，经测试质量反射后与卫星 1 上的本地光源进行干涉，得到干涉信号

$$\cos\left[\Delta\omega t + \frac{2\pi}{\lambda}(2L + 2l_R + 2l_L)\right]\qquad(2\text{-}95)$$

可见，在干涉信号的相位中包含了测试质量间距离的信息。

2.8.2　光刻机工件台六自由度超精密测量

光刻机是集成电路制造装备中的关键设备，它通过物镜成像系统在硅片上引发光刻胶光化学反应，完成集成电路图形掩模版到硅片的精准转移，其中，光源、镜头和工件台是光刻机的核心部件。集成电路集成度的高低、线宽的大小、生产效率的高低，主要取决于光刻机的性能，特别是它的关键子系统——工件台子系统。在集成电路图形转移时，工件台下层的硅片台进行平面步进扫描运动，将硅片待曝光位置移动到物镜下方；上层掩模版在工件台掩模运动台协同下进行相对反向运动；与此同时，光学系统同步对准曝光。整个过程要求工件台运动速度足够快，精度足够高，而精度的实现首先由其测量单元实时提供高精度位置信息来保证。为了达到光刻机工件台运动精度的亚纳米甚至更高精度的大行程测量要求，双频激光干涉仪成为最关键的测量手段，并被国内外光刻机厂商广泛采用。

对于一般以平面运动为主的运动平台，可采用如图 2-68 所示的六自由度测量方案。该

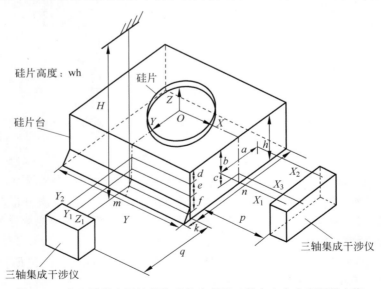

图 2-68　由六轴激光干涉仪构成的光刻机工件台六自由度测量方案

测量方案设计与六自由度解算思路为：利用 X_1、X_2 轴位移的差分测量绕 Z 轴的转角 θ_z；利用 $(X_1+X_2)/2$、X_3 轴位移的差分测量绕 Y 轴的转角 θ_y；利用 Y_1、Y_2 轴位移的差分测量绕 X 轴的转角 θ_x；利用 X_1、X_2、X_3 测量沿 X 轴的位移 x；利用 Y_1、Y_2 测量沿 Y 轴的位移 y；利用 Z_1 结合 Y_1、Y_2 测量沿 Z 轴的位移 z。

由于各轴激光干涉测量值之间存在耦合，上述测量方案的各自由度在解算时存在几纳米至数十纳米的误差。因此，人们设计提出了增加测量冗余的九轴激光干涉仪六自由度超精密测量方案。此外，在实际工程应用中，还需要解决测量环境保障与环境补偿问题、测量轴不绝对平行/垂直等各种误差综合与分配问题、工件台测量反射镜设计与制造问题等，才能真正应用于光刻机。

习题与思考 2

2-1 什么是光的干涉现象？试结合两相干波叠加后某点的光强表达式分析产生稳定干涉的必要条件。当两光波的频率相差不大时，又会看到怎样的干涉现象？

2-2 衡量干涉条纹质量的重要参数是什么？影响这个参数的主要因素有哪些？

2-3 试从光源单色性的角度分析白光干涉的特点。

2-4 可以通过哪些途径使光束相遇产生干涉？

2-5 在移相干涉测量光学零件质量时，至少需要采集几幅干涉图才能确定被测波面的相位信息？为什么？

2-6 共路干涉仪主要有什么优势？试分析散射板共路干涉仪的基本原理。

2-7 迈克尔逊干涉仪是激光干涉仪的基础，在迈克尔逊干涉光路中，为什么使用激光光源时，可以取消程差补偿板？

2-8 为了提高测量精度和满足实际测量需要，相比于普通迈克尔逊干涉仪，一般在实用激光干涉仪中要采用哪些特殊的技术？

2-9 在激光干涉测量长度中，激光器的频率稳定度是保证测量精度的关键，主要有哪些稳频方法？

2-10 在激光干涉仪中，常用的光线反射器有哪几种？各有什么特点？

2-11 如何实现干涉条纹的计数和判向？

2-12 为什么要对干涉条纹进行移相？主要有哪些移相方法？

2-13 提高激光干涉仪分辨力的途径有哪些？试举例说明。

2-14 试阐述如图 2-53 所示的激光量块干涉测量系统的测量原理。

2-15 与普通激光干涉仪相比，外差式激光干涉仪有什么优点？

2-16 什么是激光自混合干涉测量？请用典型的三镜腔模型阐释激光自混合干涉。

2-17 试调研分析我国"天琴计划"中所应用的激光干涉测量原理及相关技术。

第 3 章

激光准直与跟踪测量

激光准直测量就是利用光的直线传播定律及激光良好的直线性,以激光束作为直线基准来获取被测物体的各种形位误差。本章首先介绍光学准直测量的基本原理和系统组成;然后介绍激光直线度测量方法并进行误差分析;最后介绍激光多自由度误差同时测量和激光跟踪测量。

3.1 概述

激光具有极好的方向性,一个经过准直的连续输出的激光光束,其激光光束能量分布中心的连线可以认为是一条几何直线,并作为准直测量的空间基准线。激光准直测量就是利用激光束的直线性,以激光束作为直线基准,通过获取被测物体与基准光束之间的偏离量,得到被测几何量的偏差。

准直技术是大型几何参数与形位误差的测量基础,如直线度、同轴度、平面度、平行度、垂直度等几何量。因此,高精度准直技术是计量测试的重要研究领域,在生产和生活中有极其广泛的应用。例如,在电梯导轨的安装、大型平台的平面度测量、大型机械零部件轴孔同轴度和同心度测量、大坝外部变形监测等领域,准直技术都有着广泛的应用。

3.1.1 激光准直测量基本原理

1. 准直与自准直的基本原理

传统的平行光管又称为准直仪,它的作用是提供无限远的目标或给出一束平行光。平行光管主要由一个望远物镜和一个安置在物镜焦平面的分划板组成,平行光管常见与平面反射镜组合,通过读数目镜构成自准直仪。自准直仪是利用光学自准直原理,用于小角度测量或可以转换为小角度测量的一种常用计量测试仪器,在直线度等测量领域有着广泛的应用。早期的自准直仪以光学机械式为主,通过人眼观察进行测量,目前国内外均有多种型号的光电自准直仪产品,采用高分辨力的 CCD,测量灵敏度可以达到 $0.005''$,其基本构成和原理如图 3-1 所示。

光源发出的光束经过聚光镜均匀照明到位于物镜的焦平面上的十字分划板上,十字形刻线经分光镜、物镜、反射镜后,光线返回经物镜和分光镜,十字形刻线成像在置于物镜的焦平面上的面阵 CCD 器件上,十字形刻线图像经图像采集卡后输入计算机,经计算机分析处

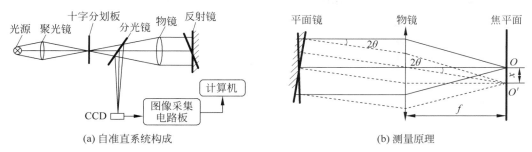

(a) 自准直系统构成　　　　　　　　(b) 测量原理

图 3-1　自准直测量系统构成及原理

理后给出测量结果。

如图 3-1(b)所示,根据平面镜的反射特性,若平面镜绕垂直于入射面的轴转动 θ 角,反射光线将转动 2θ 角,转动方向与平面反射镜的转动方向相同。因此,像 O' 相对应反射镜垂直于光轴时的像 O 有一个位移量 x,这个位移量 x 与反射镜偏角 θ 的关系为

$$x = f \cdot \tan(2\theta) \tag{3-1}$$

其中, f 为准直物镜的焦距。

2. 激光准直测量的基本原理

激光由于具有很好的方向性,容易得到平行光束,因而在准直测量中得到了较广泛的应用。利用图 3-1 所示的自准直原理,使用半导体激光器构成的二维激光自准直原理如图 3-2 所示。半导体激光器发射的激光,经过单模光纤和准直镜后成为平行光,经过偏振分光镜分束,变为偏振光,射向移动部分。线偏振光经过 $\lambda/4$ 波片,变成了圆偏振光,经平面镜反射回来再次经过 $\lambda/4$ 波片,又变成了线偏振光,但偏振方向已旋转 90°,返回偏振分光镜时,被偏振分光镜反射,经过透镜聚焦后,会聚到透镜像方焦平面处的 PSD 上。

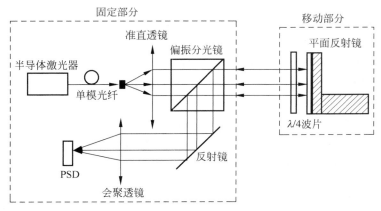

图 3-2　二维激光自准直原理

若移动部分随工件移动,被测物体偏摆和俯仰角变化,必然引起移动部分的平面反射镜同样角度的变化,造成反射回来的光 2 倍角度的对应变化,经过透镜后在 PSD 上的光点的位置变化为

$$\theta_x = \frac{\arctan(\Delta x / f)}{2} \tag{3-2}$$

$$\theta_y = \frac{\arctan(\Delta y / f)}{2} \tag{3-3}$$

其中, θ_x 和 θ_y 分别为俯仰角和偏摆角变化量; Δx 和 Δy 分别为俯仰角和偏摆角变化造成的在 PSD 上光点位置的改变量。

以上的激光自准直原理主要利用了激光的方向性和平面镜的反射特性,而激光准直测量则主要利用激光的方向性。根据激光准直测量原理的不同,可将激光准直测量分为 3 种类型,即振幅测量型、相位测量型和偏振测量型。

1) 振幅(光强)测量型

振幅(光强)测量型准直仪的特征是以激光束的强度中心作为直线基准,在需要准直的点上用光电探测器接收它,其测量原理如图 3-3 所示。由 He-Ne 激光器发出的一束光,通过扩束望远镜后射出直径一般为毫米级的激光束,此光束横断面的光能量分布为高斯分布。在一定条件下,相当长距离内各断面光能量的分布是一致的,这些能量分布中心的连线构成一条理想的直线,即为激光准直测量的基准直线。

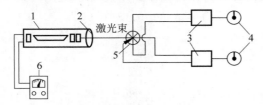

图 3-3 振幅(光强)测量型准直仪

1—激光器;2—扩束望远镜;3—运算放大器;
4—指示表;5—接收靶;6—电源

激光准直仪的接收靶中心有一个四象限光电探测器,两两相对的光电二极管接成差动式,其信号输入运算电路,这 4 块光电二极管中心与靶子的机械轴线重合。这样,上、下一对光电二极管,可以用来测量靶子相对于激光束在垂直方向上的偏移;左、右一对光电二极管,可用来测量靶子相对于激光束在水平方向上的偏移。

当光电接收靶中心与激光束能量中心重合时,相对的两个光电二极管接收能量相同,因此输出光电信号相等,无信号输出,指示表为 0;当靶子中心偏离激光束能量中心,这时相对的两个光电二极管有差值信号输出,通过运算电路可以得到接收靶中心与激光光线能量中心的偏差。测量时首先将仪器与靶子调整好,然后将靶子沿被测表面测量方向移动,通过一系列测量可以得到直线度误差的原始数据。

这种方法的准直精度受到激光束漂移、大气扰动以及光束横截面内光强分布不对称性的影响,为有效克服上述影响,出现了多种方法以提高激光准直的对准精度。

(1) 单模光纤法

图 3-4 所示为基于半导体激光光纤组件的激光准直仪测量原理。激光器发出的光经过单模光纤后,单模光纤的出射端点相当于二次光源。理论上,激光光束的稳定性只取决于光纤出射端点在空间的稳定性,激光器输出的激光发生平行漂移和角度漂移只能影响耦合效

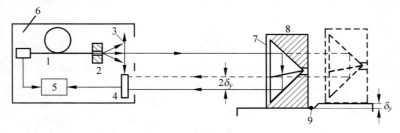

图 3-4 基于半导体激光光纤组件的激光准直仪测量原理

1—半导体激光光纤组件;2—光纤固定器;3—准直透镜;4—四象限光电探测器;
5—信号处理器;6—测量头;7—角锥棱镜;8—活动头;9—被测工件

率,仅引起输出端光功率的变化,不引起输出端的光强分布的变化,这就起到了稳定准直基线的作用。采用半导体激光光纤组件主要就是将激光器本身的漂移抑制到最小的程度,可提高其发射的激光光束的时间和空间稳定性。

如图 3-4 所示,当活动头随被测工件表面沿出射光线方向移动时,若被测表面在 y 方向存在一个位置改变 δ_y,入射光线保持不变,则出射光线的位置变化为 $2\delta_y$,光电探测器可以测到此偏差,连续多点测量,就可以得到直线度误差。因此,使用角锥棱镜,可以将测量的灵敏度提高 2 倍,同时实现移动头和测量头的无电缆连接,给现场测量带来了方便。

（2）菲涅耳波带片法

利用激光的相干性,采用方形菲涅耳波带片获得准直基线,如图 3-5 所示。当激光束通过望远系统后,均匀地照射在波带片上,并使其充满整个波带片,则在光轴的某一位置出现一个很细的十字亮线,当将观察屏放在该位置处,可以清晰地看到它,调节望远系统的焦距,则十字亮线会出现在光轴的不同位置上,这些十字亮线中心点的连线为一直线,这条线可作为基准进行准直测量。由于十字亮线是衍射与干涉的结果,所以具有良好的抗干扰性,同时,还可以克服光强分布不对称的影响。

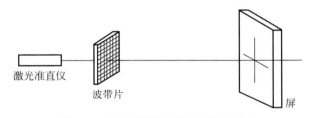

图 3-5　方形菲涅耳波带片法激光准直

（3）相位板法

在激光束中放置一块二维对称相位板,它由 4 块扇形涂层组成,相邻涂层光程差为 $\lambda/2$（即相位差为 π）。在相位板后面的光束任何截面上都出现暗十字条纹。暗十字条纹的中心连线是一条直线,利用这条直线作为基准可直接进行准直测量。若在暗十字中心处插入一方孔 P_A,在孔后的屏幕 P_B 上可观察到一定的衍射分布,如图 3-6 所示,若方孔中心与光轴有偏移,那么在 P_B 上的衍射图像就不对称,这些亮点强度的不对称随着孔的偏移而增加。因此,这个偏移的大小和方向可以通过测量 P_B 上的 4 个亮点的强度来获得。

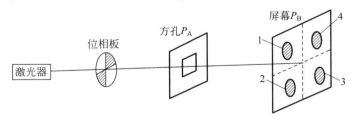

图 3-6　相位板法激光准直测量原理

在 P_B 处放置一个四象限光电探测器,若 I_1、I_2、I_3、I_4 分别表示探测器 4 个象限探测到的信号,则靶标的位移为

$$\Delta x = (I_1 + I_2) - (I_3 + I_4) \tag{3-4}$$

$$\Delta y = (I_1 + I_4) - (I_2 + I_3) \tag{3-5}$$

菲涅耳波带片和相位板准直都采用三点准直方法,即连接光源、菲涅耳波带片的焦点(或方孔中心)和像点,从而降低了对激光束方向稳定性的要求。这里任何中间光学元件(如波带片或方孔)的偏移都将引起像的位移,为消除像移的影响,可以将中间光学元件装在被准直的工件上,而把靶标装在固定不动的位置上。

2)相位测量型

相位测量法是在以激光束作为直线基准的基础上,又以光的干涉、衍射等原理将待测物理量的变化转换为光强的相位变化进行测量的。常用的相位测量型准直方案有双频激光干涉法、光栅衍射干涉法、激光准直干涉法等。相位测量法大多设计成干涉仪两臂测量光束与参考光束在传播方向上呈对称分布。因此,其准直基线不是激光束本身,而是测量光束与参考光束的对称轴,这在克服激光漂移的影响方面有较好的效果。当两束光靠得很近时,对大气扰动的影响也能有所减轻。

(1)双频激光干涉法

干涉测量法是在以激光束作为直线基准的基础上,又以光的干涉原理进行读数进行直线度测量。图 3-7 所示为双频激光干涉仪测量直线度原理。

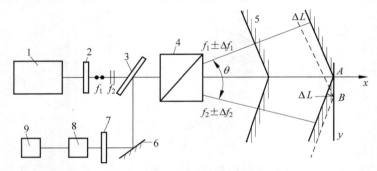

图 3-7　双频激光干涉仪测量直线度原理

1—激光器;2—$\lambda/4$ 波片;3—半反半透镜;4—偏振分光器;5—双面反射镜;
6—全反射镜;7—检偏器;8—光电探测器;9—计算机

双频激光器发出的光束通过 $\lambda/4$ 波片后,变为两束正交线偏振光 f_1 和 f_2,经半反半透镜后射至渥拉斯顿偏振分光器上,正交线偏振光 f_1 和 f_2 被分开成夹角为 θ 的两束线偏振光,分别射向双面反射镜的两翼并原路返回,返回光在渥拉斯顿偏振分光器上重新会合,再经半反射镜、全反射镜反射到检偏器,两束光经过检偏器后形成拍频并被光电探测器接收。若双面反射镜沿 x 轴平移到 A 点,由于 f_1 和 f_2 光所走的光程相等,所以 $\Delta f_1 = \Delta f_2$,拍频互相抵消,频移值为 0;若在移动中由于导轨的直线度偏差而使反射镜沿 y 方向下落至 B 点,如图 3-7 中虚线所示,f_1 光的光程就会较原来减少 $2\Delta L$,而 f_2 光的光程却增加 $2\Delta L$,两者光程的总差值为 $4\Delta L$,这时频移值 $\Delta f = \Delta f_1 - \Delta f_2$。据此可以计算出下落量为

$$|AB| = \frac{\Delta L}{\sin\dfrac{\theta}{2}} = \frac{\lambda \displaystyle\int_0^t \Delta f \, dt}{4\sin\dfrac{\theta}{2}} \tag{3-6}$$

其中,$|AB|$ 为被测表面的起伏情况,即直线度变化情况。

（2）光栅衍射干涉法

图 3-8 所示为光栅衍射干涉法准直测量系统。

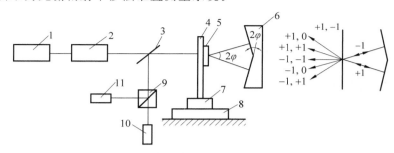

图 3-8　光栅衍射干涉法准直测量系统

1—激光器；2—扩束系统；3—分光镜；4—光栅；5—石英晶片；6—双面反射镜；

7—托板；8—滑板；9—偏振分光镜；10,11—光电探测器

该系统以光栅作为敏感元件，以双面反射镜组两反射面夹角的中分线为直线基准。经过扩束的激光束通过分光镜射向光栅，光栅刻度方向垂直于纸面，平行于托板的底面。入射光经光栅调制，产生各级衍射光，其中±1 级衍射光分别垂直投射到双面反射镜组的两个反射面上（双面反射镜组的两个反射面之间的夹角设计成与±1 级衍射光之间的夹角互补）。这样，±1 级衍射光经双面反射镜组两个反射面反射后，沿原路返回到光栅，再次经光栅衍射；+1 级衍射光与−1 级衍射光沿原入射光方向反向射出并产生干涉。由于石英晶体的双折射特性，通过石英晶片的激光产生偏振方向相互垂直的两路偏振光，并使两路偏振光发生移相，两路相干光经分光镜反射后投射到偏振分光镜上，由偏振分光镜将偏振方向相互垂直且相位相差为 90° 的两路相干光束分开，这两束光分别由两个光电探测器接收。测量时，令光栅固定在托板上，托板下面的滑板匀速地从导轨一端移动到另一端，导轨在垂直平面内的直线度误差使滑板及光栅随之有垂直于栅线方向的上下位移，于是干涉光强信号发生变化。通过计算光强信号变化的周期，可以计算出导轨的直线度变化。

3）偏振测量型

偏振测量型的代表是激光旋光准直仪，它以往返光束的对称中心作为准直基线，让直线度误差变成激光偏振方向变化的旋光而被检测出来。其构思独特，测量灵敏度高，往返光束的对称分布对克服激光平漂有一定效果，当往返光束靠得很近甚至重合时，也能在某种程度上减轻大气扰动的影响。偏振测量型准直测量的另一个优点是它的测量元件可在光路中移进移出，这是大多数相位测量型准直干涉仪所做不到的，这个特点可使它应用于同轴度测量。

激光旋光准直测量系统如图 3-9 所示，激光束经起偏器得到优于 10^{-5} 的偏振度，经磁光调制器（法拉第盒），出射光束的偏振矢量方向产生 θ 角的偏转，即

$$\theta = VLB \tag{3-7}$$

其中，V 为维尔德常数；L 为磁光棒的长度；B 为磁光线圈孔中的磁感应强度。

若磁光线圈以串联谐振方式驱动，则

$$B = C\sin\omega t \tag{3-8}$$

其中，C 为常数，与线圈结构及所加电压幅值有关。

代入式（3-7）得

$$\theta = VLC\sin\omega t = M\sin\omega t \tag{3-9}$$

其中，M 为调制度，$M = VLC$。

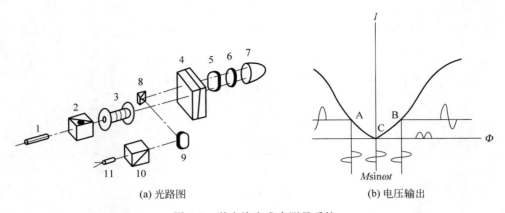

(a) 光路图 (b) 电压输出

图 3-9　激光旋光准直测量系统

1—扩束器；2—起偏器；3—磁光调制器；4—位敏元件；5—λ/4 波片；6—透镜；

7—球面反射镜；8,9—反射镜；10—检偏器；11—光电探测器

经过磁光调制的激光束经过由位敏元件、λ/4 波片及由透镜与球面反射镜组成的"猫眼"逆向反射系统后,由原路返回,被反射镜反射经检偏器后由光电探测器接收,位敏元件由两个角度均为 β 的左旋和右旋石英光楔组成,光楔的光轴与通光表面垂直,光束从光楔组的正中央穿过时,由于左旋和右旋石英的厚度相同,不产生附加的旋光量,当位敏元件在纸面内垂直于光轴方向(横向)发生位移时,即光束移开了中性面,于是出射光的偏振矢量方向产生偏转,设其偏转角为 Φ,即

$$\Phi = 4A\tan\beta S \tag{3-10}$$

其中,A 为石英的旋光系数；S 为位敏元件的横向移动量。

式(3-10)中系数 4 是考虑了左、右两块光楔及光束往返的成倍效果。利用琼斯矩阵,计算得到当入射光强为 I_0 时,探测器上接收到的光强信号为

$$I = I_0 \sin^2 (M\sin\omega t + \Phi) \tag{3-11}$$

式(3-11)的图像描述如图 3-9(b)所示,当 $\Phi = 0$ 时,即光束从位敏元件中间通过,此时工作点为 C,若没有磁光调制,系统即处在消光状态,输出光强为 0。由于磁光调制信号 $M\sin\omega t$ 的存在,输出光强变为二倍频信号。当 $\Phi \neq 0$ 时,即位敏元件偏离中性面,此时工作点将根据位敏元件的偏移方向移到 A 或 B 点,输出光将是一个直流分量上叠加一个频率与调制信号基频相同的交流信号。A 点与 B 点信号相位正好相反,可用相敏检波方法予以识别。如图 3-9(b)所示,根据光电探测器输出的信号是基频还是二倍频,可以判断准直光束是否从位敏元件的中性面通过,根据基频信号的相位可以判断偏移的方向。

旋光准直仪采用往返光路的双端结构,准直基线是往返光束的对称中心线,这种设计对光束的平行漂移有明显的抑制能力。

3.1.2　激光准直测量系统的组成

激光准直测量原理不同,组成激光准直测量系统的具体结构也有所不同,简单的激光准直系统可以直接目测对准。为了便于控制和提高对准精度,一般的激光准直系统都采用光电探测器对准,因此激光准直系统的基本组成如图 3-10 所示。激光器主要采用 He-Ne 激

光器、半导体激光器等,光电位置接收器主要采用四象限光电探测器(QD)、位置敏感探测器(PSD)、CCD探测器等。指示及控制系统可以根据光电靶标输出的电信号,指示靶标的对准情况,并自动控制靶标的对准。

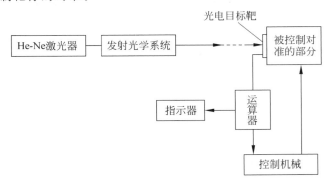

图 3-10 激光准直系统的基本组成

1. 激光准直光学系统

常用的激光准直器有倒置望远镜扩束准直器、零阶贝塞尔光束准直器等。倒置望远镜扩束准直器内容请参见第 1 章。下面介绍零阶贝塞尔光束准直器的基本原理。

高斯光束经过任何线性光学系统的变换仍然是高斯光束,随着光束的传播,高斯光束截面上光强迅速衰减。但是,激光器发出的光经过特殊的会聚元件而形成的零阶贝塞尔光束的光强几乎不随传播距离而衰减,是一条亮而细的光束。

由波动方程理论,在无限三维空间 xyz 中,赫姆霍兹方程存在一个近似的特殊解,即

$$E = e^{i\beta z} J_0(\alpha r) \tag{3-12}$$

其中,E 为电场强度;α、β 为波数,$\alpha^2 + \beta^2 = k^2$;r 为位矢,光束沿 z 轴传播,$r^2 = x^2 + y^2$;$J_0(\alpha r)$ 为零阶贝塞尔函数。

可以看出,这是一个在垂直于传播方向 z 的横截面上具有相同光强分布 $J_0(\alpha r)$ 的光束,即在某一范围内,光强分布不随 z 变化而变化,因此,具有光束无发散角的性质。

零阶贝塞尔光束准直器如图 3-11 所示,一个带有环形狭缝的屏置于一透镜的前焦面上,缝上每点发出的光经透镜变换为平行光束,所有点产生的平行光的波矢位于一个锥面上。

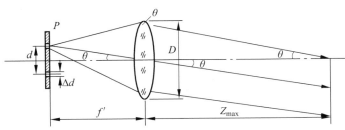

图 3-11 零阶贝塞尔光束准直器

当照明狭缝的光波长为 λ 时,得到参数 $\alpha = 2\pi \sin(\theta/\lambda)$ 的贝塞尔光束,其中 $\theta = \arctan(d/2f)$。当缝宽 $\Delta d \ll 2\lambda f/D$ 时,可以忽略衍射的调制效应。零阶贝塞尔光束无发散传输的最长距离为

$$Z_{max} = \frac{D}{2\tan\theta} \approx \frac{\pi D}{\alpha\lambda} \qquad (3\text{-}13)$$

此外,还可以应用圆锥透镜生成零阶贝塞尔光束,或应用计算机产生的全息图生成无衍射光束。

2. 半导体激光准直系统

由于半导体激光器的非对称激活通道,使得它发出的光束在垂直于结平面方向的远场发散角和平行于结平面方向的远场发散角相差较大(在垂直和平行于结平面方向上的发散角

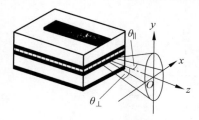

图 3-12 半导体激光器辐射光斑示意图

大小分别为 $30° \sim 60°$ 和 $10° \sim 30°$),且有像散。如图 3-12 所示,单横模输出的半导体激光器发出的光束是椭圆高斯光束,这种光束必须予以一定的校正,才能在如精密测量等对光束的准直度及消像散均有较高要求的领域使用。

国内外已报道的一些消像散准直方法主要有单透镜法、组合透镜法、衍射法、渐变折射率透镜法、反射法、液体透镜法等。下面仅对单透镜法、组合透镜法和衍射法做简单介绍,其他方法请参考相应参考文献。

1)单透镜法

实验装置如图 3-13 所示,在透镜的左边,高斯光束的束腰 W_{10} 可以近似认为位于半导体激光器的管芯处,高斯光束由管芯处出发,经过空气空间 h_1 和 h_3 及窗口玻璃 h_2 入射于单透镜上,厚度为 h_2 的玻璃平板对光束的变换作用相当于长度为 h_2/n' 的空气空间,其中 n' 为玻璃的折射率,所以

$$h = h_1 + h_3 + \frac{h_2}{n'} \qquad (3\text{-}14)$$

只要准直透镜选择了合适的相对孔径 D/f,以及透镜和半导体激光器调整到合适的相对位置,那么采用该准直法可以获得较满意的结果,但单透镜法准直对于半导体激光器两个方向的发散角有较大差别。

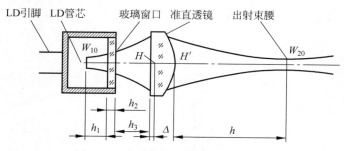

图 3-13 半导体激光器单透镜法准直

2)组合透镜法

为解决单透镜法准直只能对半导体激光器一个方向的发散角进行压缩的弊端,可以采用相互垂直的椭圆截面柱透镜组分别对两个方向发散角进行压缩,从而达到准直效果。如图 3-14(a)所示,垂直于结平面方向上的光束经第 1 个柱透镜后变成平行光,第 2 个柱透镜在此方向上可看作平行玻璃板,不会改变光束的发散角;如图 3-14(b)所示,平行于结平面

方向上的光束经第 1 个柱透镜后,光束仅发生偏移,发散角不改变,通过第 2 个透镜后,平行于结平面方向的发散角得到大大压缩。这种方法对透镜的装调有较高的要求。

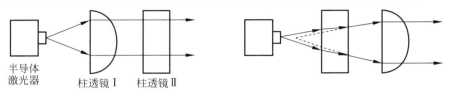

(a) 垂直于结平面方向上的光束准直　　　　　　(b) 平行于结平面方向上的光束准直

图 3-14　组合透镜法准直

3）衍射法

衍射法准直是利用光波场的衍射理论和二元光学理论,制成二元消像散准直器件改善半导体激光光束质量的方法。由光波近场衍射理论可知,在理想光束情况下,菲涅耳波带板可以起到接近理想透镜的作用——将绝大部分能量集中到一个主焦点上。因此,根据半导体激光器发射光束的特点,利用二元光学设计原理,制成在 x、y 方向有不同焦距并且可以校正像散的二元光学波带透镜或相位型菲涅耳透镜,实现对光束的准直。

除上述 3 种方法外,随着加工工艺的提高,非球面透镜准直法也用于半导体激光器的准直,这种方法在提高光束质量的同时减轻了系统重量。

3.2　激光测量直线度原理

3.2.1　直线度测量概述

第 23 集
微课视频

直线度测量主要是测量圆柱体和圆锥体的素线直线度误差、机床和其他机器的导轨面、工件直线导向面的直线度误差等,直线度测量是平面度、平行度、垂直度等形状位置误差测量的基础,是长度计量技术的重要内容之一。

1. 直线度定义

按中华人民共和国国家标准《直线度误差检测》(GB/T 11336—2004)的规定,直线度误差是被测的实际直线对其理想直线的变动量,而理想直线的位置应符合最小条件(实际被测量对其理想直线的最大变动量为最小值),测量原理是选择测量基准线作为理想直线,与被测实际直线相比较从而确定其变动量。实际测量过程中,由于测量基准和评定基准往往不一致,因此常采用两端点连线法、最佳平方逼近法(最小二乘法)或最小区域法的数据处理方法,使测量基准与评定基准一致。

2. 直线度测量方法

直线度测量方法有很多,按照测量方式,一般分为角差法和线差法,以下简要说明。

1）角差法

角差法是用自然水平面或光线作为测量基准,将被测表面等距离分为若干段,每段的长度为 l,用水平仪、自准直仪等小角度测量仪器,采用节距法逐段地测出每段前后两点连线与测量基准之间的角度 $\theta_i(i=1,2,\cdots,n)$,如图 3-15 所示。

前后两点的高度差为

$$\Delta y_i = l\tan\theta_i$$

(3-15)

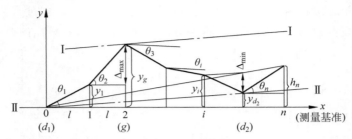

图 3-15　角差法测量原理

被测直线上各点到测量基准的高度为

$$y_i = \sum_{i=1}^{n} \Delta y_i = \sum_{i=1}^{n} l \tan\theta_i = l \sum_{i=1}^{n} \tan\theta_i \tag{3-16}$$

最后通过数据处理,求出直线度误差。

2）线差法

线差法的实质是用模拟法建立理想直线,然后把被测实际线上各被测点与理想直线上相对应的点相比较,以确定实际线上各点的偏差值,最后通过数据处理求出直线度误差。理想直线可用实物、光线或水平面体现。实物基准法是用高精度的实物作为理想直线,如用刀口尺、标准平尺、拉紧的钢丝等。目前主要使用光线作为基准进行直线度测量。

直线法利用钢丝、激光束等直线基准测量直线度,如图 3-16 所示。长距离直线度的测量较早是采用钢丝法,它的优点是简单、直观,到目前为止,许多大型设备的安装和测量还使用这种方法,但钢丝下垂、钢丝扭结、风吹引起钢丝偏摆等情况会产生测量误差。20 世纪 60 年代激光出现后,随着大型机械设备安装和测量的精度要求越来越高,又由于激光具有能量集中、方向性好、相干性好等优点,目前广泛利用激光束测量直线度误差。这种直线度测量

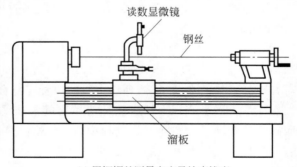

(a) 用细钢丝测量车床导轨直线度

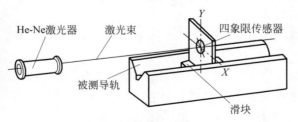

(b) 用激光束测量车床导轨直线度

图 3-16　直线法测量车床导轨直线度

工具称为激光准直仪,它具有钢丝法的直观性和简单性以及普通光学准直的精度,并可实现自动控制。

3. 直线度的评定方法

《直线度误差检测》(GB/T 11336—2004)中规定直线度的评定方法有最小包容区域法、最小二乘法和两端点连线法 3 种。一般来说,最小包容区域法的评定结果数值要小于其他两种评定方法的评定结果。

3.2.2　激光测量直线度方法

虽然直线度测量有较多方法,但使用激光进行测量是目前主要的测量方法。如何提高激光准直测量的灵敏度和精度也是测量领域的一个重要研究课题。目前激光测量直线度方法主要利用激光的干涉、衍射等效应。

1. 双频激光测量直线度

若使用渥拉斯顿偏振分束器以及双面反射镜,则可以利用双频激光外差干涉进行直线度的测量。

图 3-17 所示为双频激光干涉仪测量直线度的原理图,实际测量导轨时也可使用渥拉斯顿棱镜作为直线度测量的敏感器件。使用渥拉斯顿棱镜作为直线度测量的敏感器件的优点在于渥拉斯顿棱镜体积小,动态测量误差小,能避免使用双平面镜时造成的误差串扰问题。

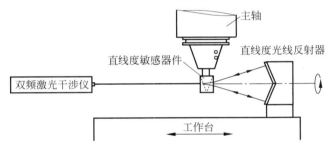

图 3-17　双频激光干涉仪测量直线度

双频激光测量直线度的主要不足如下。

(1)测量系统中的渥拉斯顿棱镜为非对称器件,每个渥拉斯顿棱镜的特性受材料、形状等参数的影响较大。

(2)检测距离受渥拉斯顿棱镜分束角 θ 的影响,当 θ 较大时,则随着检测距离的增大,尾端双面反射镜结构尺寸也要增大,因此 θ 不能太大;另外,θ 角也不能太小,当 θ 很小时,开始有一段两束光分不开,形成一段测量死区。所以,目前市场上双频激光干涉仪只能采用不同的附件分段测量直线度,除此以外,当检测距离较大时,由于两束光完全分开,易受大气扰动的影响。

(3)采用双频激光器,由于频率与偏振的混合效应带来了非线性周期误差。

为解决以上问题,可采取如图 3-18 所示的测量光路图,稳频激光器输出的单频激光经过含有两个声光调制器的频移单元后,产生频差为 60 kHz 的两束平行光,两光束的偏振方向相互垂直,其中 f_1 光束为测量光 f_2 光束为参考光。这两束光又被两个光束分束器分为4 路光,其中测量光束经偏振分光器和 $\lambda/4$ 波片后,到达如图 3-19(a)所示的一对对称的直线度测量棱镜,反射后与参考光产生干涉,由两个光电探测器接收,得到直线度误差的信号。

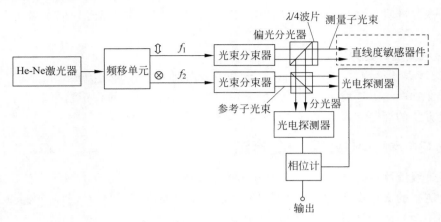

图 3-18   高精度测量直线度原理

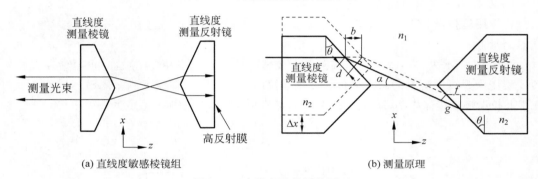

(a) 直线度敏感棱镜组   (b) 测量原理

图 3-19   直线度误差测量原理

如图 3-19(b)所示,若被测工件存在直线度误差 Δx,测量用的棱镜下移 Δx,造成上、下两条光线的光程变化,$n_1 g = n_2 f$,单路光的增益为

$$G = \frac{n_2 b - n_1 d}{\Delta x} = \tan\theta \cdot (n_2 - n_1 \cos\alpha) \tag{3-17}$$

如果 $\theta = 18.3°$,$n_1 = 1$,$n_2 = 1.51059$,那么单路光的增益为 0.174,实际上,上、下光路的总增益为 0.348,高于双频激光干涉仪的增益,也克服了双频激光干涉测量直线度存在的不足。

2. 楔形板干涉法测量直线度

图 3-20 所示为楔形板干涉测量直线度原理。楔形板置于被测导轨上作为测量直线度敏感器件,由激光器发射的光束经过准直后形成平行光束,投射到楔形板上,依次在楔形板上、下表面反射并干涉,形成等厚干涉条纹;当移动基座沿被测导轨移动时,被测导轨存在的直线度误差会引起基座的微小角度变化,造成楔形板与入射光线的角度变化,使干涉条纹的间距发生变化,从而实现对直线度的测量,显然这是通过对微小角度的测量计算得到直线度误差,因此要求移动基座每次移动的距离相同。

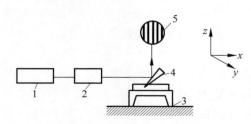

图 3-20   楔形板干涉测量直线度原理
1—激光器;2—准直系统;3—移动基座;
4—楔形板;5—观察屏

3. 无衍射光测量直线度

图 3-21 所示为无衍射光测量直线度原理。激光器发射的光经过扩束望远镜后照射到一个圆锥透镜上,该圆锥透镜锥角为 θ,于是由圆锥透镜出射的光角度为 $(n-1)\theta$,并产生衍射图样。在沿出射轴方向 $0 \sim \dfrac{D}{2(n-1)\theta}$ 的任意截面内(其中 D 为圆锥透镜的通光口径),均可观察到一系列等距圆环衍射条纹和中心亮斑。利用中心亮斑空间位置不变的特性,按照如图 3-21 所示的原理即可实现对直线度误差的测量。

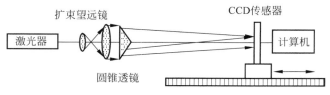

图 3-21　无衍射光测量直线度原理

3.2.3　直线度测量误差分析

影响直线度测量精度的因素大致可分为环境因素、光学系统因素和激光器光线稳定性。

1. 环境因素引起测量误差

在直线度测量过程中,环境参数的变化(如空气的温度、湿度、压力等的改变)将改变空气的折射率,使激光束在传播过程中偏离直线,进而影响测量结果,产生测量误差。在实际测量中,可以通过测出工作环境的压力、湿度和温度,然后根据 Edlen 经验公式计算出空气折射率,进行相应补偿,如果条件允许,应尽量选择恒定环境进行直线度测量,以提高测量精度。空气折射率变化造成的激光光线漂移将在后续介绍。

2. 光学系统因素对测量的影响

不同的直线度测量系统采用不同的光学元件实现激光的准直和光斑中心位置的测量,不同光学元件对测量的影响也不相同,应结合具体系统加以分析。例如,在双频激光测量直线度系统中,双面反射镜(R)和渥拉斯顿棱镜(W)在移动过程中倾角会对直线度测量带来误差,或者说导轨的俯仰角或偏摆角和直线度测量之间存在串扰问题。如图 3-22 所示,在

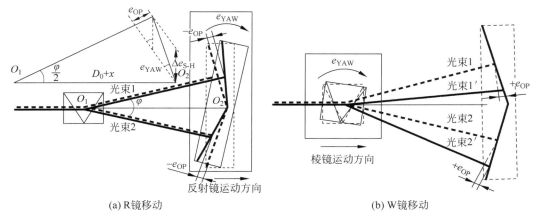

(a) R 镜移动　　　　　　　　　　(b) W 镜移动

图 3-22　R 镜和 W 镜移动所引起的倾角

W镜或R镜移动过程中,由于导轨存在俯仰角误差导致不可避免地会产生倾角 ε,经过计算可以得到,当W镜倾角 $\varepsilon<10''$ 时,其引起测量误差相当于激光束有 $10''$ 角度漂移带来的误差,极其微小,实验中可略去不计,但R镜倾角引起的测量误差很大,不容忽视。

此外,角锥棱镜的面形加工精度也是影响测量精度的一个重要因素,角锥棱镜的制造角差、面形误差和测量过程中角锥棱镜的偏摆、俯仰和滚转对直线度测量均有影响。同时,由于四象限光电探测器和微弱电信号放大电路的噪声难以消除,对于探测器总是存在一个受限于噪声的最小相对检测量 $\Delta x/R$,其中 Δx 为绝对位置检测量,R 为光斑尺寸或探测器尺寸。因此,要提高测量灵敏度,就必须减小 Δx。但是,若要进行较长距离的直线度误差测量,则光束直径就不能太小,光束直径越小,空气折射率变化对测量结果的影响越大,因此,光束直径和测量灵敏度相互矛盾。

3. 激光器光线稳定性的影响

激光准直测量的基准就是光线基准,即要求激光光束的能量中心连线为直线,且这一直线不随时间和空间位置变化。但是,由于各种因素的影响,激光光线的位置随时间变化,即发生了光线漂移,使激光能量中心的连线并非直线,这将严重影响激光准直测量精度。

1)激光器本身引起光束漂移

激光束的漂移主要有平行漂移和角度漂移两种,它们主要是由激光器本身的不稳定性引起的,高精度的测量必须设法减小或补偿漂移。当激光管点亮后,激光器放电管内及其表面存在着温度梯度分布,且温度场还产生随机变化。另外,激光管材料的不均匀性等因素会引起激光器谐振腔发生变形,使两反射镜相对位置产生变化,特别是两反射镜之间夹角的变化,会直接给激光器输出的激光光束带来平行漂移和角度漂移。

由于激光器本身的光线漂移,直接利用激光本身作为准直基线的做法的相对稳定性最好也只能达到 10^{-5} 量级。为了消除或减少光束漂移对激光准直的影响,人们设计了多种方案,如菲涅耳波带法、零级条纹干涉法、零级衍射同心圆法、相位板法、海定格非定位干涉条纹法、对称双光束法、单模光纤法等,在一定程度上抑制了光线漂移对直线度测量的影响。图3-4所示的单模光纤激光准直方法就能很好消除激光器本身存在的各种漂移。

2)大气扰动对激光光束传输的影响

光在真空或各向同性介质中才能沿直线传播,而实际的准直技术是在大气环境中应用的,大气空间不满足各向同性的条件,热流、风速、密度等变化会引起大气折射率的变化,使激光束传播过程中偏离直线。假设在垂直方向上空气折射率梯度保持常量,则沿水平方向传播的光束的弯曲量与传播距离的平方成比例,即

$$h=\frac{L^2}{2}\cdot\frac{\mathrm{d}n}{\mathrm{d}r} \tag{3-18}$$

其中,h 为弯曲量;L 为传播距离;$\dfrac{\mathrm{d}n}{\mathrm{d}r}$ 为折射率梯度。

这是一个静态模型,而实际上要复杂得多。

大气扰动的折射率变化可以用结构函数描述为

$$D_n(\rho)=\langle[n(r_2)-n(r_1)]^2\rangle \tag{3-19}$$

其中,r_2、r_1 为空间位置;$n(r_2)$、$n(r_1)$ 为相应位置的空气折射率;ρ 为距离,$\rho=r_2-r_1$;$\langle\cdot\rangle$ 为时间平均函数。

从理论和实践中得出：折射率的随机变化和距离的 3/2 次方成正比，即

$$D_n(\rho) = C_n^2 \rho^{\frac{3}{2}}, \quad l_0 \leqslant \rho \leqslant L_0 \tag{3-20}$$

其中，l_0 为最小非均匀旋涡的尺寸，典型值为 $1\sim10\text{mm}$；L_0 为最大非均匀尺度，它和离地面的高度有关，近地表面处的干扰要大一些；C_n 为 l_0 到 L_0 区间的结构参数，折射率起伏变化的描述，与大气参数（如热流、风速、高度等）有关。

以上分析表明光线弯曲与距离的平方成正比，随机抖动与距离的 3/2 次方成正比，随着准直距离的增大，提高准直精度更加困难，而且没有更有效的方法消除大气湍流效应产生的影响，目前多采用以下几种措施。

（1）选择在空气扰动最小的时间工作，如在太阳升起之前。另外，控制外界环境也能起到一定作用，如在光束传输路程上避免有热源和温度梯度及气流等的影响。

（2）将光束用套管屏蔽，甚至将管子内抽成真空。

（3）沿着激光束前进的方向以适当流速的空气流喷射，因为空气流提高空气扰动的频率，可用时间常数比较小的低通滤波器，消除输出信号的交变成分。

（4）对频率为 $50\sim60\text{Hz}$ 的扰动可采取积分电路消除。

此外，还可采用光学方法予以补偿，如在测量光路中固定几个点，实时测量激光的漂移量，并加以补偿；或采用足够靠近的相邻光束，一束用于测量，另一束专门用于采集噪声，由于两束光很靠近，大气扰动引起的光线漂移在两路信号中是相关的，通过一定的算法消除或减少激光的漂移；或采用多波长的激光，不同波长的激光在空气中的折射率不同，通过计算得到漂移量，并进行补偿。

3.3　激光同时测量多自由度误差

第 24 集
微课视频

数控机床和加工中心精度的检测是机床工具行业和机械加工行业的关键环节，也是保证加工精度及产品质量的重要手段。目前，测量数控机床与加工中心导轨几何位置误差的主要手段是采用激光干涉仪，这些激光干涉仪采用先进的光学技术，简化了安装过程，加强了数据采集、处理等功能，使测量较为简单，但每次只能测量单个参数，测量其他参数时需要重新安装附件，重新调整光路和重新测量。例如，一般三轴（即 3 根导轨）数控类加工设备总共需要检测 21 项误差分量，安装一次仅能测量一项误差分量，其检测过程烦琐、费时，利用激光多自由度误差同时测量系统同时测量几个几何位置误差不仅可大大缩短检测时间，还可减少人为调整误差。

任何一个物体在空间都具有 6 个自由度，即 3 个方向的平动自由度和绕 3 个方向轴的转动自由度。被加工工件的定位、精密零部件的安装及目标物体在空间的运动位置和姿态，都需要多至 6 个自由度的测量、调整或控制。由于生产加工技术自动化程度的提高，对多自由度的检测提出了更高要求，希望能同时检测到目标物体在空间的多个自由度误差。

机床是通过工作台在导轨上移动改变工件相对于切削刀具的相对位置，同一般物体一样，工作台也具有 6 个自由度，但常常只允许它们沿导轨方向这一个自由度运动，不允许在其他 5 个自由度方向运动。如图 3-23 所示，工作台移动时存在 6 个方向的位置误差，统称为几何位置误差，包括 3 个平动误差 ΔX、ΔY、ΔZ 和 3 个角度误差 θ_X、θ_Y、θ_Z。其中，ΔZ 称

为位置误差，ΔX、ΔY 称为直线度误差，θ_X、θ_Y、θ_Z 分别称为俯仰误差、偏摆误差、滚转误差，这几个几何位置误差直接影响机床的加工精度。

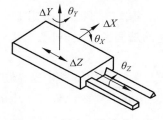

图 3-23　机床工作台的 6 维几何误差

前面讲述了如何利用激光准直、激光干涉、无衍射光等方法实现对导轨的直线度测量：利用如图 3-1 和图 3-2 所示的原理可以实现对导轨俯仰和偏转角的测量，利用激光干涉的原理可以实现对导轨位置误差的测量。图 3-24 所示为目前最常用的双频激光干涉仪分别测量导轨位置误差、单个方向导轨直线度、导轨俯仰角的测量示意图，可以看出，双频激光干涉仪是单参数测量，每次安装调整只能测量一种误差分量，而每个测量过程又需要使用不同类型的测量附件和重新调整干涉仪，检测一台设备所需的时间有时需要几天，甚至几周，费时费力，而且正常生产过程受到破坏，结果是使用者往往不对设备进行定期检测，造成加工精度下降，加工质量得不到保障。因此，研究激光六自由度误差同时测量方法与仪器，实现在现场对这类数控设备的快速检测，成为该领域亟待解决的关键测量科学问题之一。多自由度误差同时测量一直作为测量领域内的一个重要课题进行研究。

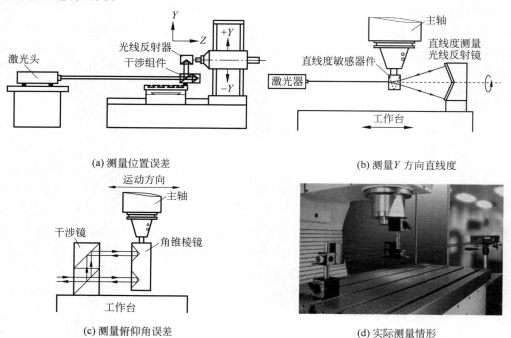

(a) 测量位置误差

(b) 测量 Y 方向直线度

(c) 测量俯仰角误差

(d) 实际测量情形

图 3-24　双频激光干涉仪测量导轨

本节先介绍滚转角的测量方法，在此基础上分别介绍几种四自由度、五自由度和六自由度误差同时测量方法。

3.3.1　滚转角测量

在机床导轨 3 种角运动误差中，滚转角的测量是最困难的，目前主要有准直测量方法、偏振测量法、基于外差干涉的测量方法。

1. 准直测量方法

以激光光线为基准,通过探测运动部件两个不同位置的直线度误差,计算得到滚转角误差。测量原理如图 3-25 所示。

通过对两个四象限探测器 QD1、QD2 的读数可以得到两束光线所在位置的直线度误差,进行处理可以得到滚转角误差 θ 为

$$\theta = \frac{H_2 - H_1}{L} \qquad (3\text{-}21)$$

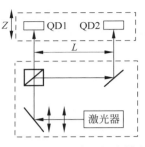

图 3-25　激光准直测量滚转角

其中:H_1 为四象限光电探测器 QD1 得到的垂直于纸面的直线度误差分量;H_2 为四象限光电探测器 QD2 得到的垂直于纸面的直线度误差分量;L 为两个光电探测器 QD_1 和 QD_2 中心之间的距离。

如何保证两条光线的平行性是获得高精度测量滚转角的关键。

2. 偏振测量法

使用偏振器件测量滚转角是最早的滚转角测量方法之一。图 3-26 所示为偏振能量法测量滚转角原理。激光器出射的激光经过格兰-汤普逊起偏器变为线偏振光,再经第 2 个格兰-汤普逊偏振分光器变为两束偏振方向相互垂直的线偏振光,分别到达两个光电探测器。格兰-汤普逊偏振分光器作为滚转角敏感器件,当其随被测物体一起移动时,滚转角的变化引起其出射的两束线偏振光能量的变化,通过计算处理,得到滚转角大小。

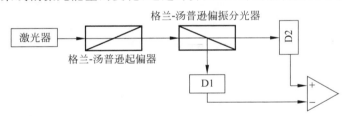

图 3-26　偏振能量法测量滚转角原理

3. 基于外差干涉的测量方法

一种基于外差干涉的滚转角测量原理如图 3-27 所示。

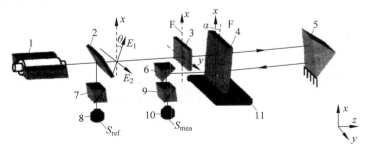

图 3-27　基于外差干涉的滚转角测量原理

1—双频激光器;2—分光器;3—λ/4 波片;4—半波片;5—直角棱镜;
6—反射镜;7,9—检偏器;8,10—探测器;11—工作台;F—快轴

　　激光器发射的光由两个频率的光组成，且两个频率的光的偏振方向相互垂直，一部分光被分光器反射后并经过检偏器在光电探测器 8 上产生干涉，作为参考信号；另一部分经分光器透射，先经过 $\lambda/4$ 波片后变为椭圆光，然后经过置于被测工件表面的半波片，被直角棱镜反射，再通过半波片并经反射镜和检偏器 9 后，在光电探测器 10 上产生干涉。分析可以得到光电探测器 10 的信号为

$$I_m \propto k_1^2 + k_2^2 + 2k_1k_2\cos\left[(\omega_1 - \omega_2)t + \varphi_1 - \varphi_2 + \Delta\Psi\right] \tag{3-22}$$

　　测量信号与参考信号之间的位相差 $\Delta\Psi$ 实际上是滚转角 θ 以及 δ 波片相位延迟角 α 的函数，可表示为

$$\Delta\Psi = -\left[\arctan(\tan\theta \cdot \tan 4\alpha) + \arctan(c \cdot \tan\theta \cdot \tan 4\alpha)\right] \tag{3-23}$$

求得 $\Delta\Psi$ 后，就可以得到滚转角 θ。

3.3.2　四自由度误差同时测量

利用激光准直进行四自由度误差同时测量的系统如图 3-28 所示。

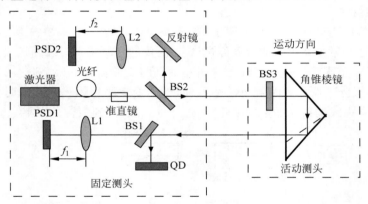

图 3-28　利用激光准直进行四自由度同时测量的系统

　　系统主要由固定测头和活动测头组成。固定测头集成了光学系统、四维传感单元以及激光器驱动、信号处理电路，测量基准为激光器发射的平行于被测件表面的光束。测量时，活动测头沿被测表面移动，从激光器发出的激光光束经扩束准直后，被活动测头中的半透半反镜分成两束，一束光经角锥反射棱镜后向反射，用作直线度的测量光束，传感器与该光束之间的相对位移由装在传感器内的四象限光电探测器测得，如果活动测头沿 z 轴的移动是直线性的，光束将保持在探测器的中心不动，而 x、y 轴方向上的任何对直线性的偏离都将导致光束偏离探测器中心位置，由此引起传感器输出信号的变化，经过信号处理并计算可得到两个方向上的直线度误差；另一束光由半透半反镜反射回测量头，用作角度误差的测量光束，由传感器内的位置敏感探测器接收，角度变化将导致探测器上光点的偏移，可得到俯仰角和偏摆角。探测器上测得信号经电路处理后进行模数转换，由微处理器通过串口发送到计算机中进行计算并显示出来，直线度误差和角度误差的分辨力可达 $0.1\mu m$ 和 $0.5''$。该测量系统具有结构简单、实时性强、测量头没有电缆连接和能满足长距离移动测量的优点。下面分别介绍其具体的测量原理。

1. 直线度测量

在如图 3-28 所示的测量原理中，直线度测量实际上采用的测量原理如图 3-29 所示。

测量时,角锥棱镜沿被测表面移动,被测表面的直线度误差使角锥棱镜与激光光束之间产生相对移动,如果产生 δ 的位移偏差,光线经过角锥棱镜反射后产生 2δ 的偏移,从而使后向反射的光束照射到四象限光电探测器的位置发生变化,探测器测量得到的光线偏离探测器中心位置的变化值就是直线度误差的变化值,即

$$\Delta x = \frac{x_1}{2}, \quad \Delta y = \frac{y_1}{2} \tag{3-24}$$

其中,x_1 为四象限探测器 QD 得到的光点在水平(x)方向的位移;y_1 为四象限探测器 QD 得到的光点在竖直(y)方向的位移;Δx 为 x 方向的直线度误差;Δy 为 y 方向的直线度误差。

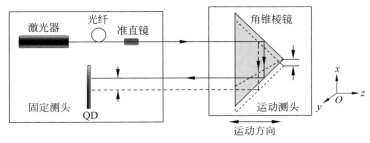

图 3-29　直线度测量原理

2. 角度测量

在如图 3-28 所示的测量原理中,测量俯仰角与偏摆角的原理与如图 3-2 所示的原理完全相同。当分光镜 BS3 随着靶镜沿着直线导轨运动时,反射光线对导轨运动副的平移和滚转不敏感,而只对俯仰、偏摆敏感,实现了误差分离,当分光镜有一个角度转动 α 时,反射光线则转动 2α,经过透镜 L2 成像在位置敏感探测器 PSD2 上得到一个偏移量 Δ,根据成像关系,在角度很小的情况下可以求出偏摆角和俯仰角的大小为

$$\alpha = \frac{x_2}{2f}, \quad \beta = \frac{y_2}{2f} \tag{3-25}$$

其中,f 为透镜 L2 的焦距;α 为俯仰角误差;β 为偏摆角误差;x_2 为探测器得到的光点在水平(x)方向的位移;y_2 为探测器得到的光点在竖直(y)方向的位移。

3. 激光光线漂移角测量与补偿

在激光准直测量中,激光光线的漂移(尤其是角度漂移)给直线度及偏转、俯仰角测量带来很大的测量误差,因此在如图 3-28 所示的四自由度误差同时测量方案中采用了共路光线用于测量和补偿,从而提高测量精度。

如图 3-28 所示,激光器发射的光经角锥棱镜反射后,一部分经 BS1 反射到达 QD 用于直线度误差测量,透过 BS1 的光线经 L1 汇集到 PDS1 上,按照如图 3-30 所示的原理可以直接测量得到激光光线两个方向的漂移角,即

$$\Delta \alpha = \arctan\left(\frac{\Delta x}{f_1}\right) \approx \frac{\Delta x}{f_1} \tag{3-26}$$

$$\Delta \beta = \arctan\left(\frac{\Delta y}{f_1}\right) \approx \frac{\Delta y}{f_1} \tag{3-27}$$

得到光线的漂移角后,就可以对计算直线度误差的式(3-24)和计算俯仰与偏摆角的

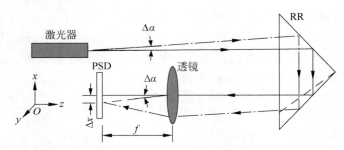

图 3-30　激光光线漂移测量原理

式(3-25)进行修正,得到

$$\Delta x = \frac{x_1}{2} \pm l \cdot \Delta\alpha \tag{3-28}$$

$$\Delta y = \frac{y_1}{2} \pm l \cdot \Delta\beta \tag{3-29}$$

$$\alpha = \frac{x_2}{2f} \pm \frac{\Delta\alpha}{2} \tag{3-30}$$

$$\beta = \frac{y_2}{2f} \pm \frac{\Delta\beta}{2} \tag{3-31}$$

其中,l 为直线度测量光线到达探测器的传输距离。

　　由于测量直线度的光线与测量光线漂移角的光线共路,可以大大减少激光器本身漂移对直线度及俯仰、偏摆角测量的影响,提高测量精度。

3.3.3　五自由度误差同时测量

　　图 3-31 所示为美国 API 公司生产的激光五自由度同时测量系统。激光在移动测量单元内分为 3 束光,第 1 束光经角锥棱镜 R1,回射至干涉测量单元,构成激光干涉仪的测量信号,得到位置误差信息;第 2 束光由四象限光电探测器 QD 接收,得到移动测量单元两个方向的直线度误差信息;第 3 束光经反射镜 M1、M2、M3 反射后,再经过透镜将反射光会聚到光电探测器 PSD 上,从而得到偏摆角和俯仰角信息。

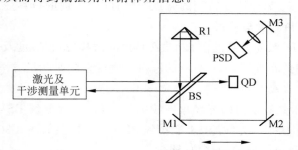

图 3-31　激光五自由度同时测量系统

　　图 3-32 所示为另一种基于衍射光栅的五自由度误差同时测量系统,线性偏振激光器发出的光经反射镜 RF 反射后入射到作为敏感器件的一维光栅上,一维光栅沿 x 方向运动,其 ± 1 级衍射光分别被 BS1 和 BS2 透射和反射,其中透射的光分别被四象限光电探测器 QPD_{+1} 和 QPD_{-1} 接收,形成四自由度同时测量单元,得到绕 3 个轴的角度误差,即俯仰、偏

摆滚转角,以及沿 z 轴的直线度误差,被 BS1 和 BS2 反射的光进入圆偏振干涉仪,得到由于沿 x 轴运动产生的多普勒频移产生的位移信息。因此,此方案能测量除沿 y 轴直线度误差以外的其他 5 个自由度误差。

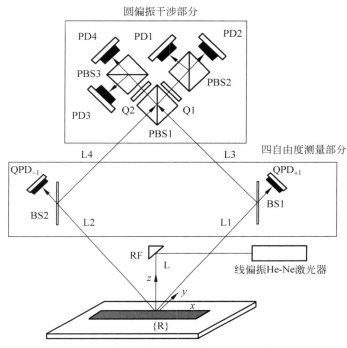

图 3-32 基于衍射光栅的五自由度误差同时测量系统

3.3.4 六自由度误差同时测量

美国 API 公司提出了一种单光束基准六自由度误差同时测量系统,如图 3-33 所示。由四象限探测器 QD 得到二维直线度,角锥棱镜 RR 反射回来的光线透过分光器 BS2,通过透镜聚焦在二维位敏探测器 PSD 上得到俯仰角和偏摆角,干涉测长系统得到定位误差;滚转角的测量是利用一个格兰-汤普逊偏振棱镜和一个格兰-汤普逊偏振分光器组成光路,然后通过光电探测器 D1 和 D2 探测不同偏振光强来得到。整个系统设计巧妙,适合长导轨测量,但是由于滚转角的测量精度较低,且测量头有电缆连接,这些给长位移测量带来了不便。

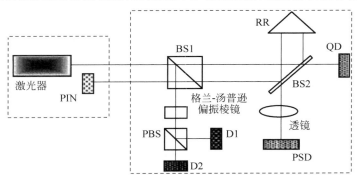

图 3-33 单光束基准六自由度同时误差同时测量系统

图 3-34 所示为一个激光同时测量数控机床或三坐标测量机六自由度误差的系统,通过两个角锥棱镜得到位置误差;通过 QD1 和 QD2 可以得到入射到该探测上光线位置处的直线度误差,比较这两个直线度误差可以得到滚转角误差;通过透镜 L 和 PSD 可以得到俯仰角和偏转角误差;光源可采用线偏振 He-Ne 激光器或激光二极管。由于测量系统把光源发出的激光束作为测量基准测量角度误差和直线度误差,光源的稳定性直接影响最终的测量精度。

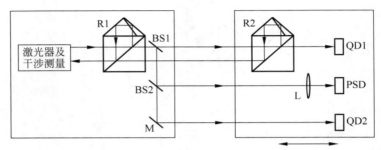

图 3-34　三光束六自由度激光测量

图 3-35 所示为双光束基准激光六自由度误差同时测量系统,稳频 He-Ne 激光器发出的单频偏振光经单模保偏光纤进入测量单元,敏感单元由两个角锥棱镜 RR2、RR3 组成,其中 RR2 的一半底面上镀有半反半透膜 BS5,BS5 的反射光线经透镜 L1 会聚到探测器 PSD1 得到俯仰角和偏摆角误差,经 RR2 或 RR3 反射的光线到达四象限探测器 QD1 或 QD2 得到两个直线度误差;通过 QD1 和 QD2 的直线度误差可以求得滚转角误差;经 RR1 和 RR3 反射的光线到达探测器 D,实现干涉测量位置误差;此外,L2 和 PSD2 的组合可以监测和补偿光线的角度漂移。特别需要指出的是,该系统不仅可以用于测量直线导轨的六自由度运动误差,通过配合使用高精度伺服回转系统,还可以测量转轴旋转运动的六自由度误差。

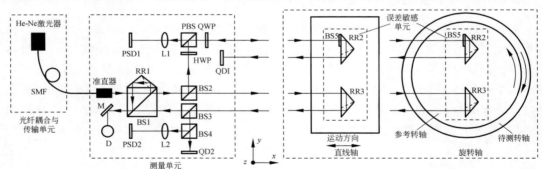

图 3-35　双光束基准激光六自由度误差同时测量系统

3.3.5　激光跟踪测量

激光跟踪测量技术最初是在机器人计量学领域发展起来的,当时主要用来解决机器人的标定问题,之后发展至目标空间位姿及多自由度误差测量。

激光跟踪干涉仪是在传统激光干涉仪的基础上加入了跟踪转镜机构,可以跟踪空间运动目标并实时测量目标到跟踪转镜中心的距离变化量,跟踪转镜机构由位置伺服系统控制,可以对空间目标点进行实时动态跟踪,实现了由静态测量到动态跟踪测量的转变。跟踪转镜可以把激光束投向空间任意一点，从而使测量光路由固定方向的单一直线变为可以投向空间任意点的无数条光路，实现了从一维直线测量到空间三维坐标测量的转变，也实现了三维动态跟踪测量。

单路激光跟踪干涉测量光路如图 3-36 所示，激光器发出的光经偏振分光镜 PBS 分成两束，一束光经参考平面镜反射后返回到分光镜，由于两次经过 $\lambda/4$ 波片，成为透射光射出；另一束光经 $\lambda/4$ 波片、分光镜 BS 和双轴跟踪转镜射向目标靶镜猫眼 CER，光束经反射后沿原路返回，两束光在偏振分光镜处汇合，从同一侧出射，经角锥棱镜和平面镜反射回干涉测量单元，单元进行干涉计数。计数器可以显示出由目标靶镜移动而引起的距离变化数值，从而实现激光干涉测距，分光镜 BS 分出部分光返回光束，照射在四象限探测器 QD 上，目标靶镜的移动引起返回光线在四象限探测器上的移动，从而形成跟踪误差信号；跟踪控制系统驱动双轴转镜转动，使跟踪误差最小，从而实现对目标靶镜的动态跟踪；利用安装在双轴跟踪转镜上的两个精密测角传感器得到目标靶镜所在位置的方向角；利用激光干涉得到靶镜的距离，这样空间靶镜的位置就以极坐标的形式表现出来，实现了物体空间位置的测量与跟踪。

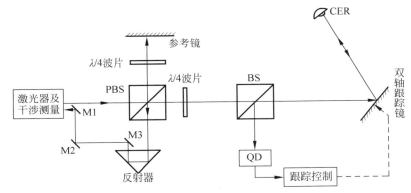

图 3-36　单路激光跟踪干涉测量光路

当采用 3 路上述激光跟踪干涉仪共同瞄准并跟踪三维空间某一运动目标时，每路都可以测出目标点到跟踪转镜中心的距离，那么只要 3 路激光跟踪干涉仪的位置关系已知，空间运动目标的位置也就确定了，这就是三边法测量的工作原理。由 3 路激光跟踪干涉仪组成的系统在实际测量前必须对各跟踪测量点的相互位置进行标定，这是一个相当困难的工作。另一个问题是，基于激光干涉技术的距离测量对测量过程中的挡光引起的跟踪中断非常敏感，测量过程中一旦跟踪中断，测量就无法继续，整个测量工作就必须重新开始。解决这两个问题比较理想的方法是在 3 路激光跟踪测量系统基础上再增加一路跟踪干涉仪，构成冗余系统，这样不仅可以完成系统自标定，提高测量精度，而且还可以实现系统的挡光自恢复，解决了系统标定困难和跟踪容易中断的问题，使系统具有实用价值。

由于激光干涉仪是目前世界上大范围位移测量精度最高的实用工具，以多路激光跟踪干涉仪为基础的柔性坐标测量系统摆脱了传统坐标测量机精密导轨的限制，它被认为是最有潜力、高精度、大范围、非接触、动态以及现场测量的工具，目前其应用已经延伸到各工业领域，如航空、航天、造船、重型机械、大型机组装等领域，既可完成大型零部件、组装件的外形几何参数和形位误差测量以及加工现场的在线测量，也适用于运动目标（如机器人手臂等)空间运动轨迹、姿态的监测和标定。

图 3-37 所示为徕卡 AT960 型激光跟踪仪和激光扫描仪相互配合,从而实现直升机外形参数快速测量的现场。为了实现对飞机等大型部件外形或姿态的测量,激光跟踪仪往往与飞机部件(被测目标点)的距离较远,这对激光跟踪仪的伺服跟踪测角精度和远距离测距精度提出了很高的要求。

图 3-37　徕卡 AT960 型激光跟踪仪被用于测量空客直升机的外形参数

对于测角,目前激光跟踪仪的测角系统一般采用光栅度盘,该测角传感器具有分辨力高、动态精度高、抗干扰信号能力强等优点,保证了激光跟踪仪测量的速度和精度。随着技术的发展,现在激光跟踪仪选用的光栅度盘精度越来越高,整个度盘的刻线数量也大大增加,但度盘刻线的不均匀性无法避免,将对测角系统产生误差,称为度盘分划误差,目前很难对该误差进行完全消除。此外,激光跟踪仪的轴系加工误差、大气折光引入的跟踪误差等都会对测角产生影响。

对于测距,由于采用的是激光干涉测距原理,其影响因素及关键技术可参考本书第 2 章的分析。此外,目标靶球是激光跟踪仪的关键部件,而激光相对于靶球的入射角将对测距产生影响,因此实际测量中,要尽量保持跟踪仪与靶球的正对关系,减小入射角。事实上,除了测角和测距精度,诸如上述直升机外形参数的测量中所涉及的激光跟踪仪自身的位姿参数以及一系列相关坐标系(飞机坐标系、激光扫描仪坐标系、激光跟踪仪坐标系以及世界坐标系)的变换与统一等都将影响实际测量的精度。

目前比较典型的激光跟踪仪,如徕卡 AT960 型绝对激光跟踪仪,其标称精度如下:绝对测距精度为 $10\mu m$,干涉测距精度为 $0.5\mu m/m$,角度测量精度为 $15\mu m+6\mu m/m$,工作范围为 160m,全量程坐标测量精度为 $15\mu m+6\mu m/m$。

习题与思考 3

3-1　简述激光准直测量原理及系统组成。

3-2　为了提高激光准直测试技术准确度,应注意哪些问题?可以采取哪些措施减小测试误差?

3-3　常用的半导体激光器准直方法有哪些?各有什么特点?

3-4　线阵 CCD 光斑中心有哪些提取方法?描述其提取算法。

3-5 什么叫直线度? 直线度测量方法有哪些?

3-6 详细分析如图 3-17 所示的直线度测量原理,给出直线度误差的计算公式。

3-7 详细分析双频激光干涉仪使用渥拉斯顿棱镜和双面反射镜作为直线度敏感器件时,俯仰角对直线度测量的影响,给出计算公式。

3-8 分析如图 3-27 所示的外差法测量滚转角的测量原理,给出具体的计算过程和计算公式。

3-9 详细分析如图 3-31 所示的测量各自由度误差的原理,给出测量方程。

3-10 以如图 3-35 所示的六自由度误差同时测量系统为例,分别说明针对直线轴或转轴的各自由度误差的测量原理,分析是否存在误差串扰问题。

3-11 对于多自由度误差中的滚转角误差的测量,除了利用准直方法外,还有哪些方法及系统可以进行测量? 各自的优缺点是什么?

第 4 章
CHAPTER 4

激光全息与散斑测量

本章首先介绍全息术基本原理,利用数学公式描述了全息过程,从不同角度对全息图进行分类,并简单介绍全息成像系统的基本构成;其次讲述单次曝光法、二次曝光法与时间平均法 3 种常用的全息干涉测量方法的基本原理以及激光全息干涉测量技术在位移测量、缺陷检测等方面的实际应用;然后简述散斑的概念,以位移测量为例,重点讲解散斑照相测量原理以及散斑干涉法测量离面、面内位移以及离面位移梯度的原理与系统,并介绍电子散斑干涉(Electronic Speckle Pattern Interferometry, ESPI)测量技术以及时域散斑干涉(Temporal Speckle Pattern Interferometry, TSPI)测量技术;最后,通过介绍剪切散斑干涉在检测某型号包覆药柱产品中的应用,分析散斑干涉测量中的相位提取、图像去噪、相位解包裹等图像处理的关键技术。

4.1 全息术及其基本原理

第 25 集
微课视频

普通摄影只能记录物体的光强(振幅)信息,不能记录相位,因此得到的是空间物体的平面像。"全息术"这个词来源于希腊语 Ὅλος,意思是"全部",表明了其能够记录物体的全部信息——振幅和相位。获得全息术一般是在二维介质中记录三维的波场,因此要求从相位到振幅(即强度)的变换,这种变换是通过把物波与恒定相位的参考波干涉来实现的。未知相位的物波与恒定相位的参考波叠加,形成干涉图,物波的振幅是以干涉条纹的可见度形式记录,物波的相位是以干涉条纹的形状和频率形式记录,将这些记录在一定条件下再现,即可获得原物体逼真的三维像。全息的概念最早是英国科学家丹尼斯·盖伯(Dennis Gabor)在 1948 年为提高电子显微镜的分辨力而提出的,他因此获得 1971 年的诺贝尔物理学奖。从 1948 年盖伯提出全息思想开始一直到 20 世纪 50 年代末期,全息照相都是采用汞灯记录光源的同轴全息图,主要存在再现原始像和共轭像不能分离以及光源相干性太差等问题。1960 年激光的出现以及 1962 年利思(Leith)和厄帕特尼克斯(Upatnieks)提出的离轴全息,使全息术的研究进入一个新阶段,相继出现了多种全息方法,并开始使用多种记录介质。1966 年,Brown 和 Lohmann 提出了由计算机生成全息图和光学重建图像的方法,这项技术现在被称为计算机生成全息技术(Computer-Generated Holograms, CGH)。1967 年,Goodman 证明了全息图可以记录在光电器件上,重建过程则在计算机中完成,这种技术也就是现在所谓的数字全息。随着实时记录材料的发展以及与电子技术、计算机技术相结合,全息技术的应用更加扩展,主要应用于全息干涉计量、全息信息存储与显示、全息显微术、全息器件等领域。

4.1.1　全息术基本原理

全息照相过程分为两步:波前记录和波前再现。波前记录是使物体散射波与参考波在记录介质上相干涉,产生干涉条纹,干涉条纹经曝光记录在介质上,这样即可完整记录包括物体振幅和相位的波前信息。经过显影处理后的记录介质称为全息图,具有复杂的光栅结构。波前再现是用原来记录时的参考光照射全息图,记录时被"冻结"的波前从全息图上"释放"出来,继续向前传播,从而再现出物体三维图像。

按照全息原理,全息图实质上是物光和参考光叠加所产生的干涉条纹的记录。全息过程可用数学公式描述,设激光照射物体后产生的散射波,即物光波前为

$$O = O_0 e^{i(\omega t + \varphi_O)} \tag{4-1}$$

参考光波前为

$$R = R_0 e^{i(\omega t + \varphi_R)} \tag{4-2}$$

物光与参考光在记录介质上相遇发生干涉,干涉条纹的强度为

$$
\begin{aligned}
I(x,y) &= (O + R)(O^* + R^*) \\
&= OO^* + RR^* + OR^* + RO^* \\
&= O_0^2 + R_0^2 + O_0 R_0 \left[e^{i(\varphi_O - \varphi_R)} + e^{-i(\varphi_O - \varphi_R)} \right]
\end{aligned} \tag{4-3}
$$

通常参考光采用均匀照明,干涉条纹主要由物光束调制,记录介质经显影、定影处理后,即成为全息图。

全息记录介质(如全息干板)的作用相当于一个线性变换器,把曝光期间的入射光强线性地变换为显影后负片的振幅透过率,而底片只有在 τ-H(振幅透过率-曝光量)曲线的线性区域内曝光,全息图才不失真,如图4-1所示。

全息图的振幅透过率用 $\tau(x,y)$ 表示,则

$$
\begin{aligned}
\tau(x,y) &= \tau_0 + \beta H = \tau_0 + \beta t I(x,y) \\
&= \tau_0 + \beta' I(x,y)
\end{aligned} \tag{4-4}
$$

其中,τ_0 为常数;β 为 τ-H 曲线直线部分的斜率;t 为曝光时间。

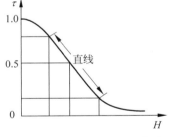

图 4-1　全息干板的 τ-H 曲线

将式(4-3)代入式(4-4),可得

$$
\begin{aligned}
\tau(x,y) &= \tau_0 + \beta' \left\{ O_0^2 + R_0^2 + O_0 R_0 \left[e^{i(\varphi_O - \varphi_R)} + e^{-i(\varphi_O - \varphi_R)} \right] \right\} \\
&= (\tau_0 + \beta' R_0^2) + \beta' O_0^2 + \beta' O_0 R_0 e^{i(\varphi_O - \varphi_R)} + \beta' O_0 R_0 e^{-i(\varphi_O - \varphi_R)} \\
&= \tau_1 + \tau_2 + \tau_3(x,y) + \tau_4(x,y)
\end{aligned} \tag{4-5}
$$

其中,$\tau_1 = \tau_0 + \beta' R_0^2$;$\tau_2 = \beta' O_0^2$;$\tau_3 = \beta' O_0 R_0 e^{i(\varphi_O - \varphi_R)}$;$\tau_4 = \beta' O_0 R_0 e^{-i(\varphi_O - \varphi_R)}$。

用再现光照明全息图时,假定再现光的复振幅分布为

$$C(x,y) = C_0 e^{i(\omega t + \varphi_C)} \tag{4-6}$$

则透过全息图的光场为

$$E(x,y)=C(x,y)\tau(x,y),$$

$$=C(\tau_0+\beta'R_0^2)+C\beta'O_0^2+\beta'O_0R_0C_0e^{i(\omega t+\varphi_C+\varphi_O-\varphi_R)}+\beta'O_0R_0C_0e^{i(\omega t+\varphi_C-\varphi_O+\varphi_R)}$$

$$=E_1+E_2+E_3+E_4 \tag{4-7}$$

其中，$E_1(x,y)=C(\tau_0+\beta'R_0^2)$，参考光一般都选用比较简单的平面波或球面波，因此 R 近似为常数，这一项表示振幅被改变的再现光波；$E_2(x,y)=C\beta'O_0^2$，由于物光波在底片上造成的强度分布是不均匀的，这一项表示振幅受到调制的再现光波前，是一种噪声信息。E_1 和 E_2 基本上保留了再现光波的特性，传播方向不变，可以称为全息图衍射场中的零级波。

$E_3(x,y)=\beta'O_0R_0C_0e^{i(\omega t+\varphi_C+\varphi_O-\varphi_R)}$，当再现光波与参考光波完全相同时，$E_3(x,y)=\beta'O_0R_0C_0e^{i(\omega t+\varphi_O)}$，表示原物光波前的准确再现(仅相差一个常数因子)，它与在波前记录时原始物体发出的光波的性质完全相同，当这一光波传播到观察者眼睛时，观察者可以看到原物的像。由于再现时实际物体并不存在，该像只是由衍射光线的反向延长线构成，因此是虚像，这一项称为全息图衍射场的 +1 级波。

$E_4(x,y)=\beta'O_0R_0C_0e^{i(\omega t+\varphi_C-\varphi_O+\varphi_R)}$，当再现光波与参考光波的共轭波完全相同时，$E_4(x,y)=\beta'R_0^2e^{2i\varphi_R}O_0e^{i(\omega t-\varphi_O)}$，$\varphi_O$ 前的负号表示 E_4 对原物光波在相位上是共轭的，即从波前看，若原物光波是发散的，则该光波是会聚的，这一项表示的是光波形成原物体的赝视实像，称为全息图衍射场的 −1 级波。只有当再现光波与参考光波均为正入射的平面波时，入射到全息图上的相位可取为 0，这时 E_4 无附加相位因子，全息图衍射场中的 ±1 级光波形成的虚像和赝视实像才严格镜像对称。

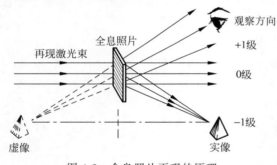

综上所述，波前记录依据的是干涉原理，全息图上的强度分布记录了物光波的振幅和相位信息，它们分别反映了物体的明暗和纵深位置等方面的特征。波前再现依据的是衍射原理，再现光波经过全息图衍射后出现衍射场，含有 3 种主要成分，即物光波(+1 级衍射波)、物光波的共轭波(−1 级衍射波)和再现光波的直接透射光(零级衍射波)，如图 4-2 所示。

图 4-2 全息照片再现的原理

4.1.2 全息图的类型

全息图可以从不同的角度考虑分类。

按制作全息图的方法，可分为光学记录全息图和计算机制作全息图。光学记录全息图是在感光材料上记录物光、参考光的干涉条纹；计算机制作全息图是先用计算机计算出全息图上抽样点的物光与参考光叠加后的复振幅，然后采用编码技术，用计算机绘图仪绘制放大的全息图，再用精密相机缩小到应有的尺寸，并复制在透明胶片上，这种全息图制作较为复杂，但可以制作出实际上不存在的假想物体的全息图，并通过再现显示出设想的物体。

按复振幅透过系数，可分为振幅全息图和相位全息图。如果全息图的复振幅透过系数是一个实函数，即 $\tau(x,y)=\tau_0(x,y)$，则称为振幅全息图，如用银盐干板拍摄的全息图经显影后就构成了振幅全息图；如果全息图的复振幅透过系数是一个复数，即 $\tau(x,y)=$

$\tau_0(x,y)\mathrm{e}^{\mathrm{i}\varphi(x,y)}$,就是相位全息图。相位全息图可以用多种记录介质拍照,最简单的方法是将用银盐干板制成的振幅全息图经过漂白工艺制成。相位全息图又分为浮雕型和折射率型,如果记录介质在曝光和处理后厚度改变,折射率不变,则称为浮雕型;反之,如果记录介质厚度不变,折射率改变,则称为折射率型。

按全息图中干涉条纹的结构与观察方式,可分为透射全息图和反射全息图。拍摄时物光与参考光从记录介质的一侧入射,此时记录介质中的条纹面接近垂直于表面,这样记录的全息图称为透射全息图;当物光和参考光分别从两侧入射到记录介质时,记录介质中条纹面平行于表面,这样记录的全息图称为反射全息图,如图 4-3 所示。

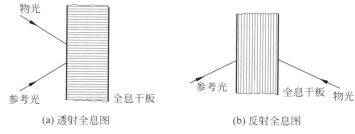

(a) 透射全息图　　　　　　(b) 反射全息图

图 4-3　透射全息图与反射全息图

按记录介质厚度,可分为平面全息图和体积全息图。当全息底片的乳胶厚度比记录的干涉条纹间距小时,认为是平面全息图;反之,当乳胶厚度与记录的干涉条纹间距为同一数量级或更大一些时,则认为是体积全息图。

按记录介质相对物体的远近,可分为菲涅耳全息图和夫琅禾费全息图(傅里叶变换全息图)。把记录介质放在离物体有限远处形成的全息图称为菲涅耳全息图;如果在物体与记录介质之间放置一个透镜,记录介质放在透镜焦平面处,即物体的傅里叶频谱面上,物体就等于放置在无限远处,这时形成的全息图称为夫琅禾费全息图,也称为傅里叶变换全息图。

按参考光与物光主光线是否同轴,可分为同轴全息图和离轴全息图。记录介质处于物光和参考光的同轴方向上获得的全息图称为同轴全息图,再现时,原始像和共轭像在同一光轴上不能分离,两个像相互重叠,产生所谓的"孪生像",这是同轴全息图的缺点,限制了它的使用范围;为克服这一缺点,用与物光成一定角度的倾斜参考光所获得的全息图称为离轴全息图,如图 4-4 所示。

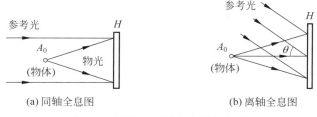

(a) 同轴全息图　　　　　　(b) 离轴全息图

图 4-4　同轴全息图与离轴全息图

4.1.3　全息设备基本构成

不同的全息技术有不同的装置,其中一些基本设备是必不可少的,如激光器、全息系统、记录介质等,下面分别简单介绍。

1. 激光器

主要根据记录介质的灵敏波段、使用功率大小选择激光器,最好使用单模激光器,要有足够的输出功率,尤其是拍摄运动物体时,能保证在极短的曝光时间内提供足够光能。实验室中最常用的激光器是 He-Ne 激光器,稳定性好,相干长度大,价廉,但功率不大,一般为 $10 \sim 100\,\mathrm{mW}$。要求功率大时,可使用氩离子激光器,功率可达 1W 左右。拍摄运动物体,常需采用脉冲式调 Q 红宝石激光器。一般来说,连续激光器有利于全息系统的调整,但脉冲激光器对工作平台以及环境要求可大大降低,现场使用比较有利。

2. 全息系统

全息系统一般包括防震平台、反射镜、分束器、扩束镜、准直镜、成像透镜、傅里叶变换透镜、可调针孔滤波器、可变光阑、多自由度的微调器、电子快门、自动曝光定时器等。有时为了某种特殊需要(如记录偏振全息图需要偏振器件),还要备一些专用元件,如 $\lambda/4$ 波片和半波片、偏振器、偏振分光镜、渥拉斯顿棱镜、旋光器等。为了布置光路简单,对于形状复杂或不易照明的物体采用各种光纤器件,如单模、多模光纤和光纤传像束等。

全息系统的基本要求如下。

(1) 拍摄过程中要尽量避免由于工作台振动、空气扰动等因素导致干涉条纹的移动。这就必须有性能极好的防震平台,各光学元件的支架和调节部分都应相对稳定。

(2) 物光和参考光的两光路长度应大致相等,物光与参考光之间的角度不宜过大或过小,应控制在 $30° \sim 90°$,且保持物光对底片的入射角和参考光对底片的入射角基本相等,保证显影时干涉条纹不变形。

(3) 全息系统的视场由底片大小决定,必须预先检查物体对底片的构图是否达到要求。

(4) 为消除有害的背景光,全息光路系统中不能用平行平面的光学零件,而用楔形平面代替。此外,光学零件表面必须十分清洁,以减少激光照射下的散射光。

(5) 对透明物或光洁度很高的物体,应在物体前加一块漫射板,如毛玻璃。

3. 记录介质

理想的全息记录介质应该对曝光所用的激光波长有高光谱灵敏度、高分辨力、低噪声,并且振幅透过率与曝光量具有线性关系。最早使用的记录介质是与普通照相干板相似的超微粒卤化银乳胶。卤化银乳胶既可以制作振幅全息图,又可以通过漂白成为相位全息图,而且保存期长。但随着全息术的发展,新的记录介质不断出现。目前所用的全息记录介质除卤化银乳胶外,还有重铬酸盐明胶、光致抗蚀剂、光致聚合物、光导热塑料、光折变材料、液晶等。

分辨力是记录介质的主要特性,指介质在曝光时所能记录的最高空间频率,其单位是线/mm。记录介质的颗粒越细,则其分辨力越高,衍射效率也越高,噪声越小,但灵敏度越低。记录全息图时对底片分辨力的要求与物光和参考光间的夹角有关,由全息图所形成的条纹光栅满足的关系式导出,即

$$2d\sin(\theta/2) = \lambda \tag{4-8}$$

其中,θ 为物光与参考光间的夹角。

此外,对于全息干板的后期处理,还需要显影液、停影液、定影液、漂白液等;而对于全息干涉条纹的处理,则还需要 CCD 摄像机、图像卡、监视器、计算机、打印机等设备以及干涉条纹处理软件。

第 27 集
微课视频

4.2 激光全息干涉测量

传统干涉仪中两个相干光波是通过分波前或分振幅的方法由一束光分割而成的,而借助于全息术可以把波前先后分割记录,在同一全息记录介质上可以记录不同时刻、不同条件下产生的波前,在全息图再现时,所有这些波前能够同时再现,彼此干涉。也就是说,在全息干涉中,波振幅是在时间上被分割的,相干波基本上是按相同路程不同时刻传播的。

全息干涉是指用干涉的方法比较两个或多个物波,其中至少有一个物波是全息再现波。不同时刻物波的相位差与某些物理量有关,如位移、旋转、应力、振动、温度、压力等,通过计算相位差即可解调出引起物波变化的某一物理量,因此全息干涉在精密测量技术中有着重要的应用。

全息干涉与全息术有着本质的区别。全息术是物波和参考波之间的干涉,用于记录和处理信息;全息干涉是利用全息记录和全息再现,使物体变化前后的两个物波干涉,用于测量物体变化的大小或引起物体变化的各物理量。

全息干涉测量与普通干涉测量相比有很多优点。全息术使永久记录光波和在任意时刻重现它成为可能,因此,全息干涉不受要在同一时刻形成相干光波的限制,而这在普通干涉仪中是不可能实现的。这样,全息干涉测量可以对一个物体在不同时刻的状态进行比较,从而探测物体在这段时间内发生的任何改变。普通干涉测量只能测量形状简单、表面光洁度很高的物体,因为只有当物体有足够简单的形状时,才能制作标准参考镜(平面镜、球面镜或二次曲面),使参考波与物波干涉;而全息干涉测量方法则能对任意形状、任意粗糙表面的物体进行测量。由于全息图具有三维性质,使用全息术可以从不同视角通过干涉量度考查一个形状复杂的物体,因此一个干涉全息图就相当于用普通干涉进行多次观察。此外,全息干涉测量是将同一通道的两个物波进行比较,光学元件的缺陷对两个物波的影响相同,不影响测量结果,因此与普通干涉测量相比,对光学元件的制造精度要求较低。由于这些优点,全息干涉测量在无损检测、微应力应变测量、形状与等高线测绘、振动分析、高速飞行体冲击波、流速场描绘等众多领域中得到广泛应用。

全息干涉测量采用的是所谓的“时间分割法”,即将沿同一光路、时间不同的两个光波前记录在同一张全息底片上,再使这些波前同时再现发生干涉,形成干涉条纹,根据条纹的分布对被测物体进行定性分析或作数值计算。常用的全息干涉测量方法有单次曝光法、二次曝光法和时间平均法。

4.2.1 单次曝光法

第 28 集
微课视频

单次曝光法是指先记录一张初始物光波面的全息图,然后用被测的物光波面和参考光同时照射全息图,使直接透过全息图的测试物光波面与再现的初始物光波面相干涉。如果物体未变形或位移,则再现像与物体完全重合,不出现干涉条纹;如果物体因加载、加热等外界原因发生形变或位移,则再现物光和变化后的物光之间便产生干涉条纹,条纹的形状、疏密和位置分布就反映了物体的形变和位移大小,这一方法可以对任何形状的物体在不同条件下的状态变化进行实时监测,能够探测出波长数量级的微小变化,这种方法也叫作实时全息干涉法。

设初始物光波（未变形前）复振幅为 $O=O_0(x,y)\mathrm{e}^{\mathrm{i}\varphi_O(x,y)}$，物体变形后物光波复振幅为 $O'=O_0(x,y)\mathrm{e}^{\mathrm{i}\varphi(x,y)}$，参考光光波的复振幅为 $R=R_0(x,y)\mathrm{e}^{\mathrm{i}\varphi_R(x,y)}$，一次曝光后到达全息底片的光强为

$$I_1=(O^*+R^*)(O+R) \tag{4-9}$$

在线性记录条件下，全息图的振幅透过率与曝光光强成正比，取系数为 1，则透过率为

$$\tau_1=O_0^2+R_0^2+O_0R_0\left[\mathrm{e}^{\mathrm{i}(\varphi_O-\varphi_R)}+\mathrm{e}^{-\mathrm{i}(\varphi_O-\varphi_R)}\right] \tag{4-10}$$

波前再现时用参考光和被测物光同时照射全息图，这时再现光波为

$$C=R+O' \tag{4-11}$$

因此，透过全息图的衍射光波为

$$\begin{aligned}
U&=C\tau_1=(R_0\mathrm{e}^{\mathrm{i}\varphi_R}+O_0\mathrm{e}^{\mathrm{i}\varphi})\tau_1\\
&=(O_0^2+R_0^2)R_0\mathrm{e}^{\mathrm{i}\varphi_R}+R_0^2O_0\mathrm{e}^{\mathrm{i}\varphi_O}+R_0^2\mathrm{e}^{2\mathrm{i}\varphi_R}O_0\mathrm{e}^{-\mathrm{i}\varphi_O}+\\
&\quad(O_0^2+R_0^2)O_0\mathrm{e}^{\mathrm{i}\varphi}+O_0^2R_0\mathrm{e}^{\mathrm{i}(\varphi_O+\varphi-\varphi_R)}+O_0^2R_0\mathrm{e}^{-\mathrm{i}(\varphi_O+\varphi-\varphi_R)}
\end{aligned} \tag{4-12}$$

其中，前 3 项是用参考光照明后再现的零级和 ±1 级衍射像；第 4～6 项是用变形后的物光波（被测试物光波）照明再现的零级和 ±1 级衍射像，如图 4-5 所示。

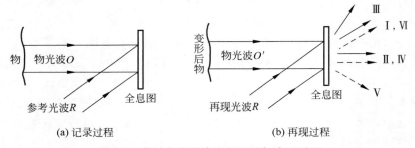

(a) 记录过程　　　　　　　　　　　　　(b) 再现过程

图 4-5　实时全息干涉法的记录与波面再现

所观察到的干涉现象是由第 2 项和第 4 项代表的初始物光波和被测物光波相干叠加产生的，可以单独考虑这两项。令

$$U_1=R_0^2O_0\mathrm{e}^{\mathrm{i}\varphi_O}+(O_0^2+R_0^2)O_0\mathrm{e}^{\mathrm{i}\varphi} \tag{4-13}$$

则视场中接收到的光强为

$$I_1=U_1^*U_1=O_0^2\left[R_0^4+(O_0^2+R_0^2)^2+2R_0^2(O_0^2+R_0^2)\cos(\varphi-\varphi_O)\right] \tag{4-14}$$

可以看出光强分布也是按照余弦函数规律变化的，具有双光束干涉的特点。

在采用实时观察时，随着物体形状或位移变化，干涉条纹也随着变化，因此可以随时进行干涉条纹变化规律的测量和研究。但是，由于再现物光波面和直射物光波面的振幅不大相同，干涉条纹的对比度较差，可以通过选择适当的参考光和物光的光束比等方法提高条纹的对比度。此外，实时全息干涉法在实际工作中要求全息图必须严格复位，否则直接影响测试准确度。

4.2.2　二次曝光法

二次曝光法是指在物体变形前记录第 1 个波前，变形后再记录第 2 个波前，再将它们重叠在全息图上。这样，变形前后由物体散射的物光信息都存储在此全息图中，用激光再现

时,能同时将物体变形前后的两个波前再现出来。这两个波前都是用同一条相干光路记录的,它们几乎在同一空间位置出现,具有完全确定的振幅和相位分布,能够相干形成干涉条纹图。可以通过研究干涉条纹图情况,了解波面的变化,进而测量物体的位移和变形,如图 4-6 所示。

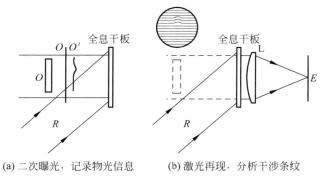

(a) 二次曝光,记录物光信息   (b) 激光再现,分析干涉条纹

图 4-6   二次曝光法

设物体变形前物光波复振幅为 $O=O_0(x,y)\mathrm{e}^{\mathrm{i}\varphi_O(x,y)}$,物体变形后物光波复振幅为 $O'=O_0(x,y)\mathrm{e}^{\mathrm{i}\varphi(x,y)}$,参考光波的复振幅为 $R=R_0(x,y)\mathrm{e}^{\mathrm{i}\varphi_R(x,y)}$,因为所测位移非常小,对各点漫反射光的振幅或亮度的影响可以不计,因此为简单起见,变形前后物光振幅都记作 $O_0(x,y)$,第 1 次曝光到达全息底片的光强为

$$I_1=(O^*+R^*)(O+R) \tag{4-15}$$

第 2 次曝光到达全息底片的光强为

$$I_2=(O'^*+R^*)(O'+R) \tag{4-16}$$

两次曝光后全息底片上的总光强为

$$I=I_1+I_2=(O^*+R^*)(O+R)+(O'^*+R^*)(O'+R) \tag{4-17}$$

在线性记录条件下,振幅透过率与曝光光强成正比,取比例系数为 1,则底片经过显影、定影处理后得到的全息图,用原参考光照射,其透过的物光波复振幅为

$$\begin{aligned}
U&=RI=R\left[(O^*+R^*)(O+R)+(O'^*+R^*)(O'+R)\right]\\
&=2(O_0^2+R_0^2)R_0\mathrm{e}^{\mathrm{i}\varphi_R}+R_0^2(O_0\mathrm{e}^{\mathrm{i}\varphi_O}+O_0\mathrm{e}^{\mathrm{i}\varphi})+R_0^2\mathrm{e}^{2\mathrm{i}\varphi_R}(O_0\mathrm{e}^{-\mathrm{i}\varphi_O}+O_0\mathrm{e}^{-\mathrm{i}\varphi})\\
&=U_1+U_2+U_3
\end{aligned} \tag{4-18}$$

其中,第 1 项 U_1 为零级衍射波;第 2 项 U_2 为两个重现的物光波(变形前和变形后)相干叠加的合成波;第 3 项 U_3 是合成波的共轭光波。U_2 反映了两次曝光时物体形状的变化,U_2 形成虚像,可透过底片看到,其光强为

$$\begin{aligned}
I&=U_2^*U_2\\
&=R_0^4(O_0\mathrm{e}^{\mathrm{i}\varphi_O}+O_0\mathrm{e}^{\mathrm{i}\varphi})\cdot(O_0\mathrm{e}^{-\mathrm{i}\varphi_O}+O_0\mathrm{e}^{-\mathrm{i}\varphi})\\
&=R_0^4\left[2O_0^2+O_0^2(\mathrm{e}^{\mathrm{i}(\varphi_O-\varphi)}+\mathrm{e}^{-\mathrm{i}(\varphi_O-\varphi)})\right]\\
&=2R_0^4O_0^2\left[1+\cos(\varphi-\varphi_O)\right]\\
&=4R_0^4O_0^2\cos^2\left(\frac{\varphi-\varphi_O}{2}\right)
\end{aligned} \tag{4-19}$$

可以看出,再现光波中出现条纹是由于物体在前后两次曝光之间运动或形变引起了相

位的变化。当相位差 $\Delta\varphi=\varphi-\varphi_0$ 满足 $2k\pi(k=0,\pm1,\pm2,\cdots)$ 时,出现亮条纹;当相位差 $\Delta\varphi$ 满足 $(2k+1)\pi(k=0,\pm1,\pm2,\cdots)$ 时,出现暗条纹。在各种应用场合,$\Delta\varphi$ 可以和一些物理量(如位移、转动、应变、折射率、温度、密度等)联系起来,通过分析干涉条纹,计算出 $\Delta\varphi$,就可以计算出与之相联系的物理量,如物体在各处位置上的微小变形等。图 4-7 所示为一个四边固定的方板受中心集中载荷时二次曝光后再现的全息图。

图 4-7   二次曝光全息图

二次曝光法可得到较高对比度的干涉条纹,但只适用于静态测量。

4.2.3   时间平均法

时间平均法是对一个振动物体进行连续不间断的全息记录,可以设想为无数全息图记录在同一张底片上。由于记录时间远比振动周期长,因此所记录的是物体振动过程中各状态在这一段时间内的平均干涉条纹,它反映了物体振动的平均效应。分析干涉条纹的形状和强度分布,可以得到物体振幅信息和振动模式。

为简单起见,以简谐振动为例说明时间平均法的测量原理。如图 4-8 所示,设振动角频率为 ω,膜片上任意点 P 的振幅为 $A(x,y)$,简谐振动表示为

$$A(x,y,t)=A(x,y)\cos\omega t \tag{4-20}$$

其中,$A(x,y)$ 为膜片振动时的横向位移。

设参考光波的复振幅为 $R=R_0(x,y)e^{i\varphi_R(x,y)}$,初始物光波(静止时)的复振幅为 $O=O_0(x,y)e^{i\varphi_O(x,y)}$,振动时的物光波的复振幅为 $O'=O_0(x,y)e^{i\varphi(x,y)}$,并且 $\varphi(x,y,t)=\varphi_0(x,y)+\Delta\varphi(x,y,t)$,$\Delta\varphi(x,y,t)$ 为由于振动的位移引起的相位差。

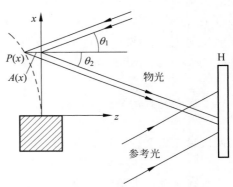

图 4-8   记录振动膜片的时间平均法

对膜片的照明光(入射光)和全息底片所接收的反射光分别与膜片表面的法线(即位移)方向成 θ_1 和 θ_2 角度,则物体上一点 P 移动到 P' 时的相位差为

$$\Delta\varphi(x,y,t)=\frac{2\pi}{\lambda}A(x,y,t)(\cos\theta_1+\cos\theta_2) \tag{4-21}$$

则

$$\varphi(x,y,t)=\varphi_0(x,y)+\frac{2\pi}{\lambda}A(x,y)\cos\omega t(\cos\theta_1+\cos\theta_2)=\varphi_0+K\cos\omega t \tag{4-22}$$

其中,$K=\frac{2\pi}{\lambda}A(x,y)(\cos\theta_1+\cos\theta_2)$。可以看出,$K$ 仅是 (x,y) 的函数,与时间 t 无关。

到达底片的光强为

$$I=(O'^*+R^*)(O'+R)=(O_0^2+R_0^2)+O_0R_0\left[e^{i(\varphi_R-\varphi)}+e^{-i(\varphi_R-\varphi)}\right] \tag{4-23}$$

全息图上的平均曝光量为

$$E=\int_0^t I\,\mathrm{d}t \tag{4-24}$$

其中，t 为曝光时间。

线性记录条件下，比例系数为 1，当底片用参考光照射时，得到

$$U = RE$$

$$= R_0 e^{i\varphi_R} \int_0^t I \, dt$$

$$= t(O_0^2 + R_0^2) R_0 e^{i\varphi_R} + R_0^2 O_0 \int_0^t e^{-i(\varphi - 2\varphi_R)} \, dt + R_0^2 O_0 \int_0^t e^{i\varphi} \, dt \quad (4\text{-}25)$$

其中，第 3 项是再现的原物光波，记作

$$\Phi = R_0^2 O_0 \int_0^t e^{i\varphi} \, dt = R_0^2 O_0 \int_0^t e^{i(\varphi_O + K\cos\omega t)} \, dt = t R_0^2 O_0 e^{i\varphi_O} J_0(K) \quad (4\text{-}26)$$

光强为

$$I_\Phi = \Phi^* \Phi = t^2 R^4 O_0^2 J_0^2 \left[\frac{2\pi}{\lambda} A(x, y)(\cos\theta_1 + \cos\theta_2) \right] \quad (4\text{-}27)$$

这表明时间平均全息图 +1 级再现像的光强分布按零级贝塞尔函数的平方分布，其分布曲线如图 4-9 所示，当 $\frac{2\pi}{\lambda} A(x, y)(\cos\theta_1 + \cos\theta_2) = \alpha_i(i = 1, 2, 3, \cdots)$ 时，为再现像上的暗条纹，即

$$A(x, y) = \frac{\lambda}{2\pi} \cdot \frac{a_i}{(\cos\theta_1 + \cos\theta_2)}, \quad i = 1, 2, 3, \cdots \quad (4\text{-}28)$$

即得到物体各点振幅 $A(x, y)$ 与干涉条纹级次 i 之间的定量关系。可以看出，位移为 0 的点对应最亮的亮条纹，一系列位移零点构成了零级亮条纹，在振动中称为节线；还可以看到，亮条纹的光强衰减得很快，这意味着高级亮条纹的对比度下降，一般 5、6 级后就很不清楚了。

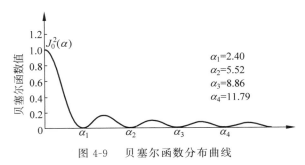

图 4-9　贝塞尔函数分布曲线

图 4-10 所示为用时间平均法记录的全息图的再现像，分别为一个振动的罐头盒盖在 3 种不同的振荡频率下的 3 种振荡模式。

图 4-10　用时间平均法记录的全息图的再现像

时间平均法是振动分析的基本手段,在汽车工业、飞机制造业和机床制造业中已获得良好应用。

第29集
微课视频

4.3 激光全息干涉测量的应用

全息干涉测量技术具有很高的灵敏度,广泛应用于位移测量、振动测量、变形测量、应力测量以及缺陷检测等方面。

4.3.1 位移和形状检测

用全息干涉法可以得到表示物体在两个状态下的位移或形变的全息干涉条纹图,通过这些干涉条纹图的分析和解释,便可以得到所要测量的位移或形变的定量关系。

设物体上一点 P,变形后位置为 P',有一微小位移 d,如图 4-11(a)所示,且照明光源位置为 S,全息底片位置为 H,θ_1、θ_2 分别为入射光与位移的夹角、位移与全息底片所接收的反射光的夹角。可知两光束的光程差为

$$\Delta = d(\cos\theta_1 + \cos\theta_2) \tag{4-29}$$

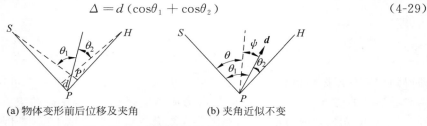

(a) 物体变形前后位移及夹角　　　　(b) 夹角近似不变

图 4-11　一维位移矢量分析

相应的相位差为

$$\delta = \frac{2\pi}{\lambda}d(\cos\theta_1 + \cos\theta_2) \tag{4-30}$$

由于位移与物光光程相比是极小量,可以认为物体形变前后 θ_1 和 θ_2 不变。如图 4-11(b)所示,令 $\theta = \dfrac{\theta_1 + \theta_2}{2}$,即入射光与反射光夹角的一半,它反映了角平分线的位置;$\psi = \dfrac{\theta_1 - \theta_2}{2}$ 为角平分线与位移方向的夹角,则

$$
\begin{aligned}
\delta &= \frac{2\pi}{\lambda}d(\cos\theta_1 + \cos\theta_2) = 2 \cdot \frac{2\pi}{\lambda} \cdot d\cos\frac{\theta_1 + \theta_2}{2} \cdot \cos\frac{\theta_1 - \theta_2}{2} \\
&= \frac{4\pi d}{\lambda}\cos\theta\cos\psi
\end{aligned} \tag{4-31}
$$

其中,$d\cos\psi$ 为位移在角平分线上的分量,用 d_θ 表示。

在再现像上亮条纹处,$\delta = 2N\pi$,则

$$d_\theta = d\cos\psi = \frac{\delta}{2k\cos\theta} = \frac{N\lambda}{2\cos\theta} \tag{4-32}$$

由此可知,每张全息图可以给出平行于入射光和反射光夹角平分线上的位移分量,即给出了平行于照明和观察方向夹角平分线上的位移分量。

一般来说,对于一个空间物体的三维位移,则需要 3 张独立的全息图,每张全息图给出

平行于观察和照明方向等分线方向的位移分量。

对于不透明物体的离面位移测量,可采用平行光垂直照射的方式,如图 4-12(a)所示。

第 1 次曝光时物体处于自由状态,第 2 次曝光时物体处于受力状态,再现的干涉条纹如图 4-12(b)所示,此干涉条纹相当于等厚干涉条纹。可以看出 $\theta_1=0,\theta_2=0$,代入式(4-32)得到物体的离面位移为

$$d_z = \frac{\delta\lambda}{4\pi} = \frac{N}{2}\lambda \tag{4-33}$$

由此可以看出,干涉条纹越密(N 越大),物体的离面位移越大。

图 4-13 所示为全息检测圆柱内孔的光学系统,平行激光束照射在锥形透镜上(该透镜一面是平面,一面是锥面,中间有一个孔,内装凹透镜);锥形透镜形成一束环状光束以掠射方式均匀照射在内孔壁上形成一次反射,出射后经过第 2 个锥形透镜使光束成圆环形式照射到全息底片上;参考光束取自激光束的中心区(如图 4-13 中虚线所示),参考光束直接通过内孔和锥形透镜,最后发散地照射到全息底片上,产生干涉条纹。

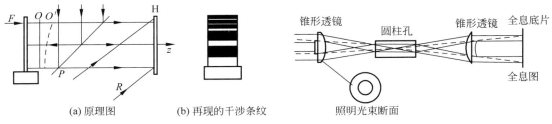

(a) 原理图　　　　(b) 再现的干涉条纹

图 4-12　不透明物体的离面位移测量　　　　图 4-13　全息检测圆柱内孔的光学系统

检测时先用合格的圆柱内孔作一张全息图,作为标准;然后复位到底片架原来的位置,在屏幕上观察是否有干涉条纹,没有干涉条纹则说明复位正确。再用一个被检内孔取代标准件,这时屏上出现干涉条纹,条纹反映此内孔的形状误差(圆度或直线度)。设标准内孔与被检内孔表面之间的径向误差为 ΔD,则

$$\Delta D = \frac{N\lambda}{2\cos\theta} \tag{4-34}$$

其中,N 为干涉条纹级数。

此方法的测量限制是长径之比不能超过 10:1,否则透射比变化,灵敏度降低。

4.3.2　缺陷检测

全息干涉技术不仅可以对物体表面上各点位置变化前后进行比较,而且也可以探测结构内部的缺陷。由于检测具有很高的灵敏度,利用被测件在承载或应力下表面的微小变形的信息,就可以判定某些参量的变化,发现缺陷部位,因此全息干涉技术也叫作全息干涉无损检测技术。在航空航天工业中,该技术对复合材料、碳素纤维板、蜂窝结构、叠层结构、航空轮胎和高压容器的检测都具有某些独到之处。

第30集
微课视频

结构在外力作用下,将产生表面变形,若结构存在缺陷,由于缺陷部位的刚度、强度、热传导系数等物理量均发生变化,缺陷部位的局部变形与结构无缺陷部位的表面变形是不同的。应用全息干涉方法可以把这种不同表面的变形转换为光强表示的干涉条纹并由感光介质记录下来,如果结构不存在缺陷,则这种干涉条纹只与外加载荷有关,是有规律的;如果

结构中存在缺陷,则缺陷处产生的干涉条纹是结构在外加载荷作用下产生的条纹与缺陷引起的变形干涉条纹叠加的结果,这种叠加将引起缺陷部位的表面干涉条纹畸变,根据这种畸变可以确定结构是否存在缺陷。

3 种主要全息干涉测量方法(即单次曝光法、二次曝光法、时间平均法)都可以应用。此外,选择正确加载方法以产生清晰、稳定的干涉条纹是缺陷检测的关键。常用的加载方法主要有机械加载、冲击加载、热辐射加载、增压加载、真空加载、振动加载等。

如图 4-14 所示,用全息干涉法对复合材料(用特殊纤维树脂材料或特殊金属胶片纤维粘接而成)制成的涡轮机叶片进行两表面同时检测,采用振动加载,即将频率信号发生器发出的信号经功率放大作用在激振器上,并通过激振器与受检试件耦合作用,迫使试件产生受迫振动,拍摄全息图,试件表面将以特定振型的干涉条纹显现。当叶片在某些区域中存在不同振型的干涉条纹时,表示这个区域的结构已遭到破坏,如果振幅本身有差异,则表示这是一个可疑区域,表明这个叶片的复合结构材料是不可靠的。

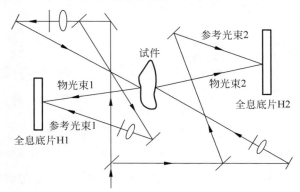

图 4-14　全息干涉法测复合材料表面缺陷光路图

用全息干涉法测试复合材料是由于脱胶和空隙易产生振动,而从振型可区别这种缺陷。此法的优点是不仅能确定脱胶区的大小和形状,还可以判定深度。另外,全息干涉法与普通超声测试法比较,其优点是可在低于 100kHz 的激振频率下工作,一次检测的面积要大得多,简化了夹持方法。

全息干涉技术在缺陷检测方面的成功应用还有全息裂纹探测,主要用于应力裂纹的早期预报,对测定材料缓慢裂纹的敏感性以及省时都有意义,是断裂力学研究中的一个新工具。利用二次曝光全息干涉技术,采用内部真空法对充气轮胎进行检测,可以十分灵敏和可靠地检测外胎花纹面、轮胎的网线层、衬里的剥离、玻璃布的破裂、轮胎边缘的脱胶以及各种疏松现象。

4.3.3　测量光学玻璃折射率的不均匀性

图 4-15(a)所示为光学玻璃均匀性测量系统图,其中 M1、M2、M3 和 M4 是反射镜;B1、B2 是分光镜;L1 为准直物镜;L2、L3 是扩束镜;H 是全息底片;G 是待测玻璃样品。从 L2 扩束的光线经 L1 准直后由 M4 反射回到 B1,再反射到 H 上,这是物光束;从 B2 反射,经 M1、M2、M3,再由 L3 扩束后直达 H,这是参考光束。在 H 上获得全息图。

首先,在样品 G 未放入光路时,曝光一次,然后,放入样品再曝光一次。如果样品是一

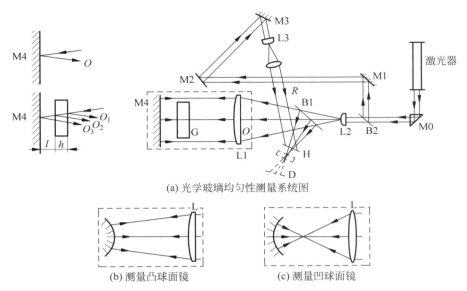

(a) 光学玻璃均匀性测量系统图

(b) 测量凸球面镜　　　　　　　(c) 测量凹球面镜

图 4-15　全息干涉计量法测量玻璃折射率不均匀性

块均匀的平行平板,再现时视场中没有干涉条纹;当折射率不均匀时,视场中将出现干涉条纹。拍摄全息图时,也可以不用 M4,而直接利用样品 G 的前后表面的反射光,此时,两光束的光程差为

$$\Delta = 2nh = m\lambda \tag{4-35}$$

其中,n 为样品折射率;h 为样品的厚度;m 为条纹级次。

由于干涉条纹的变化,由式(4-35)可求得样品厚度的不均匀性以及折射率的不均匀性。

在如图 4-15 所示的多功能全息系统中,图 4-15(a)虚线框中除测量平板玻璃的厚度和折射率不均匀性外,还可以测量玻璃的应力分布。改用图 4-15(b)和图 4-15(c)则可以分别测量凸球面镜与凹球面镜的形状偏差。如果将透镜 L1 换为被测光学系统,还可以测量光学系统的波差,若图 4-15(a)的反射镜 M4 能够绕光路中心转动,将被测棱镜放在中心位置,则可以测量棱镜的偏差。

4.4　激光散斑干涉测量

4.4.1　散斑的概念

激光照射在具有漫反射性质的物体的表面,根据惠更斯原理,物体表面上每点都可以看作一个点光源,从物体表面反射的光在空间相干叠加,就会在整个空间发生干涉,形成随机分布的亮斑与暗斑,称为激光散斑,如图 4-16 所示。

形成散斑必须具有以下两个条件。

(1) 必须有能发生散射光的粗糙表面,为了使散射光较均匀,粗糙表面的深度必须大于波长。

(2) 入射光线的相干度要足够高,因此常使用激光。

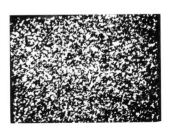

图 4-16　激光散斑图样

散斑的横向尺寸指的是散斑的最小尺寸。由粗糙表面的散射光干涉而直接形成的散斑,即无透镜散斑,也称为客观散斑,其横向尺寸为

$$\sigma_{横} = 1.22\frac{\lambda Z}{D} \tag{4-36}$$

如果对散斑成像,则称为主观散斑,其横向尺寸为

$$\sigma_{横} = 1.22\lambda F \tag{4-37}$$

其中,F 为透镜焦距与光瞳大小之比,即孔径比;D 为照明区域的尺寸;Z 为观测平面与散斑表面的距离;λ 为入射光的波长。

散斑也有纵向大小,其平均值为 $\langle\sigma_{纵}\rangle = \dfrac{2\lambda}{(NA)^2}$,其中 NA 为系统的数值孔径。

一个漫反射表面对应着一个确定的散斑场,散斑的尺寸和形状与物体表面的结构、观察位置、光源和光源到记录装置之间的光程等因素有关。当物体表面位移或变形时,其散斑图也随之发生变化,散斑虽为随机分布,但物体变形前、后散斑有一定规律,且含有物体表面位移或变形的信息。散斑测量就是根据与物体变形有内在联系的散斑图将物体表面位移或变形测量出来,散斑测量又分为散斑照相测量和散斑干涉测量。

4.4.2 散斑照相测量

散斑照相测量是散斑测量技术中最简单的检测方法,在实验力学检测技术中获得了一系列应用,如面内位移、位移梯度、表面斜率、形貌等的测量。

散斑照相测量是在一张照相底片上通过两次曝光(根据需要也可多次乃至连续曝光),记录表面粗糙的物体位移前后、变形前后或某种变化过程中的散斑图样,继而对所得散斑图样进行适当的事后处理,以获取有关物体位移或变形等信息的方法。

如图 4-17 所示,光路用来记录物体粗糙表面形成的像面散斑,即主观散斑。O 为待测物体,L 为成像透镜,H 为照相底片(为了得到表观颗粒细、反差高的散斑图样,使用全息干板)。物体由激光照明,未变形前曝光一次,在 H 上记录一张散斑图;加负荷使物体变形后,再曝光一次,曝光时间与第 1 次相同,于是 H 上记录到两个相同但有相对位移的散斑图样。

对于处理散斑图底片得到位置量值,通常采用两种方法,即逐点分析法和全场分析法。

1. 逐点分析法

采用细激光束垂直照明散斑图底片,在其后面距离 L 处放置观察屏垂直于激光束,每次考查底片上一个小区域的频谱,如图 4-18 所示。

图 4-17 主观散斑图的记录   图 4-18 逐点分析法

由于同一底片上记录了两个相同但位置稍微错开的散斑图,因此各散斑点都是成对出现的,相当于在底片上布满了无数的杨氏双孔。各双孔的孔距和连线反映了双孔所在处像

点的位移的量值和方位。当用相干光束照射此散斑底片时,将发生杨氏双孔干涉现象,产生等间距的平行直条纹,条纹方向垂直于物体表面位移方向,条纹间距反比于位移的大小,即

$$d = \frac{\lambda L}{\Delta t} \tag{4-38}$$

其中,d 为双孔间距,即位移量;λ 为激光波长;Δt 为屏上条纹间距;L 为屏到散斑图的距离。

需要注意的是,式(4-38)中的位移量是经过透镜放大了的值,若成像散斑的放大率为 M,则待测物体表面各点发生的实际位移量应为

$$d = \frac{\lambda L}{M \Delta t} \tag{4-39}$$

$$M = \frac{q}{p} \tag{4-40}$$

其中,p 为图 4-17 中的物距;q 为图 4-17 中的像距。

式(4-39)是测定面内位移的公式,当位移的方向和大小不同时,条纹的取向和疏密也不同。逐点分析法可以方便地获得物体表面某点变形数据,但是为了获得表面全场变形,就需要分析和处理大量的杨氏条纹图。

2. 全场分析法

已记录的散斑图用准直激光全场照明,应用傅里叶变换透镜获得散斑图的频谱分布,在频谱平面用滤波孔使频谱分量透过并进入成像系统,这样在成像面(输出平面)上即可获得由滤波孔位置决定的全场投影条纹,这一条纹场表征了滤波孔所在方向散斑位移等高线,其光路如图 4-19 所示。底片上某一小区域,在频谱面上生成杨氏条纹,当滤波孔位于它的亮纹处时,则该小区域是亮的;若滤波孔位于暗纹处,则因没有光通过滤波孔,该小区域是黑的。杨氏条纹位于滤波孔的底片上的那些点就是全场分析中的亮纹处。若滤波孔位置为 r,则位移量为

$$d = \frac{m \lambda f}{M r} \tag{4-41}$$

其中,m 为条纹级次;f 为透镜焦距;M 为记录散斑的透镜的放大率。

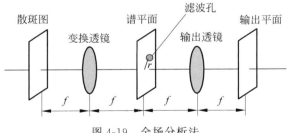

图 4-19 全场分析法

可以看出,全场条纹是相等位移分量各点的轨迹,对于同样条纹级次 m,滤波孔位置 r 越大,则可测量的位移量越小,即滤波孔位置越远,位移测量灵敏度越高。全场分析法可以快速地观察到物体表面的全场变形,并能及时发现局部高应变区域,但与逐点分析法相比,该方法在条纹自动化处理方面较为困难。

散斑照相测量方法不需要参考光即可实现物体表面变形检测,与全息术相比是一个极

大的进步。一方面,它使检测系统变得简单,适合面内位移和变形测量;另一方面,它不需要像全息检测那样要求严格的检测环境,从而使散斑技术在应用中更有优势。不足的是,散斑照相测量受到物体表面形成的散斑颗粒大小的限制,其测量精度没有全息术高。

第 32 集
微课视频

4.4.3 散斑干涉测量

散斑干涉测量方法是与散斑照相测量几乎同时发展起来的散斑检测技术,与散斑照相测量方法基于散斑颗粒位置变化而进行测量不同,散斑干涉测量是基于散斑场相位的变化进行检测的。它除了具有全息干涉测量方法的非接触式、可以遥感、直观、能给出全场情况等一系列优点外,还具有光路简单、对试件表面要求不高、对实验条件要求较低、计算方便等特点,但条纹清晰度相对较差。散斑干涉测量技术的用途广泛,除了测量物体的位移、应变外,还可以用于无损探伤、物体表面粗糙度测量、振动测量等方面。

散斑干涉与全息干涉一样,分为两步:第 1 步是用相干光照射物体表面,记录带有物体表面位移和变形信息的散斑图;第 2 步是将记录的散斑图置于一定的光路系统中,将散斑图中的位移或变形信息分离出来,进行定性或定量分析。

按位移测量的方法,散斑干涉测量可分为离面位移的散斑干涉测量、面内位移的散斑干涉测量和离面位移梯度(应变)的散斑剪切干涉测量。

1. 离面位移的散斑干涉测量

图 4-20 所示为一个迈克尔逊散斑干涉仪,反射镜 M1 已用粗糙表面代替,目的是测量 M1 的变形或纵向位移,M2 为参考镜,可以是平面镜,也可以是粗糙表面。若 M2 为粗糙表面,则 M1 和 M2 各自在像面上形成散斑图,重叠区域发生干涉;若物体 M1 发生变形或沿法线方向有一微小位移 δz,则两个散斑场之间的相位差发生改变。若相位差改变为 $2k\pi$,即 δz 改变量为 $k\lambda$,则变形后的散斑场与原来($\delta z = 0$)一样,称为相关;若相位差改变为 $(2k+1)\pi$,即 δz 改变为 $(k+1/2)\lambda$,则变形后的散斑场与原来的亮暗反转,称为不相关。换言之,任何一个变形后的粗糙表面相对于原来的物面可以分为相关区域和不相关区域,而分开这两个区域,就相当于找出物面上程差改变量为 $k\lambda$ 和 $(k+1/2)\lambda$ 的轨迹,在记录介质上得到清晰的相关条纹,然后利用条纹方程式得到变形量或离面位移量。当物体沿法线方向缓慢移动时,散斑条纹也发生移动,这种方法适合测量物体表面变形及振动物体的振动模式,在振动节点处出现高对比度的散斑,在有振动处散斑的对比度降低,对比度为常数的区域表示振动的振幅相同。

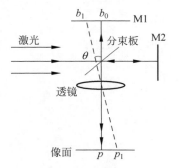

图 4-20 测量离面位移的迈克尔逊散斑干涉仪

若物体 M1 变形或移动后引起散斑的移动量大于或等于散斑纵向尺寸,则相关度为 0。因此,要保持好的相关性,必须使物体变形后引起的散斑纵向位移量小于散斑纵向尺寸。

2. 面内位移的散斑干涉测量

上述迈克尔逊散斑干涉仪只能测物面的离面位移,不能测量面内位移。图 4-21 所示的系统可以测量面内位移,以两束相干光照射粗糙物面,以相同角度在法线两侧平行入射,表面散射光用透镜成像在全息底片上,法线左右两侧入射的光束都可生成散斑图,这两个散斑图相互干涉而形成第 3 个散斑图。由光程差考虑,物面沿 z 方向运动,左右入射的光束光程变化相同,因而散斑图保持不变。但若表面沿 x 方向移动微小距离 Δx,则左右两侧光程一束增加 $(\Delta x)\sin i$,一束减少 $(\Delta x)\sin i$,当 $2(\Delta x)\sin i = k\lambda$ 时,表示物面沿 x 方向移动了 k 个干涉条纹。若某个区域变形前后干涉条纹亮、暗位置不变,则变形前后的散斑图重合,在同一张底片上变形前后各曝光一次,有颗粒状散斑结构,这一区域为相关区域;反之,若变形前后条纹亮、暗位置反转,则变形前后形成的散斑图不同,在同一张底片上变形前后各曝光一次,看不到颗粒状散斑结构,这一区域为不相关区域。因此,可以用被观察到的散斑干

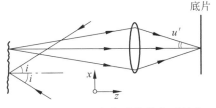

图 4-21 测量面内位移的散斑干涉仪

涉花样测定表面上各区域的变形位移情况。测量物体面内位移的最大可能值为物方散斑大小,即 $\dfrac{0.6\lambda}{\sin u}$。

若要使条纹对 z、y 方向位移不敏感,则必须保证入射光为平面波,物面必须是平面,两束光的入射角必须相等,方向相反,否则将影响测量的准确度。

图 4-22(a)为悬臂梁受集中载荷得到的散斑干涉面内位移条纹;图 4-22(b)为周边固定板受集中载荷得到的散斑干涉离面位移条纹。

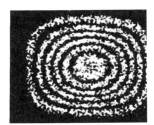

(a) 悬臂梁受集中载荷得到的散斑干涉面内位移条纹　(b) 周边固定板受集中载荷得到的散斑干涉离面位移条纹

图 4-22 散斑干涉得到的位移条纹图

3. 离面位移梯度(应变)的散斑剪切干涉测量

在力学分析中,如薄板弯曲测量,人们关心的往往并不是物体表面的变形,而是物体表面的应力应变,位移值的一阶微分是应变,二阶微分是挠度。因此,要获得物体表面的应力应变分布,就需要对普通数字散斑测得的表面变形数据进行两次数值微分。对实验数据的数值微分会导致较大的误差,应尽可能少用或不用。可以应用散斑剪切干涉法,散斑剪切干涉不是测量位移,而是位移梯度,即位移的一阶微分,这样可以直接测量物体表面应变,测量挠度时也降低了一次数据计算的误差,从而提高测量精度。散斑剪切干涉法的优点是没有参考光路,受环境扰动和机械噪声的影响很小;但它受剪切范围、剪切方向和引入的荷载等多个有效因子的影响,而且测量物体振动时,因为测得的是振幅的一阶微分,其测量结果不直观,需要积分一次才能看到物体的振型。

散斑剪切干涉可以通过两种方式来实现,即:物面上一点,经图像剪切装置后,在像面上形成相邻的两个点;或物面上两个相邻的点,经图像剪切装置后,在像面上会聚成一点,产生干涉。

考虑如图 4-23 所示的模型，假定在 x 方向剪切，剪切量为 δx，物面上 $P(x,y)$ 点和 $P(x+\delta x,y)$ 点的像在底片上同一点重合。

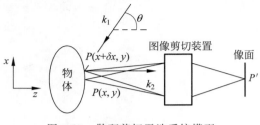

图 4-23　散斑剪切干涉系统模型

设由 $P(x,y)$ 点反射的光到像面（底片）上的波前与 $P(x+\delta x,y)$ 点反射的光到像面上的波前分别为

$$U(x,y)=A(x,y)\mathrm{e}^{\mathrm{i}\varphi(x,y)} \qquad (4\text{-}42)$$

$$U(x+\delta x,y)=A(x+\delta x,y)\,\mathrm{e}^{\mathrm{i}\varphi(x+\delta x,y)} \qquad (4\text{-}43)$$

其中，$A(x,y)$、$A(x+\delta x,y)$ 分别表示两个剪切像的光的振幅分布，若假定两个相邻点光强变化不大，可认为 $A(x,y)$ 和 $A(x+\delta x,y)$ 相等；$\varphi(x,y)$、$\varphi(x+\delta x,y)$ 分别表示两个剪切像的相位分布。在像平面上两个像叠加结果为

$$U_{\mathrm{T}}=U(x,y)+U(x+\delta x,y) \qquad (4\text{-}44)$$

其光强为

$$I=U_{\mathrm{T}}U_{\mathrm{T}}^{*}=2A^{2}(1+\cos\varphi_{x})$$

$$\varphi_{x}=\varphi(x+\delta x,y)-\varphi(x,y) \qquad (4\text{-}45)$$

当物体变形后，$P(x,y)$ 点移到 $P'(x,y)$，$P(x+\delta x,y)$ 点移到 $P'(x+\delta x,y)$，物体由于变形而引入的相位差为 $\Delta\varphi$，变形后的光强将变为

$$I'=2A^{2}\left[1+\cos(\varphi_{x}+\Delta\varphi)\right] \qquad (4\text{-}46)$$

变形前后两次曝光记录在同一底片上，底片接收的总光强为

$$\begin{aligned}
I_{\mathrm{T}}&=I+I'\\
&=2A^{2}\left[2+\cos\varphi_{x}\cos(\varphi_{x}+\Delta\varphi)\right]\\
&=4A^{2}+4A^{2}\cos\left(\varphi_{x}+\frac{\Delta\varphi}{2}\right)\cos\frac{\Delta\varphi}{2}
\end{aligned} \qquad (4\text{-}47)$$

其中，第 1 项 $4A^{2}$ 构成背景光强；因 φ_{x} 是快速变化的随机相位差，$\Delta\varphi$ 是变化缓慢的相对相位差，所以第 2 项表示 $4A^{2}\cos\left(\varphi_{x}+\dfrac{\Delta\varphi}{2}\right)$ 的高频载波上叠加着 $\cos\dfrac{\Delta\varphi}{2}$ 的缓慢变化的调制信号，该调制信号反映物面的变形信息。二次曝光的底片显影定影之后，经高通滤波信息处理，即可获得对比度较好的反映应变的全场条纹。

当 $\Delta\varphi=2k\pi(k=1,2,3,\cdots)$ 时，说明对应光程相对改变为 $k\lambda$ 的区域形成亮条纹；当 $\Delta\varphi=(2k+1)\pi(k=1,2,3,\cdots)$ 时，说明对应光程相对改变为 $(2k+1)\dfrac{\lambda}{2}$ 的区域形成暗条纹。

条纹图反映了光波相位变化 $\Delta\varphi$，这个相位变化是由物体变形引起的，含有位移信息量，下面推导位移与条纹的关系。

当物体从 P 点变形到 P' 点时，波长为 λ，物光入射角为 θ，离面位移为 w，面内位移为 u，所引起的光程差为 ΔL，如图 4-24 所示。

可以得到

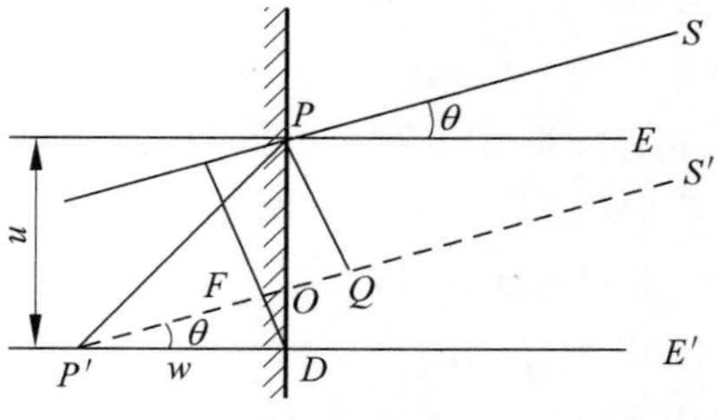

图 4-24　物体表面变形后的光路

$$\Delta L = \overline{S'QP'DE'} - \overline{SPE}$$
$$= \overline{S'Q} + \overline{QO} + \overline{OF} + \overline{FP'} + \overline{P'D} + \overline{DE'} - (\overline{SP} + \overline{PE})$$
$$= \overline{QO} + \overline{OF} + \overline{FP'} + \overline{P'D}$$
$$= u\sin\theta + w(1 + \cos\theta) \tag{4-48}$$

其中，$\overline{SP}$ 等表示光束经过的折线长度，即光程。

引起的相位变化为

$$\Delta\varphi = \frac{2\pi}{\lambda}\left[u\sin\theta + w(1 + \cos\theta)\right] \tag{4-49}$$

则剪切量 Δx 与其引起的相对相位变化之间的关系为

$$\Delta = \frac{2\pi}{\lambda}\left[\sin\theta \frac{\partial u}{\partial x} + (1 + \cos\theta)\frac{\partial w}{\partial x}\right]\delta x \tag{4-50}$$

如果入射角 $\theta = 0$，即垂直照明，则

$$\Delta = \frac{2\pi}{\lambda} \cdot \frac{\partial w}{\partial x} \cdot \delta x \tag{4-51}$$

可获得单纯的离面应变条纹。当入射角度从 $0°$ 增大到趋于 $90°$ 时，$(1 + \cos\theta)$ 的值从 2 减小到趋于 1，$\sin\theta$ 则从 0 增大到趋于 1，这意味着对离面应变的灵敏度逐渐下降，而对面内应变的灵敏度逐渐上升，表明通过调节照明物光入射角 θ 可以改变散斑剪切干涉测量法对面内和离面应变的检测灵敏度，但 $\theta \neq 0$ 时，始终只能获得离面应变与面内应变的混合条纹。

散斑剪切干涉测量的形式很多，常用的有光楔型、迈克尔逊型以及双孔型。图 4-25 所示为光楔型散斑剪切干涉记录光路，用一个楔角很小的玻璃光楔挡住成像透镜的一半，物体被斜入射的光照射，物体表面相邻两个点 $P(x,y)$ 和 $P(x+\delta x,y)$ 由于光楔作用，在像平面上重叠在一起，发生干涉。剪切量 δx 为

$$\delta x = D_0(n-1)\alpha \tag{4-52}$$

其中，D_0 为光楔到被测物的距离；n 为光楔折射率；α 为光楔角。

通过调整 D_0 或 α 可以获得不同的剪切量。

图 4-26 所示为一固定板受中心集中载荷下水平方向剪切的条纹图。

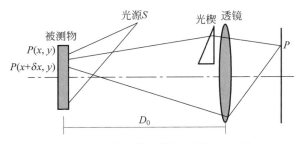

图 4-25 光楔型散斑剪切干涉记录光路

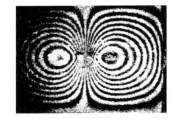

图 4-26 水平方向剪切的条纹图

4.4.4 电子散斑干涉

从原理上讲，电子散斑干涉（Electronic Speckle Pattern Interferometry，ESPI）与散斑干涉没有什么区别，但它在技术上用摄像机和图像存储器件取代了照相干板，并能用电子手段实时处理和显示信息，省去了使用和处理全息干板的麻烦，可以在不避光的环境中实时观

第33集
微课视频

察干涉条纹图。所以,与光学记录法相比,ESPI 操作简便,实用性强,自动化程度高,可以进行静态和动态测量,在工业无损检测上得到广泛应用。

ESPI 的基本工作原理是利用视频技术记录下载有被测物光场信息的散斑干涉图,通过对变形或位移前后的两个散斑干涉图进行电子减或加以及滤波处理,分离出两者之间的变形信息,并以条纹形式显示出来。如图 4-27 所示的电子散斑干涉测量系统,由分光镜 B1 透过的一束光,被反射镜 M2 反射,并经由透镜 L2 扩束后照明物面,物面散射的激光被透镜 L3 成像到电视摄像机的成像面上;由分束镜 B1 反射的另一束光被角锥棱镜反射到 M3 上,经透镜 L1 扩束后,由分束镜 B2 转向,作为参考光 R 与物光合束到电视摄像机成像面上。角锥棱镜可以前后移动以调节光程,保证两束光的相干性。由物表面散射的激光在摄像机成像面上以散斑场的形式与参考光相干涉。

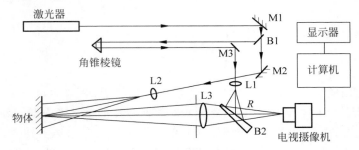

图 4-27　电子散斑干涉测量系统

若变形前物光束在像面上形成的光振动复振幅为

$$O = O_0 e^{i\varphi_O} \tag{4-53}$$

参考光复振幅为

$$R = R_0 e^{i\varphi_R} \tag{4-54}$$

则在像面上的合成光强为

$$I_1 = O_0^2 + R_0^2 + 2O_0 R_0 \cos(\varphi_O - \varphi_R) \tag{4-55}$$

当表面发生变形时,则物面上该分辨区域到像面的各散射光相位同时改变 $\Delta\varphi$,但参考光复振幅没有变化,则

$$O' = O_0 e^{i(\varphi_O + \Delta\varphi)} \tag{4-56}$$

变形后成像面上光强为

$$I_2 = O_0^2 + R_0^2 + 2O_0 R_0 \cos(\varphi_O - \varphi_R + \Delta\varphi) \tag{4-57}$$

比较式(4-55)与式(4-57)可以发现,当 $\Delta\varphi = 2k\pi (k=1,2,3,\cdots)$ 时,变形前后散斑干涉图不发生变化;当 $\Delta\varphi = (2k+1)\pi (k=1,2,3,\cdots)$ 时,变形前后合成光强变化最大。$\Delta\varphi$ 为表面位移的函数,散斑干涉图的变化情况就反映了物面的变化情况。因此,ESPI 采用图像相减技术提取有关位移信息,即 $\Delta\varphi$ 的信息。在 $\Delta\varphi = 2k\pi (k=1,2,3,\cdots)$ 的位置,两散斑图完全相同,相减后光强为 0,散斑消失;在 $\Delta\varphi = (2k+1)\pi (k=1,2,3,\cdots)$ 的位置,相减后仍有散斑,并呈现出最大的对比度和最大的平均强度,物表面分布着与 $\Delta\varphi$ 有关的条纹,这种条纹反映出两次散斑干涉光强之间的相关性,也称为相关条纹。相减后的图经过高通滤波与整流,会大大提高条纹的对比度。一般用相减法进行静态位移测量,而观察动态位移,特别是测量振动面的振幅与相位,用像的相加法。

4.3节所述的测量纵向位移、横向位移以及应变的散斑干涉方法均采用图像相加法,也都可以改造成电子散斑干涉。不同的是,由电子散斑获取信息是通过图像相减得到条纹的信息,散斑条纹是类似的,只是整数级是暗条纹,如零级条纹在电子散斑中是暗条纹,而在全息干板记录的散斑中是亮条纹。

散斑条纹图样需进行处理计算方能得到所表示的信息。人工处理方法虽然具有一定精度,但工作烦冗费时,不能满足实时处理的要求,特别是在需要处理大量图像和数据时,这一缺点尤为突出。用计算机图像处理系统对散斑条纹进行自动处理可以克服上述缺点。如图4-28所示,摄像机将观察屏上的散斑条纹图样摄入后,先经 A/D 转换器转换为数字信息并存入图像处理系统的高速存储器,再由计算机进行处理,包括对散斑条纹图样的预处理(滤波、分割、二值化和细化),最后进行条纹的识别和计算。

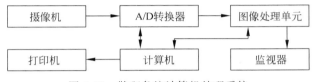

图 4-28　散斑条纹计算机处理系统

4.4.5　时域散斑干涉

国际上对时间序列变形场检测技术的研究起步于 20 世纪 90 年代,随着技术的发展,对连续变化的时变场的检测也越来越得到重视。目前,在一些大变形的测量中,以往基于相关条纹场检测的散斑干涉测量方法便无能为力,且现有的检测方法只能对物体变形过程中的某一时刻的状态进行静态测量,无法对整个变形的过程进行跟踪式动态测量。

以往传统的散斑测量中,对于物体变形的测量都是基于两个状态,即物体变形前后的状态,都没有涉及时间参数,其原因也主要是受到当时计算机、图像处理技术的限制。随着大容量计算机、高速 CCD 等设备的出现,使得在一定时间间隔内记录数字序列图像变成现实。20 世纪 90 年代末,德国的 Joenathan 等提出了一种新的测量物体变形的技术——时域散斑干涉(Temporal Speckle Pattern Interferometry,TSPI)。在 Joenathan 等进行的实验中,利用计算机控制旋转台使物体产生连续的变形,从而引起散斑场强度的时间调制;利用 CCD 将物体变形的全过程采集下来,拍摄大量散斑干涉图,然后通过对散斑干涉图进行傅里叶变换提取全场的相位信息,从几微米到几百微米的物体形变都可被测得。

TSPI 测量离面位移的基本原理是将整个物体变形的全过程记录下来,拍摄大量散斑干涉图,然后用傅里叶变换提取出物体变形的相位信息,观察物体上每个点随时间变化的形变量。整个测量过程大体上分为 3 部分:测量变形采集散斑图、使用傅里叶变换技术获得相位、使用相位解包裹法获得最终相位。

如图4-29所示,TSPI 系统类似于迈克尔逊干涉仪,区别就是将其中一个参考镜换成了被测物体。激光器出射的光经过空间滤波器扩束、滤波后入射到分束器,部分光被分束器反射向上,部分光透射过分束器。反射向上的光经过检偏器后入射参考镜(即平面反射镜),然后反射回到分束器处,称其为参考光;透射过分束器的光入射到待测物体上,发生散射,带有物体变形信息的散射光散射回分束器处,称为物光。在分束器处,被参考镜反射回来的参考光透射过分束器,被物体散射回来的物光被分束器折射向下,两束光在 CCD 像面上发生干涉,形成散斑图。

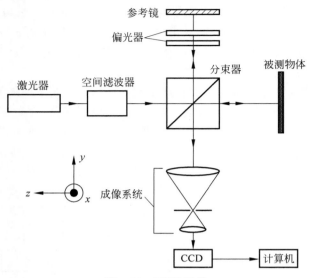

图 4-29　TSPI 系统

被测物体产生变形后，CCD 将整个过程记录下来，即采集大量散斑图，通过对散斑图的傅里叶变换法、相位解包裹等后期处理，获得相位，进一步处理获得物体变形的信息。

物体变形前 CCD 上散斑图的强度函数为

$$I(x,y,t) = I_0(x,y)\{1 + V\cos[\Phi_0(x,y)]\} \tag{4-58}$$

其中，$I_0(x,y)$ 为干涉场平均强度；V 为调制能见度；$\Phi_0(x,y)$ 为初始相位。

物体变形后 CCD 上散斑图的强度函数为

$$I(x,y,t) = I_0(x,y)\left\{1 + V\cos\left[\Phi_0(x,y) \pm 4\pi\frac{\Delta z(x,y,t)}{\lambda}\right]\right\} \tag{4-59}$$

其中，$\Delta z(x,y,t)$ 为物体变形函数；关于 ± 符号，物体变形方向向着分束器时取正号，反之取负号。

上述 TSPI 在实际测量过程中，由于频谱中一级谱到频谱中心的距离与物体的位移有关，在物体上没有发生位移的点处，其相位无法解调出来。由于物体的变形并非是完全线性的，因此频谱是有一定宽度的，这样导致在物体上位移比较小的地方相位也无法解调出来。为了解决这些问题，Joenathan 提出了引入恒定频率差的方法，即附加线性载波，这样即使在物体上位移为 0 的点，由于附加了载波频率，一级谱也可以与零级谱分开，最后将由载波引入的全场物体位移从计算出的相位中减去，即可得到真实的位移值。因为该方法只是在 TSPI 系统中引入了外差，因此称之为外差式时域散斑干涉（Heterodyne Temporal Speckle Pattern Interferometry，HTSPI）测量技术。

HTSPI 的基本原理与 TSPI 类似，只是在 TSPI 中加入一个移频器产生恒定频率差。Joenathan 使用的移频器是由一个旋转的半波片（HWP）和一个固定的 $\lambda/4$ 波片（QWP）组成的，如图 4-30 所示。

HWP 沿着 z 轴以角速度 ω' 旋转，θ 为波片快轴与 x 轴间的夹角。当一束角频率为 ω 的线偏振平面波通过 HWP 后，变成线偏振方以 $2\omega'$ 沿逆时针方向转动，可以看作两束相反的圆偏振光。再通过 QWP 后变成一束含有两个频率的正交线偏振光：一束角频率为

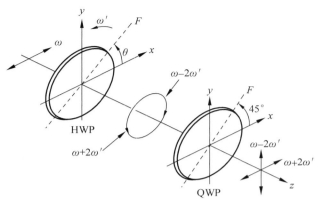

图 4-30　移频器

$\omega+2\omega'$,偏振方向沿 x 轴的线偏振光;另一束角频率为 $\omega-2\omega'$,偏振方向沿 y 轴的线偏振光,因此便获得了外差。

加入了移频器的 HTSPI 系统如图 4-31 所示。

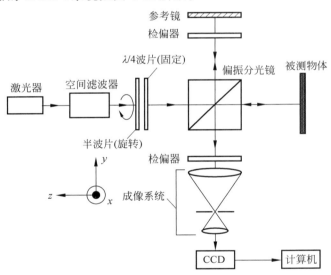

图 4-31　加入了移频器的 HTSPI 系统

Joenathan 在空间滤波器后加入了移频器引入外差,相应的分束器也要换成偏振分光棱镜,以便将含有两个频率的正交线偏振光分开。同时,在参考镜和成像系统前要加入检偏器,使最后会合的两束光偏振方向一致以发生干涉。因此,物体变形前 CCD 上散斑图强度函数为

$$I(x,y,t)=I_0(x,y)\{1+V\cos[\varPhi_0(x,y)+4\omega't]\} \tag{4-60}$$

式(4-60)与式(4-58)相比多了一个恒定频率差 $4\omega't$,因此在物体没有发生变形的情况下,从复原出来的相位图上可以观察到这个频率差。物体变形后的散斑图强度函数为

$$I(x,y,t)=I_0(x,y)\left\{1+V\cos\left[\varPhi_0(x,y)+4\omega't\pm4\pi\frac{\Delta z(x,y,t)}{\lambda}\right]\right\} \tag{4-61}$$

其中,$\Delta z(x,y,t)$ 为物体变形函数;关于 $\pm$ 符号,物体变形方向向着分束器时取正号,反之

取负号。

傅里叶变换法是可以从记录下的一幅散斑干涉图(即某一时刻)中求出相位值的图像处理方法。对于式(4-60),设某一时刻的散斑图灰度分布为

$$I(x,y)=a(x,y)+b(x,y)[2\pi f_0 x+\phi(x,y)] \tag{4-62}$$

其中,$a(x,y)$相当于$I_0(x,y)$;$b(x,y)$相当于$V\cdot I_0(x,y)$;$2\pi f_0 x$相当于$4\omega' t$;$\phi(x,y)$为所求的相位项。

物体没有变形时,$\phi(x,y)=\Phi_0(x,y)$;物体变形后,$\phi(x,y)=\Phi_0(x,y)\pm 4\pi\dfrac{\Delta z(x,y,t)}{\lambda}$。其中,$f_0$为$x$方向空间载波频率($y$方向也类似)。令$c(x,y)=\dfrac{1}{2}b(x,y)e^{j\phi(x,y)}$,$c^*(x,y)=\dfrac{1}{2}b(x,y)e^{-j\phi(x,y)}$,根据欧拉公式,将式(4-62)变为

$$I(x,y)=a(x,y)+c(x,y)e^{2\pi f_0 x}+c^*(x,y)e^{-2\pi f_0 x} \tag{4-63}$$

对式(4-63)进行傅里叶变换得

$$H(f,y)=A(f,y)+C(f-f_0,y)+C^*(f+f_0,y) \tag{4-64}$$

用适当滤波器将$A(f,y)$和$C^*(f+f_0,y)$过滤,剩下$C(f-f_0,y)$后将其移到原点处变为$C(f,y)$,对$C(f,y)$进行傅里叶逆变换就得到一个实部和虚部同时存在的复数光场,即

$$\phi(x,y)=\arctan\frac{\mathrm{Im}[c(x,y)]}{\mathrm{Re}[c(x,y)]} \tag{4-65}$$

$$I(x,y)=\mathrm{Re}[c(x,y)]+i\mathrm{Im}[c(x,y)] \tag{4-66}$$

4.5 散斑干涉测量的应用举例

如前所述,散斑干涉可以实现位移、应变等的测量。以剪切散斑干涉测量为例,其在航空、航天、材料和机械等领域应用广泛,可对航天飞行器和飞机机身、机翼控制面、游艇壳体、风力发电叶片、雷达罩等复合材料构件的分层、脱粘、假粘、皱折、裂纹、撞击损伤等缺陷进行无损检测,还可应用于残余应力表征、振动分析、应变测量、材料特性检测等。

图4-32所示为一种用于检测某型号包覆药柱产品的剪切散斑干涉光路,检测系统采用的数字CCD相机分辨率为1624×1232,可检测面积大约为$200\mathrm{mm}\times 150\mathrm{mm}$。包覆药柱是一种橡胶包覆套和固体推进剂相互胶合的粘接型复合材料结构,其在固化、长期储存、运输、飞行过程中会承受各种载荷作用,同时也会受温度、湿度等储存条件的影响发生物理和化学

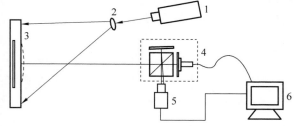

图4-32 用于检测某型号包覆药柱产品的剪切散斑干涉光路

1—固体激光器;2—激光扩束透镜;3—被测物体;4—迈克尔逊干涉仪;5—含镜头的CCD;6—计算机

性质的变化。这些因素共同作用破坏了固体火箭发动机的结构完整性，导致产生脱粘、裂纹等缺陷，进而大大降低发动机的使用寿命。利用剪切散斑干涉测量系统对某型号包覆药柱产品的检测图像如图 4-33 所示。

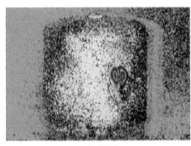 

(a) 位相图　　　　　　　　　(b) 解包裹图

图 4-33　某型号包覆药柱产品检测图像

在位相图中可以明显地看到类似图 4-34 所示的因表面非均匀变形而产生的蝴蝶斑状干涉条纹，该非均匀变形是通过对包覆药柱进行负气压加载而产生的。负气压加载使包覆药柱这种粘接型复合材料中的密闭缺陷内表面承受压力，由于包覆套弹性模量较低，较小的负气压变化即可促使缺陷位置对应的包覆套表面产生可被剪切散斑干涉检测到的微米级离面非均匀变形。实验结果表明，剪切散斑干涉测量是针对包覆药柱界面脱粘缺陷有效的无损检测手段，可检出直径为 2mm 左右的脱粘缺陷，满足实际工程中的探伤要求。

图 4-34　蝴蝶斑状干涉条纹

在利用剪切散斑干涉检测包覆药柱的应用中，系统结构、光源特性、剪切量等参数的设计是影响检测精度的重要因素。此外，要想获得所关注的变形信息，在 CCD 记录包覆药柱变形前后的散斑图后，还必须利用相位提取、图像去噪、相位解包裹等一系列图像处理的关键技术对散斑图进行有效处理。

相位提取主要包括实时相减法和相移法。实时相减法一般用于定性地确定相位，可以使背景光在相减的过程中予以消除，因此不需要对剪切散斑干涉图进行低频滤波，可以实现实时测量(与数字相机的帧率同步)。相移法是主要的相位定量测量方法，可以通过各种类型的相移法直接确定被测目标变形前后各自所对应的相位分布，然后经过相减运算得到全局的相位差分布。相移法包括时间相移法、空间相移法和傅里叶变换法等。时间相移法的基本原理类似于 2.2.3 节的移相干涉仪。

图像滤波是对散斑图像进行降噪的主要方法。为了获得真实的相位分布，需要对干涉图进行相位解包裹计算，但是生成的包裹相位图含有大量的噪声，严重影响了相位解包裹的结果和精度，甚至会因噪声过大而造成相位解包裹的失败。因此，滤波成为散斑条纹图处理的重要部分。传统的滤波方法包括中值滤波、均值滤波、傅里叶变换滤波等，但传统方法在滤掉散斑噪声的同时，也会滤掉或模糊许多有用的信息。因此，研究实现更好效果的滤波方法仍是重要的发展方向。相位解包裹是对相位进行展开并获得真实相位信息的关键技术。经过滤波后得到的是包裹相位图，相位为 $[-\pi \sim \pi]$，并不能反映真实相位信息。从 20 世

70 年代开始,人们就开始研究一维相位解包裹算法,通常采用积分的方法,计算相邻点的主值差的积分。随着数字图像处理的发展,相位解包裹算法需要应用到二维图像中,因此二维相位解包裹技术得到了快速的发展。最早的二维相位解包裹算法是由 Takeda 提出的,通过行列逐点算法,实现了对原始相位图的解包裹处理。但是,这种方法常常会受到噪声误差和条纹间断区的影响,出现解调错误。因此,为了更加准确、快速地实现二维相位解包裹运算,多种新的解包裹算法不断涌现。特别是随着机器学习技术的快速发展,将机器学习应用于相位展开,无需复杂的解包裹运算即可获得真实相位分布。

习题与思考 4

4-1 全息照相与普通照相有什么不同?

4-2 如果一幅全息图被损坏并缺少一部分,还能得到其重建的图像吗?为什么?如果残留的全息图太小了,对再现图像有什么影响?

4-3 什么是剪切散斑?剪切机理是什么?常用的剪切元件有哪些?

4-4 为什么用全息术测量物体面形不受表面形状和粗糙度的限制?

4-5 能否用白光实现全息图像存储?

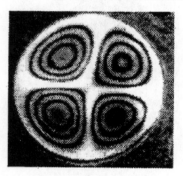

图 4-35 再现全息图

4-6 周边固定夹持的薄圆板试件在正弦激励下做稳态离面振动,对其做时间平均全息记录,沿与试件法线夹角 30°方向准直照明。沿试件法线准直观察,照明波长为 $0.63\mu m$,用原参考光再现,再现全息图如图 4-35 所示。固定夹持周边和中心十字形亮条纹最亮。

(1)画出给定截面的振幅分布曲线(要求表现相对位相关系);

(2)计算该截面上振幅的各极大值。

4-7 圆板直径为 24mm,绕通过中心垂直于板面的轴旋转了 $240\mu rad$。用两束平行光对称照明(其传播方向分别与板面法线成 30°角)的双光束散斑干涉光路测量板面面内位移分布。

(1)求相关条纹的几何方程;

(2)若用逐点分析法得到圆板外缘的位移,所得杨氏条纹的间距是多少?已知成像光路的放大倍数为 0.1,透镜焦距为 50mm,F 数为 2,光波长为 $0.6\mu m$,逐点分析时的观察距离为 $L=0.5m$。

4-8 时域散斑干涉测量的基本原理和技术优势是什么?试调研分析当前时域散斑干涉测量技术仍待突破的关键技术及应用现状。

第 5 章

CHAPTER 5

激光衍射和莫尔条纹测量

本章首先讲述单缝衍射测量、圆孔衍射测量的原理及应用。重点介绍基于计量光栅的莫尔条纹技术。应用遮光原理,利用几何法与序数方程法分析莫尔条纹的形成,推导出莫尔条纹宽度公式;利用衍射干涉原理分析细光栅的莫尔条纹现象;给出莫尔条纹的基本性质,并详细介绍莫尔条纹测试技术的实际应用。本章还将介绍衍射光栅干涉测量的原理、技术与系统,以及 X 射线衍射测量的基本原理,并以测量材料应力为例,介绍同倾法、侧倾法和掠射法 3 种常规 X 射线衍射法。最后介绍利用同步辐射 X 射线衍射法测量薄膜材料晶格的应力应变。

5.1　激光衍射测量基本原理

光波在传播过程中遇到障碍物而发生偏离直线传播,并在障碍物后的观察屏上呈现光强不均匀分布的现象,称为光的衍射。由于光的波长较短,只有当光通过很小障碍物时才能明显地观察到衍射现象。激光出现以后,由于具有高亮度、相干性好等优点,使光的衍射现象得到实质性的应用。1972 年,加拿大国家研究所的 Pryer 提出了激光衍射测量方法。这是一种利用激光衍射条纹的变化精密测量长度、角度、轮廓的一种全场测量方法。由于衍射测量具有非接触、稳定性好、自动化程度及精度高等优点,其在工业测量中得到广泛应用。

按照光源、衍射物和观察屏幕三者之间的位置关系,衍射现象分为两种类型。一类是菲涅耳衍射,即光源和观察屏(或二者之一)到衍射物的距离有限,又称为近场衍射,如图 5-1(a)所示;另一类是夫琅禾费衍射,即光源和观察屏都离衍射物无限远,又称为远场衍射,如图 5-1(b)

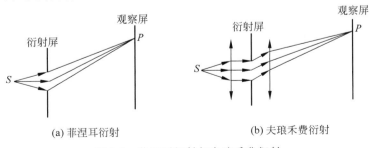

(a) 菲涅耳衍射　　　　　　　　　　(b) 夫琅禾费衍射

图 5-1　菲涅耳衍射与夫琅禾费衍射

所示。由于夫琅禾费衍射问题的计算比较简单,且在光学系统的成像理论和现代光学中有着特别重要的意义,所以本章讨论的都是基于夫琅禾费衍射的测量。

5.1.1　单缝衍射测量

1. 单缝衍射测量原理

图 5-2 所示为单缝衍射测量原理。用激光束照射被测物与参考物之间的间隙,将形成单缝远场衍射条纹。波长为 λ,狭缝宽度为 b,衍射条纹的光强分布为

$$I = I_0 \left(\frac{\sin^2 \alpha}{\alpha^2} \right) \tag{5-1}$$

其中,$\alpha = \left(\frac{\pi b}{\lambda} \right) \sin\theta$,$\theta$ 为衍射角;I_0 为中央亮条纹中心处的光强。

单缝衍射的相对光强分布曲线如图 5-3 所示。

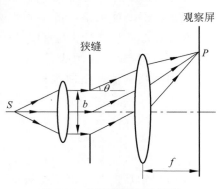

图 5-2　单缝衍射测量原理

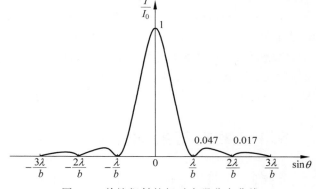

图 5-3　单缝衍射的相对光强分布曲线

当 $\alpha = 0, \pm\pi, \pm2\pi, \cdots, \pm N\pi$ 时,$I = 0$,衍射呈现暗条纹。测定任意暗条纹的位置或变化,就可以精确地知道被测间隙 b 的尺寸及尺寸的变化,这就是衍射测量的基本原理。

2. 单缝衍射测量的基本公式

由 $\alpha = \left(\frac{\pi b}{\lambda} \right) \sin\theta$,对第 k 级衍射暗条纹有

$$\left(\frac{\pi b}{\lambda} \right) \sin\theta = k\pi \tag{5-2}$$

即 $b\sin\theta = k\lambda$,当 θ 不大时,由远场衍射条件有

$$\sin\theta = \tan\theta = \frac{x_k}{f} \tag{5-3}$$

其中,x_k 为第 k 级暗条纹中心到中央零级条纹中心的距离;f 为透镜焦距。

式(5-3)可写为

$$b \frac{x_k}{f} = k\lambda$$

或

$$b = \frac{kf\lambda}{x_k} \tag{5-4}$$

式(5-4)为单缝衍射测量的基本公式。在激光光源照射下,如果接收屏离开狭缝的距离远大于缝宽 b,则还可以取消透镜,直接在接收屏上得到夫琅禾费衍射图像,式(5-4)中的 f 以 L(单缝平面到接收屏的距离)代替。

3. 单缝衍射测量方法与应用

1) 间隙测量法

在已知波长条件下,测出某级条纹的位置,即可由式(5-4)计算出狭缝间隔。这种方法称作间隙测量法。实际应用中,也可以通过测量两个暗条纹之间的间隔 s 确定 b,$s = x_{k+1} - x_k$,则

$$s = \frac{\lambda f}{b}$$

即

$$b = \frac{\lambda f}{s} \tag{5-5}$$

当测量位移值时,即测量缝宽的改变量为

$$\Delta b = b' - b = \frac{k f \lambda}{x'_k} - \frac{k f \lambda}{x_k} = k f \lambda \left(\frac{1}{x'_k} - \frac{1}{x_k} \right) \tag{5-6}$$

其中,x_k 和 x'_k 分别为第 k 级暗条纹在缝宽变化前和变化后到中央零级条纹中心的距离。也可以通过某一固定的衍射角记录条纹的变化数目 ΔN,从而只要测定 ΔN 就能求出位移值为

$$\Delta b = b' - b = \frac{k'\lambda}{\sin\theta} - \frac{k\lambda}{\sin\theta} = (k' - k)\frac{\lambda}{\sin\theta} = \Delta N \frac{\lambda}{\sin\theta} \tag{5-7}$$

间隙测量法可用来进行工件尺寸的比较测量,如图 5-4(a)所示,先用标准尺寸的工件相对参考边的间隙作为零位,然后放上工件,测定间隙的变化量来推算出工件尺寸;工件形状的轮廓测量如图 5-4(b)所示,同时转动参考物和工件,由间隙变化得到工件轮廓相对于标准轮廓的偏差;还可以在测量应变时作为应变传感器使用,如图 5-4(c)所示,当试件上加载力 P 时,将引起单缝的尺寸变化,从而可以用衍射条纹的变化得出应变量。

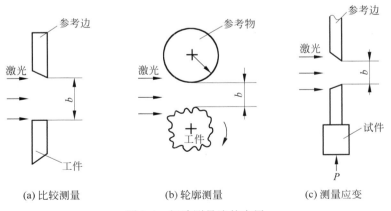

(a) 比较测量　　　　　(b) 轮廓测量　　　　　(c) 测量应变

图 5-4　间隙测量法的应用

图 5-5 所示为间隙测量法的基本装置示意图。激光器发出的光束,经柱面扩束透镜形成一个激光亮带,并以平行光的方式照射由工件和参考物组成的狭缝,衍射光束经成像透镜

射向观察屏,观察屏可以用光电探测器代替,如线阵 CCD。微动机构用于衍射条纹的调零或定位。

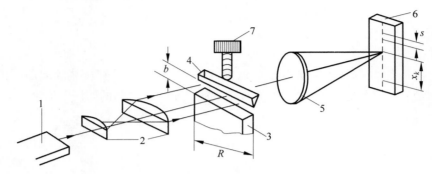

图 5-5 间隙测量法的基本装置示意图

1—激光器;2—柱面镜;3—工件;4—参考物;5—成像透镜;6—观察屏;7—微动机构

间隙法可用于测定各种物理量的变化,如应变、压力、温度、流量、加速度等。

2)分离间隙测量法

在单缝衍射的应用中,往往参考物和试件不在同一平面内,这就构成了分离间隙测量法。这种方法的优点在于安装方便,可以提高衍射计量的精度。

如图 5-6 所示,单色平行光垂直入射到分离间隙的狭缝上,狭缝的一边为 A,另一边为 A_1,二者错开(分离)的距离为 z,缝宽为 b。A_1' 是 A_1 的假设位置并与 A 在同一平面内。接收屏上 P_1 点和 P_2 点的衍射角分别为 θ_1 和 θ_2。

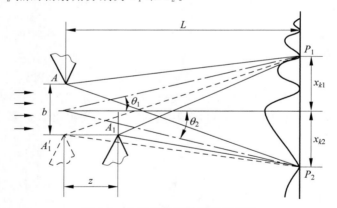

图 5-6 分离间隙法的测量原理图

激光束通过狭缝衍射以后,在 P_1 处出现暗条纹的条件为

$$\overline{A_1'A_1P_1} - \overline{AP_1} = \overline{A_1'P_1} - \overline{AP_1} + (\overline{A_1'A_1P_1} - \overline{A_1'P_1})$$
$$= b\sin\theta_1 + (z - z\cos\theta_1) = k_1\lambda \tag{5-8}$$

因此

$$b\sin\theta_1 + 2z\sin^2(\theta_1/2) = k_1\lambda \tag{5-9}$$

同理,对于 P_2 点呈现暗条纹的条件为

$$b\sin\theta_2 - 2z\sin^2(\theta_2/2) = k_2\lambda \tag{5-10}$$

又因 $\sin\theta_1 = \dfrac{x_{k_1}}{L}$，$\sin\theta_2 = \dfrac{x_{k_2}}{L}$，则根据式(5-9)和式(5-10)可得

$$b = \frac{k_1 L \lambda}{x_{k_1}} - \frac{z x_{k_1}}{2L} = \frac{k_2 L \lambda}{x_{k_2}} + \frac{z x_{k_2}}{2L} \tag{5-11}$$

只要测得 x_{k_1} 和 x_{k_2}，由式(5-11)即可求出缝宽 b 和偏离量 z。

利用分离间隙法可以测量折射率或液体变化。如图 5-7 所示，在分离间隙的狭缝中插入厚度为 d、折射率为 n 的透明介质，衍射条纹的位置就灵敏地反映了折射率或折射率的变化，测量精度可达 $10^{-6} \sim 10^{-7}$。对于 P_1 点，边缘光线的最大光程差为

$$\Delta_1 = \frac{b x_{k_1}}{L-z} + \frac{(z-d) x_{k_1}^2}{2(L-z)^2} + \frac{d x_{k_1}^2}{2n(L-z)^2} = k_1 \lambda \tag{5-12}$$

同理，对于 P_2 点呈现暗条纹的条件为

$$\Delta_2 = \frac{b x_{k_2}}{L-z} + \frac{(z-d) x_{k_2}^2}{2(L-z)^2} + \frac{d x_{k_2}^2}{2n(L-z)^2} = k_2 \lambda \tag{5-13}$$

只要测得 x_{k_1} 和 x_{k_2}，即可求得透明介质的折射率。测量时可采用 CCD 阵列作为光电接收装置。

3）反射衍射测量法

反射衍射测量法是利用试件棱缘和反射镜所形成的狭缝进行衍射测量的，其原理如图 5-8 所示。刀刃 A 与反射镜 B 构成狭缝，A′ 为刀刃 A 经反射镜 B 所成的像。这时，光相当于以 φ 角入射到缝宽为 $2b$ 的单缝发生衍射。显然，当光程差满足式(5-14)时，出现暗条纹。

$$2b\sin\varphi - 2b\sin(\varphi-\theta) = k\lambda \tag{5-14}$$

其中，φ 为激光对平面反射镜的入射角；θ 为衍射角；b 为刀刃 A 的边缘与反射镜 B 之间的距离。

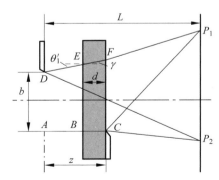

图 5-7　插入介质后分离间隙衍射测量原理

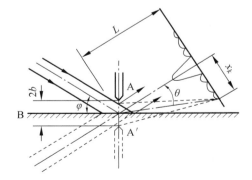

图 5-8　反射衍射测量法原理

使用三角级数将式(5-14)展开得到

$$2b\left(\cos\varphi\sin\theta + 2\sin\varphi\sin^2\frac{\theta}{2}\right) = k\lambda \tag{5-15}$$

对于远场衍射，则有

$$\sin\theta = \frac{x_k}{L}$$

代入式(5-15),则有

$$\frac{2bx_k}{L}\left(\cos\varphi + \frac{x_k}{2L}\sin\varphi\right) = k\lambda \tag{5-16}$$

因此有

$$b = \frac{kL\lambda}{2x_k\left(\cos\varphi + \frac{x_k}{2L}\sin\varphi\right)} \tag{5-17}$$

式(5-17)说明:已知 L 和 λ,若给定 φ,认定衍射条纹级次 k,测出 x_k,就可以求得 b;由于反射效应,测量 b 的灵敏度可以提高一倍。

反射衍射测量法主要应用于表面质量评价、直线度测量以及间隙测量。

4) 互补测量法

当对各种细金属丝和薄带的尺寸进行高精度非接触测量时,可以利用基于巴俾涅原理的互补测量法。当光波照射两个互补屏(一个衍射屏的开孔部分正好与另一个衍射屏的不透明部分对应,反之亦然)时,它们所产生的衍射图样的形状和光强完全相同,仅有 π 的相位差。这一结论是由巴俾涅(Babinet)于 1837 年提出的,故称为巴俾涅原理。

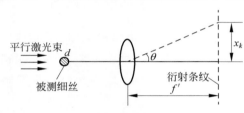

图 5-9 互补法测量细丝直径的原理

图 5-9 所示为互补法测量细丝直径的原理,可将被测细丝看作单缝,利用单缝衍射公式计算细丝直径,则根据 $d\sin\theta = k\lambda$,有

$$d = \frac{k\lambda\sqrt{x_k^2 + f'^2}}{x_k} = \frac{\lambda\sqrt{x_k^2 + f'^2}}{s} \tag{5-18}$$

其中,s 为暗条纹间距;x_k 为 k 级暗条纹的位置。

4. 单缝衍射测量的技术特性

1) 灵敏度高

将测量基本公式 $x_k = \frac{kf\lambda}{b}$ 进行微分,即得到衍射测量的灵敏度为

$$t = \frac{\mathrm{d}b}{\mathrm{d}x_k} = \frac{b^2}{kf\lambda} \tag{5-19}$$

可见,缝宽 b 越小,f 越大,激光波长 λ 越长,所选取的衍射级次 k 越高,则 t 越小,测量分辨力越高,测量就越灵敏。一般衍射测量的灵敏度约为 $0.4\mu m$。

2) 精度有保证

激光下的衍射条纹十分清晰、稳定,并且采用光电系统测量衍射条纹,测量精度可以保证,一般在 $0.5\mu m$ 左右。

3) 测量量程较小

缝宽 b 越小,量程越大。但 b 变小时,衍射条纹拉开,高级次条纹不能测量,就不容易获得精确测量;f 也不可以随意增大,否则将导致仪器结构和外形尺寸不能紧凑。缝宽与条纹位置、灵敏度的关系如表 5-1 所示,一般衍射测量的量程为 $0.01\sim0.5\mathrm{mm}$,这也是衍射测量的不足之处。

表 5-1　缝宽与条纹位置、灵敏度的关系

缝宽 b/mm	放大倍数 β	暗条纹位置 $x_k(k=4)$/mm
0.01	2500	250
0.1	250	25
0.5	10	5
1	2.5	2.5

5.1.2　圆孔衍射测量

平面波照射圆孔时,其夫琅禾费远场衍射像是中心为圆形的亮斑,外面绕着明暗相间的环形条纹。圆孔衍射条纹也称为艾里斑,如图 5-10 所示,光强分布为

$$I = I_0 \left[\frac{2J_1(\zeta)}{\zeta} \right]^2 \tag{5-20}$$

其中, $J_1(\zeta)$ 为一阶贝塞尔函数, $\zeta = \dfrac{2\pi a \sin\theta}{\lambda}$, a 为圆孔半径, θ 为衍射角。其相对光强分布曲线如图 5-11 所示。衍射图中央的亮斑集中了约 84% 的光能量,艾里斑直径(第一暗环的直径)为 d ,因为

$$\sin\theta \approx \theta = \frac{d}{2f'} = 1.22 \frac{\lambda}{2a} \tag{5-21}$$

则

$$d = 1.22 \frac{\lambda f'}{a} \tag{5-22}$$

已知 f' 和 λ 时,测定 d ,就可以由式(5-22)求出圆孔半径 a 。因此,利用艾里斑的变化可以精密测定或分析微小孔径的尺寸。基于圆孔的夫琅禾费衍射原理也称作艾里斑测量法。

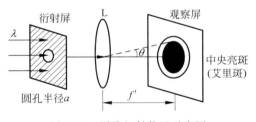

图 5-10　圆孔衍射装置示意图

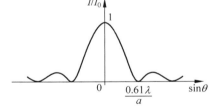

图 5-11　圆孔衍射的相对光强分布曲线

5.2　莫尔条纹测量

莫尔一词来自法文的 Moire,其原意为波动或起波纹的。在古代,人们就已经发现将两块薄的丝绸织物叠在一起时,可以看到一种不规则的花纹。后来就将两种条纹叠加在一起所产生的图形称为莫尔条纹。1874 年英国物理学家瑞利首次将莫尔条纹作为一种计量测试手段,开创了莫尔测试技术。从广义上讲,莫尔测试技术应包括以莫尔图案作为计测手段的所有方法,但习惯上,通常指利用计量光栅元件产生莫尔条纹的一类计测方法,即光栅莫尔条纹法。现在,莫尔条纹已经广泛用于科学研究和工程技术中,莫尔条纹作为精密计量手段,可用于测角、测长、测振等领域,随着光电子技术的发展,在自动跟踪、轨迹控制、变形测

试、三维物体表面轮廓测试等方面也有广泛的应用。

5.2.1 莫尔条纹的形成原理

关于莫尔条纹的形成原理目前已形成多种理论,概括起来有以下 3 种。

(1)基于遮光原理,认为莫尔条纹源于一块光栅的不透光线纹对于另一光栅透光缝隙的遮挡作用,因而可以按照光栅副叠合线纹的交点轨迹表示亮条纹亮度分布。据此,或应用初等几何求解莫尔条纹的节距和方位,或应用序数代数方程建立莫尔条纹方程式。

(2)基于衍射干涉原理,认为由条纹构成的新的亮度分布,可按衍射波之间的干涉结果来描述。据此,应用复指数函数方法,可获得各衍射级的光强分布公式。

(3)基于傅里叶变换原理,可按傅里叶变换原理把光栅副透射光场分解为不同空间频率的离散分量,莫尔条纹由低于光栅频率的空间频率项所组成。

一般来说,第 3 种理论是一种广义的解释。光栅条纹较疏的可直接用遮光原理解释,利用几何法和序数方程法分析莫尔条纹的形成,比较直观易懂,而光栅条纹较密的用衍射干涉原理解释则更为恰当。

1. 遮光原理

粗光栅莫尔条纹的形成可用几何光学中的遮光原理进行解释。两块光栅(光栅副)结构重合在一起,其交点的轨迹就是莫尔条纹。这个光栅结构可以是实际光栅,也可以是光栅的像。由于两块光栅的栅距相等(或近似相等),并且线纹宽度等于线纹间距,线纹间又有微小的夹角,那么两块光栅的线纹必然在空间相交。透过光线的区域形成亮带,不透光的区域形成暗带,其余区域介于亮带与暗带之间,这样就构成了清晰的莫尔条纹图像。用遮光原理求解莫尔条纹宽度和方向位置时,最常用的方法是几何法和序数方程法。几何法直观、简便,只适用于局部;序数方程法适用于全场,可导出莫尔条纹方程。

1)几何法

图 5-12 所示为一对光栅以交角 θ 相叠合所产生的莫尔条纹的几何关系。两个光栅的 4 根栅线组成一个平行四边形 $ABCD$,其长对角线 AD 的长度为莫尔条纹宽度 w 的 2 倍。由图 5-12(b)中三角形 ABC 可知,其面积 S,边长 a、b、c 以及光栅节距 d_1、d_2,w 与 θ 之间存在如下关系。

$$ad_1 = bd_2 = cw = 2S \tag{5-23}$$

$$c^2 = a^2 + b^2 - 2ab\cos\theta \tag{5-24}$$

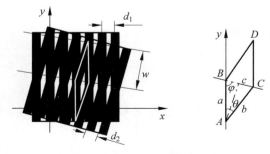

(a) 莫尔条纹几何关系示意图　　(b) 4根栅线组成的平行四边形

图 5-12　莫尔条纹的几何关系

由式(5-23)和式(5-24)可得

$$w = \frac{d_1 d_2}{\sqrt{d_1^2 + d_2^2 - 2d_1 d_2 \cos\theta}} \tag{5-25}$$

这就是莫尔条纹宽度(或节距)公式,实际应用中,一般选取 $d_1 = d_2 = d$,则

$$w = \frac{d}{2\sin(\theta/2)} \tag{5-26}$$

如果两块光栅的交角很小,则

$$w = d/\theta \tag{5-27}$$

若以莫尔条纹对于 y 轴的夹角 φ 表示其方位,则根据

$$\begin{cases} a\sin\varphi = w \\ a\sin\theta = d_2 \end{cases} \tag{5-28}$$

得到

$$\sin\varphi = \frac{w\sin\theta}{d_2} = \frac{d_1\sin\theta}{\sqrt{d_1^2 + d_2^2 - 2d_1 d_2 \cos\theta}} \tag{5-29}$$

当 $d_1 = d_2 = d$ 时,有

$$\varphi = 90° - \frac{\theta}{2} \tag{5-30}$$

显然,两块光栅节距相等时,莫尔条纹垂直于栅线交角 θ 的角平分线。

2)序数方程法

如图 5-13 所示,取 A 光栅的 0 号栅线为坐标 y 轴,垂直于 A 光栅的栅线方向为 x 轴,B 光栅的 0 号栅线与 A 光栅的 0 号栅线的交点为坐标原点 O,两光栅的栅线交角为 θ。设 A 光栅的栅线序列为 $i = 0,1,2,\cdots$;B 光栅的栅线序列为 $j = 0,1,2,\cdots$;两光栅的栅线交点可用 $[i,j]$ 表示,$k = j - i$,表示莫尔条纹。

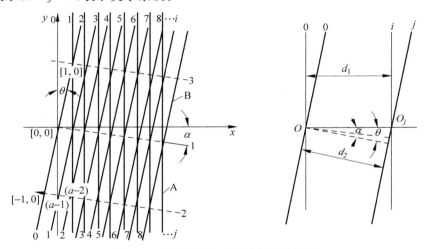

图 5-13　序数方程法分析莫尔条纹简图

设 A、B 光栅的栅距分别为 d_1、d_2,则由图 5-13 可以看出 A 光栅的栅线方程为

$$x = id_1 \tag{5-31}$$

B 光栅栅线的斜率为

$$\tan(90° - \theta) = \cot\theta \tag{5-32}$$

可以求得 B 光栅任意栅线 j 与 x 轴交点 $O_j(0,j)$ 的坐标为

$$(x_j, y_j) = \left(\frac{jd_2}{\cos\theta}, 0\right) \tag{5-33}$$

由点斜式求出 B 光栅栅线方程为

$$y = (x - x_j)\cot\theta = \left(x - \frac{jd_2}{\cos\theta}\right)\cot\theta = x\cot\theta - \frac{jd_2}{\sin\theta} \tag{5-34}$$

由式(5-31)、式(5-34)及 $k = j - i$，可求出对应于某一 k 值的莫尔条纹方程为

$$y = \left(\frac{d_1\cos\theta - d_2}{d_1\sin\theta}\right)x - \frac{kd_2}{\sin\theta} \tag{5-35}$$

这是截距不同的平行直线族的斜率式方程，由此可以推算出相邻直线间的距离，即莫尔条纹的宽度 w 及其对 y 轴的夹角 φ。

$$w = \frac{d_1 d_2}{\sqrt{d_1^2 + d_2^2 - 2d_1 d_2\cos\theta}} \tag{5-36}$$

$$\sin\varphi = \frac{d_1\sin\theta}{\sqrt{d_1^2 + d_2^2 - 2d_1 d_2\cos\theta}} \tag{5-37}$$

根据莫尔条纹方程式(5-35)，可以得到以下结论。

(1) 两光栅截距相同，即 $d_1 = d_2 = d$，二者叠合时栅线交角 θ 很小(约 10^{-3} 量级)时，莫尔条纹方向几乎与栅线方向垂直，形成横向莫尔条纹，如图 5-14(a)所示。此时有

$$w = \frac{d}{2\sin\left(\dfrac{\theta}{2}\right)} \approx \frac{d}{\theta} \tag{5-38}$$

$$\varphi = -\left(90° - \frac{\theta}{2}\right) \tag{5-39}$$

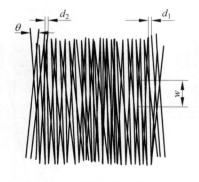
(a) 横向莫尔条纹

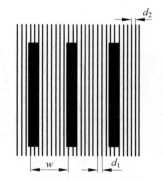
(b) 纵向莫尔条纹

图 5-14　横向莫尔条纹和纵向莫尔条纹

(2) 当两光栅栅线方向相同，即 $\theta = 0$ 时，形成纵向莫尔条纹

$$w = \frac{d_1 d_2}{d_1 - d_2}, \quad \varphi = 0 \tag{5-40}$$

当 $d_1 = d_2 = d$ 时，莫尔条纹宽度 w 趋于无限大，此时，当光栅副相对移动时，光栅的作用犹如闸门，入射光时启时闭，形成光闸莫尔条纹(纵向莫尔条纹)，如图 5-14(b)所示。

2. 衍射干涉原理

对于粗光栅莫尔条纹的形成,可用几何光学中的遮光原理进行解释;而对于细光栅副形成的莫尔条纹,由于光在通过光栅透光缝时产生衍射,莫尔条纹的形成不仅是不透光刻线的遮光作用,还涉及各级衍射光束间的干涉现象。在使用沟槽型相位光栅时,它处处透光,更不能用遮光原理解释莫尔现象,这时可用衍射干涉原理进行解释。

由物理光学可知,一束单色平面光波入射到一个光栅上时,将产生传播方向不同的各级平面衍射光。而一对光栅的衍射情况要比单块光栅的衍射复杂得多,如图 5-15 所示。光束射向第 1 块光栅 G1 时衍射为 n 级分量,这 n 级分量射向第 2 块光栅 G2 时,被 G2 再次衍射为 m 级分量。这样,共产生 $n \times m$ 束衍射分量。若两块光栅完全一样,则衍射分量总数为 n^2,且沿 n 个方向传播,即每个方向上包含 n 个分量波。由光栅副出射的每个衍射分量应由它在两个光栅上的两个衍射级序数表示为(n,m),即 G1 光栅的级序 n 标在前,G2 光栅的级序 m 标在后,如$(0,-2)$表示 G1 光栅的零级入射到光栅 G2 时所产生的-2 级衍射光束。两个相应级序的代数和$(n+m)$称为该分量的综合衍射级 q,当 G1 和 G2 相同时,综合衍射级 q 相同的所有分量将有相同的传播方向。例如,对于图 5-15 所示的$(-1,2)$、$(0,1)$、$(1,0)$、$(2,-1)$这 4 束光,其综合衍射级均为 $q=1$,方向相同,经过两个光栅后,综合衍射级相同的光线,其出射方向相同,干涉后形成条纹,即莫尔条纹。

光栅副衍射光有多个方向,每个方向又有多个光束,它们之间将产生复杂的干涉现象。合成波的振幅、周期及分布规律将取决于光场中的每一点上各分量波的振幅及相位。由于形成的干涉条纹很复杂,无法形成清晰的莫尔条纹,因此可以在光栅副后面加上透镜,如图 5-16 所示,在透镜的焦点处用一个光阑只让一个方向的衍射光通过,滤掉其他方向的光束,以提高莫尔条纹的质量。

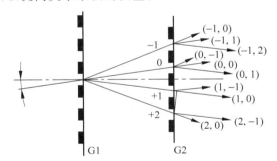

图 5-15 光栅副的衍射级次

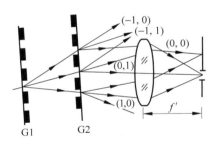

图 5-16 光栅副衍射光的干涉

同一方向上的光束衍射级次不同,相位和振幅不同,相干的结果仍然很复杂。通常光栅低级次衍射的光能量比高级次的大得多,因此实际应用中常选用综合衍射级 $q=1$ 的衍射分量工作。至于在 $q=1$ 组中,两个相干衍射光束的选定则应按照"等效衍射级次最低"的原则确定。所谓等效衍射级次,是指每束光两衍射级次 n、m 的绝对值之和。例如,在 $q=1$ 组中$(0,1)$和$(1,0)$这两束光的能量最大,则 $q=1$ 组的干涉图样主要由这两个分量相干决定,所形成的光强分布按余弦规律标准化,其条纹方向和宽度与用几何光学原理分析的结果相同。这两个分量称为基波,而该组中的其他分量称为谐波,如$(-1,2)$、$(2,-1)$衍射分量。考虑同一组中各衍射光束干涉相加的一般情况,莫尔条纹的光强分布不再是简单的余弦函数,通常,在其基本周期的最大值和最小值之间出现次极大值和次极小值,即在主条纹之间出现次条纹、伴线。在许多应用场合,如对莫尔条纹信号做电子细分时要求莫尔条纹光强分布为较严格的正弦或余弦函数,此时应当采取空间滤波或其他措施,以消除或减少莫尔条纹光强变化中的谐波周期变化成分。

5.2.2　莫尔条纹的基本性质

第38集
微课视频

1. 放大性

莫尔条纹的间距与两光栅线纹夹角 θ 之间的关系如式(5-38)所示,当 d 一定时,θ 越小,则 w 越大。这相当于把栅距放大了 $1/\theta$ 倍,即能将微小位移变化放大,提高了测量的灵敏度。一般夹角 θ 很小,d 可以做到约 0.01mm,则 w 可以做到 6~8mm。此外,由于条纹宽度比光栅节距大几百倍,所以有可能在一个条纹间隔内安放细分读数装置,以读取位移的分度值,一般采用特殊电子线路可以区分 $w/4$ 的大小,因此可以分辨出 $d/4$ 的位移量。例如,$d=0.01$mm 的光栅可以分辨 0.0025mm 的位移量,极大地提高了测量的灵敏度,这也是莫尔条纹进行位移测量的基准。

2. 同步性

光栅副中任意光栅沿垂直于线纹方向移动时,莫尔条纹就沿垂直方向移动,而且移过的条纹数与栅距是一一对应的。即光栅移动一个栅距,莫尔条纹就移动一个条纹宽度 w;当光栅改变运动方向时,莫尔条纹也随之改变运动方向。所以,测出莫尔条纹移动的数目,就可以知道光栅移动的距离,这种严格的线性关系也是莫尔条纹进行长度与角度测量的基础。

3. 准确性

光电接收元件接收到的信号,是进入视场的光栅线数 N 的叠加平均的结果,而一般进入视场的光栅线条有几十线对甚至上千线对,这样光电元件接收的信号是这些线条的平均结果。因此,当光栅有局部误差时,由于平均效应,光栅缺陷或局部误差对测量精度的影响大大减小,同时也使光栅的信号大大稳定,提高测量精度。

5.2.3　莫尔条纹测试技术

第39集
微课视频

由于莫尔条纹的特殊性质,莫尔测量已经成为现代光学计量领域中的一种重要方法,不仅在机床和仪器仪表的位移测量、数字控制、伺服跟踪、运动比较(两个相关运动部件间的关系)等方面得到广泛应用,而且在应变分析、振动测量,以及诸如特形零件、生物体形貌、服装及艺术造型等方面的三维计量中展现了广阔前景。

第40集
微课视频

1. 莫尔条纹测量位移

利用光栅的莫尔条纹现象,将被测几何量转换为莫尔条纹的变化,再将莫尔条纹的变化经过光电转换系统转换为电信号,进行处理、变换,从而实现对几何量的精密测量。

1)长度位移测量

(1)光栅读数头

计量光栅在长度测量中主要采用光栅读数头的结构,与信号处理和数显装置一起使用,可以安装在机床或仪器上。读数头主要由光源、标尺光栅(主光栅)、指示光栅、光路系统和光电接收元件、电子学处理器等部分组成,如图 5-17 所示。标尺光栅的有效长度即为测量范围。指示光栅比标尺光栅短得多,两者刻

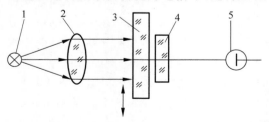

图 5-17　光栅传感器

1—灯;2—聚光镜;3—标尺光栅;
4—指示光栅;5—硅光电池

有同样栅距。

固定其中一块光栅,另一块随被测物体移动,则莫尔条纹移动,光电接收元件上的光强随莫尔条纹移动而变化。在理想情况下,对于一个固定点的光强随着光栅相对位移 x 变化而变化的关系如图 5-18(a)所示,但由于光栅副中留有间隙、光栅的衍射效应、栅线质量等因素的影响,光电元件输出信号为近似于图 5-18(b)所示的正弦波。

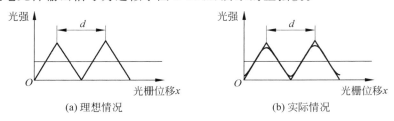

(a) 理想情况　　　　　　　　　　(b) 实际情况

图 5-18　光强与位移的关系

光电接收元件将光信号转换为电信号(电压或电流)输出。输出电压信号的幅值表示为光栅位移量 x 的正弦函数,即

$$u = u_{\circ} + u_{\mathrm{m}} \sin\left(\frac{2\pi x}{d}\right) \tag{5-41}$$

其中,$u_{\circ}$ 为输出信号中的直流分量;u_{m} 为输出正弦信号的幅值;x 为两光栅间的相对位移量。从式(5-41)可见,当光栅移动一个栅距 d,波形变化一个周期。输出信号经整形变为脉冲,脉冲数、条纹数、光栅移动的栅距数是一一对应的,因此,只要记录波形变化周期数,即条纹移动数 N,就可知道光栅的位移量 x,即 $x = Nd$,这就是利用莫尔条纹测量位移的原理。

（2）零位光栅

上述光栅读数头是以增量反映位移的,没有确定的零位,因此每次测量时各有其自身不同的零位,一旦遇到停电等意外,将导致数据的丢失。为克服这一缺点,发展出一种零位光栅系统,在测量时给出一个零位脉冲作为零位的标志。图 5-19 所示为光栅元件上的零位光栅和零位脉冲。在标尺光栅和指示光栅上都有零位光栅小窗口,小窗口中都刻有相同的零位光栅栅线,当光栅运动到两组零位光栅线完全重合时,即得到最大的光通量,产生一个很大的光脉冲;而当标尺光栅相对于指示光栅向左或向右移动时,光通量急剧下降,这中间的一个光脉冲就是光栅线系统的零位。两组零位光栅栅线必须相互平行安装,零位光栅栅线又必须平行于标尺光栅线条,这样才能保证获得准确的、唯一的零位脉冲信号。

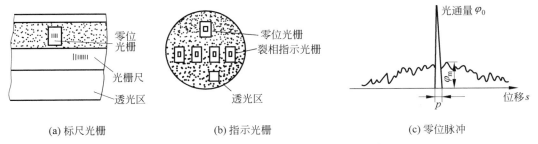

(a) 标尺光栅　　　　　　(b) 指示光栅　　　　　　(c) 零位脉冲

图 5-19　光栅元件上的零位光栅和零位脉冲

（3）辨向与细分

从图 5-18 和图 5-19 的光栅测量位移原理和信号输出波形可以看到,要辨别可动光栅的移动方向,使用一个光电接收器是做不到的,因此必须至少使用两个光电接收器,并且使这两个光电接收器得到的信号相位相差 90°,这样就可以采用第 2 章有关辨向与细分技术对莫尔条纹进行细分和辨向。实际上,如图 5-19 所示的指示光栅中,只要其中 4 个裂相指示光栅之间的间距满足 $\left(N+\dfrac{1}{4}\right)d$ 的关系（N 为整数,d 为光栅常数）,就可以得到相位相差 90°的 4 路信号,实现 4 倍细分和莫尔条纹的可逆计数。

2）角度位移测量

长度位移测量采用的是长光栅,而角度位移测量采用圆光栅。圆光栅又分为径向圆光栅和切向圆光栅。

对于切向圆光栅,其刻线相切于一个半径为 r 的小圆,小圆的圆心也是圆光栅的中心,如图 5-20(a)所示。这样的两块光栅按如图 5-20(c)所示的方式同心叠合时,让其中一个光栅绕中心相对于另一个光栅转动就会产生如图 5-20(b)所示的环形莫尔条纹。图 5-20(c)

(a) 切向圆光栅

莫尔条纹

(b) 形成的环形条纹

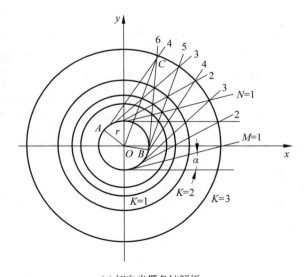

(c) 切向光栅条纹解析

图 5-20　圆光栅

莫尔条纹

(d) 径向圆光栅　　　　　　　　　(e) 形成的条纹

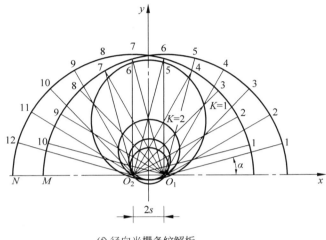

(f) 径向光栅条纹解析

图 5-20 （续）

中，r 为小圆半径，两刻线间的夹角为圆光栅的角节距 α。$M=1,2,3,\cdots$ 代表一块光栅的栅线，$N=1,2,3,\cdots$ 代表另一块光栅的栅线，它们的交点 $K=1,2,3,\cdots$ 代表的圆是莫尔条纹。当研究 $\triangle ABC$ 时，AC、BC 分别是两块光栅上的栅线，由于栅线切于小圆，因此通过圆心 O 的 AO 和 OB 是与两根栅线垂直的且为长度 r，OC 是光栅中心到光栅栅线的距离，记作 R。由图 5-20(c)可知

$$d = R\alpha \tag{5-42}$$

其中，d 为圆光栅上某点的光栅线节距；R 为圆光栅上某点的刻划半径；α 为圆光栅角节距；θ 为 $\angle ACB$，可近似表示为

$$\theta = \frac{2r}{R} \tag{5-43}$$

由于这种条纹是横向莫尔条纹，根据长光栅中横向条纹的宽度表达式 $w=d/\theta$，应用于圆光栅时可求出条纹宽度为

$$w = \frac{R^2\alpha}{2r} \tag{5-44}$$

这样根据 r、α、R 便可求出环形莫尔条纹的宽度。

对于径向圆光栅，其刻线是以圆心为中心的辐射状光栅，如图 5-20(d)所示。如果这样的两个圆光栅叠合，并保持一个不大的偏心量时，将产生如图 5-20(e)所示的莫尔条纹，光栅条纹解析如图 5-20(f)所示。两块光栅中心距为 $2s$，应用求切向圆光栅条纹宽度的类似方

法,可求出径向圆光栅条纹宽度为

$$w = \frac{R^2 \alpha}{2s} \tag{5-45}$$

应当注意,径向圆光栅和切向圆光栅所形成的莫尔条纹,其宽度都不是一个定值,是随条纹所处位置的不同而有所变化的;另外,条纹宽度上等距分布的各点并不对应于一个节距角内光栅的等距角位移,这两点是与长光栅形成的横向莫尔条纹完全不同的。

3）光栅式位移测量特点

利用莫尔条纹测量长度及角度的系统也称作光栅式位移传感器,具有以下特点。

（1）精度高。光栅式位移传感器在大量程测量长度或直线位移方面仅低于激光干涉仪,精度最高可达到 $0.1\mu m$;在圆分度和角位移连续测量方面,光栅式位移传感器属于精度最高的,精度可达到 $\pm 0.2''$。

（2）大量程测量兼有高分辨力。感应同步器和磁栅式传感器也具有大量程测量的特点,但分辨力和精度都不如光栅式位移传感器。

（3）可实现动态测量,易于实现测量及数据处理的自动化。

（4）具有较强的抗干扰能力,对环境条件的要求不像激光干涉传感器那样严格,但不如感应同步器和磁栅式传感器的适应性强,油污和灰尘会影响它的可靠性。光栅式位移传感器主要适合在实验室和环境较好的车间使用。

光栅式位移传感器在计量仪器、三坐标测量机以及重型或精密机床等方面应用广泛。

2. 莫尔偏折法测量光学系统焦距

泰伯(Talbot)效应是 1836 年由泰伯发现的一个有趣的光学现象,即当平面波照射一个具有周期性透过率函数的物体时,会在该物体后某些特定距离上重现该周期函数的图像。设光栅的周期为 d,用单位振幅的单色平面波垂直照明光栅,如图 5-21 所示,则在光栅相距 $Z = nZ_T (n = 0, 1, 2, 3, \cdots)$ 距离处,可以观察到与原光栅相同的图像。λ 为照明光波的波长,$Z_T = \frac{2d^2}{\lambda}$ 称为泰伯距离。另外,在与光栅相距 $Z = \frac{2n+1}{4}Z_T (n = 0, 1, 2, 3, \cdots)$ 处,可以观察到倍频光栅像(图像周期为光栅周期 d 的一半);在与光栅相距 $Z = \frac{2n+1}{2}Z_T (n = 0, 1, 2, 3, \cdots)$ 处,可以观察

图 5-21 泰伯效应示意图

到反相光栅像(即像与原光栅错开半个条纹周期);当与光栅的距离 Z 为其他值时,观察到的则为光栅的菲涅耳衍射像。

莫尔偏折法是莫尔条纹技术与泰伯效应相结合的一种光学测量方法。用光照射周期性透过率物体,如 Ronchi 光栅,在一定距离(泰伯距离)处产生泰伯像。在泰伯像处放置同样的周期性透过率物体,如与前一个光栅周期相同的 Ronchi 光栅,会产生莫尔条纹。放入待测相位物体后,莫尔条纹将发生形变,通过对莫尔条纹形状的研究获得被测相位物体的信息。这种变形的莫尔条纹也称为光线偏折图或莫尔偏移图。光线偏折图不同于相位滞后,它不需要知道真正的相位。此外,莫尔偏折法对光源只要求空间相干性,不要求时间相干

性,因此,测量装置所要求的机械稳定性不像干涉法那样严格,相对简单。莫尔偏折法在光学系统焦距测量、火焰温度分布测量、相位物体折射率分布测量、折射率梯度测量、光学材料内部缺陷检测、光学系统的传递函数、气体流场分析、光学表面面形检测等方面得到广泛应用。

图 5-22 所示为莫尔偏折法测量透镜焦距的原理。激光器发出的光束成准直光照射到光栅 G1 上,光栅 G1 和 G2 的平面垂直于光轴,两者之间的距离 Z 满足泰伯距离,G1 与 G2 之间的栅线交角为 θ,于是在紧靠 G2 后的接收屏上可产生清晰的条纹。如果在光路中加入一个透镜(相位物体),则准直光束经过透镜后成为球面波,G2 后接收屏上的莫尔条纹的方向和宽度都发生变化。条纹偏折(即条纹旋转)的方向、大小与透镜焦距正负长短有关,测出偏转角 α 即可求出透镜焦距。加入透镜后的焦距为

$$f' = s + \frac{Z}{2}\left(1 + \frac{1}{\tan\alpha \cdot \tan\dfrac{\theta}{2}}\right) \tag{5-46}$$

其中,s 为待测透镜与光栅 G1 之间的距离;α 为莫尔条纹偏转的角度;Z 为泰伯距离。是正透镜还是负透镜可以通过条纹偏转的方向来判断,条纹顺时针转为正透镜,条纹逆时针转为负透镜。

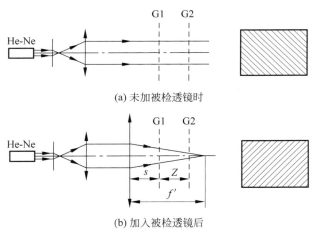

(a) 未加被检透镜时

(b) 加入被检透镜后

图 5-22 莫尔偏折法测量透镜焦距的原理

实际测量时,可用工具显微镜的读数头读取角度值 α。θ 值较小,可以先测出放置透镜前的条纹宽度 w,求出 $\theta = 2\arcsin(d/2w)$。s 的测量原理如图 5-23 所示,s_0 为 L 的像方主面到透镜最后一球面顶点之间的间距,s' 为最后一球面顶点到 G1 面的间距,s_0 是不变量,则

$$s = \frac{D_0 - D_1}{D_1 - D_2}d, \quad s_0 = s - s' \tag{5-47}$$

确定 s_0 后可求出 s' 值时的 s,得到后 α、θ、Z、s 即可根据式(5-46)求出 f'。

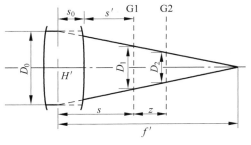

图 5-23 s 的测量原理

5.3　衍射光栅干涉测量

基于莫尔条纹原理的光栅位移测量系统中的指示光栅通常位于标尺光栅的第一菲涅耳焦面上，两个光栅之间的距离为 $l = d^2/\lambda$，其中 d 为光栅栅距，λ 为入射波波长。两光栅之间的距离会随光栅栅距的减小而减小，公差要求也会变严格。较高的公差要求，对制造安装无疑是不利的。另外，随着光栅栅距的减小，光的衍射现象便不可忽略，衍射光会作为干扰光降低系统的信噪比。基于莫尔条纹原理的光栅位移测量系统的这一缺点限制了其精度和分辨力的提高，一般该系统通过后期高倍的电子细分提高分辨力，但细分误差影响着系统的精度。因此，为了满足加工制造等领域对更高精度的需求，产生了衍射光栅干涉位移测量，它是利用光栅衍射光的干涉产生明暗变化的条纹实现高精度位移测量。

5.3.1　衍射光栅干涉测量原理

衍射光栅干涉测量的基本原理如图 5-24 所示。

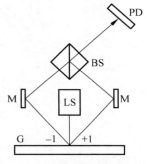

图 5-24　衍射光栅干涉测量的
基本原理

LS—激光器；M—反射镜；G—光栅；BS—分光镜；PD—光电探测器

激光器发出的光束入射到光栅上，并发生衍射。对于栅距为 d 的光栅尺，衍射光束之间的相对位移为 X，K 级衍射光束的相移 ϕ 为

$$\phi = \frac{K \cdot 2\pi \cdot X}{d} \tag{5-48}$$

两束衍射光在分光镜处会合，并发生干涉，如果两束衍射光波的全幅值设为 1，则两列光波的幅值之和为

$$U = U_1 + U_2 = e^{i\phi_1} + e^{i\phi_2} \tag{5-49}$$

因为 $\phi = \phi_1 = -\phi_2$，所以光强可能通过幅值和的共轭复数乘积得出，即

$$I = UU^* = 2[1 + \cos(2\phi)] \tag{5-50}$$

对于光栅与衍射光束之间一个光栅距的相对位移，$+1$ 级与 -1 级衍射光的干涉产生两个信号周期。如果 2 级衍射光叠加，$K = \pm 2$，那么每个栅距将产生 4 个信号周期。由此可见，光电探测器获得了频率与光栅位移成正比的正弦形式条纹信号，通过对条纹的计数可以计算出位移，即

$$X = N \cdot \frac{d}{2K} \tag{5-51}$$

其中，N 为条纹个数。

与普通激光干涉位移测量相比，衍射光栅干涉测量在信号细分、计数和判向等关键技术方面具有诸多相似之处，但衍射光栅干涉测量的基准是衍射光栅的栅距 d，而不是光的波长 λ，因此其对测量环境的要求显著低于普通激光干涉测量。此外，当激光入射至光栅时，由于激光光斑尺寸远大于光栅栅距，因此，平均效应的存在显著降低了光栅的刻线误差对测量的影响。

5.3.2 衍射光栅干涉测量系统与技术

基于上述基本原理,德国海德汉、日本佳能和美国 IBM 等公司相继推出了多种衍射光栅干涉测量系统,并使用通过信号细分提高分辨力、通过结构对称设计降低温度变化的影响以及通过在读数头添加球面透镜和望远系统等多种技术,最终实现纳米级的高精度位移测量。

海德汉公司还推出了一种利用反射和透射光栅组成三光栅系统的衍射光栅干涉测量系统,其简化工作原理如图 5-25 所示。由 LED 及准直器件产生的平面波穿过指示光栅 G1时,主要被衍射到 3 个方向:−1、0 和 +1。指示光栅设计成使零级光束的相位滞后于 ±1级光束。当光束遇到光栅尺 G2 时,每束光被衍射到两个方向,即 ±1 级。光栅尺设计成没有零级衍射出现。当光栅尺相对 G1(=G3)运动时,衍射到尺光栅上的 1 级($K=±1$)光束产生与位移 X 成比例相移 Ω,同时 −1 级($K=-1$)光束产生 −Ω 的相移。光波穿过光栅 G3 时被再次衍射并移相,同一方向和同一光路的波产生干涉。干涉波的相位来自各单束光相移的和,用非单色和空间不相干光源照明,只有 +1、0和 −1 方向上的干涉波对信号的形成起作用。3 路相位相差一定度数的干涉信号被相应的光电探测器接收。这种结构的光路严格对称防止了光谱漂移对测量的影响。光栅的平均效应可降低对光栅面清洁度

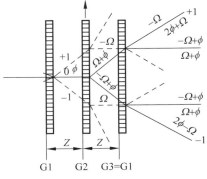

图 5-25 三光栅衍射干涉测量系统
简化工作原理

的要求。允许系统有相对较大的装配公差。该产品被广泛用于数控机床,作为参考测量系统来测量由于导轨不良以及阿贝误差引起的定位误差等。

图 5-26 所示为一种双光栅衍射干涉测量多自由度位移的原理示意图。图 5-26(a)利用两个一维光栅衍射后干涉,既可以测量沿运动轴(X 轴)方向的位移,同时也可以测量精密线性平台沿垂直于运动轴方向(Z 轴)的直线度。参考光栅和测量光栅的 ±1 级衍射光束在光学传感器头中叠加形成干涉信号。光学传感器头的尺寸为 $50mm(X)×50mm(Y)×30mm(Z)$。精密平台的测量分辨力小于 $1nm$。图 5-26(b)利用两个二维光栅衍射后干涉,X 方向和 Y 方向的 ±1 级衍射光干涉得到 4 路干涉信号,可以测量沿 X、Y、Z 3 个方向的位移。虽然平均效应的存在显著降低了光栅的刻线误差对光栅衍射干涉测量的影响,但随着对高精度测量需求的不断提高,光栅的制造精度和刻线密度等的影响不可忽略,制造精度影响着位移测量系统的精度,刻线密度影响着测量系统的分辨力,所以制造出高刻线密度、高精度的一维光栅以及二维光栅对衍射光栅干涉测量非常重要。德国海德汉公司在地下15m 建立了一处无尘、恒温(温差控制在 0.01℃)的光栅刻蚀间,以保证光栅条纹的准确度和精度。并且该公司采用的 DIADUR 复制工艺,即在玻璃基板上蒸发镀铬的光刻复制工艺,可制造出高精度、价格低廉、抗污染能力强的刻度尺光栅。METALLUR 生产工艺可以制造出高刻线密度的光栅,并应用在衍射干涉原理的光栅位移测量系统中。我国中科院长春光机所国家光栅制造与应用工程技术研究中心建有超洁净光栅实验室,温度精度为±0.02℃,拥有光栅母板生产能力和光栅批量复制能力,为我国高精度光栅制造奠定了坚实的基础。

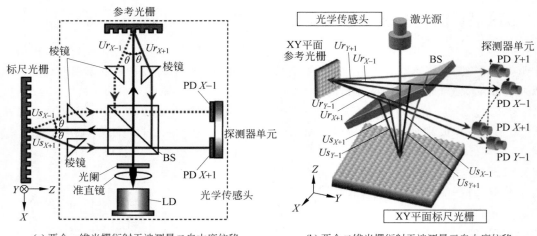

(a) 两个一维光栅衍射干涉测量二自由度位移　　　(b) 两个二维光栅衍射干涉测量三自由度位移

图 5-26　双光栅衍射干涉测量多自由度位移的原理

标尺光栅的尺寸决定了衍射光栅干涉测量的量程。当采用高刻线密度的光栅时,测量量程会大大缩小。原因是目前的机械刻划光栅、全息光栅以及它们的复制光栅都无法做大做长,甚至难以实现米级尺寸的高精度光栅,因此限制了系统的测量量程和应用范围。不过,随着光栅制备、测量原理、细分技术的不断进步,光栅衍射干涉测量也在向着高速、高精度、大量程、多维化、小型化等方向不断发展。

5.4　X 射线衍射测量

5.4.1　X 射线衍射测量原理

1912 年,德国物理学家劳厄发现 X 射线可以被晶体衍射,开创了 X 射线衍射法用于晶体结构分析。英国物理学家布拉格父子在此基础上推导出布拉格方程,奠定了 X 射线衍射的发展基础。目前,X 射线衍射测量从一维发展到多维,包含劳厄法等多种具体方法和技术,已经成为获取晶体材料内部物相组成、晶体结构、应力状况等基本结构信息的重要测试方法。

当 X 射线照射进入晶体材料时,晶格原子内的自由电子在入射线束电场的作用下围绕其平衡位置振动,振动速率连续地增加或降低,同时对外辐射与入射 X 射线同频的电磁波。电子吸收入射 X 射线的能量转化为散射 X 射线向外辐射,散射 X 射线与入射 X 射线波长相同。晶体内部的原子、离子或分子在三维空间按照特定规则呈现长程有序的周期性排列,晶体的基本组成单元称为晶胞。X 射线照射晶体材料后产生原子散射波,原子的规则性周期排列导致部分原子散射波发生相互干涉。发生干涉的原子散射波会在某些特定方向相互加强,合成波的强度与方向直接相关,从而出现特定的衍射花样。衍射花样的产生前提是晶体中各原子散射波在特定方向上具备固定的位相差关系,可以通过收集晶体材料对 X 射线的衍射信息进而确定晶体内部的结构特性。

X 射线衍射方法一般要满足布拉格方程。当利用 X 射线照射晶体材料时,并非晶体内部的所有晶面都可以和入射 X 射线发生衍射,只有当该晶面与入射 X 射线所形成的角度 θ、该晶面族的晶面间距 d 以及入射 X 射线的波长 λ 符合布拉格方程时,晶面才能产生衍射。

图 5-27 所示为晶体对于 X 射线的衍射过程，其中 P1 和 P2 代表一组衍射晶面中紧邻的两个晶面。可以看出，由于入射 X 射线的强穿透性，晶体材料的表层原子和内层原子均发生镜面反射，产生反射 X 射线。当这两个反射波的波程差正好等于入射 X 射线波长的整数倍时，两个晶面的反射波发生衍射。假设这两个晶面的晶面间距为 d，反射晶面与入射 X 射线所成夹角为 θ，衍射级数为 n，则这两个镜面反射波的波程差为

$$AO + OB = d\sin\theta + d\sin\theta$$
$$= 2d\sin\theta \tag{5-52}$$

由此得到布拉格方程为

$$2d\sin\theta = n\lambda \tag{5-53}$$

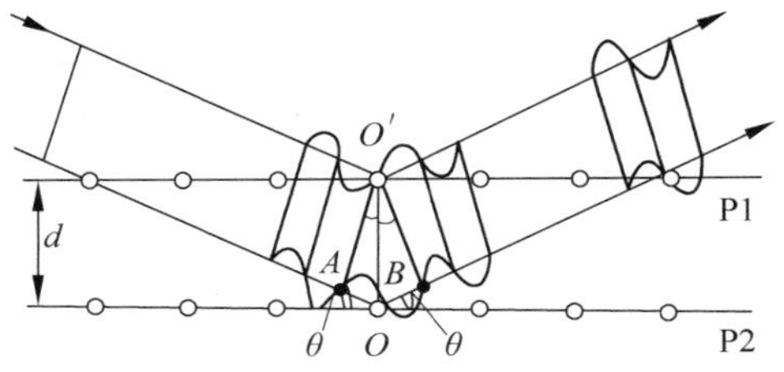

布拉格方程较直观地反映了入射 X 射线与

图 5-27 晶体对于 X 射线的衍射过程

反射晶面的位相关系。根据布拉格方程可以分析晶体材料的结构特性，当已知入射 X 射线的波长 λ 和入射角 θ 时，可根据布拉格方程计算衍射晶面族的间距 d，从而确定晶体结构类型或物相组成。当已知晶面间距 d 和入射角 θ 时，可借助布拉格方程计算入射 X 射线的波长，从而实现元素分析的功能。

5.4.2 X 射线衍射测量材料应力

材料的应力测量是 X 射线衍射的重要应用领域之一。残余应力的分布状态是航空发动机叶片等材料强度性能的重要影响因素。

1. 常规 X 射线衍射法

常规 X 射线衍射法是指利用实验室小型 X 射线衍射仪对材料进行应力测量。常规 X 射线法与其他方法（钻孔法、超声、磁测量等）相比优点很多，是有效的无损检测方法。由于 X 射线穿透深度很浅（对于传统材料一般仅十几微米），当测量各向同性材料表面残余应力时，可以认为材料表面处于平面应力状态，这时不同方位角 ψ 下测量得到的衍射晶面的 X 射线衍射峰会发生相对移动。通过测量晶面间距的相对变化，然后根据胡克定律可计算出应力值。常规 X 射线衍射的基本计算方法是 $\sin^2\psi$ 法。

$$\varepsilon_{\varphi\psi} = \frac{1+v}{E}\sigma_\varphi\sin^2\psi + \varepsilon \tag{5-54}$$

其中，$\varepsilon_{\varphi\psi}$ 为应变；ψ 为试样表面法线与衍射晶面法线间的夹角；φ 为应力测量方向平面与表面主应力方向的夹角；σ 为应力；ε 为晶格应变；E 为弹性常数；v 为泊松比。

当材料中不存在织构而各向同性，并且忽略第 2 类应力时，应变 $\varepsilon \sim \sin^2\psi$ 为线性关系，此时容易计算出应力大小；当材料中存在织构而各向异性，并且第 2 类应力较大时，应变 $\varepsilon \sim \sin^2\psi$ 为非线性关系，此时需要通过数值模拟的方法计算应力数值。

常规 X 射线衍射应力测量方法有同倾法、侧倾法、掠射法等。

1）同倾法

同倾法的衍射几何特点是测量方向与扫描平面重合，如图 5-28 所示。扫描平面是指入射线、衍射面法线及衍射线所在平面，此方法中确定 ψ 方位的方式有固定 ψ 法和固定 ψ_0 法。如果是以固定不同的衍射面法线与试样表面法线之间夹角形式进行的，这种方法称为固定 ψ 法，通过转动的 ψ 角使探测器在相应的 2θ 角附近进行探测，试样与探测器进行 θ-2θ 联

动。当以固定不同入射线与试样表面之间夹角的形式进行时,此种方法称为固定ψ_0法。一般固定两个或 4 个不同的ψ或ψ_0角度,分别测出相应的ψ或ψ_0角度下的2θ角,便可进行应力计算。

2）侧倾法

侧倾法的特点是测量方向平面与扫描平面垂直,侧倾法中探测器在垂直方向平面内扫描,ψ的变化不受衍射角大小的限制,而只取决于试件的形状空间。对于平面试样,ψ的理论最大值为 90°,如图 5-29 所示。显然,侧倾法属于固定ψ法,选取的方位角ψ越多,计算越准确,其应力计算公式与同倾法完全相同。

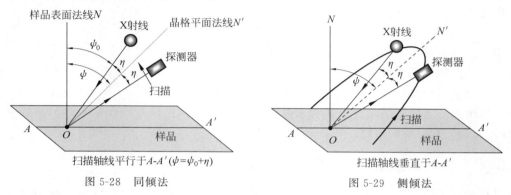

图 5-28　同倾法

图 5-29　侧倾法

3）掠射法

同倾法和侧倾法通过简单叠加即可得到掠射法衍射几何,但由于入射角太小,所以与广角入射衍射存在很大的差异。掠射法透入材料的深度最浅,ψ角的范围也最小,适用于超薄薄膜应力的测量。

2. 同步辐射 X 射线衍射法

当采用同步辐射高能 X 射线时,可采用常规 X 射线衍射测量无法实现的透射法进行应力测量,可穿透毫米级的样品以获得内部更多的真实应力信息。同步辐射光源具有宽而连续的分布谱范围、准直性好、高度偏振、绝对纯净、高强度、窄脉冲、高稳定性等诸多优异特性,如上海同步辐射装置（Shanghai Synchrotron Radiation Facility,SSRF）即属于第 3 代同步辐射光源,X 射线光子能量范围可达 0.1～40keV。图 5-30 所示为上海同步辐射光源鸟瞰图。

图 5-30　上海同步辐射光源鸟瞰图

图 5-31 所示为利用上海光源同步辐射 BL14B1 X 射线衍射线站对 S-Cu 和 S-Ag 多层膜在外力拉伸加载中的晶格应变演化进行 X 射线透射法原位测量的原理示意图。X 射线光能量为 18keV、波长为 0.689Å、光斑尺寸为 $200\mu m \times 200\mu m$。通过 Mar345 二维探测器收集衍射信号,曝光时间为 150s。利用 Fit2D 软件对测量数据进行处理,可以得到如图 5-32 所示的二维探测器衍射图谱与一维积分衍射图谱。通过对数据进行拟合即可得到衍射峰位置 θ_{hkl},代入布拉格公式即可得到晶面间距 d_{hkl}。随着加载的变化,晶格应变可通过如下公式得到。

$$\varepsilon_{hkl} = (d_{hkl} - d_0)/d_0 \tag{5-55}$$

其中,ε_{hkl} 为 {hkl} 晶面的晶格应变;d_0 为加载前所得到的晶面间距。

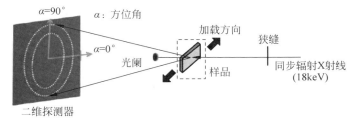

图 5-31 同步辐射 X 射线衍射测量多层膜原位拉伸加载中的晶格应变

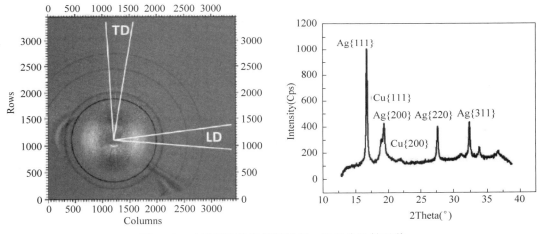

图 5-32 二维探测器衍射图谱与一维积分衍射图谱

根据晶格应变数据,再利用胡克定律即可计算得到材料的应力值,从而完成对材料性能的进一步分析。

习题与思考 5

5-1 单缝衍射测量的间隙测量方法可以通过哪两种方式实现?请结合公式加以阐述。

5-2 利用激光衍射方法测量物体尺寸及其变化时,其测量分辨力、测量不确定度、量程范围由哪些因素决定?

5-3 当细光栅副形成莫尔条纹时,应利用哪种原理进行解释?请作图加以说明。

5-4 如何理解莫尔条纹的 3 个基本性质?在测量中发挥怎样的作用?

5-5 在利用莫尔条纹进行测量时,测量的零位在很多应用场合不可或缺。零位的确定有哪些实施途径?请调研并总结分析。

5-6 对于电子经纬仪的光栅度盘,莫尔条纹的作用是(　　　)。

A. 利用莫尔条纹数目计算角度值

B. 通过莫尔条纹将栅距放大,将纹距进一步细分,提高测角精度

C. 利用莫尔条纹使栅格度盘亮度增大

D. 利用莫尔条纹使栅格亮度按一定规律周期性变化

5-7 如何利用莫尔条纹进行物体应变的测量?

5-8 如何利用莫尔条纹进行物体轮廓的测量?测量光路有哪两种?其原理是什么?

5-9 已知某计量光栅的栅线密度为 100 线/mm,栅线夹角 $\theta=0.1°$。试求:

(1) 该光栅形成的莫尔条纹间距是多少?

(2) 若采用该光栅测量线位移,已知指示光栅上的莫尔条纹移动了 15 条,则被测位移为多少?

(3) 若采用 4 只光敏二极管接收莫尔条纹信号,并且光敏二极管响应时间为 10^{-6} s,则此时光栅允许的最快运动速度是多少?

第6章

CHAPTER 6

机器视觉测量

作为洞察世界的主要手段,视觉是人类实现对自身所处环境感知与理解的重要信息来源。因此,赋予机器同样的视觉功能被认为是实现机械系统自动化、智能化进程中不可或缺的关键技术。近年来,随着视觉传感器及相关软硬件性能的飞速进步和成本不断降低,以计算机视觉(Computer Vision)为基础的相关技术,已在生产制造、电子信息和医疗健康等诸多领域得到了广泛应用,推动着国家发展与人民生活水平的提高。本章基于视觉成像系统,从工程应用的角度出发,主要论述基于激光结构光的三维空间内几何尺寸测量的基本原理和方法,通过典型应用案例介绍,理解和掌握激光结构光视觉测量的基本原理、关键技术与系统组成。

6.1 摄像机模型

第 41 集
微课视频

摄像机的成像过程是一个三维物体空间到二维图像空间的映射过程,摄像机模型是指建立精确定量描述这种映射关系的数学模型。模型有很多种,其中最简单的称为针孔模型。针孔模型是很常用且有效的模型,它描述了一束光线通过针孔之后,在针孔背面投影成像的关系。

如图 6-1 所示,光轴垂直 CCD 像面并通过像面中心 O' 点,透视中心位于 O_c 点,空间一点 P 经透视投影中心 O_c 投影在成像平面 I 的 p' 点。摄像机坐标系 $O_cX_cY_cZ_c$ 原点定义在透视投影中心 O_c,Z_c 轴沿光轴方向并背向成像平面 I,X_c 轴和 Y_c 轴分别平行于像面坐标系坐标轴 x 和 y。为方便分析,通常取成像面 I 的对称面 I' 作为图像平面进行分析。

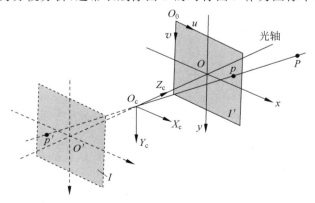

图 6-1　针孔模型

假定成像平面到透视中心的距离为焦距 f，则根据三角形的相似关系，可以得到相机坐标系中物点 $\boldsymbol{P}=[X_{cp},Y_{cp},Z_{cp}]^T$ 与成像平面上像点 $\boldsymbol{p}=[x_p,y_p]^T$ 之间的变换关系为

$$\begin{cases} \dfrac{x_p}{f}=\dfrac{X_{cp}}{Z_{cp}} \\[2mm] \dfrac{y_p}{f}=\dfrac{Y_{cp}}{Z_{cp}} \end{cases} \tag{6-1}$$

为了描述视觉测量传感器(CCD)对光线信号进行采集的过程，建立以图像左上角 O_0 为原点，像素为坐标单位的图像像素坐标系。设 O 点在该坐标系中的坐标为 (u_0,v_0)，每个像素在水平和垂直方向上对应的物理尺寸分别为 dx 和 dy，则像点 $\boldsymbol{p}$ 在像素坐标系下可表示为

$$u=\frac{x_p}{dx}+u_0, \quad v=\frac{y_p}{dy}+v_0 \tag{6-2}$$

将式(6-2)代入式(6-1)，用矩阵形式表达为

$$\begin{bmatrix} u_p \\ v_p \\ 1 \end{bmatrix}=\frac{1}{Z_{cp}}\begin{bmatrix} \dfrac{f}{dx} & 0 & u_0 \\[2mm] 0 & \dfrac{f}{dy} & v_0 \\[2mm] 0 & 0 & 1 \end{bmatrix}\begin{bmatrix} X_{cp} \\ Y_{cp} \\ Z_{cp} \end{bmatrix}=\frac{1}{Z_{cp}}\boldsymbol{KP} \tag{6-3}$$

其中，$\boldsymbol{K}$ 为相机的内参数矩阵(Intrinsic Matrix)，由 f、dx、dy、u_0、v_0 决定。

考虑到相机与环境场景之间的相对位置关系，因此还需要定义摄像机坐标系相对于外部世界坐标系方位关系的摄像机外参数，二者之间的关系可用 3×3 的旋转矩阵 $\boldsymbol{R}$ 和 3×1 的平移矢量 $\boldsymbol{t}$ 来描述，即

$$\begin{bmatrix} X_{cp} \\ Y_{cp} \\ Z_{cp} \end{bmatrix}=\boldsymbol{R}\begin{bmatrix} X_{wp} \\ Y_{wp} \\ Z_{wp} \end{bmatrix}+\boldsymbol{t} \tag{6-4}$$

联立式(6-3)和式(6-4)并用齐次坐标表示，得到 P 点的世界坐标与像素坐标关系为

$$Z_{cp}\begin{bmatrix} u \\ v \\ 1 \end{bmatrix}=\begin{bmatrix} \dfrac{f}{dx} & 0 & u_0 & 0 \\[2mm] 0 & \dfrac{f}{dx} & v_0 & 0 \\[2mm] 0 & 0 & 1 & 0 \end{bmatrix}\begin{bmatrix} \boldsymbol{R} & \boldsymbol{t} \\ \boldsymbol{0}^T & 1 \end{bmatrix}\begin{bmatrix} X_{wp} \\ Y_{wp} \\ Z_{wp} \\ 1 \end{bmatrix}=\boldsymbol{KT}\begin{bmatrix} X_{wp} \\ Y_{wp} \\ Z_{wp} \\ 1 \end{bmatrix} \tag{6-5}$$

其中，$\boldsymbol{T}$ 为相机的外参数矩阵(Extrinsic Matrix)。相比于相机不变的内参数矩阵，$\boldsymbol{T}$ 会随相机的运动而改变。

在实际成像系统中，由于光学系统加工和装配误差以及图像采集过程中引入的其他误差，必将引起投影点偏离投影几何中心的偏差。对于这些偏差，可以通过在模型中引入附加参数来补偿。附加参数通常包括径向畸变(Radial Lens Distortion)、切向畸变(Tangential Lens Distortion)、仿射和非正交变形(Affine and Nonorthogonality Deformations)等。

1. 径向畸变

径向畸变是对称畸变，由光学中心开始，沿着径向产生并逐渐增大，通常由大偏轴角和

透镜制造缺陷造成。径向畸变主要分为两大类：桶形畸变和枕形畸变，如图 6-2 所示。

径向畸变表示为

$$\begin{cases} \Delta x_{\mathrm{RLD}} = (x_p - x_0)(k_1 r^2 + k_2 r^4 + k_3 r^6 + \cdots) \\ \Delta y_{\mathrm{RLD}} = (y_p - x_0)(k_1 r^2 + k_2 r^4 + k_3 r^6 + \cdots) \end{cases} \tag{6-6}$$

其中，r 为特征像点到光轴的径向距离；(x_p, y_p) 为特征像点的像面坐标；(x_0, y_0) 为像面主点坐标；Δx_{RLD} 和 Δy_{RLD} 为距离光轴 r 处的径向畸变量；k_1、k_2、k_3 分别为一、二、三阶径向畸变系数。

2. 切向畸变

切向畸变主要是由透镜组中各透镜不同轴造成的，如图 6-3 所示。

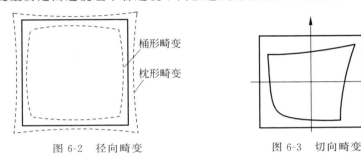

图 6-2　径向畸变　　　　图 6-3　切向畸变

切向畸变表示为

$$\begin{cases} \Delta x_{\mathrm{DLD}} = (1 + p_3^2 r^2)\{p_1[r^2 + 2(x_p - x_0)^2] + 2p_2(x_p - x_0)(y_p - y_0)\} \\ \Delta y_{\mathrm{DLD}} = (1 + p_3^2 r^2)\{2p_1(x_p - x_0)(y_p - y_0) + p_2[r^2 + 2(x_p - x_0)^2]\} \end{cases} \tag{6-7}$$

其中，Δx_{RLD} 和 Δy_{RLD} 为像面坐标 (x_p, y_p) 处的切向畸变量；p_1、p_2、p_3 分别为一、二、三阶切向畸变，通常只取前两阶畸变。

3. 仿射和非正交变形

除径向和切向畸变外，影响视觉测量成像位置的还有其他因素。早期视觉系统中大多采用模拟输出 CCD 摄像机，像元不是严格的正方形，且输出图像与图像采集卡的性能（扫描频率和垂直扫描线数）有关，需要对摄像机和采集卡进行联合校准，引入像素转换当量 s 量化模拟 CCD 摄像机垂直和水平像素的尺寸比。

随着 CCD 成像技术的发展，目前视觉测量系统中多采用数字 CCD 摄像机作为测量传感器，摄像机像元排列误差通常采用仿射和非正交变形描述。仿射和非正交变形主要由像元水平和垂直方向的尺寸不一致、像元行列排列的不垂直性造成，如图 6-4 所示。变形项表示为

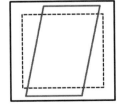

$$\begin{cases} \Delta x_{\mathrm{AND}} = -b_1(x_p - x_0) + b_2(y_p - y_0) \\ \Delta y_{\mathrm{AND}} = b_1(y_p - y_0) \end{cases} \tag{6-8}$$

图 6-4　仿射和非正交变形

其中，Δx_{AND} 和 Δy_{AND} 为仿射和非正交变形量；b_1 和 b_2 为仿射和非正交系数。

上述分析表明，径向畸变、切向畸变、仿射和非正交变形都会引起特征点在像面上的位置偏移。对应不同的区域，偏移量不同，将引起特征点成像偏移的畸变项归结为

$$\begin{cases} \Delta x = x_c r^2 k_1 + x_c r^4 k_2 + x_c r^6 k_3 + (r^2 + 2x_c^2) p_1 + 2x_c y_c p_2 + x_c b_1 + y_c b_2 \\ \Delta y = y_c r^2 k_1 + y_c r^4 k_2 + y_c r^6 k_3 + 2x_c y_c p_1 + (r^2 + 2y_c^2) p_2 + y_c b_1 \end{cases} \tag{6-9}$$

其中,$x_c = x_p - x_0$、$y_c = y_p - y_0$ 分别为特征像点经原点校正后的像面坐标;Δx、Δy 为附加偏差参数。

第 42 集
微课视频

6.2 图像处理技术

视觉测量中,测量图像是信息的载体,被测信息蕴含其中。测量图像中通常含有鲜明的几何特征,如圆或椭圆的中心、直线的交点以及特定的形状特征等,它们是视觉测量关注的重点。测量图像是大数据量、高冗余度的信息体,特征信息混杂其中,且一般表现为局部、细节的形式。图像处理的目标是特征的精确定位信息,模式信息和图像理解是辅助内容。为了消除背景噪声的干扰、有效压缩图像数据量、突出有用特征信息、减少数据处理时间,需要进行图像信息预处理,这是视觉测量实现高可靠性、高速度、智能化发展的必备环节。

6.2.1 图像滤波

数字图像处理中,图像滤波的主要目的是消除图像信号中的噪声干扰,改善图像质量。空间域中图像滤波主要利用邻域处理技术实现,对于待处理图像中某像素,将其邻域内的像素与相同维数的模板进行运算,用运算结果替代原灰度值。用来进行运算的模板称为滤波器。采用的运算形式包括算术运算、统计运算、卷积运算和微积分运算等。随着数字图像处理技术的发展,滤波器的功能逐渐多样化,改变滤波器的具体形式,就能够得到一些新的效果,如锐化、检测边缘等。从这个意义上,图像滤波的概念十分广泛,与特征增强、边缘检测等都有交叉。

视觉测量中,主要利用图像滤波技术消除对特征提取敏感的噪声,实现直线或曲线缝隙的桥接,改善测量特征的局部图像质量,保证算法稳定性,对于实际工程应用具有重要的意义和价值。表 6-1 列出了几种典型滤波器的比较情况。

表 6-1 几种典型滤波器的比较

滤波器种类	公 式	优 点	缺 点
算术均值滤波	$\dfrac{1}{mn} \displaystyle\sum_{(s,t) \in S_{xy}} f(s,t)$	抑制高斯噪声	边缘细节退化,细节丢失
几何均值滤波	$\left[\displaystyle\prod_{(s,t) \in S_{xy}} f(s,t) \right]^{\frac{1}{mn}}$	图像平滑,保留细节	对零灰度值敏感
谐波均值滤波	$\dfrac{mn}{\displaystyle\sum_{(s,t) \in S_{xy}} \dfrac{1}{f(s,t)}}$	抑制高斯噪声,抑制盐噪声	不适用于胡椒噪声
逆谐波均值滤波	$\dfrac{\displaystyle\sum_{(s,t) \in S_{xy}} f(s,t)^{Q+1}}{\displaystyle\sum_{(s,t) \in S_{xy}} f(s,t)^{Q}}$	$Q > 0$,消除胡椒噪声 $Q < 0$,消除盐噪声 $Q = 0$,算术均值滤波 $Q = -1$,谐波均值滤波	

数字图像处理中,图像滤波方法可以分为空间域图像滤波和频域图像滤波两大类。空间域图像滤波是指直接对图像像素进行操作的滤波方法;频域图像滤波首先对图像进行前处理,然后利用离散傅里叶变换(Discrete Fourier Transform,DFT)将图像变换到频域,进行频域滤波,再利用离散傅里叶反变换(Inverse Discrete Fourier Transform,IDFT)及后处理获得输出图像。

空间域图像滤波分为线性滤波和非线性滤波,由运算形式是否为线性操作决定,如均值滤波、高斯滤波属于线性滤波,中值滤波、最大值滤波、最小值滤波属于非线性滤波。频域图像滤波一般为线性滤波器,根据通阻的频带不同分为低通滤波、高通滤波、带通滤波和带阻滤波等。空间域线性滤波与频域滤波之间存在着对应关系,可以通过傅里叶变换与反变换实现滤波器形式上的转换。

6.2.2　图像增强

视觉测量中的特征增强与数字图像处理中的图像增强有所区别。数字图像处理中讨论的图像增强概念很广,涉及灰度增强、边缘检测、图像分割、图像滤波等很多方面,而视觉测量中,主要利用特征增强方法改善测量图像中的特征信号强度,提高信噪比。

例如,在大空间尺寸视觉测量中,为了同时满足测量范围和测量效率的要求,常常采用大视场高分辨力相机作为视觉传感器。此时,因为测量相机视场大、被测物表面法向变化剧烈等因素,导致测量图像各局部灰度分布差异显著,直接处理会丢失灰度值较低区域的测量特征,采用特征增强技术可以很好地解决此类问题。

特征增强是一种直接对图像灰度进行操作的方法,设 $f(x,y)$ 为输入图像像素点 (x,y) 处的灰度,$g(x,y)$ 为输出图像像素点 (x,y) 处的灰度,特征增强可以表示为

$$g(x,y) = T[f(x,y)] \tag{6-10}$$

其中,T 为变换函数。

图像特征增强主要包括灰度变换增强和直方图增强两大类。灰度变换增强是通过直接对图像单个像素的灰度值进行操作,增强图像对比度;直方图增强是利用统计方法对图像进行直方图分析,通过改变直方图的形状增强图像对比度。

1. 灰度变换增强

根据变换函数 T 的不同,灰度变换方法大致分为线性变换、分段线性变换、非线性变换3种。

1) 线性变换

设输入图像的灰度分布区间为 $[a,b]$,输入图像像素点 (x,y) 的灰度值为 $f(x,y)$,欲使输出图像达到的灰度分布区间为 $[c,d]$,输出图像像素点 (x,y) 的灰度值为 $g(x,y)$,线性变换的数学表达式为

$$g(x,y) = \frac{d-c}{b-a}[f(x,y)-a] + c \tag{6-11}$$

由式(6-11)可以看出,线性变换是通过线性的方法拉伸或压缩图像中像素灰度的分布范围。实际应用中,常常是输出图像灰度分布区间上限 d 大于输入图像灰度分布区间上限 b,且 $[c,d]$ 范围大于 $[a,b]$ 范围,即通过拓宽图像像素灰度分布范围,达到增强灰度值和对比度、突出测量特征的目的。

2）分段线性变换

线性变换是对图像灰度分布进行整体拉伸或压缩的方法，常用于处理灰度分布没有充满整个灰阶的图像。当图像灰度分布充满整个灰阶时，为了增强感兴趣的区域，抑制不感兴趣的区域，常常采用分段线性变换方法。以 8 位灰度图像为例，整个灰阶分布区间为[0，255]，3 段线性变换的数学表达式如下。

$$g(x,y) = \begin{cases} \dfrac{a_1}{a} f(x,y), & 0 \leqslant f(x,y) < a \\ \dfrac{b_1 - a_1}{b - a} [f(x,y) - a] + a_1, & a \leqslant f(x,y) \leqslant b \\ \dfrac{255 - b_1}{255 - b} [f(x,y) - b] + b_1, & b < f(x,y) \leqslant 255 \end{cases} \qquad (6\text{-}12)$$

其中，$f(x,y)$为输入图像中像素点(x,y)处的灰度值；$g(x,y)$为输出图像中像素点(x,y)处的灰度值；$[a,b]$为感兴趣区域灰度分布区间；$[a_1,b_1]$为感兴趣区域处理后欲达到的灰度分布区间。

实际应用中，$[a_1,b_1]$范围往往大于$[a,b]$范围，即 $b_1 > b$，$a_1 < a$。由式（6-12）可以看出，针对感兴趣区域，灰度分布变宽，对比度增强；对于非感兴趣区域，灰度分布压缩，对比度降低。

3）非线性变换

非线性变换的特点是不对图像的整个灰度值范围进行扩展，而是有选择地对某一灰度值范围进行增强，其他范围不变或减弱。与分段线性变换不同，非线性变换不是在不同灰度值区间采用不同的方程，而是在整个灰度值范围内采用统一的变换函数，利用变换函数的数学性质实现对不同灰度值区间的增强与减弱。不同变换函数的数学描述如下。

$$g(x,y) = \begin{cases} c \log_b [f(x,y) + 1], & \text{对数变换} \\ b^{c[f(x,y)-a]} - 1, & \text{指数变换} \\ c [f(x,y)]^\gamma, & \text{幂次变换} \end{cases} \qquad (6\text{-}13)$$

其中，a、b、c、γ 均为常数。

2. 直方图增强

直方图是反映图像中每个灰度级与处于该灰度级的像素数量间对应关系的图形，图像的明暗程度及对比度特征等均可以通过直方图体现，它是数字图像的重要统计特征，直方图处理是数字图像处理的重要工具。

设图像的灰度级为$[0,L-1]$，处于第 k 级灰度的像素数为n_k，用图像像素总数 n 去除n_k得到图像归一化直方图，即

$$p(k) = n_k / n, \quad k = 0,1,\cdots,L-1 \qquad (6\text{-}14)$$

其中，$p(k)$为第 k 级灰度出现的概率。

基于直方图的增强方法就是通过修正直方图的形状和分布范围，达到增强图像对比度和特征的目的。常用的方法有直方图均衡化和直方图规定化。

1）直方图均衡化

直方图均衡化是指通过灰度变换使图像所有灰度级出现的概率相同，即图像每个灰度级上具有相同的像素数，核心任务是寻找灰度变换函数。设 r 为原始图像的灰度级，r 进行

归一化后满足 $0 \leqslant r \leqslant 1$,存在变换函数 T

$$s = T(r) \tag{6-15}$$

满足:①$T(r)$在区间$[0,1]$内单调增加;②当$0 \leqslant r \leqslant 1$时,$0 \leqslant s \leqslant 1$。

其中,条件①保证图像的灰度级从黑到白的次序不变;条件②保证变换后的像素灰度值与变换前具有相同范围。

T 的反变换可表示为

$$r = T^{-1}(s) \tag{6-16}$$

由概率论可知,随机变量 r 的概率密度 $p_r(r)$ 已知,由 r 到 s 的变换函数 $T(r)$ 已知,且 $T(r)$ 满足条件①,则 s 的概率密度 $p_s(s)$ 可由式(6-17)求出。

$$p_s(s)\,\mathrm{d}s = p_r(r)\,\mathrm{d}r \tag{6-17}$$

直方图均衡化要求 $p_s(s)$ 为常数,可令 $p_s(s) = 1$,则有

$$\mathrm{d}s = p_r(r)\,\mathrm{d}r \tag{6-18}$$

将式(6-18)两边积分,得

$$s = T(r) = \int_0^r p_r(w)\,\mathrm{d}w \tag{6-19}$$

式(6-19)右边是 $p_r(r)$ 的累积分布函数,因此,当变换函数 T 为 r 的累积分布函数时,能够达到直方图均衡化的目的。

直方图均衡化通常用来提高图像的局部对比度,对于背景和前景均太亮或太暗的图像效果明显,操作简单,计算量小,且是可逆操作;其缺点是对处理的数据不加选择,可能会提高背景对比度,减小感兴趣区域的对比度。

2) 直方图规定化

直方图规定化是通过建立原始图像和期望图像之间的关系,有选择地控制图像直方图,使其具有规定的形状。与直方图均衡化不同,直方图规定化不是增强整幅图像的对比度,使直方图在整个灰度级范围内近似均匀地分布,而是有目的地增强某个灰度区间,人为地修正直方图,使之与期望的形状相匹配,又称为直方图匹配。实际上,直方图均衡化是直方图规定化的特例形式。

设 $p_r(r)$、$p_z(z)$ 分别表示原始图像和期望图像的灰度分布概率密度,直方图规定化就是调整 $p_r(r)$,使之具有 $p_z(z)$ 的形状。如何建立 $p_r(r)$ 和 $p_z(z)$ 之间的关系是直方图规定化的核心任务。首先对原始图像进行直方图均衡化处理,即要求变换函数

$$s = T(r) = \int_0^r p_r(w)\,\mathrm{d}w \tag{6-20}$$

目标函数的灰度级也可用同样的变换函数进行均衡化处理。

$$s = G(z) = \int_0^z p_z(t)\,\mathrm{d}t \tag{6-21}$$

则有

$$z = G^{-1}(s) = G^{-1}[T(r)] \tag{6-22}$$

设 G^{-1} 存在且满足直方图均衡化讨论中所述的条件①和条件②,则直方图规定化的步骤如下。

(1) 由式(6-20)求得变换函数 $T(r)$。

(2) 由式(6-21)求得变换函数 $G(z)$。

（3）求得反变换函数 G^{-1}。

（4）对输入图像按式(6-22)求得输出图像。

6.3 结构光视觉测量

结构光视觉测量方法的研究始于 20 世纪 70 年代，由激光三角法测量原理发展而来，是目前工业领域内广泛应用的一种视觉测量方法，具有结构简单、图像处理容易、实时性强及精度较高等优点。

6.3.1 激光三角法的测量原理

结构光测量的基本原理是激光三角法。随着半导体激光器和光电探测器性能的不断完善和发展，激光三角法在位移和物体表面的测量中得到了广泛的应用。下面以单点式激光三角法为例介绍激光三角法的基本测量原理。

按入射光线与被测物体表面法线的关系，单点式激光三角法可分为斜射式和直射式两种，如图 6-5 所示。

1. 斜射式三角法

斜射式激光三角法的光路一般如图 6-5(a) 所示，激光器发出的光线，经会聚透镜聚焦后入射到被测物体表面上的 A 点，会聚透镜的光轴与接收透镜的光轴交于参考面上的 O 点，接收透镜接收来自入射光点 A 处的散射光，并将其成像在探测器(如 PSD、CCD)光敏面上的 A' 点。O 点经接收透镜成像在光敏面上的 O' 点。当物体移动或表面高度发生变化时，入射光点将沿入射光轴移动，导致像点在探测器上移动。如果探测器基线与光轴垂直，只有一个准确调焦的位置，其余位置的像都处于不同程度的离焦状态。离焦将引起像点的弥散，从而降低系统的测量精度。为了提高精度，可以使探测器基线与成像光轴 OO' 成一倾角 θ_3，当满足 Scheimpflug 条件时，一定范围内的被测点都能准确地成像在探测器上，从而保证了测量精度。

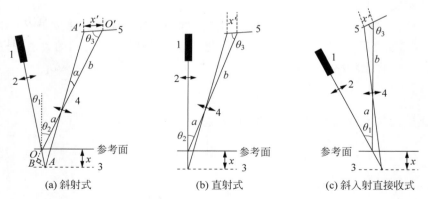

图 6-5　激光三角法基本原理

1—激光器；2—会聚透镜；3—被测物体表面；4—接收透镜；5—探测器

Scheimpflug 条件为

$$\tan(\theta_1 + \theta_2) = \beta\tan\theta_3 \tag{6-23}$$

其中,β 为成像系统横向放大率;θ_1 为投影光轴和被测面法线之间的夹角;θ_2 为成像光轴和被测面法线之间的夹角。

由图 6-5(a)可看出

$$\frac{|OA|\sin(\theta_1+\theta_2)}{a+|OA|\cos(\theta_1+\theta_2)}=\frac{|O'A'|\sin\theta_3}{b-|O'A'|\cos\theta_3}=\tan\alpha \quad 且 \ x=|OA|\cos\theta_1$$

其中,a 为投影光轴和成像光轴的交点到接收透镜前主面的距离;b 为接收透镜后主面到成像面中心点的距离。

化简后可得

$$x=\frac{ax'\sin\theta_3\cos\theta_1}{b\sin(\theta_1+\theta_2)-x'\sin(\theta_1+\theta_2+\theta_3)} \tag{6-24}$$

x 即为待测表面与参考面的距离。若待测面位于参考面上方,则式(6-24)中分母中第 2 项取 $+$ 号。

当 $\theta_2=0°$ 时,如图 6-5(c)所示,为斜入射直接收式,属于斜入射式传感器的一个特例。光点移动 x' 时,被测面沿法线方向移动的距离为

$$x=\frac{ax'\sin\theta_3\cos\theta_1}{b\sin\theta_1-x'\sin(\theta_1+\theta_3)} \tag{6-25}$$

2. 直射式三角法

直射式三角法测量原理如图 6-5(b)所示。激光器发出的光垂直入射到被测物体表面,此时投影光轴和被测面法线之间的夹角 $\theta_1=0°$,Scheimpflug 条件可表示为

$$\tan\theta_2=\beta\tan\theta_3 \tag{6-26}$$

待测表面与参考面的距离 x 为

$$x=\frac{ax'\sin\theta_3}{b\sin\theta_2-x'\sin(\theta_2+\theta_3)} \tag{6-27}$$

斜射式和直射式各有其优缺点,斜射式的测量精度一般要高于直射式,但斜射式入射光束与接收装置光轴夹角过大,对于曲面物体有遮光现象,对于形面复杂的物体,这个问题更为严重,斜射式更适合平面的测量。直射式光斑较小,不会因被测面不垂直而扩大光照面上的亮斑,可解决柔软材料及粗糙工件表面形状位置变化测量的难题,但由于受成像透镜孔径的限制,光电元件接收的只是一小部分光能,光能损失大,受杂光影响较大,信噪比小,分辨力较低。

6.3.2 结构光视觉测量系统

结构光视觉传感器由结构光投射器和摄像机组成,结构光视觉测量原理如图 6-6 所示。结构光投射器将一定模式的结构光投射于被测物表面,形成可视特征。根据结构光模式的不同,常见的可视特征有激光点、单条激光条和多条相互平行的激光条等。摄像机采集被测物表面含有可视特征的图像,传输到计算机进行处理,计算可视特征中心的精确空间三维坐标。

图 6-6 中,将摄像机坐标系 $O_cX_cY_cZ_c$ 作为视觉传感器坐标系,为方便描述,建立参考坐标系 $O_rX_rY_rZ_r$,建立原则可以根据结构光投射器所投射的结构光模式而定。由二维摄像机的成像模型可知

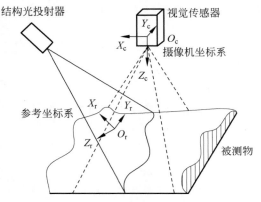

图 6-6 结构光视觉测量原理

$$\begin{cases} X_{cm} = \dfrac{(x_m - x_0 + \Delta x)}{c} Z_{cm} \\ Y_{cm} = \dfrac{(y_m - y_0 + \Delta y)}{c} Z_{cm} \end{cases} \tag{6-28}$$

其中,(X_{cm}, Y_{cm}, Z_{cm}) 为被测点在摄像机坐标系下的空间三维坐标;(x_m, y_m) 为被测点在摄像机上成像点的图像坐标;c 为摄像机的有效焦距;(x_0, y_0) 为像面中心;$(\Delta x, \Delta y)$ 为成像综合畸变,即

$$\begin{cases} \Delta x = x_c r^2 k_1 + x_c r^4 k_2 + x_c r^6 k_3 + (2x_c^2 + r^2)p_1 + 2p_2 x_c y_c + b_1 x_c + b_2 y_c \\ \Delta y = y_c r^2 k_1 + y_c r^4 k_2 + y_c r^6 k_3 + (2y_c^2 + r^2)p_2 + 2p_1 x_c y_c \end{cases} \tag{6-29}$$

$$\begin{cases} x_c = x_m - x_0 \\ y_c = y_m - y_0 \end{cases}, \quad r = \sqrt{x_c^2 + y_c^2}$$

其中,c、x_0、y_0、k_1、k_2、k_3、p_1、p_2、b_1、b_2 为摄像机模型参数,可通过摄像机标定技术获得。

以平面结构光为例,结构光平面在参考坐标系下具有确定的数学描述,具体形式由结构光的模式决定,统一的数学方程描述为

$$Z_r = f(X_r, Y_r) \tag{6-30}$$

参考坐标系 $O_r X_r Y_r Z_r$ 与摄像机坐标系 $O_c X_c Y_c Z_c$ 间的转换关系可以用旋转矩阵 $\boldsymbol{R}$ 和平移矩阵 $\boldsymbol{T}$ 来描述,如式(6-31)所示。$\boldsymbol{R}$ 和 $\boldsymbol{T}$ 可通过传感器标定技术获得。

$$\begin{bmatrix} X_c \\ Y_c \\ Z_c \end{bmatrix} = \boldsymbol{R} \begin{bmatrix} X_r \\ Y_r \\ Z_r \end{bmatrix} + \boldsymbol{T} \tag{6-31}$$

其中

$$\boldsymbol{R} = \begin{bmatrix} r_{11} & r_{12} & r_{13} \\ r_{21} & r_{22} & r_{23} \\ r_{31} & r_{32} & r_{33} \end{bmatrix}, \quad \boldsymbol{T} = \begin{bmatrix} t_1 \\ t_2 \\ t_3 \end{bmatrix}$$

由式(6-30)和式(6-31)能够求解结构光平面在摄像机坐标系的方程,即

$$Z_c = f(X_c, Y_c) \tag{6-32}$$

联立式(6-28)和式(6-32),得到结构光视觉传感器的数学模型

$$\begin{cases} X_c = \dfrac{(x - x_0 + \Delta x)}{c} Z_c \\ Y_c = \dfrac{(y - y_0 + \Delta y)}{c} Z_c \\ Z_c = f(X_c, Y_c) \end{cases} \tag{6-33}$$

上述讨论表明,通过引入结构光平面,利用预先标定技术获取光平面与摄像机坐标系间的相互关系,作为补充约束条件,消除从二维图像空间到三维空间逆映射的多义性。根据结构光模式的不同,结构光视觉传感器分为点结构光视觉传感器、线结构光视觉传感器和多线结构光视觉传感器等多种。

6.3.3　点结构光视觉测量原理

点结构光视觉传感器投射器发射出一束激光,在被测物表面形成光点,如图 6-7 所示。摄像机的视线和光束在空间中于光点处相交,形成一种简单的三角几何关系。通过一定的标定可以得到这种三角几何约束关系,并由其可以唯一确定光点在某一已知世界坐标系中的空间位置。

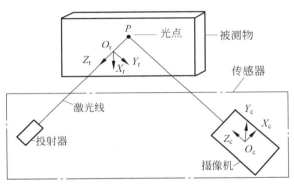

图 6-7　点结构光视觉测量原理

按以下方法建立参考坐标系 $O_r X_r Y_r Z_r$:以光线上某点作为参考坐标系原点 O_r,以光线作为 Z 轴,X 轴与 Y 轴在与 Z 轴垂直的平面内,满足右手坐标系原则即可。激光线在参考坐标系 $O_r X_r Y_r Z_r$ 的方程为

$$\begin{cases} X_r = 0 \\ Y_r = 0 \\ Z_r = m \end{cases} \tag{6-34}$$

将式(6-34)代入式(6-33),得到点结构光传感器的数学模型

$$\begin{cases} X_c = \dfrac{(x - x_0 + \Delta x)}{c} Z_c \\ Y_c = \dfrac{(y - y_0 + \Delta y)}{c} Z_c \\ Z_c = X_c \dfrac{r_{33}}{r_{13}} + \dfrac{r_{13} t_3 - r_{33} t_1}{r_{13}} = Y_c \dfrac{r_{33}}{r_{23}} + \dfrac{r_{23} t_3 - r_{33} t_1}{r_{23}} \end{cases} \tag{6-35}$$

6.3.4　线结构光视觉测量原理

线结构光视觉传感器的投射器发射出一个光平面,投射在被测物表面形成一条被调制的二维曲线,在曲线上采样获得被测点,如图 6-8 所示。

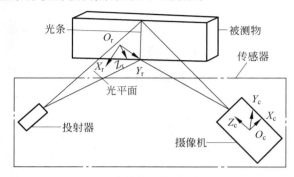

图 6-8　线结构光视觉测量原理

按以下方法建立参考坐标系 $O_r X_r Y_r Z_r$:以光平面上某点作为参考坐标系原点 O_r,令坐标系 $X_r Y_r$ 平面与光平面重合,Z_r 轴满足右手坐标系即可。光平面在参考坐标系的方程为

$$Z_r = 0 \tag{6-36}$$

将式(6-36)代入式(6-33),得到线结构光传感器的数学模型

$$
\begin{cases}
X_c = \dfrac{(x - x_0 + \Delta x)}{c} Z_c \\[2mm]
Y_c = \dfrac{(y - y_0 + \Delta y)}{c} Z_c \\[2mm]
Z_c = \dfrac{r_{22} r_{31} - r_{21} r_{32}}{r_{11} r_{22} - r_{12} r_{21}} X_c + \dfrac{r_{11} r_{32} - r_{12} r_{31}}{r_{11} r_{22} - r_{12} r_{21}} Y_c + \dfrac{r_{21} r_{32} - r_{22} r_{31}}{r_{11} r_{22} - r_{12} r_{21}} t_1 + \dfrac{r_{12} r_{31} - r_{11} r_{32}}{r_{11} r_{22} - r_{12} r_{21}} t_2 + t_3
\end{cases}
\tag{6-37}
$$

6.3.5　结构光视觉测量系统的标定方法

不同类型的结构光测量系统采用的标定方法不同。点结构光测量系统利用激光三角法实现测量,其标定可通过纳米位移台或精密直线导轨实现,而线结构光测量系统的标定则相对较为复杂,下面将主要讨论线结构光测量系统的标定方法。

线结构光视觉测量系统的标定包括摄像机标定和结构光平面标定两部分。摄像机标定的主要目的是确定摄像机模型,包括内参数矩阵、外参数矩阵和畸变参数。根据所用模型不同,摄像机标定可分为线性标定法、非线性标定法和两步标定法等。线性标定法用线性方程求解,简单快速,但线性模型不考虑镜头畸变,准确性欠佳;非线性标定法考虑了畸变参数,引入非线性优化,但速度较慢,对初值选择和噪声比较敏感;两步标定法首先使用基于无畸变的相机模型估计标定参数,随后在考虑相机畸变的情况下,对第 1 步中得到的标定参数通过非线性迭代优化,并求解畸变系数。两步标定法克服了线性方法和非线性方法的缺点,提高了校准的可靠性和精确度。

张正友教授于 1998 年提出了基于单平面棋盘格的摄像机标定方法——张氏标定法,该标定方法为相机标定提供了很大便利,具有很高的精度。张氏标定法介于传统标定法和自标定法之间,克服了传统标定法需要高精度标定物的缺点,仅使用打印出来的棋盘格就可以进行标定,相对于自标定提高了精度,便于操作。张氏标定法的流程如下。

(1)设定标定板。

(2)旋转标定板或相机,在两个以上不同的方位拍摄平面靶标,采集图像。在标定过程中摄像机内部参数保持不变。

(3)检测图像特征点,提取每张棋盘格图片的角点信息。

(4)计算无畸变情况下相机内参和外部参数。

(5)通过最小二乘法求解径向畸变系数。

(6)通过极大似然法,优化所有参数。

在完成摄像机标定,计算出摄像机内外参数和畸变参数的基础上,需要对线结构光平面进行标定,即获取线结构光平面在摄像机坐标系的平面方程。首先在空间设置能够被摄像机捕获的可视特征点,利用其他测量仪器测出可视特征点在空间的精确位置关系,代入传感器模型求解。根据采用靶标的不同,线结构光视觉传感器的标定主要包括三维靶标标定法和二维平面靶标标定法。三维靶标标定法的关键是得到特征点的三维空间坐标,主要有拉丝法、锯齿靶标法、直角靶标法等,但由于三维标定靶标的高精度制造相对困难,应用受到一定限制。二维平面靶标易于制造,可以在自由移动情况下完成传感器标定,操作简便,适合现场标定。基于平面靶标的标定方法着重使用一种或多种透视投影性质相结合的形式完成标定,常用的透视投影原理有交比不变、光线交会、消隐点以及消隐线等。

6.4 双目立体视觉测量

由于单幅图像无法恢复场景中的三维信息,因此在视觉测量系统中需要借助补充其他几何约束才能完成空间信息的解算。在诸多方法中,基于视差原理的双目立体视觉测量系统由于模型简单、容易实现而被广泛使用,同时也是许多其他视觉测量方法的基础。

6.4.1 数学模型

图 6-9 所示为双目立体视觉测量模型,其中坐标系 $O_{c1}X_{c1}Y_{c1}Z_{c1}$ 为相机 1 坐标系,坐标系 $O_1x_1y_1$ 为相机 1 的图像坐标系;坐标系 $O_{c2}X_{c2}Y_{c2}Z_{c2}$ 为相机 2 坐标系,坐标系 $O_2x_2y_2$ 为相机 2 的图像坐标系。为方便测量,通常将世界坐标系与左相机坐标系统一,即相机 1 坐标系 $O_{c1}X_{c1}Y_{c1}Z_{c1}$ 与世界坐标系 $O_sX_sY_sZ_s$ 重合。根据式(6-4),两相机之间的空间位置关系可以表示为

$$\begin{bmatrix} X_{c2} \\ Y_{c2} \\ Z_{c2} \\ 1 \end{bmatrix} = \begin{bmatrix} \boldsymbol{R} & \boldsymbol{t} \\ \boldsymbol{0} & 1 \end{bmatrix} \begin{bmatrix} X_{c1} \\ Y_{c1} \\ Z_{c1} \\ 1 \end{bmatrix} = \begin{bmatrix} r_{11} & r_{12} & r_{13} & t_1 \\ r_{21} & r_{22} & r_{23} & t_2 \\ r_{31} & r_{32} & r_{33} & t_3 \\ 0 & 0 & 0 & 1 \end{bmatrix} \begin{bmatrix} X_{c1} \\ Y_{c1} \\ Z_{c1} \\ 1 \end{bmatrix} \tag{6-38}$$

因此,成像平面上的像点坐标 $p_1(x_1,y_1)$、$p_2(x_2,y_2)$ 可根据相机的透视变换模型进一步表示为

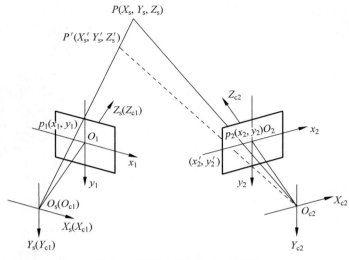

图 6-9 双目立体视觉测量模型

$$\rho_1 \begin{bmatrix} x_1 \\ y_1 \\ 1 \end{bmatrix} = \begin{bmatrix} f_1 & 0 & 0 & 0 \\ 0 & f_1 & 0 & 0 \\ 0 & 0 & 1 & 0 \end{bmatrix} \begin{bmatrix} X_s \\ Y_s \\ Z_s \\ 1 \end{bmatrix} \tag{6-39}$$

$$\rho_2 \begin{bmatrix} x_2 \\ y_2 \\ 1 \end{bmatrix} = \begin{bmatrix} f_2 r_{11} & f_2 r_{12} & f_2 r_{13} & f_2 t_1 \\ f_2 r_{21} & f_2 r_{22} & f_2 r_{23} & f_2 t_2 \\ r_{31} & r_{32} & r_{33} & t_3 \end{bmatrix} \begin{bmatrix} X_s \\ Y_s \\ Z_s \\ 1 \end{bmatrix} \tag{6-40}$$

联立式(6-39)和式(6-40)并消去尺度系数 ρ_1、ρ_2，得到空间点 P 的三维坐标为

$$\begin{cases} X_s = Z_s \dfrac{x_1}{f_1} \\[2mm] Y_s = Z_s \dfrac{y_1}{f_1} \\[2mm] Z_s = \dfrac{f_1(f_2 t_1 - x_2 t_3)}{x_2(r_{31}x_1 + r_{32}y_1 + f_1 r_{33}) - f_2(r_{11}x_1 + r_{12}y_1 + f_1 r_{13})} \\[4mm] \quad\ = \dfrac{f_1(c_2 t_2 - y_2 t_3)}{y_2(r_{31}x_1 + r_{32}y_1 + f_1 r_{33}) - f_2(r_{11}x_1 + r_{12}y_1 + f_1 r_{13})} \end{cases} \tag{6-41}$$

通过式(6-41)可以看出，通过双目相机确定空间三维坐标的前提是确定相机之间的相对位置关系(标定)以及在成像平面上寻找空间上的同名点(匹配)。

6.4.2 双目立体视觉的标定方法

双目测量系统标定的主要参数包括两相机各自的内参数矩阵 K 和相机之间的外参数 R、t，本节主要讲解在相机内参已知的条件下对相机外参数的标定方法。

一般通过在两相机的公共视场中布置标准二维或三维靶标作为控制点，借助外部测量装置获取相机图像坐标与三维世界坐标间的对应关系，代入双目立体视觉模型中进行求解。

通过式(6-41)可以得到

$$(f_2t_1 - x_2t_3)(r_{21}x_1 + r_{22}y_1 + f_1r_{23}) - (f_2t_2 - y_2t_3)(r_{11}x_1 + r_{12}y_1 + f_1r_{13})$$
$$= (y_2t_1 - x_2t_2)(r_{31}x_1 + r_{32}y_1 + f_1r_{33}) \tag{6-42}$$

设 $t = \alpha t'$,由于 $t_1 \neq 0$,因此可令 $\alpha = 1/t_1$,于是有 $t' = [1 \quad t_2' \quad t_3']^{\mathrm{T}}$,此时式(6-42)可转化为含有 11 个未知数(t_2'、t_3'、$r_{11} \sim r_{33}$)的方程,用函数 $f(x) = 0$ 来表示,并根据旋转矩阵的性质满足如下约束方程。

$$\begin{cases} h_1(x) = r_{11}^2 + r_{21}^2 + r_{31}^2 - 1 = 0 \\ h_2(x) = r_{12}^2 + r_{22}^2 + r_{32}^2 - 1 = 0 \\ h_3(x) = r_{13}^2 + r_{23}^2 + r_{33}^2 - 1 = 0 \\ h_4(x) = r_{11}r_{12} + r_{21}r_{22} + r_{31}r_{32} = 0 \\ h_5(x) = r_{11}r_{13} + r_{21}r_{23} + r_{31}r_{33} = 0 \\ h_6(x) = r_{12}r_{13} + r_{22}r_{23} + r_{32}r_{33} = 0 \end{cases} \tag{6-43}$$

结合式(6-43),可以构造无约束的最优目标函数

$$F(x) = \sum_{i=1}^{n} f_i^2(x) + M \sum_{i=1}^{6} h_i^2(x) = \min \tag{6-44}$$

其中,M 为惩罚因子;n 为设置的控制点数,由于方程中含有 5 个独立变量,因此求解时需要至少 5 个控制点。

设两控制点之间的实际距离为

$$D_{ij}^2 = (X_i - X_j)^2 + (Y_i - Y_j)^2 + (Z_i - Z_j)^2 \tag{6-45}$$

则在含有比例因子的相机坐标空间距离可表示为

$$D_{ij}'^2 = (X_i' - X_j')^2 + (Y_i' - Y_j')^2 + (Z_i' - Z_j')^2 = \alpha^2 D_{ij}^2 \tag{6-46}$$

根据上述关系,可由控制点之间的真实距离求解出比例因子 α,最终确定 $\boldsymbol{R}$、$\boldsymbol{t}$,完成双目立体系统的标定。

6.5 基于相位的视觉测量

视觉测量由于具有非接触、高效率的优点,可及时、准确地获取产品的三维形貌,对加快研发进度、修正制造工艺、提高产品质量有着重要意义。随着图像处理技术的不断完善,以及高性能运算设备的不断普及,视觉测量方法的应用成本大幅降低,已在工业现场大规模应用。本节重点介绍两种基于相位的立体视觉测量方法,即相移形貌测量和立体相位偏折测量。

6.5.1 相移形貌测量

基于相移法的视觉测量系统通过投影具有一定相移的正弦光栅图案,获得多个具有一定相位差的条纹图案,通过相移公式获取单个周期内的包裹相位,对相位进行解包获得连续分布的绝对相位,再利用三角测量原理计算全像素的三维点云。相比于其他结构光测量方法,其测量范围较大、灵敏度高、运算量少,精度通常优于 0.1mm,满足工业测量对高精度的需求。图 6-10 所示为光栅投影双目系统,整个系统包括两个摄像机和一个投影仪。下面重点介绍相移法相位解调及相位展开两个关键步骤的原理方法。

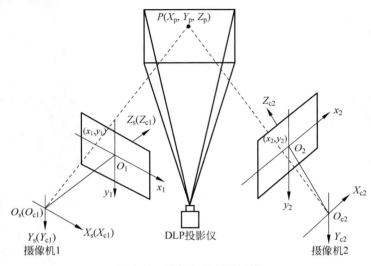

图 6-10   光栅投影双目系统

1. 相移法相位解调

相位解调方法的种类很多,常用的有莫尔法、傅里叶变换法、小波变换法、相移法等。在实际应用中,莫尔法的精度较低,对于被测物体表面要求较高,同时涉及的光学装置的调整较为复杂。傅里叶变换法则大大降低了对于光学装置的要求,适用于自动测量,具有较高的测量灵敏度,受图像抖动的影响较小,重复性好。但是傅里叶变换法也存在一些不足:相位解算的计算量大,耗时较长,很难应对实时测量的要求;测量表面变化剧烈或表面较陡的物体时会出现精度损失现象。相移法是利用多幅(通常为 3～5 幅)具有相等相位增量的投影光栅图像进行投影并进行相位重建的一种测量方法,该方法大大降低了相位求解的计算难度,具有速度和精度优势。

投射到被测物体表面的正弦灰度图像可以表示为

$$I(x,y) = A(x,y) + B(x,y)\cos[\phi(x,y)] \tag{6-47}$$

其中,$A(x,y)$ 为图像背景光强;$B(x,y)$ 为调制强度;$\phi(x,y)$ 为条纹的待测相位值。由于存在 3 个未知的参量,因此需要至少 3 幅不同的条纹图像才能对条纹的相位值 $\phi(x,y)$ 进行求解。

目前已有多种的相移算法用于上述问题的求解,每种算法的稳定性、精度均不相同,因此选取合适的相移算法对相位解包及三维点云解算有重要的影响。在这些算法中,应用最广泛的是标准四步相移法,即每组光栅条纹的相位移动为 $k\pi/2,k \in \{0,1,2,3\}$,相应条纹图像可表示为

$$\begin{cases} I_1(x,y) = A(x,y) + B(x,y)\cos[\phi(x,y)] \\ I_2(x,y) = A(x,y) + B(x,y)\cos\left[\phi(x,y) + \dfrac{\pi}{2}\right] \\ I_3(x,y) = A(x,y) + B(x,y)\cos[\phi(x,y) + \pi] \\ I_4(x,y) = A(x,y) + B(x,y)\cos\left[\phi(x,y) + \dfrac{3\pi}{2}\right] \end{cases} \tag{6-48}$$

可求得相位值为

$$\phi(x,y) = \arctan\frac{I_4(x,y) - I_2(x,y)}{I_1(x,y) - I_3(x,y)}, \quad \phi(x,y) \in (-\pi, +\pi) \tag{6-49}$$

图 6-11 所示为利用四步相移法对条纹图像进行处理得到相位解算结果。

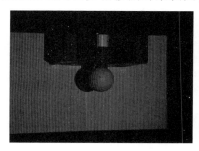 

图 6-11　条纹图像及四步相移法相位解算结果

2. 相位展开

在光栅投影三维形貌测量过程中,大多数相位计算的方法最终都是采用反正切函数得到相位值。由于反正切函数的特有性质,通过这类方法得到的相位值均分布在 $[0,2\pi)$ 主值区间内。这些分布在 $[0,2\pi)$ 或 $(-\pi,\pi)$ 区间的相位值称为包裹相位(截断相位),如图 6-12 所示,横坐标是图像像素横坐标 m,纵坐标是此像素点对应的包裹相位 θ。为了重建连续相位分布,必须利用一定方法将被截断的相位展开,这也是后续计算被测物空间坐标的必然要求。相位展开的方法有很多,这些算法大体上可分为两大类:空间相位解包和时间相位解包。

空间相位解包通常需要比较两个相邻像素的截断相位值,通过加上或减去 2π 使这两个像素之间的相位差控制在 $[0,2\pi)$,进而恢复出绝对相位。空间相位解包的前提是被测物体表面在像平面上的投影具有连续性,且该方法会使某点的误差逐点向后传播,并最终导致相位展开的失败。

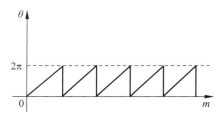

图 6-12　包裹相位或截断相位示意图

时间相位展开法是通过投射一系列不同频率的条纹图样到被测物体表面,然后通过 CCD 相机采集到的一组图像将每点的相位独立地进行相位展开,这也就从原理上避免了空间相位展开法中的误差的传播现象。该方法可以测量表面存在不连续轮廓的物体,可以达到较高的精度,并且由于计算过程简单,使得它还可以应用于实时的相位展开,有利于测量自动化的实现。时间相位展开法的相位计算过程分为以下 3 个步骤。

(1)解算每组条纹,得到一系列包裹相位 $\phi(x,y,t)$。

(2)求解相邻两套条纹投影中各像素点的展开相位差及 2π 的不连续数。

$$\Delta\phi_w(x,y,t)=\phi_w(x,y,t)-\phi_w(x,y,t-1) \tag{6-50}$$

$$d(x,y,t)=\text{INT}\left(\frac{\Delta\phi_w(x,y,t)}{2\pi}\right) \tag{6-51}$$

其中,INT()表示向上取整,由此可以得出总的 2π 不连续数为

$$v(x,y,s)=\sum_{t=1}^{s}d(x,y,t) \tag{6-52}$$

(3)总的展开相位差为

$$\phi_u(x,y,s)-\phi_w(x,y,0)=\phi_w(x,y,s)-\phi_w(x,y,0)-2\pi v(x,y,s) \tag{6-53}$$

　　显然,上面的相位展开法进行一次测量的过程中,需要投射 s 套光栅条纹,不仅影响测量效率,还对后期的计算造成了不便。实际上,任何像素的相位 $\phi_u(t)$ 是随投影条纹数的增加而线性增加的,因此不必投射 s 套条纹,只需要对相位的增长进行欠抽样即可。

　　得到左右相机的绝对相位图,图像从左至右其相位具有连续分布、单调递增的特点。可基于图像中对应点局部相位相等的条件实现空间中同名点的确定,并根据双目立体视觉的测量原理恢复出待测物体的三维形貌信息,如图 6-13 所示。

图 6-13　绝对相位图及三维测量结果

6.5.2　立体相位偏折测量

　　相位偏折法是近年来发展起来的一种非接触镜面物体三维测量方法,具有大视场、高精度、低成本等突出优点。图 6-14 所示为相位偏折法测量原理。

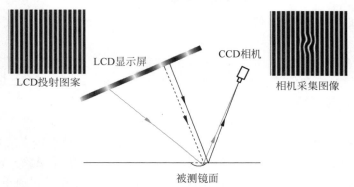

图 6-14　相位偏折法测量原理

　　相位偏折法与相移法同属相位测量法,不同于相位轮廓法以投影仪作为投射光源,相位偏折法通常选用高亮度 LCD 显示屏作为光源。通过控制显示屏显示正弦光栅条纹,相机采集经被测物表面调制的变形条纹图像,经相位提取后可获取光栅相位变化情况。由于镜面物体遵循镜面反射定律,条纹相位变化情况与被测面法向量密切相关,通过建立相位变化与法向量方向的数学关系,即可求取被测面法向量分布,进而经积分重建恢复被测面三维面型。

　　图 6-14 中的单相机相位偏折测量方法测量相位差存在多义性,无法实现复杂镜面高精度测量。为减小相位差多义性对于测量精度的影响,基于双目视觉的立体相位偏折测量方法结合了立体视觉测量唯一性和相位偏折测量高精度的特点,从原理上避免了多义性的存在,能够有效满足复杂镜面测量需求。

立体相位偏折系统主要由两台 CCD 相机、一个 LCD 显示屏及相应配套设施组成。为保证相机可以采集到经镜面物体反射的显示屏虚像，显示屏、相机和被测物呈三角分布以满足镜面反射定理。显示屏分别显示两个垂直方向的正弦条纹，控制两相机同步采集，经处理分别得到两相机图像相位分布。与根据灰度特征进行匹配的方法不同，由于立体相位偏折测量中，相机采集到的并不是物体表面灰度图像，而是经其反射得到的光源虚像，同一空间点对应的灰度可能存在较大差异，故而无法通过图像灰度特征实现同名点匹配。考虑到物体上同一点的法向量 n 具有唯一性，镜面反射时入射光线和反射光线关于法向量对称，若能够分别求出被测点的入射光线和反射光线，就能够求出该点的法向量，进而根据法向量的唯一性约束，实现双相机同名点匹配。

图 6-15 所示为立体相位偏折系统双相机同名点匹配原理。已知双目相机内外参数及 LCD 显示屏与相机 1 坐标系的转换关系，以相机 1 坐标系为世界坐标系，则由转换关系可求得 LCD 显示屏上任意一点的世界坐标。利用相位相等原理，匹配得到相机 1 像面上点 P_1 对应的显示屏上的点 Q_1，假设被测点 S 坐标已知，将 P_1、Q_1、S 点坐标用世界坐标表示，可分别计算得到相机 1 的归一化入射光线向量、反射光线向量。可以计算得到点 S 的法向量 n_1 为

$$n_1 = \frac{\overrightarrow{SP_1} - \overrightarrow{Q_1S}}{\|\overrightarrow{SP_1} - \overrightarrow{Q_1S}\|} \tag{6-54}$$

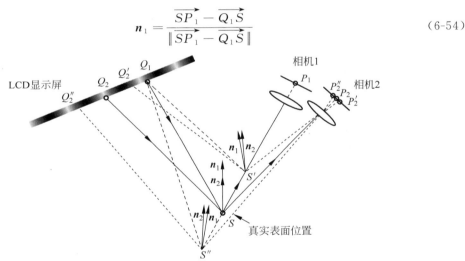

图 6-15　立体相位偏折系统双相机同名点匹配原理

根据双相机内外参，结合相机小孔成像模型将 S 点反向投影至相机 2 的像平面上得到点 P_2。与相机 1 一致，可匹配得到点 P_2 对应的 LCD 显示屏上的点 Q_2，进一步计算得到相机 2 的入射光线、反射光线及 S 点的法向量 n_2。通过不断假设 S 点的空间坐标并根据上述关系计算法向量，当 n_1、n_2 重合时则可确定 P_1、P_2 之间的匹配关系，并获得 S 点的真实表面法向量。

立体相位偏折测量可以同时获取被测镜面点的三维坐标和其对应的法向量，但由于测量过程存在各种噪声干扰，直接解算得到的三维坐标测量精度往往较差，因此常采用梯度积分的面型重建方法恢复被测表面的三维面型，从而抑制随机噪声的影响。

立体相位偏折测量被认为是解决工业镜面三维测量的有效手段，可应用于汽车涂装车身测量、自由曲面加工测量、抛光磨具测量和数码产品反光外壳测量等领域。图 6-16 和

图 6-17 分别给出涂装车身的几种典型缺陷以及采用立体相位偏折检测后的缺陷区域二值化分割结果。

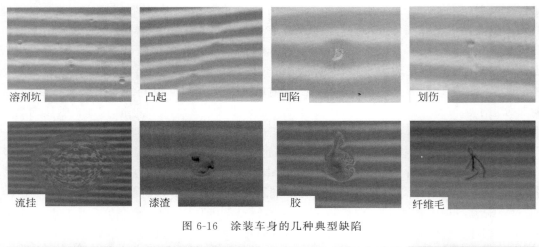

溶剂坑　　　凸起　　　凹陷　　　划伤

流挂　　　漆渣　　　胶　　　纤维毛

图 6-16　涂装车身的几种典型缺陷

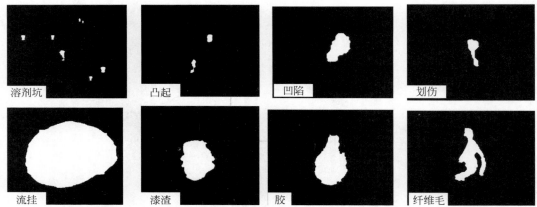

溶剂坑　　　凸起　　　凹陷　　　划伤

流挂　　　漆渣　　　胶　　　纤维毛

图 6-17　立体相位偏折检测结果

6.6　视觉测量的应用举例

6.6.1　基于三维视觉检测技术的白车身三维视觉检测系统

随着汽车行业的不断发展,汽车制造企业对白车身的焊接精度要求越来越高,传统测量技术具有柔性低、离线测量时间长和成本高等缺点,难以满足现代汽车行业自动化生产的需求。基于三维视觉检测技术的白车身三维视觉检测系统具有非接触、速度快、可在线的突出优点,可以实现汽车白车身各分总成、总成上关键点三维尺寸的 100% 在线测量。由于白车身上被测特征主要为棱线上关键特征点及定位孔位置,因此视觉传感器一般配置为双摄像机与激光投射器,或双摄像机与二极管阵列投射灯的形式,以实现对棱边及定位孔中心位置的精确检测。为了检测白车身棱线上的关键点,需要激光投射器投射一束激光与被测棱相交,左、右摄像机各摄取一幅图像并求出图像中光条相交点的图像坐标,然后根据立体视觉数学模型解算出空间某特征点的三维坐标值。汽车白车身视觉检测系统如图 6-18 所示,该系统主要由多个视觉传感器(视觉测头)、传送结构、定位机构、电气控制和计算机等组成。工作过程是传送机构和定位机构将被测车身送到预定的位置,每个传感器对应于车身上一个被测特征区域,所有视觉传感器通过现场控制网络连接起来,由计算机对每个传感器的测量过程进行控制。

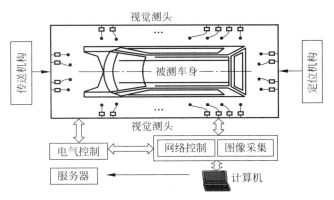

图 6-18　汽车白车身视觉检测系统

图 6-19 所示为 Jetta 车身激光视觉检测系统现场应用,被测车身尺寸为 5.0m×2.0m×1.7m,测量特征点为 36 个。视觉传感器作为视觉检测系统获取信息的最直接来源,用以获取被测对象的原始图像,并根据测量模型解算出空间特征点的三维坐标值。

图 6-19　Jetta 车身激光视觉检测系统现场应用

6.6.2　基于机器视觉的焊缝宽度测量方法

在机械制造的过程中,金属焊接是极其重要的一个环节,其中焊缝的大小、形状会影响产品的外观,而焊缝质量差则会导致产品不合格,因此焊缝的检测对于企业的生产效率具有非凡的意义。焊缝的宽度是检测焊缝质量的一个重要指标,采用机器视觉技术对焊缝的宽度进行全自动高精度处理,实现了焊缝宽度的有效测量,大大减小了人工处理过程所带来的误差,提高了效率。

如图 6-20 所示,焊缝检测系统包括光源、自动控制系统、图像输入设备和计算机(图像处理与数据分析软件)等。在对焊缝宽度的实时测量过程中,将 CCD 相机固定在待测焊缝的正面位置,通过控制指令完成对相机及光源的控制,保证图像质量。在 CCD 相机采集到图像后,计算机对图像进行预处理,提取焊缝特征点,计算获得焊缝宽度值。获得图像后,依次进行图像预处理,轮廓提取和宽度计算,检测流程如图 6-21 所示。

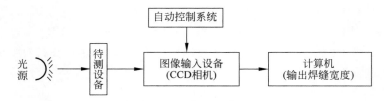

图 6-20　焊缝检测系统

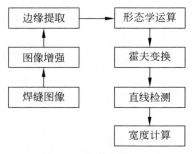

图 6-21　焊缝检测流程

在获取焊缝图像的过程中,由于电子设备及环境的影响,不可避免地会引入一些噪声。由这些噪声引起的图像失真、变形,会使焊缝的轮廓特征受到的影响,从而影响焊缝宽度测量的精度,因此在对焊缝图像进行精密处理之前要采用图像增强算法对图像进行预处理,使目标轮廓呈现一个理想状态,最大清晰化视觉效果。可采用阈值分割等图像分割技术,将目标和背景分开,从而大量压缩数据减少存储容量,大大简化其后的分析和处理步骤。由于焊缝边缘特征明显,焊缝的边缘是两条直线,所以两条直线之间的距离即为焊缝宽度,可利用霍夫变换进行直线检测,进而计算焊缝宽度。

习题与思考 6

6-1　视觉测量中,图像特征增强的目的是什么?

6-2　什么是直方图均衡化?

6-3　比较直射式激光三角法与斜射式激光三角法。

6-4　推导空间一点 P 的世界坐标与像素坐标的关系。

6-5　根据双目视觉数学模型,描述视差与深度的关系。

6-6　张氏标定法的流程是怎样的? 视觉测量中,还有哪些摄像机标定方法?

6-7　双目视觉中小视差可能带来较大误差,为避免这种情况,可以采用的措施有哪些?

6-8　试采用两个一维激光位移传感器设计一种列车车轮直径测量系统,画出系统原理图并阐述所设计系统的工作原理。

第7章

激光测速与测距

本章首先介绍多普勒效应,给出不同情况下的多普勒频移公式;在此基础上,介绍多普勒测速的技术特点、基本原理以及多普勒测量技术;然后介绍脉冲激光测距和相位激光测距的原理,分析影响测量精度的主要因素;最后介绍车载激光多普勒测速、空间碎片的激光脉冲测距以及飞秒光梳色散干涉测距3个实际应用案例。

7.1 多普勒效应与多普勒频移

第44集
微课视频

多普勒效应是自然界普遍存在的一种效应,由奥地利科学家 Doppler 于 1842 年最先发现。当观察者向着声源运动时,他所接收到的声波会较他在静止不动的情况下更频繁,因此听到的是较高的音调;相反,如果观察者背着声源运动,听到的音调就降低。任何形式的波传播,由于波源、接收器、传播介质、中间反射器或散射体的运动,会使频率发生变化,这种频率变化称作多普勒频移。1964 年,Yeh 和 Commins 首次观察了水流中粒子的散射光频移,并证实了可利用激光多普勒频移技术确定流动速度。

如果波源和接收器相对于介质都是静止的,则波的频率和波源的频率相同,接收器接收到的频率和波的频率相同,也和波源的频率相同。如果波源或接收器或两者相对于介质运动,则发现接收器接收到的频率和波源的频率不同。这种接收器接收到的频率有赖于波源或观察者运动的现象,称为多普勒效应。下面分几种情况讨论。

1. 观察者移动,波源静止

如图 7-1 所示,波的速度为 u,波长为 λ,观察者以速度 V 移动,如果 O 离开 S 的距离与波长相比足够远,可把靠近 O 点的波看作平面波。

单位时间内 O 朝着 S 方向运动的距离为 $V\cos\theta$,θ 为速度向量和波运动方向之间的夹角。因此,单位时间内比起 O 点静止时多拦截了 $V\cos\theta/\lambda$ 个波,那么对于移动观察者感受到的频率增加为

$$\Delta\nu = \frac{V\cos\theta}{\lambda}$$

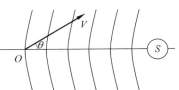

图 7-1 移动观察者感受到的多普勒频移

由于 $u=\nu\lambda$,ν 是 S 发射的频率或由静止观察者测量的频率,频率的相对变化为

$$\frac{\Delta \nu}{\nu} = \frac{V\cos\theta}{u} \tag{7-1}$$

这就是基本的多普勒频移方程。考虑特殊的情况,设波源发出的波以速度 u 传播,同时观察者或接收器以速度 V 向着静止的波源运动,速度方向与 OS 连线的夹角为 0,则由式(7-1)的推导容易得到

$$\nu_R = \frac{u + V}{u}\nu_S \tag{7-2}$$

其中,ν_R 为接收到的频率;ν_S 为波源频率。即此时接收到的频率高于波源频率。

当接收器离开波源运动时,通过类似的分析,可以求得接收器接收到的频率为

$$\nu_R = \frac{u - V}{u}\nu_S \tag{7-3}$$

此时接收到的频率低于波源频率。

2. 观察者静止,波源移动

这种情况下最简单的多普勒频移可由图 7-2 得到。

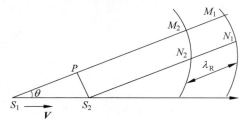

图 7-2 波源移动产生的多普勒频移

研究时刻 t 相继两个波前上的一小部分 M_1N_1 和 M_2N_2,它们分别是由波源 S_1 和 S_2 在时刻 t_1 和 t_2 发射出来的。因此有

$$|S_1M_1| = u(t - t_1) \tag{7-4}$$

$$|S_2N_2| = u(t - t_2) \tag{7-5}$$

其中,u 为波传播的速度。相继两个波前在波源处的时间间隔是发送波运动时的周期,因此有

$$t_2 - t_1 = \tau = \frac{1}{\nu_S} \tag{7-6}$$

其中,ν_S 为波源处的频率。在此时间间隔内波源从 S_1 移动到 S_2,因此

$$|S_1S_2| = V\tau \tag{7-7}$$

其中,V 为波源的运动速度。则观察到的波长,M_1N_1 和 M_2N_2 间隔为

$$\lambda_R = |M_1M_2| = |S_1M_1| - |S_2N_2| - |S_1S_2|\cos\theta \tag{7-8}$$

其中,θ 为 S_1M_1 和速度向量 V 之间的角度;S_1M_1 为观察者和波源的连线。同样,离波源足够远处可把波前作为平面波来处理。利用式(7-4)~式(7-8),可得

$$\lambda_R = u\tau - V\tau\cos\theta \tag{7-9}$$

由于 $u = \nu_R\lambda_R$,ν_R 是接收器接收到的频率,可以得到

$$\nu_R = \frac{u}{u - V\cos\theta}\nu_S \tag{7-10}$$

可见,虽然这两种情况中波源和观察者的相对运动是一样的,但频移公式不同。式(7-10)得到了波源向着接收器运动时,接收器接收到的频率。类似地,当波源远离接收器时,可以得到接收器接收到的频率为

$$\nu_R = \frac{u}{u + V\cos\theta}\nu_S \tag{7-11}$$

由式(7-10)可知,当波源向着接收器运动时,接收器接收到的频率比波源的频率大,但

这个公式在波源的运动速度 V 超过波的传播速度 u 时将失去意义,因为这时在任意时刻波源本身将超过它此前发出的波的波前,在波源前方不可能有任何波动产生。

3. 波源和接收器同时移动

综合以上分析,可得当波源和接收器同速相向运动时,接收器接收到的频率为

$$\nu_R = \frac{u + V}{u - V}\nu_S \tag{7-12}$$

当波源和接收器彼此离开时,接收器接收到的频率为

$$\nu_R = \frac{u - V}{u + V}\nu_S \tag{7-13}$$

真空中的电磁波也有多普勒效应,如光波或无线电波。在推导光波的多普勒关系式时,必须运用相对论原理。设波速度 c 是光波的速度,而且对于光源和观察者都是相同的。在观察者静止的坐标系中,光源以速度 V 离开观察者而运动,光源频率仍是 ν_S,但这是在光源静止的参照系中测量的;在观察者静止的参照系中,相应的频率 ν'_S 为 ν_S 乘以时间膨胀因子 $(1 - V^2/c^2)^{1/2}$,因此在此参照系中有

$$\lambda = \frac{c + V}{\nu'_S} = \frac{c + V}{\nu_S\sqrt{1 - V^2/c^2}} \tag{7-14}$$

观察者测得的频率 ν_R 为

$$\nu_R = \frac{c}{\lambda} = \frac{c\nu_S\sqrt{1 - V^2/c^2}}{c + V} = \frac{\nu_S\sqrt{c^2 - V^2}}{c + V} = \nu_S\sqrt{\frac{c - V}{c + V}} \tag{7-15}$$

V 为正时,光源离开观察者运动,总有 $\nu_R < \nu_S$;V 为负时,光源向着观察者运动,则 $\nu_R > \nu_S$。

4. 散射物的多普勒频移

在讨论这个问题前,首先来研究涉及两个参考系的观察者位置和电磁辐射。假设观察者静止位于一个坐标原点为 O' 的坐标系中,在这个坐标系中接收电磁辐射,而波源静止于另一个原点为 O 的坐标系中,如图 7-3 所示。

设以光速 c 在参考系 O 中移动的平面波为

$$E = E_0\cos 2\pi\nu\left(t - \frac{r}{c} + \delta\right) \tag{7-16}$$

其中,E 为系统 O 中考查点 P 处的电场强度;ν 为频率;r 为波沿传播方向的距离;δ 为相位常数。设 θ 为波传播方向和 x 轴之间的夹角,如图 7-4 所示,有

$$r = |OB| + |BA| = x\cos\theta + y\sin\theta \tag{7-17}$$

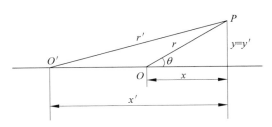

图 7-3　相对运动中参考系之间的坐标变换

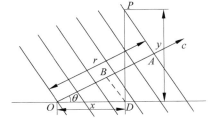

图 7-4　波源静止时坐标系中的平面波

代入式(7-16)

$$E = E_0 \cos 2\pi\nu \left(t - \frac{x\cos\theta + y\sin\theta}{c} + \delta \right) \tag{7-18}$$

假设参考系 O 在 x 轴上以速度 V 相对于另一个参考系 O' 移动,利用洛伦兹变换中 x 和 x'、y 和 y'、t 和 t' 之间的关系,可以得到

$$E = E_0 \cos 2\pi\nu' \left(t' - \frac{x'\cos\theta' + y'\sin\theta'}{c} + \delta \right) \tag{7-19}$$

$$\nu' = \frac{\nu}{\sqrt{1 - V^2/c^2}} \left(1 + \frac{V}{c}\cos\theta \right) \tag{7-20}$$

$$\cos\theta' = \frac{\cos\theta + V/c}{1 + (V/c)\cos\theta} \tag{7-21}$$

如果用 θ' 表示 ν' 和 ν 的关系,则利用式(7-21)有

$$\nu' = \frac{\nu \sqrt{1 - V^2/c^2}}{1 - (V/c)\cos\theta'} \tag{7-22}$$

现在讨论光源和观察者相对静止的情况下,移动物体所散射的光的频移。可以把这种情况当作一个双重多普勒频移来考虑,先从光源到移动的物体,然后由物体到观察者。如图 7-5 所示,考虑从光源 S 发出的频率为 ν 的光被物体 P 散射,在 Q 处观察散射光。运动方向与 PS 和 PQ 所成的角度分别用 θ_1 和 θ_2 表示。

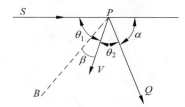

图 7-5　散射物的多普勒频移

P 所观察到的频率由式(7-20)给出,即

$$\nu' = \frac{\nu}{\sqrt{1 - V^2/c^2}} \left(1 + \frac{V}{c}\cos\theta_1 \right)$$

该频率的光又被 P 重新发射出来,在 Q 处接收到的频率为 ν'',由式(7-22)确定,即

$$\nu'' = \frac{\nu' \sqrt{1 - V^2/c^2}}{1 - (V/c)\cos\theta_2}$$

一般 V 比 c 要小得多,因此可以把 V/c 展开后取其一次项。由此可得

$$\Delta\nu = \nu'' - \nu = \frac{V\nu}{c}(\cos\theta_1 + \cos\theta_2) \tag{7-23}$$

经过三角变换,可得到

$$\frac{\Delta\nu}{\nu} = \frac{2V}{c}\cos\beta\sin\frac{\alpha}{2} \tag{7-24}$$

其中,α 为散射角,$\alpha = \pi - (\theta_1 + \theta_2)$;$\beta$ 为速度向量和 PB 之间的夹角,$\beta = \frac{\theta_1 - \theta_2}{2}$。$PB$ 为 PS 和 PQ 夹角的平分线。

可见,多普勒频移依赖于散射半角的正弦值和 V 在散射方向的分量 $V\cos\beta$。式(7-24)也可以用波长 λ 表示为

$$\Delta\nu = \frac{2V}{\lambda}\cos\beta\sin\frac{\alpha}{2} \tag{7-25}$$

7.2　激光多普勒测速

激光多普勒测速(Laser Doppler Velometer,LDV)技术是 20 世纪 60 年代中期开始发展起来的一门新型测试技术,与传统的流体测速方法相比,具有以下优点。

(1) 属于非接触测量,不影响流场分布,可测远距离的速度场分布。

(2) 测速精度高,一般都可以达到 0.5%~1.0%。

(3) 空间分辨力高,可测很小体积内的流速,如流场中近管壁处附面层中的速度分布。

(4) 测速范围广,动态响应快,是研究湍流、测量脉动速度的有效方法。

(5) 具有良好的方向灵敏度,并可进行多维测量。

多年的研究使激光多普勒测速技术得以迅速发展,从不能辨别流向到可以辨别流向,从一维测量发展到多维测量,并且它的应用面也不断扩大,从流体测速到固体测速,从单相流到多相流,从流体力学实验室速度场测量到实际较远距离的大气风速测量,从一般气、液体速度测量到人体血管中血流速度测量,其应用范围有了极大的扩展。

下面阐述激光多普勒测速技术的基本原理。

7.2.1　激光多普勒测速的基本原理

从式(7-25)可以看出,只要知道入射光方向 θ_1、散射光方向 θ_2 以及物体的运动方向,就可以由散射光频率的变化 $\Delta\nu$ 求得物体的运动速度。但由于光的频率太高,至今尚无探测器可以直接测量光频率的变化,因此要用光混频技术来测量,即将两束频率不同的光混频,获取差频信号。

设一束散射光与另一束参考光(或两束散射方向不同的散射光)的频率分别为 f_1 和 f_2,则它们在探测器上的电场强度分别为

$$E_1 = A_1 \cos(2\pi f_1 t + \varphi_1) \tag{7-26}$$

$$E_2 = A_2 \cos(2\pi f_2 t + \varphi_2) \tag{7-27}$$

其中,A_1 和 A_2 分别为两束光在探测器上的振幅;φ_1 和 φ_2 分别为两束光的初始相位。

两束光在探测器上混频后,其合成的电场强度为

$$E = E_1 + E_2 = A_1 \cos(2\pi f_1 t + \varphi_1) + A_2 \cos(2\pi f_2 t + \varphi_2) \tag{7-28}$$

由于光强度与光的电场强度的平方成正比,因此有

$$I(t) = k(E_1 + E_2)^2 = \frac{1}{2}k(A_1^2 + A_2^2) + kA_1 A_2 \cos[2\pi(f_1 - f_2)t + \phi] \tag{7-29}$$

其中,k 为常数;$\phi = \phi_1 - \phi_2$ 为两束光初始相位差,若两束光相干则 ϕ 为常数。

式(7-29)中第 1 项为直流分量;第 2 项为交流分量,其中的 $f_1 - f_2$ 正是待测的多普勒频移。这里有零差和外差之分。若入射至物体前两束光频率相同,称为零差干涉。因为当物体运动速度为 0 时,$f_1 - f_2$ 为 0,ϕ 为常数,输出信号为一个直流信号。当入射至物体前两束光频率不相同时,称为外差干涉,此时,即使物体运动速度为 0,输出信号为频率为 $f_1 - f_2 = f_s$ 的交流信号。当物体运动时,前者的多普勒信号可以看作载在零频上,而后者的多普勒信号是载在一个固定频率 f_s 上。两者的区别在于,零差不能判别运动方向,而且难以抑制直流噪声;外差则可以判别运动方向,并可用外差技术抑制噪声,从而大大提高信号的

信噪比。

7.2.2 激光多普勒测速技术

1. 差动多普勒技术

差动技术将两束等强度光聚焦并相交在测量点处,从该点发出的散射光进入光检测器,差拍后得到和两个散射角相对应的多普勒频移。常用方法如下。

1) 双光束散射法

如图 7-6 所示,来自激光器的光束被分束器分为两束,这两束照明光由透镜聚焦到流体中的一个小区域,并被流体中的粒子散射,从该区域发出的散射光被聚焦到光检测器上。

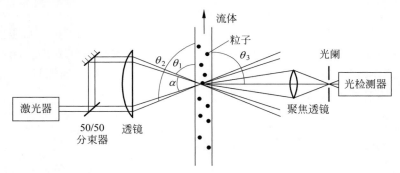

图 7-6 双光束散射法

由于两部分散射光同时到达检测器,差拍后得到和两个散射角相对应的多普勒频移。设 θ_1 和 θ_2 分别为散射体中粒子运动速度 V 与两束入射光之间的夹角,θ_3 为 V 与观测方向的夹角。由式(7-23)可得两散射光的多普勒频移分别为

$$\Delta\nu = \frac{\nu V}{c}(\cos\theta_1 + \cos\theta_3)$$

$$\Delta\nu' = \frac{\nu V}{c}(\cos\theta_2 + \cos\theta_3)$$

因此,检测器上的差频 f 为

$$f = \Delta\nu - \Delta\nu' = \frac{\nu V}{c}(\cos\theta_1 - \cos\theta_2) = \frac{V}{\lambda}\sin\left(\frac{\alpha}{2}\right)\cos\beta \tag{7-30}$$

其中,$\alpha = \theta_2 - \theta_1$ 为两束照射光之间的夹角;$\beta = \frac{1}{2}(\theta_1 + \theta_2 - \pi)$ 为运动方向与光束夹角平分线的法线之间的夹角。

由式(7-30)可知,该差频与接收方向无关。所以,加大光阑孔径也不会产生像在参考光技术中那样的频谱加宽。并且,如果两束散射光由同一粒子产生,则对接收器没有相干限制,从而可以使用大孔径的检测器,与参考光技术相比,具有能得到强得多的信号的优点。由于这个原因,在大多数的实际应用中多采用差动多普勒技术。

2) 单光束双散射法

单光束双散射法中,一束入射光直接聚焦于被测点上,光线被同一微粒在两个方向上散射,两路对称的散射光束在光电器件上混频,得到差拍信号。图 7-7 所示为前向双散射光路,图 7-8 所示为后向双散射光路。

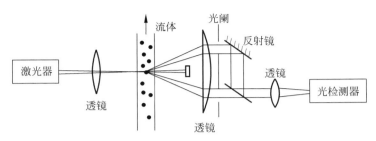

图 7-7 前向双散射光路

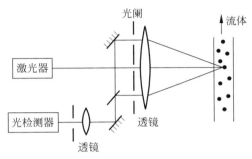

图 7-8 后向双散射光路

3）差动多普勒技术的干涉解释

差动多普勒技术也可以用光的干涉理论来解释。当两束相干光聚焦于透镜的焦距处时，在光束重叠区就可以看到产生的固定条纹，条纹的方向平行于两束入射光的角平分线。

如图 7-9 所示，画出两束光的波前，很容易得到条纹间距 D，沿干涉光束从点 O 到下一级条纹点 A，光束 K_1 和 K_2 的光程差为 $(\overline{AB}+\overline{AC})=2D\sin\theta$，与调制条纹的波长 λ 相等时，

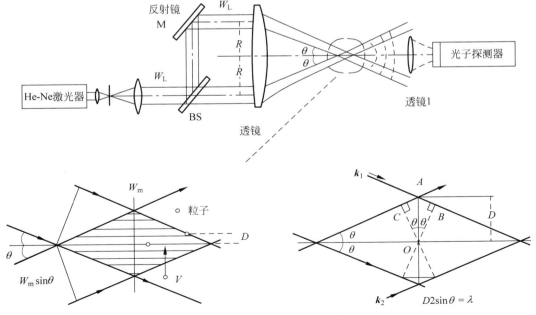

图 7-9 差动多普勒技术的干涉解释

得到条纹间距为

$$D = (\lambda/2)\sin\theta \tag{7-31}$$

如果粒子以速度 V 沿 y 轴穿过条纹区,被明暗交替的条纹照亮,周期 $T = D/V$。粒子向外散射光,散射光能以透镜与光子探测器相结合来收集,经处理后输出电信号。电信号含有速度信息,以穿过重叠区条纹的振荡频率表示,即

$$f_D = V/D = 2V\sin\theta/\lambda \tag{7-32}$$

如图 7-10 所示,不是所有位置的粒子都能产生好的多普勒信号。然而,在重叠区中间的粒子 A 穿过的条纹数最多,产生的振荡清晰;粒子 B 在重叠区中间与边缘的一半处,穿过的条纹也正好是总条纹的一半,这样,粒子 B 产生的循环少,造成振荡的调制深度不一致;粒子 C 刚好在光束重叠区的外缘,没有穿过条纹,这样,粒子 C 产生标准的光强信号,而不是希望的多普勒信号。在信号处理时,粒子 A 有最好的波形,粒子 B 是部分有用,而粒子 C 将被抛弃。

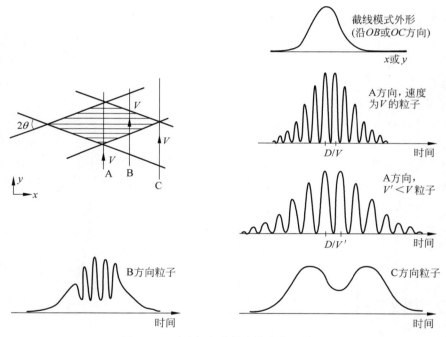

图 7-10 干涉解释中的多普勒信号情况

实际上测速仪就是干涉仪,利用干涉仪相位移动公式也能推出与式(7-32)相同的结论。当场 E_0 从方向 k_1 与粒子撞击时,粒子的位移为 s,由 k_0 方向观察可得

$$E_0 e^{i(k_1-k_0)\cdot s}$$

对于不同的照明和观察方向,这个表达式可以被认为是通常概念 $E_0 e^{2ks}$ 的广义表达。

在 LDV 测速仪中,有两个照明场: k_1 和 k_2,所以由 k_0 方向观察可得

$$E = E_0 e^{i(k_1-k_0)\cdot s} + E_0 e^{i(k_2-k_0)\cdot s}$$

探测器得到的信号与场的模的平方成比例,即

$$I \propto 2E_0^2 + 2E_0^2\cos[(k_1-k_0)\cdot s - (k_2-k_0)\cdot s] = 2E_0^2[1 + \cos(k_1-k_2)\cdot s]$$

借助图 7-11 容易看出，$\boldsymbol{k}_1 - \boldsymbol{k}_2$ 的差值与 y 轴平行，模数为

$$|\boldsymbol{k}_1 - \boldsymbol{k}_2| = 2k\sin\theta \tag{7-33}$$

若粒子产生平行于 y 轴的面内位移 s，那么余弦函数的相位 $\varphi = (\boldsymbol{k}_1 - \boldsymbol{k}_2) \cdot \boldsymbol{s} = 2ks\sin\theta$，而角频率 $\omega = 2\pi f$，可以得到

$$f = \frac{\mathrm{d}\phi / \mathrm{d}t}{2\pi} = \frac{2k(\mathrm{d}s / \mathrm{d}t)\sin\theta}{2\pi} = \frac{2V\sin\theta}{\lambda} \tag{7-34}$$

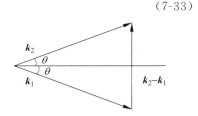

图 7-11　LDV 两个照明场情形

结论与式(7-32)是一致的，说明多普勒效应和干涉仪相位移动的描述是等效的。

2. 参考光技术

参考光技术将含有多普勒频移的散射光与没有频移的光进行外差。图 7-12 所示为利用激光多普勒差拍测量透明管道内流速的简单示意图。由 He-Ne 激光器发出的光束被分束器分开，其中绝大部分由透镜聚焦到管道中需要测量流速的点处。随流体运动的粒子产生的散射光由光检测器接收。从分束器出来的较弱的那部分光是没有频移的参考光，它被反射镜直接反射到检测器，而且参考光和散射光以相同的光路入射到检测器。光检测器的输出包含了两种光束的差频信号，这就是多普勒频移，由式(7-30)得

$$f = \frac{V}{\lambda}\sin\left(\frac{\alpha}{2}\right) \tag{7-35}$$

参考光式光路结构比较简单，而且可以应用于测量散射体的离面位移。对于差动技术，当散射体作离面位移时会产生离焦的问题，难以实现离面位移测量；而采用参考型光路，只有一束光入射到被测目标，没有离焦的问题，因此可有效实现离面位移测量。

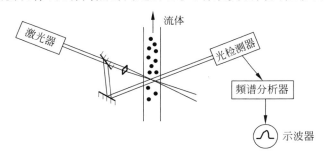

图 7-12　利用激光多普勒差拍测量透明管道内流速

3. 多维速度测量与辨向技术

在差动多普勒技术中，多普勒差频是两个频率之差，故不可能知道哪个频率高，哪个频率低，因此速度符号变化对产生的信号频率无差别，即被测速度存在着方向上的 180°模糊问题。但是，很多情形下要求在获取速度值的同时知道速度方向。例如，把激光多普勒技术应用于高湍流度的流动测量时，必须要把速度分量的大小和符号都记录下来，以便得到可靠的测量结果。

通过引入频移技术可以消除速度方向的模糊性问题。普通的差动多普勒装置中，两束激光束的频率是相同的，它们相交而成的测量体内形成的干涉条纹是静止不动的，所以无论粒子的运动方向如何，光电探测器所接收到的散射光没有任何区别。如果其中一光束与另一束存在 $\Delta\nu$ 的频差，则测量体内形成的干涉条纹将以速度 u_s 向一个方向移动，

如图 7-13 所示,其移动速度为

$$u_s = \frac{\Delta\nu\lambda}{2\sin\varphi} \tag{7-36}$$

于是在照明区域中,一个静止的粒子产生的信号将等于这个频移频率。假设不存在光学频移时,粒子产生的多普勒频移为 f,则当示踪粒子的速度方向与条纹运动方向相同时,粒子穿越条纹的速度将减慢,此时粒子散射光的频率变为 $f-\Delta\nu$;反之,当粒子速度方向与条纹运动方向相反时,光感应器得到的光波频率为 $f+\Delta\nu$,依靠判别频率的增加与降低就可以判断出速度的方向。

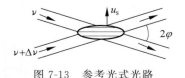

图 7-13　参考光式光路

采用旋转衍射光栅、声光调制等技术可以实现光波频率的频移。使用布拉格器件,可对入射激光的频率产生约 40MHz 的频移。

1) 二维激光测速光路

使用如图 7-13 所示的参考光路时,只要取两个不同散射光方向就能得到两个不同方向的速度分量,实现二维速度测量。

一种二维色分离激光测速光路如图 7-14 所示。该光路采用氩离子激光器作为光源,利用其功率大和多谱线的特点,可以用后向散射模式同时测量垂直于光轴平面的两个互相垂直的速度分量。

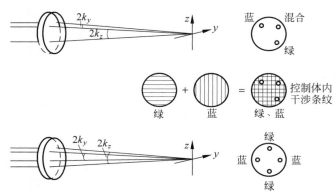

图 7-14　二维色分离激光测速光路

图 7-14 下方表示的是双色四光束布置,左、右两束是波长为 488nm 的蓝光,上、下两束是波长为 514.5nm 的绿光,通过入射透镜汇聚相交在同一点。如果两对光束所组成的平面是互相垂直的,就会在控制体中得到两组互相垂直的干涉条纹,其中一组是蓝色,另一组是绿色。当有一个粒子穿过控制体时,就会同时散射两种颜色的光波,它们的光强分别被两组干涉条纹所调制,得到的速度为

$$V_y = \frac{\lambda_蓝}{2\sin k_y} f_{dy} \tag{7-37}$$

$$V_z = \frac{\lambda_绿}{2\sin k_z} f_{dz} \tag{7-38}$$

它们分别与测得的两个多普勒频率 f_{dy} 和 f_{dz} 成正比。

从本质上讲,三维激光测速系统与一维或二维相比没有根本区别。如果采用双光束模式,只要在控制体中能造成 3 对入射光束相交,使它们的速度方向在空间坐标系中互相独立

就可以了。但是,如果没有光学频移装置,不仅无法得到正确的速度合成,而且要把 3 个方向的速度信息量分开也是非常困难的。

2) 六光束三维频移激光测速光路

图 7-15 所示为六光束三维 LDV 光路的几何布置。光源使用氩离子激光器,每维使用的激光波长是不同的。测量 U 和 V 分量用一个入射光单元完成,原理与二维测量原理相同;另一个入射光单元的光轴与这入射光单元的光轴成 ϕ 角,它用来测量两光轴平面内的速度分量 R,得到轴向速度 W 为

$$W = \frac{R - U\cos\phi}{\sin\phi} \tag{7-39}$$

这样 3 个速度分量都可以确定。

如果取轴向速度方向为整个光学系统的对称轴,如图 7-16 所示,则有

$$U = \frac{R_1 + R_2}{2\cos\beta} \tag{7-40}$$

$$W = \frac{R_1 - R_2}{2\sin\beta} \tag{7-41}$$

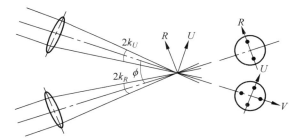
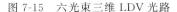
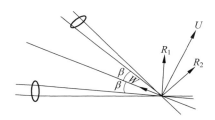

图 7-15　六光束三维 LDV 光路　　　　　　图 7-16　对称布置的轴向测量光路

如果 R_1 和 R_2 分别取相同的激光波长 λ 和光束半角 k,则有

$$U = \frac{\lambda}{4\sin k \cos\beta}(f_1 + f_2) \tag{7-42}$$

$$W = \frac{\lambda}{4\sin k \sin\beta}(f_1 - f_2) \tag{7-43}$$

其中,f_1 和 f_2 分别为 R_1 和 R_2 方向的多普勒频移量

4. 多普勒信号处理技术

1) 激光多普勒信号的特点

激光多普勒信号具有以下特点。

(1) 信号频率在一定范围内变化,它是一个变频信号。在实际流体测量中,瞬时速度 V 的变化可看作在平均速度 $\bar{V}$ 上叠加一个无规则变化的脉冲速度 ΔV,即 $V = \bar{V} + \Delta V$,与此相对应的多普勒频率变化为 $f_D = \bar{f}_D + \Delta f_D$,即多普勒频率在某频率上下波动,是一个变频信号,如图 7-17 所示。

(2) 信号幅值按一定规律变化。在两束光的交叉重合处,即在测量区域内,干涉条纹沿速度方向明暗变化的程度是不均匀的,中间最亮,两头最暗,光强按高斯规律分布。当运动颗粒穿过该区域时,散射光强也要按此规律变化,使多普勒信号的幅值按如图 7-18 所示的

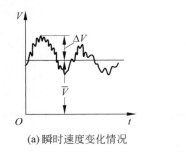

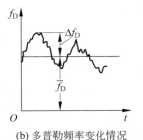

(a) 瞬时速度变化情况   (b) 多普勒频率变化情况

图 7-17　多普勒信号特征

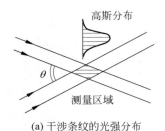

(a) 干涉条纹的光强分布   (b) 典型的多普勒信号幅度变化

图 7-18　多普勒信号分布

高斯曲线分布。

（3）信号是随机的、断续的。多普勒信号是因颗粒散射而产生的，而流体中的颗粒总是断续的。而且每个颗粒穿过测量区域又是随机的，在测量区域中实际上有许多散射颗粒穿过，每个颗粒产生的信号到达光电倍增管的初始相位也不同，因而造成多普勒信号的断续和随机特性，如图 7-19 所示。信号中伴随许多噪声，包括光学系统、光电探测器以及电子线路噪声。因为由粒子散射的光学多普勒信号常常十分微弱，所以信号的信噪比相当低。

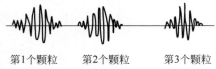

第1个颗粒　　第2个颗粒　　第3个颗粒

第1个颗粒和第2个颗粒重叠

图 7-19　多普勒信号的随机性和断续性

综上可知，多普勒信号是一个不连续、变频、变幅的随机信号，且信噪比较低。所以这种信号的处理也比较复杂，一般不能直接用传统的测频仪器进行测量。

2）激光多普勒信号处理方法

自从 1964 年 LDV 测速方法诞生以来，国内外学者对多普勒信号处理进行了大量研究，从信号的时域分析和频域分析着手提出了多种信号处理实现方案，并促使多普勒信号处理技术不断向着数字化、高精度方向发展。最初对于多普勒频率的测量是用简单的计数器或频谱分析器实现的，其性能及适用范围都有着很大的限制。为了适应多普勒信号的特殊性，提高整个测速系统的性能，研究出专门处理 LDV 信号的技术，具体如下。

（1）频谱分析方法

频谱分析方法是最早出现的 LDV 信号处理技术之一，它采用中心频率可调的窄带带通滤波器匀速扫过所研究的频率范围以分辨信号中存在的各种频率分量并依次记录下来。频谱分析方法测量的是多普勒信号的功率谱，或与其等价的多普勒频率的概率密度函数。典型的多普勒信号频谱如图 7-20 所示。

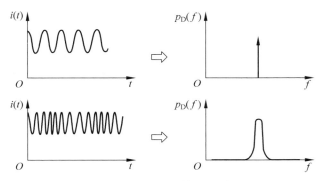

图 7-20　多普勒信号频谱

频谱分析方法要求有较长的扫描时间以保证测量的精度,这就破坏了实时信息,即使在信噪比较高的情况下,也不能跟随流动中随时发生的速度脉动,不适宜测量湍流能量的频谱。由于频谱分析方法是在给定的时间内通过扫到的一定范围内的频率才检测到信号,意味着信号中信息的利用很差,尤其是在采用窄通带时,分析器只能在同一时刻对此窄带内的信号频率进行分析,目前这种方法已较少使用。

（2）频率跟踪方法

频率跟踪方法是应用最广泛的一种方法。它能使被测信号在很宽的频带范围内都实现窄带滤波。与频谱分析方法相比较,频率跟踪器作了重要改进,即用信号本身控制分析器的调谐,使它自动保持在谐振状态并跟踪信号。

频率跟踪方法基本原理如图 7-21 所示。首先将信号平滑,去掉研究范围以外的频率,放大后与本机振荡器的输出进行混频。差频信号经过适当带宽的中频级放大后输出,再送到鉴频器。频率跟踪方法的核心就是鉴频电路(或锁相环电路),它的响应依赖于频率,当其频率与信号频率相同时输出才能为 0,否则将产生一个差值电压对控制其频率的电压控制振荡器进行负反馈,从而使压控振荡器的频率输出尽可能地与信号频率一致。由于大多数多普勒信号是随机振幅波,电路必须能保护"脱落"。所谓"脱落",就是信号不足以使电路锁定的时间间隔。频率跟踪方法必须设置防"脱落"电路,在信号脱落的时期内"冻结"压控振荡器的频率,使其能在信号重新出现时恢复频率锁定功能。频率跟踪方法的最大优点在于可以得到实时速度信息,且很容易将其数字化。但是,频率跟踪器工作频率范围不宽,且只有在流场中粒子浓度高到足够提供连续的多普勒信号时才能很好地工作,同时随着信噪比的降低,有可能跟踪假信号。

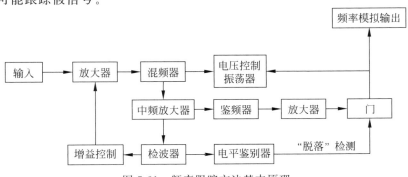

图 7-21　频率跟踪方法基本原理

（3）计数技术

由于在气体流动应用中得到的许多 LDV 信号很间断,跟踪技术是不适用的,需要求助于别的方法。如果出现的信号信噪比是良好的,有可能使用简单的计数技术确定多普勒频率。计数型信号处理机也叫作频率计数器,是近年来发展较快的一种仪器。它基本上是一种计时装置,测量已知周波数所对应的时间,从而测出信号频率。对一个"时钟"频率计数完成计时,这个时钟频率应当比被测的最大多普勒信号频率高得多（实用的频率为 200MHz 或 500MHz）。以计数电路记录门开启和关闭期间通过的脉冲数,也就是粒子穿过两束光在空间形成的 n 个干涉条纹所需的时间 Δt,就可以换算出被测信号的多普勒频移。

（4）滤波器组分析法

滤波器组由多个谐振频率逐渐增高的串联 LC 电路并联构成。相邻两滤波器的中心频率之差小于给定的测量误差。输入信号同时输入所有滤波器,将各滤波器的输出相互比较,找出输出最大的滤波器的中心频率,它就是信号频率。事实上,滤波器组分析法的原理与频谱分析方法相同,只不过使用的不是单个滤波器,而是令许多调谐在量程中不同频率上的滤波器并行工作,所以多普勒频谱的建立时间就要快得多。这种方法关键是要设置调整好各并联滤波器的中心频率和带宽。滤波器组分析法比频谱分析方法更为有效,因为所有存在的多普勒信号都能同时影响滤波器组的输出。在处理质量差的间断多普勒信号时,滤波器组分析法是极其有用的,因为它具有比其他方法好得多的信噪比性能。但是,由于实际上我们只能采用有限个滤波器,它的分辨力是比较粗的,因而该方法比较适合研究高湍流流动,而不适合测量低湍流。

（5）光子相关技术

多普勒信号可以看作由到达光检测器阴极的单个光电子产生的电子脉冲构成。光学测量灵敏度的基本限制是由随机的光子噪声决定的。对于信噪比很低的信号,进行相关运算求其自相关函数可以大大削弱噪声的影响,取出淹没在强噪声中的弱信号。当散射光足够强时,各个脉冲叠加,最终的信号基本上是一个连续的电流;而当散射光强度较低时,各个脉冲之间可以区分开来,且某一时刻内脉冲数目将正比于光强。利用硬件电路实现脉冲序列的自相关运算,即可求出电子脉冲数目的变化周期,并将此周期近似等价于光强变化周期,从而得到多普勒频率。光子相关技术在多普勒信号强度低,信噪比低的情况下可以取得较好的效果。

（6）计算机处理技术

光电探测器送出的信号进行预处理后,经模数转换就得到了数字形式的多普勒信号。利用计算机或数字信号处理器对信号序列进行运算处理,就可以从中提取出频率。一般数字处理方法按分析域不同可分为时域分析和频域分析。目前对于 LDV,其频域分析方法主要是对多普勒时间序列进行快速傅里叶变换频谱分析或功率谱分析。由于多普勒信号序列的振幅、相位、出现时间以及频率变化具有随机性,直接用快速傅里叶变换分析效果一般不好;而功率谱密度的分析方法从统计的角度出发,把傅里叶分析法和统计分析法两者结合起来,更适合具有随机性质时间序列的谱分析。

总之,多普勒信号处理的方法虽多,但没有哪一种方法是十全十美的,在实际应用时,应根据被测流体的特性选择合适的信号处理手段。对于频谱分析方法、频率跟踪方法等模拟信号处理手段,它们在进行复杂信号处理时只有有限的能力,造成了处理的不灵活性和系统时间的复杂性,对于不同的信号情况,一个特定的模拟信号处理系统往往不能同时都获得满意的效果。而数字信号处理方法则不同，它的系统开发可以在通用计算机上的软件进行，容易实现，成本低。数字信号处理最大的缺点在于运算速度不如模拟方法快，但是随着计算机技术的飞速发展、数字器件速度和性能的不断提升，以及数字信号处理算法的不断优化，速度上的不足是可以在一定程度上得到弥补的，从目前的趋势来看，数字信号处理方法以其良好的灵活可变性、可靠的稳定性以及较低的成本已逐渐成为多普勒信号处理的发展方向。

　　由于还没有一种完善的信号处理方法，通常必须考虑选择一种处理器使之适用于特定的 LDA 应用。主要考虑的因素有信号的形式、信噪比和湍流水平。各类 LDV 处理方法与技术的比较如表 7-1 所示。

表 7-1　LDV 处理方法与技术的比较

处理技术	得到瞬时速度	接收间断信号	提取微弱信号能力	典型不确定度	可测信号频率上限
频谱分析方法	否	可	好(费时)	1%	1GHz
频率跟踪方法	可	否	好	0.5%	50MHz
计数技术	可	可	较好	0.5%	200MHz
滤波器组分析法	可	可	很好	2%~5%	10MHz
光子相关技术	否	可	很好	1%~2%	50MHz

7.2.3　激光多普勒测速技术的进展

　　1966 年，Foreman 等首先撰写了广泛论述激光风速计的论文。20 世纪 70 年代是激光多普勒技术发展最为活跃的一个时期，Durst 和 Whitelaw 提出的集成光单元有了进一步的发展，使光路结构更加紧凑，更易于调整。光束扩展、空间滤波、偏振分离、频率分离、光学移频等近代光学技术在激光多普勒技术中得到了广泛的应用，信号处理采用了计数处理、光子相关及其他一些方法使激光多普勒技术测量范围更广泛，其精度高、线性度好、动态响应快、测量范围大、非接触测量等优点得到了长足的发展。1975 年在丹麦哥本哈根举行的激光多普勒测速国际讨论会标志着这一技术的成熟。20 世纪 80 年代，激光多普勒技术进入了实际应用的新阶段，它是无干扰的液体和气体测量中的一种非常有用的工具，可应用于各种复杂流动的测试，如湍流、剪切流、管道内流、分离流、边界层流等。随着大量实际工程、机械测试的需要，固态表面的激光多普勒技术也越来越受到重视。许多测量困难的场合，如水下、燃烧缸内、原子反应堆的冷却系统及有爆炸危险的场合，也都寄厚望于 LDV 技术。这就要求 LDV 系统不仅要向通用测量仪器发展，即降低成本、减小仪器体积、简化操作程序，而且要最大限度地降低测量环境对测量过程的影响，使仪器更加稳定、可靠。

　　Muller 和 Dopheide 提出将两个稳频激光二极管的输出光束聚焦于测量区，可用于产生频移以省去传统的分光器和频移元件。用适当的外差信号处理技术消除带频移信号的被测信息中频移的波动以及大频带宽度的影响，如图 7-22 所示。

　　选择合适的单模半导体激光器，选择合适的工作电流和温度，使光频差适用于多普勒测速的范围。采用如图 7-23 所示的混频器单元可从测量信息中消除拍频频率的波动。将两个半导体激光器发生的光束中各取一小部分在一个光电探测器上拍频(见图 7-22)，可产生一个频移频率的参考信号。两个激光器的频差波动是由它反映出来的，然后将同时带有频移与多普勒信息的测量信号与参考信号混频，通过低通滤波器可滤除频移信号，只剩下信噪比高的多普勒信号。

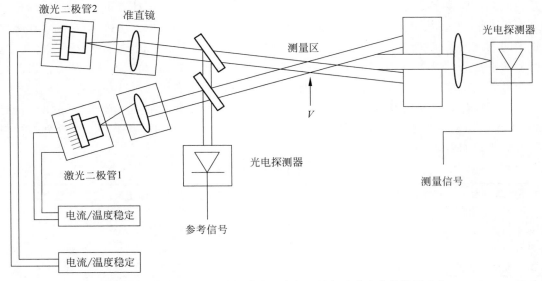

图 7-22　使用两个稳定单模激光器光频差的频移激光多普勒测速仪

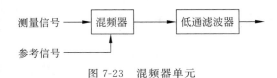

图 7-23　混频器单元

7.3　激光测距

光在给定介质中的传播速度是一定的,通过测量光在参考点和被测点之间的往返传播时间,即可求出目标和参考点之间的距离。

目前常用的激光测距法有脉冲法和相位法。脉冲激光测距原理与雷达测距相似,测距仪向目标发射激光信号,碰到目标后被反射回来,由于光的传播速度是已知的,所以只要记录下光信号的往返时间,用光速乘以往返时间的 1/2,就可得到要测量的距离。现在广泛使用的手持式和便携式测距仪,作用距离为数百米至数十千米,测量精度为 5m 左右。我国研制的对卫星测距的高精度测距仪,测量精度可达到几厘米。连续波相位激光测距是用连续调制的激光波束照射被测目标,根据测量光束往返中造成的相位变化换算出被测目标的距离。为了确保测量精度,一般要在被测目标上安装激光反射器,测量的相对误差为百万分之一。

7.3.1　脉冲激光测距

1. 测量原理

脉冲激光测距是利用激光脉冲持续时间极短、能量相对集中、瞬时功率很大(一般可达兆瓦级)的特点,在有合作目标的情况下,脉冲激光测距可以达到极远的测程,在进行几千米的近程测距时,如果精度要求不高,即使不使用合作目标,只是利用被测目标对脉冲激光的漫反射取得反射信号,也可以进行测距。目前,脉冲激光测距方法已获得了广泛的应用,如地形测量、战术前沿测距、导弹运行轨道跟踪，以及人造卫星、地球到月球距离的测量等。

脉冲激光测距通过直接测量激光传播往返时间差来完成，也称为飞行时间法（Time of Flight，TOF），原理如图 7-24 所示。

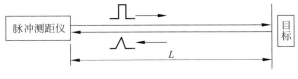

图 7-24　脉冲激光测距原理

由激光器发出持续时间极短的脉冲激光（称为主波），经过待测的距离 L 射向被测目标。被反射的脉冲激光（回波信号）返回测距仪，由光电探测器接收。当光速为 c，激光脉冲从激光器到待测目标之间的往返时间为 t 时，就可计算出待测目标的距离 L 为

$$L = \frac{ct}{2} \tag{7-44}$$

由式（7-44）可以得知，距离的测量精度主要是由两个脉冲之间的时间间隔的测量精度决定。而计时精度的限制决定了脉冲激光测距法的精度不可能太高，一般可以实现厘米级精度。

脉冲激光测距原理很简单，关键是精确测定激光脉冲往返距离 L 的飞行时间 t。

2. 测量系统

如图 7-25 所示，脉冲激光测距系统一般由脉冲激光发射系统、接收系统、门控电路、时钟脉冲振荡器以及计数显示电路等组成。其工作过程是：首先对准目标，启动复位开关 K，复原电路给出复原信号，使整机复原，准备进行测量；同时触发脉冲激光发生器，产生激光脉冲。

该激光脉冲有一小部分能量由参考信号取样器直接送到接收系统，作为计时的起始点，大部分光脉冲能量射向待测目标。由目标反射回测距仪处的光脉冲能量，被接收系统接收，这就是回波信号。参考信号（主波信号）和回波信号先后由光电探测器转换为电脉冲，并加以放大和整形。整形后的参考信号使 T 触发器翻转，控制计数器开始对晶体振荡器发出的时钟脉冲进行计数。整形后的回波信号使 T 触发器的输出翻转无效，从而使计数器停止工作。这样，根据计数器的输出即可计算出待测目标的距离 L 为

$$L = \frac{cN}{2f} \tag{7-45}$$

其中，N 为计数脉冲个数；f 为计数脉冲的频率。

如图 7-25 所示，干涉滤光片和光阑的作用是减少背景光和杂散光的影响，降低探测器输出信号中的背景噪声。

系统的分辨力取决于计数脉冲的频率。由于激光光速很快，计时基准脉冲和计数器频率的高低直接影响着测距精度。当测距为 1500m 时，光脉冲往返时间 $t = 2L/c = 10\mu s$，如果这时采用的时钟脉冲频率为 150MHz，那么在 $10\mu s$ 时间间隔内应计数 1500 个脉冲，也就是说每个脉冲所代表的距离为 1m。在检测中若有一个脉冲的误差，其测距误差则是 1m。这对于远距离测量或许尚能允许，但于近距离（如 50m），其相对误差就太大了。通过提高时钟脉冲的频率可以减小这一误差，如果要得到 1cm 的测量精度，则要求计数频率为

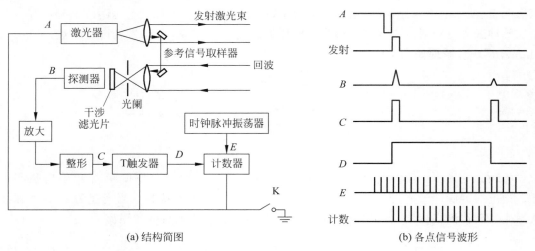

(a) 结构简图   (b) 各点信号波形

图 7-25　脉冲激光测距系统

15GHz,显然这对整个测量系统的要求太高,相应地就会带来两个问题:①过高的时钟脉冲不易获得;②普通电子元器件无法保证精度,必须选用高速器件,这势必会增加系统设计难度,产品价格也会大幅度提高。

目前,许多脉冲式激光测距仪的精度为 $1\sim10m$,为了提高精度,常用某些较复杂的信号记录系统,测量信号的精度可达 $1ns(10^{-9}s)$ 左右。随着脉冲式激光器的发展,已经能获得持续时间 $1ps(10^{-12}s)$ 甚至更短的激光脉冲,脉冲功率可达 $1000MW$,在 $10^{-12}s$ 的时间内,光可通过 $0.3mm$ 的距离。因此,纳秒激光器的问世,为脉冲激光测距开拓了极有希望的前景。

关于脉冲测距精度,可以表示为

$$\Delta L = \frac{1}{2}c\Delta t \tag{7-46}$$

c 的精度主要依赖于大气折射率的测定,由大气折射率测定误差而带来的误差约为 10^{-6},因此对于短距离脉冲激光测距仪(几至几十千米),测距精度主要取决于 Δt 的大小。影响 Δt 的因素很多,如激光的脉宽、反射器和接收光学系统对激光脉冲的展宽、测量电路对脉冲信号的响应延迟等。

7.3.2　相位激光测距

相位激光测距一般应用于精密测距中。由于其精度高,一般为毫米级,为了有效地反射信号,并使测定的目标限制在与仪器精度相称的某一特定点上,对这种测距仪都配置了称为合作目标的反射镜。相位激光测距方法是通过对光的强度进行调制实现的,原理如下。

设调制频率为 f,调制波形如图 7-26 所示,波长为

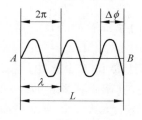

$$\lambda = \frac{c}{f} \tag{7-47}$$

其中,c 为光速。

图 7-26　调制波形

由图 7-26 可知,光波从 A 点传到 B 点的相移 ϕ 可表示为

$$\phi = 2m\pi + \Delta\phi = (m + \Delta m)2\pi \tag{7-48}$$

其中，m 为 0 或正整数；Δm 为一个小数，$\Delta m = \Delta\phi/2\pi$。

A、B 两点之间的距离 L 为

$$L = ct = c\frac{\phi}{2\pi f} = \lambda(m + \Delta m) \tag{7-49}$$

其中，t 表示光由 A 点传到 B 点所需的时间。由式（7-48）可知，如果测得光波相移 ϕ 中 2π 倍数中的整数 m 和小数 Δm，就可由式（7-49）确定出被测距离 L，所以调制光波被认为是一把"光尺"，即波长 λ 就是相位激光测距仪量度距离的一把尺子。

不过，用一台测距仪直接测量 A、B 两点光波传播的相移是不可能的，因此在 B 点设置一个反射器（即所谓的合作目标），使从测距仪发出的光波经反射器反射再返回测距仪，然后由测距仪的测相系统对光波往返一次的相位变化进行测量。图 7-27 所示为光波在距离 L 上往返一次后的相位变化。

为方便分析，假设测距仪的接收系统置于 A 点（实际上测距仪的发射和接收系统都是在 A' 点），并且 $|AB| = |BA'|$，$|AA'| = 2L$，如图 7-28 所示，则有

$$2L = \lambda(m + \Delta m)$$

或

$$L = \frac{\lambda}{2}(m + \Delta m) = L_s(m + \Delta m) \tag{7-50}$$

其中，m 为 0 或正整数；Δm 为一个小数。

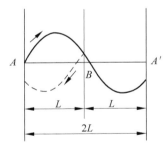

图 7-27　光波往返一次后的相位变化

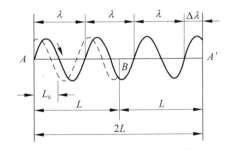

图 7-28　光波经 $2L$ 距离后的相位变化

这时，L_s 作为量度距离的一把"光尺"。但需要指出的是，相位测量技术只能测量出不足 2π 的相位尾数 $\Delta\phi$，即只能确定小数 $\Delta m = \dfrac{\Delta\phi}{2\pi}$，而不能确定出相位的整周期数 m，因此，当距离 $L > L_s$ 时，仅用一把"光尺"是无法测定距离的。但当距离 $L < \lambda/2$，即 $m = 0$ 时，可确定距离 L 为

$$L = \frac{\lambda}{2}\frac{\Delta\phi}{2\pi} \tag{7-51}$$

由此可知，如果被测距离较长，可降低调制频率，使 $L_s > L$ 即可确定距离 L。但是，由于测相系统存在的测相误差，所选用的 L_s 越大，测距误差越大。例如，如果测相系统的测相误差为 1‰，则当测尺长度 $L_s = 10\text{m}$ 时，会引起 1cm 的距离误差；而当 $L_s = 1000\text{m}$ 时，所引起的误差就可达 1m。所以，要既能测长距离又具有较高的测距精度，解决的办法就是同时使用 L_s 不同的几把"光尺"。例如，要测量 584.76m 的距离时，选用测尺长度 $L_{s1} =$

1000m 的调制光作为粗尺,而选用测尺长度 $L_{s2}=10$m 的调制光作为精尺。假设测相系统的测相精度为 1‰,则用 L_{s1} 可测得不足 1000m 的尾数 584m,用 L_{s2} 可测得不足 10m 的尾数 4.76m,将两者结合起来就可以得到 584.76m。

这样,用一组(两个或两个以上)测尺一起对距离 L 进行测量,就解决了测距仪高精度和长测程的矛盾,其中最短的测尺保证了必要的测距精度,最长的测尺则保证了测距仪的测程。

1. 直接测尺频率方式

由测尺长度 L_s 可得光尺的调制频率(测尺频率)为

$$f_s = \frac{c}{2L_s} \tag{7-52}$$

由于上述方法所选定的测尺频率 f_s 直接与测尺长度 L_s 相对应,即测尺长度直接由测尺频率决定,所以这种方式称为直接测尺频率方式。如果测距仪要求测程为 100km,精确到 0.01m,而相位测量系统的精度仍为 1‰,则需要 3 把光尺,即 $L_{s1}=10^5$m,$L_{s2}=10^3$m,$L_{s3}=10$m,相应的测尺频率分别为 $f_{s1}=1.5$kHz,$f_{s2}=1501$kHz,$f_{s3}=15$MHz。显然,要求相位测量电路要在这么宽的频带内都保证 1‰ 的测量精度是难以做到的,因此实际测量中,有些测距仪不采用上述直接测尺频率方式,而采用集中的间接测尺频率方式。

2. 集中的间接测尺频率方式

假定用两个频率 f_{s1} 和 f_{s2} 调制的光分别测量同一距离,根据式(7-50)有

$$L = L_{s1}(m_1 + \Delta m_1) \tag{7-53}$$

$$L = L_{s2}(m_2 + \Delta m_2) \tag{7-54}$$

由式(7-53)和式(7-54)经过简单的运算,可得

$$L = L_s(m + \Delta m) \tag{7-55}$$

其中

$$L_s = \frac{L_{s1}L_{s2}}{L_{s2}-L_{s1}} = \frac{1}{2}\frac{c}{f_{s1}-f_{s2}} = \frac{1}{2}\frac{c}{f_s} \tag{7-56}$$

$$m = m_1 - m_2 \tag{7-57}$$

$$\Delta m = \Delta m_1 - \Delta m_2 \tag{7-58}$$

$$f_s = f_{s1} - f_{s2} \tag{7-59}$$

因为 $\Delta m_1 = \dfrac{\Delta\phi_1}{2\pi}$,$\Delta m_2 = \dfrac{\Delta\phi_2}{2\pi}$,$\Delta m = \dfrac{\Delta\phi}{2\pi}$,则有

$$\Delta\phi = \Delta\phi_1 - \Delta\phi_2 \tag{7-60}$$

在以上公式中,可以认为 f_s 是一个新的测尺频率,L_s 是新测尺频率 f_s 所对应的测尺长度。这样,用 f_{s1} 和 f_{s2} 分别测量某一距离时,所得相位尾数 $\Delta\phi_1$ 和 $\Delta\phi_2$ 之差,与用 f_{s1} 和 f_{s2} 的差频频率 $f_s = f_{s1} - f_{s2}$ 测量该距离时的相位尾数 $\Delta\phi$ 相等。间接测尺频率方式正是基于这一原理进行测距的,通过测量 f_{s1} 和 f_{s2} 频率的相位尾数并取其差值间接测定相应的差频频率的相位尾数。通常把 f_{s1} 和 f_{s2} 称为间接测尺频率,而把差频频率称为相当测尺频率,表 7-2 列出了间接测尺频率、相当测尺频率、相对应的测尺长度以及 0.1‰ 的精度值。

表 7-2　间接测尺频率、相当测尺频率及测尺长度

间接测尺频率	相当测尺频率 $f_s = f_{s1} - f_{s2}$	测 尺 长 度	0.1% 精 度
$f_{s1} = 15\text{MHz}$	—	10m	1cm
$f_{s2} = 0.9f_{s1}$	1.5MHz	100m	10cm
$f_{s2} = 0.99f_{s1}$	150kHz	1km	1m
$f_{s2} = 0.999f_{s1}$	15kHz	10km	10m
$f_{s2} = 0.9999f_{s1}$	1.5kHz	100km	100m

由表 7-2 可见，这种方式的各间接测尺频率值非常接近，最高和最低频率之差仅为 1.5MHz。5 个间接测尺频率都集中在较窄的频率范围内，故间接测尺频率又可称为集中测尺频率。这样，不仅可使放大器和调制器能够获得相接近的增益和相位稳定性，而且各频率对应的石英晶体也可统一。

相位测距仪采用差频测相法测量相位。差频测相原理如图 7-29 所示。

假定主控振荡器信号（图中简写为主振）$e_{s1} = A\cos(\omega_s t + \phi_s)$，发射后经 $2L$ 距离返回接收机，接收到的信号为 $e_{s2} = A\cos(\omega_s t + \phi_s + \Delta\phi)$，$\Delta\phi$ 表示相位的变化。设本地振荡器信号（图中简写为本振）为 $e_1 = A\cos(\omega_1 t + \phi_s)$，把 e_1 送到混频器 Ⅰ 和 Ⅱ，分别与 e_{s1} 和 e_{s2} 混频，在混频器的输出端得到差频参考信号 e_r 和测距信号 e_s，分别表示为

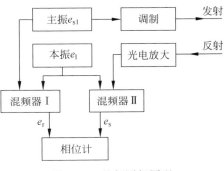

图 7-29　差频测相原理

$$e_r = D\cos[(\omega_s - \omega_1)t + (\phi_s - \phi_1)] \tag{7-61}$$

$$e_s = E\cos[(\omega_s - \omega_1)t + (\phi_s - \phi_1) + \Delta\phi] \tag{7-62}$$

用相位检测电路测出这两个混频信号的相位差 $\Delta\phi' = \Delta\phi$。可见，差频后得到的两个低频信号的相位差 $\Delta\phi'$ 与直接测量高频调制信号的相位差 $\Delta\phi$ 是一样的。通常选取测相的低频频率 $f = f_s - f_1$ 为几千赫兹到几十千赫兹。

经过差频后得到的低频信号进行相位比较，可采用平衡测相法，也可采用自动数字测相法。平衡测相法具有较高的测相精度，结构简单，性能可靠，价格低廉，但这种测相方式的测相精度与移相器及其移相网络的线性误差有关，同时还与鉴相器灵敏度、时间常数及读数装置有关，常会造成 $15' \sim 20'$ 或者更大的测相误差。此外，这种方式有机械磨损，测量速度较低，难以实现信息处理。自动数字测相则具有测量速度高、测量过程自动化、便于实现信息处理等优点，而且可得到 $1/10000 \sim 2/10000$ 的测相精度（相当于 $2' \sim 4'$）。

相位激光测距的探测距离受到光尺的限制，测量范围一般为几米到几千米，测距精度可达毫米量级，相对误差可达百万分之一。但是，该方法需要配备合作目标的反射镜，一般只有在有合作目标的情况下才适用。脉冲激光测距精度一般可达分米级，甚至厘米级，低于相位激光测距，但是相较于相位激光测距，脉冲激光测距发射的脉冲能量集中，瞬时功率较大，测距较远，测量范围大，并且测量时间短，抗干扰能力强，适用于较复杂的环境，在没有合作目标的情况下也能保证测量范围和测量精度。

随着电子技术和 CMOS 工艺水平的飞速发展，脉冲式激光测距技术，即 TOF 测距技术

开始与图像传感器相结合,能实时同步地捕捉动态目标的灰度(幅度)和距离信息并进行成像。TOF 成像技术具有算法简单、抗干扰能力强、测量速度快、可集成化、稳定性高等优点,且由于采用了主动近红外光照明,TOF 测距系统不受周围环境限制,可在无光照环境下工作。此外,对近红外光进行调制解调能够有效地抑制白光的干扰。近年来开发的 TOF 测距系统将信号调制、采样以及解调等实现为封闭的片上集成设计,基于这些芯片搭建的 TOF 相机不仅体积小、成本低,而且能够实时地获取整个场景的距离信息,非常适合交互式应用场景。

7.4　激光测速和测距应用

7.4.1　车载激光多普勒测速

为了测量行进车辆相对地面的真实速度,国防科技大学研制了一种车载激光多普勒测速仪。

如图 7-30 所示,LDV 发射出具有一定夹角的两束光束,分别为光束 A 和光束 B。激光源为工作于单纵模和 TEM_{00} 横模的固态绿色激光器,波长 $\lambda = 532\mathrm{nm}$。激光经过准直后被反射率为 50% 的分束器 1 分束,其中,透射光束通过全反射镜反射到地面,反射光束被反射率为 98% 的分束器 2 分束。分束器 2 的反射光束也被全反射镜反射到地面。光束 A 与光束 B 相对地面的夹角不同,分别为 θ_{A} 和 θ_{B}。无论光束 A 还是光束 B 都会在地面发生散射,且由于相对运动的存在,散射光将产生多普勒频移,分别表示为

$$f_{\mathrm{DA}} = \frac{2V\cos\theta_{\mathrm{A}}}{\lambda} \tag{7-63}$$

$$f_{\mathrm{DB}} = \frac{2V\cos\theta_{\mathrm{B}}}{\lambda} \tag{7-64}$$

其中,f_{DA} 和 f_{DB} 为光束 A 和 B 散射后的多普勒频移;V 为车辆相对地面的行进速度。

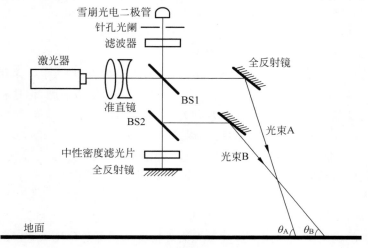

图 7-30　一种车载激光多普勒测速仪

光束 A 和光束 B 的部分散射光会经全反射镜重新进入 LDV,经过滤光片和针孔光阑达到雪崩光电二极管,作为两路测量光。另外,透过分束器 2 的光束经过中性密度滤光片后,被全反射镜反射并最终到达雪崩光电二极管,作为参考光。该参考光将分别与两路测量

光形成拍频信号被雪崩光电二极管接收。由于两束光与地面夹角不同,对应于相同车辆速度的两个多普勒频移不同,信号频谱中将存在两个峰值。在信号处理算法中,通过对信号进行快速傅里叶变换,即可在频谱中找到两个峰值,并计算得到真实车辆速度。

该测速仪最大的特点是可以消除行进车辆俯仰角的变动对速度测量的影响。假设两束出射光的夹角为 $\Delta\theta$,则

$$\Delta\theta = \theta_A - \theta_B \tag{7-65}$$

再根据式(7-63)和式(7-64)可推导得出

$$V = \frac{\lambda f_{DB}}{2}\sqrt{1 + \left(\frac{1}{\tan\Delta\theta} - \frac{1}{\sin\Delta\theta}\frac{f_{DA}}{f_{DB}}\right)^2} \tag{7-66}$$

显然,车辆的真实行进速度只与两光束的多普勒频移以及二者的夹角相关,而与 θ_A 和 θ_B 各自大小无关,这种结构设计使测速仪不受车辆俯仰角的影响,且相比于一般的二维 LDV 结构更加简单。

7.4.2 空间碎片的激光脉冲测距

随着世界各国航天技术的发展以及航天器发射的增多,太空中火箭体、发动机、废弃卫星等破裂、碰撞、爆炸所产生的空间碎片在逐渐增多,这对卫星的空间作业产生巨大威胁。为了对这些空间碎片进行高精度跟踪监测,采用强激光脉冲测量这些碎片的距离是一套可行的方案。图 7-31 所示为一台 60cm 口径望远镜空间目标激光测距仪。

图 7-32 所示为上海天文台研制的一台基于 532nm、1kHz 脉冲重复频率皮秒激光器的双脉冲高精度碎片激光测距系统组成框图,其主要包括轨道预测和控制系统、激光系统、激光发射系统、望远跟踪系统、高精度计时系统、回波接收和检测系统等。

首先将空间碎片轨道预测参数下载到碎片激光测距控制系统计算机,计算机对空间碎片轨道预测参数

图 7-31　60cm 口径望远镜空间目标激光测距仪

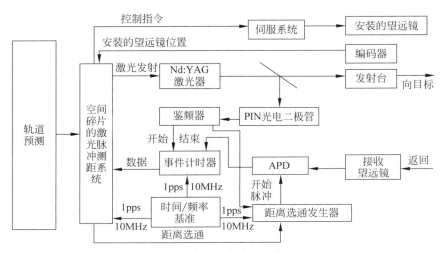

图 7-32　双脉冲高精度碎片激光测距系统

进行处理和转换,然后向伺服系统发出控制命令,并通过编码器的精确反馈控制望远系统对空间碎片进行跟踪。空间碎片将由接收系统的 CCD 进行监测。此时,皮秒激光器启动,并从计算机发出指令,通过望远镜发射系统向空间碎片目标发射,同时通过光电探测器在激光发射处接收到参考脉冲信号。参考脉冲信号由鉴别器处理,并启动计时器,并将启动时间 t_1 发送到计算机。启动时间信号也将被发送到距离选通信号发生器以产生选通信号。碎片返回信号通过接收系统传递给雪崩二极管 APD,返回时间 t_2 由计时器获得。总的来说,通过时间/频率基准,距离选通发生器、计算机和计时器提供了高精度的时间。以上海卫星激光测距系统为基础,上海天文台可实现对 40000km 内空间合作目标(带反射器卫星)全天时厘米级精度观测,以及距离最远大于 2000km 的非合作目标空间碎片分米级精度观测,是国际激光测距网的主要台站。

7.4.3　飞秒光梳色散干涉测距

基于飞秒激光器的色散干涉方法可实现高精度的绝对距离测量。色散干涉法最早用于白光干涉测距,测量范围只限于微米量级。由于飞秒光梳存在大量分离的光学模式,利用它们进行色散干涉测距能够得到比传统白光色散干涉测距更大的测量范围和更高的测量分辨力。

如图 7-33 所示,色散干涉绝对距离测量采用飞秒光梳实现,光梳产生的飞秒脉冲通过光隔离器后进入干涉仪。干涉仪中的参考镜固定不动,测量镜沿测量光的光轴方向移动。测量光和参考光在分束镜处会合后,经过厚度为 2.0mm 的 F-P 标准具实现频域滤波,降低梳齿密度,滤波后仅有约 3 个连续光学模式进入光谱仪。光谱仪由线光栅和线阵 CCD 组成,线光栅将入射光衍射到具有 3648 个像元的线阵 CCD 上进行探测,通过对 CCD 探测的干涉信号进行处理即可获得待测距离 L 为

$$L = (c/4\pi n_g) \, \mathrm{d}\varphi/\mathrm{d}\nu$$

其中,n_g 为大气群折射率;c 为光在真空中的速度;ν 为光的频率;$\varphi(\nu)$ 相位可通过功率谱密度 $g(\nu) = s(\nu) [1 + \cos\varphi(\nu)]$ 得到,$s(\nu)$ 为光谱功率密度。

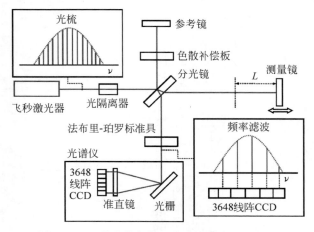

图 7-33　飞秒光梳色散干涉绝对距离测量原理

测量采用的飞秒激光器为钛宝石锁模激光器,脉宽为 10fs,重复频率为 75MHz,每个频率模式的线宽小于 1MHz。最终在 0.89m 的测量距离下实现了 7nm 的测量分辨力,非模糊距离为 1.46mm。

习题与思考 7

7-1 在光源和观察者相对静止的情况下,移动物体所散射的光的频移可以看作双重多普勒频移,试画图对这一过程进行说明。

7-2 什么是激光差动多普勒测速技术? 请画出原理简图并阐述。

7-3 在流体速度测量中,激光多普勒信号有什么特点?

7-4 飞行时间法的测量精度与哪些参数密切相关? 如何提高飞行时间法的测量精度?

7-5 试阐述相位激光测距的原理,分析影响其测量精度的因素。

7-6 与现有三维成像技术相比,TOF 三维相机有哪些优点和缺点?

7-7 试举出一个 TOF 相机的应用案例。

第 8 章

光纤传感原理与技术

本章针对光纤传感,首先概述光纤传感的主要类型和特点,之后介绍光在波导介质中传输的基本理论,重点介绍光在光纤中的传输规律和传输特性,最后分别介绍光强度调制型、光相位调制型、光偏振调制型、光波长调制型光纤传感及光纤分布式传感在实现位移、振动、电流、应变和温度等多种物理量测量应用中的工作原理和特点。

8.1 概述

第 45 集
微课视频

光纤在早期主要用于传光和传输图像,到 20 世纪 70 年代初生产出低损耗光纤后,光纤可用于长距离信息传递,从而使光纤通信技术得以迅速发展和实用化。但是,光纤不仅可以作为光波的传播媒质,而且可以用作传感元件以探测各种物理量。因为光波在光纤中传播时,表征光波的特征变量(振幅或光强、相位、偏振态、波长或频率等)在外界因素(如温度、压力、位移、转动、运动、速度、电场、磁场等)的作用下会发生直接或间接的变化,这就是光纤传感的基本原理。

8.1.1 光纤传感的主要类型

光纤传感通常可分为传光型和传感型两大类。

传光型光纤传感又称为非功能型光纤传感,是利用其他敏感元件感知被测物理量,产生的光信号由光纤进行信息传输,光纤只起到传光的作用。其特点是可充分利用现有的各种传感器件和光转换器件,还可发挥光纤自身的优势,简单易行,便于推广应用。

传感型光纤传感又称为功能型光纤传感,是利用被测物理量改变光纤中光的振幅(强度)、相位、偏振态或波长(频率),从而对被测物理量进行测量。这里,光纤既是传感元件,又是传光元件,即信息的获取和传输都在光纤之中。传感型光纤传感与测量的特点显著,因为光纤细而长,光波能量可聚集在很小的区域内,作用距离很长,加之由于光纤的波导效应和非线性效应等,可以获得比同类传统传感器更高的灵敏度和动态范围等,并且可以实现小型化、远距离遥测等,扩大应用范围。

以上两类光纤传感都可以根据光波特征变量再分为光强(振幅)调制型、相位调制型、偏振态调制型、波长(频率)调制型等几种光纤传感与测量。另外,也可以根据被测物理量进行分类,如位移、振动、温度、应变、电流、磁场、流量等几种类型的光纤传感与测量。

8.1.2 光纤传感的主要特点

光纤传感主要具有以下特点。

（1）对被测对象和环境的适应性好。由于光纤是电绝缘、耐腐蚀的传播媒质，光纤传感器又是利用光波传递信息，所以不怕电磁干扰，也不影响外界的电磁场，可在大型机电、石油化工等部门的强电磁干扰、强腐蚀环境和易燃、易爆场合安全可靠地使用。

（2）检测灵敏度高。利用长光纤、光波干涉技术和"增敏""去敏"技术，可提高光纤传感与测量的灵敏度，如位移、水声、加速度、温度、磁场、辐射等光纤传感与测量系统。

（3）体积小，重量轻，外形可变。光纤具有体积小、重量轻和可绕性强等优点，因此可制成外形各异、结构简单的各种光纤传感与测量系统，特别是可制成体积很小的测头，这非常有利于航空、航天以及狭窄空间的应用，还可以进行远距离遥感监测。

（4）测量对象广泛，成本低。目前已有性能各异的用于测量温度、压力、位移、速度、加速度、液位、流量、振动、水声、电流、电压、电场、磁场、核辐射、浓度、pH 值等物理量、化学量的光纤传感与测量系统，其中有些种类的光纤传感与测量系统的成本大大低于现有同类传感与测量系统。

（5）便于复用，便于组网。可以进行多路复用传感与测量，与光纤传输系统组成传感网络。

（6）容易实现非接触测量，对被测介质影响小。这对于医药、生物等领域的传感与测量极其有利。

8.2 光在波导介质中传输的基本理论及规律

8.2.1 光纤的基本结构

光纤的全称是光导纤维（Optical Fiber），是一种传输光能量的介质结构，所传光的波长在可见光和红外区域。实际上，光纤是由近于透明的介质材料构成的柔软纤维，其基本结构如图 8-1 所示，一般可分为 3 层，中间是纤芯，外面为包层，再外面为护套。

光能够被束缚在纤芯中传输的必要条件是纤芯折射率（至少在截面的某些区域）大于包层的折射率。护套在光学上几乎与纤芯隔绝，可以忽略其影响。纤芯内，折射率分布 $n(r)$ 可以是均匀的或渐变的，也可能有更复杂的分布。图 8-2 给出了一些常见光纤的折射率分布。

图 8-1 光纤基本结构

根据光纤中光场的传输模式，光纤可分为单模光纤和多模光纤。单模光纤比较细，芯直径为 $4 \sim 10 \mu m$；多模光纤比较粗，芯直径为 $25 \sim 200 \mu m$，典型值为 $50 \mu m$ 和 $62.5 \mu m$；包层直径都是 $125 \mu m$。折射率 n_1 和 n_2 由制作光纤的材料决定，在光纤分析中通常定义相对折射率差为

$$\Delta = (n_1^2 - n_2^2)/2n_1^2 \tag{8-1}$$

通常单模光纤 $0.003 < \Delta < 0.01$，多模光纤 $0.01 < \Delta < 0.03$，可见

$$n_1 \approx n_2 \tag{8-2}$$

$$\Delta \approx (n_1 - n_2)/n_1 \ll 1 \tag{8-3}$$

称为弱导光波导。制作光纤的材料通常有高纯石英（SiO_2）、多组分玻璃和有机聚合物等。

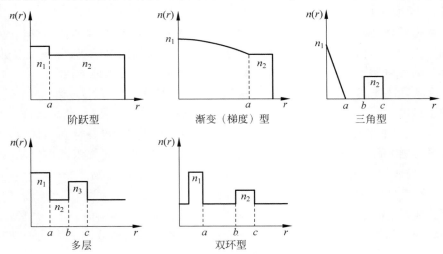

图 8-2　常见光纤的折射率分布

8.2.2　平板波导介质中的光波模式

光纤的圆柱形对称结构使其数学计算模型相对复杂，为便于理解，我们首先考虑如图 8-3 所示的平板对称介质结构。

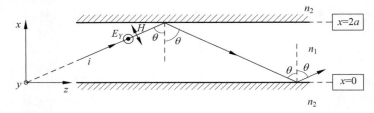

图 8-3　平板对称介质结构

一个折射率为 n_1 的介质平板置于折射率为 n_2 的介质中。建立一个如图 8-3 所示的直角坐标系，设一束光从坐标原点出发，以 θ 角在平面介质板中传播。如果 $\theta > \theta_c$（θ_c 为临界角），光在分界面上多次产生全反射。由于光波被束缚在平板介质中，所以称之为"波导"。先考虑入射的线偏振光的偏振态垂直于入射平面的情况。图 8-3 中的光波 i 可写为

$$E_i = E_0 \exp(-\mathrm{i}\omega t - \mathrm{i}kn_1 x\cos\theta - \mathrm{i}kn_1 z\sin\theta) \tag{8-4}$$

反射光 r 可表示为

$$E_r = E_0 \exp(-\mathrm{i}\omega t + \mathrm{i}kn_1 x\cos\theta - \mathrm{i}kn_1 z\sin\theta + \mathrm{i}\delta_s) \tag{8-5}$$

其中，δ_s 为偏振光全反射时引起为相位变化。这两个光波相互叠加发生干涉。干涉场可表示为

$$E_T = E_i + E_r = 2E_0 \cos\left(kn_1 x\cos\theta + \frac{\delta_s}{2}\right)\exp\left(-\mathrm{i}\omega t - \mathrm{i}kn_1 z\sin\theta + \frac{\mathrm{i}\delta_s}{2}\right) \tag{8-6}$$

这是一个沿 z 方向以波数 $kn_1\sin\theta$ 传播的光波，其振幅在 Ox 方向依从

$\cos\left(kn_1 x\cos\theta+\dfrac{\delta_s}{2}\right)$ 变化。

由于对称性，$x=0$ 及 $x=2a$ 的边界光强应该相等，即

$$\cos^2\left(\frac{\delta_s}{2}\right)=\cos^2\left(kn_1 2a\cos\theta+\frac{\delta_s}{2}\right) \quad \text{或} \quad 2akn_1\cos\theta+\delta_s=m\pi \qquad (8\text{-}7)$$

其中，m 为一个整数。有时称式(8-7)为横向谐振条件。由于 δ_s 取决于 θ，式(8-7)表明要使干涉场在整个光纤长度内保持稳定，θ 只能取一些离散的值。每个干涉图样用 m 值表示它的特征。每个 m 值都对应于一个 θ。这些允许存在的干涉图样称为光波的模式。

现在再来考虑光场沿纵向(沿 Oz 方向)的情况，由式(8-7)可知需要用波数表征光场的特性。

设纵向波数 $kn_1\sin\theta=\beta$，由全反射条件 $\sin\theta\geqslant\dfrac{n_2}{n_1}$，有

$$n_1 k \geqslant \beta \geqslant n_2 k \qquad (8\text{-}8)$$

所以纵向波数总是介于两种介质的波数之间。定义横向波数为

$$q=kn_1\cos\theta \qquad (8\text{-}9)$$

为了方便起见，定义一个参量 p，有

$$p^2=\beta^2-n_2^2 k^2 \qquad (8\text{-}10)$$

对于垂直偏振态 $E_\perp$，横向偏振条件可以表示为

$$\tan\left(aq-m\frac{\pi}{2}\right)=\frac{p}{q} \qquad (8\text{-}11)$$

对于平行偏振态 $E_\parallel$，横向偏振条件可以表示为

$$\tan\left(aq-m\frac{\pi}{2}\right)=\frac{n_1^2}{n_2^2}\cdot\frac{p}{q} \qquad (8\text{-}12)$$

分别称这两种情况为"横电"(TE，对应于 $E_\perp$)与"横磁"(TM，对应于 $E_\parallel$)。可以定义任意给定平板的模式，根据 m 是奇数还是偶数，可将方程的结果分为偶数形式和奇数形式。对于奇数 m，有

$$\tan\left(aq-m_{\text{odd}}\frac{\pi}{2}\right)=-\cot(aq) \qquad (8\text{-}13)$$

对于偶数 m，有

$$\tan\left(aq-m_{\text{even}}\frac{\pi}{2}\right)=\tan(aq) \qquad (8\text{-}14)$$

取 m 为偶数，式(8-13)可写为

$$aq\tan(aq)=ap \qquad (8\text{-}15)$$

由 p 和 q 的定义可知

$$a^2 p^2+a^2 q^2=a^2 k^2(n_1^2-n_2^2) \qquad (8\text{-}16)$$

取相互垂直的轴 ap 和 aq，式(8-16)表示的 p 和 q 之间的关系是半径为 $ak\sqrt{n_1^2-n_2^2}$ 的圆。如果对于相同的轴系，我们再画上 $aq\tan(aq)$，如图 8-4 所示的两个函数的交点满足式(8-16)。这些点提供了波导中允许存在模式所对应的 θ

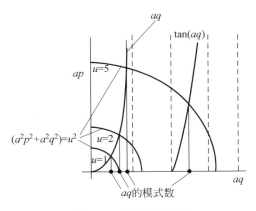

图 8-4　平面波导模式

值。对于一个给定的 k 对应的 θ 值,可以计算出 β 值,即 $\beta = n_1 k \sin\theta$。对于指定的 m 值,β 是 k 的函数。它们之间的曲线称为色散曲线,这是决定波导工作状态的重要参数。

显然,波导的参数值决定了波导中可能存在的模式数目。由图 8-4 可知,无论圆的半径多么小,此圆与渐近线至少有一个交点。若只有一个解,那么圆的半径必须小于 $\pi/2$,即

$$ak(n_1^2 - n_2^2)^{1/2} < \frac{\pi}{2} \tag{8-17}$$

或

$$\frac{2\pi a}{\lambda}(n_1^2 - n_2^2)^{1/2} < 1.57 \tag{8-18}$$

式(8-18)是对称波导的单模条件,它表征一个重要的情况,因为波导中的单模极大简化了波导中的传输形式。

8.2.3 光在光纤中的传输规律

再来考虑如图 8-5 所示的光纤的圆柱对称结构。设纤芯和包层的折射率分别为 n_1 和 n_2。对于板状波导适用的基本原理同样适用于光纤。为方便起见,使用图 8-5 定义的柱坐标 (γ, ϕ, z)。麦克斯韦方程可变为

$$\nabla^2 E = \frac{1}{\gamma}\frac{\partial}{\partial\gamma}\left(\gamma\frac{\partial E}{\partial\gamma}\right) + \frac{1}{\gamma^2}\frac{\partial^2 E}{\partial\phi^2} + \frac{\partial^2 E}{\partial z^2} = \mu\varepsilon\frac{\partial^2 E}{\partial t^2} \tag{8-19}$$

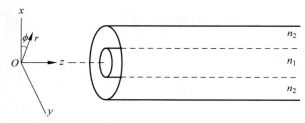

图 8-5 光纤的圆柱对称结构

分离变量 $E = E_r(r)E_\phi(\phi)E_z(z)E_t(t)$,有 $E_z(z)E_t(t) = \exp[i(\beta z - \omega t)]$,式(8-19)可重写为

$$\frac{\partial}{\partial\gamma}\left\{r\frac{\partial(E_r E_\phi)}{\partial r}\right\} + \frac{1}{\gamma^2}\frac{\partial^2(E_r E_\phi)}{\partial\phi^2} - \beta^2 E_r E_\phi + \mu\varepsilon\omega^2 E_r E_\phi = 0 \tag{8-20}$$

如果假设 E_ϕ 为周期函数,有

$$E_\phi = \exp(\pm il\phi) \tag{8-21}$$

其中,l 为整数。式(8-16)可进一步简化为

$$\frac{\partial^2 E_r}{\partial\gamma^2} + \frac{1}{\gamma}\frac{\partial E_r}{\partial\gamma} + \left(n^2 k^2 - \beta^2 - \frac{l^2}{\gamma^2}\right)E_r = 0 \tag{8-22}$$

这是贝塞尔方程形式,它的解是贝塞尔解。

像平面波导一样,令

$$n_1^2 k^2 - \beta^2 = q^2 \tag{8-23}$$

$$\beta^2 - n_2^2 k^2 = p^2 \tag{8-24}$$

有

$$\frac{\partial^2 E_r}{\partial \gamma^2} + \frac{1}{\gamma} \frac{\partial E_r}{\partial \gamma} + \left(q^2 - \frac{l^2}{\gamma^2} \right) E_r = 0, \quad \gamma \leqslant a \ (\text{纤芯}) \tag{8-25}$$

及

$$\frac{\partial^2 E_r}{\partial \gamma^2} + \frac{1}{\gamma} \frac{\partial E_r}{\partial \gamma} - \left(p^2 + \frac{l^2}{\gamma^2} \right) E_r = 0, \quad \gamma > a \ (\text{包层}) \tag{8-26}$$

方程的解为

$$E_r = E_c J_1(qr), \qquad \gamma \leqslant a \tag{8-27}$$

$$E_r = E_{cl} K_1(pr), \qquad \gamma > a \tag{8-28}$$

其中，E_c 和 E_{cl} 分别为纤芯和包层中的场强；J_1 为一阶贝塞尔函数；K_1 为二阶变形贝塞尔函数。这两个函数在边界 $r=a$ 处必须连续，对于纤芯，有

$$E = E_c J_1(qr) \exp(\pm il\phi) \exp[i(\beta z - \omega t)] \tag{8-29}$$

对于包层，有

$$E = E_{cl} K_1(pr) \exp(\pm il\phi) \exp[i(\beta z - \omega t)] \tag{8-30}$$

可以又一次利用边界条件 $r=a$ 决定 p、q 和 β 的允许取值。其结果是 β 和 k 的关系式，称为色散曲线，如图 8-6 所示，当 $n_1 \approx n_2$ 时称为"弱导"，可简化复杂烦冗的数学计算，此时在边界面上的入射角必须很大才能发生全反射现象，光线必须以掠入射的方式在光纤纤芯中传输。也就是说，光波几乎是一个横波，纵向分量 H_z、E_z 可忽略不计，光波可简化为两个线偏振光的组合，这种模式称为线偏振模（LP）。

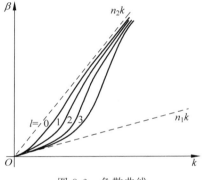

图 8-6 色散曲线

对于典型的光纤，有 $\dfrac{n_1 - n_2}{n_1} \approx 0.01$，所以弱导近似对光纤是有效的。

图 8-7 所示为一些低阶线偏振模的强度分度及对应的偏振状态的水平整数值 l。光纤中存在两种可能的线偏模形式。圆柱对称的单模条件为

$$\frac{2\pi a}{\lambda} \sqrt{n_1^2 - n_2^2} < 2.404 \tag{8-31}$$

对于光纤设计的一些重要特性，用几何光学分析更方便。先讨论光入射进光纤的问题。如图 8-8(a)所示，在光纤端面光纤以入射角 θ_0 入射，其折射角为 θ_1，有

$$n_0 \sin\theta_0 = n_1 \sin\theta_1 \tag{8-32}$$

其中，n_0 和 n_1 为光纤纤芯和包层的材料折射率。如果折射光以 θ_T 入射到芯层分界面上，包层的折射率为 n_2，对于全反射，有

$$\sin\theta_T > \frac{n_2}{n_1} \tag{8-33}$$

因为 $\theta_T = \dfrac{\pi}{2} - \theta_1$，有

$$\cos\theta_1 > \frac{n_2}{n_1} \tag{8-34}$$

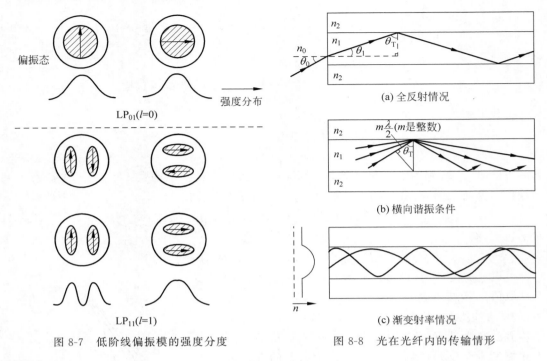

图 8-7　低阶线偏振模的强度分度　　　图 8-8　光在光纤内的传输情形

所以有

$$\cos\theta_1 = \sqrt{1 - \frac{n_0^2 \sin^2\theta_0}{n_1^2}} > \frac{n_2}{n_1} \quad 或 \quad n_0\sin\theta_0 < \sqrt{n_1^2 - n_2^2} \tag{8-35}$$

$\sqrt{n_1^2 - n_2^2}$ 定义为光纤的数值孔径（N_A），它是表征光纤接收光的能力的一个量，入射光圆锥的顶角半宽为 θ_0。为了得到大的 θ_0，必须增大纤芯和包层的折射率差值。对于典型光纤，$\theta_0 = 10°$。

图 8-8（b）所示为满足横向谐振条件，并可产生全反射的一些离散的反射角。要使更多的光线反射，必须增大全反射角，这又必须增大数值孔径。

从几何光线传播可以容易地看出：光在光纤中的传播速度取决于反射角的大小，反射角越小，传播速度越慢。在大数值孔径的条件下，这将导致"模式色散"。因为如果能量分布在很多模式中，不同的传播速度将导致光纤的另一端各模式能量到达的时间不同。这在通信应用中是不希望发生的，因为它限制了通信带宽。在数字系统中，脉冲信号不希望被拓展成多个脉冲信号。对于最宽的带宽，只允许一个模式存在，这就需要使数值孔径小一些。要使信号强一些，需要大的数值孔径；要使信号带宽大一些，需要小的数值孔径，二者之间需要找到一个平衡。

图 8-8（c）所示为努力达到这个平衡的一种光纤设计。这种光纤称为渐变折射率（Graded-Index，GRIN）光纤。纤芯的折射率随抛物线规律变化，纤芯轴上达到最大值。这种折射率结构有效地构成了一系列连续的凸透镜，允许光的入射角大，而且纤芯中存在的模式有限。GRIN 光纤在短距离介质和通信系统中得到广泛应用。对于长距离通信系统，只能用单模光纤。

8.2.4 光纤的传输特性

光纤作为光纤传感的核心部件,结合上述光在光纤中的传输理论和传输规律,我们主要关心它的以下几个传输特性。

1. 衰减

光纤的传输损耗是光纤最重要的传输特性之一,它是限制光纤传感的传输距离和传输速率的重要因素之一,研究光纤的传输损耗并设法降低损耗是光纤传感中一个极重要的问题。一段光纤的损耗由通过这段光纤的光功率损失来衡量,稳态条件下单位长度的光纤损耗称为衰减系数 α,通常把 α 定义为

$$\alpha = 10\lg(P_{in}/P_{out})/L \quad \text{dB/km} \tag{8-36}$$

其中,P_{in} 为入射光功率;P_{out} 为传输后的输出光功率;L 为传输长度。稳态是指没有空间过渡态,在光纤中只有传输导模的情况。如果要更全面地了解光纤的损耗应测量光纤的衰减(损耗)谱。石英光纤在 1550nm 波长附近损耗最小,大约为 0.2dB/km,在 1310nm 波长附近损耗也较小,这两个波长是石英光纤的传感窗口波长。

产生光纤损耗的机制很复杂,主要与光纤材料本身的特性有关。制造工艺也影响光纤的损耗,影响损耗的制造工艺因素很多。从原理上讲,光纤损耗主要有吸收和辐射两大类,光与物质作用,一部分反射,一部分透射,一部分吸收。反射和透射能量仍是光。光在光纤中经过反射和吸收后,只有一部分光能达到终端,其余部分以光的形式辐射或被吸收。被吸收的光转化为热或其他形式的能量,因此,能够导致产生辐射与吸收的因素都可能产生损耗。

2. 色散

光脉冲在光纤中传输时,由于传输常数 β 是光频率 ω 的函数,当 $\mathrm{d}^2\beta(\omega)/\mathrm{d}\omega^2$ 与更高阶导数不为 0 时,意味着光信号的不同频率(或波长)具有不同的群延迟或群速度,这种群速度随光频率分量变化的现象称为群速度色散(Group Velocity Dispersion,GVD),简称色散。

在多模光纤中,由于存在多个模式,对于相同的光频率 ω,不同模式的传输常数 β 不同,因此群速度也必然不同,这种色散称为模式间色散。

对于单模光纤,由于只有基模,光脉冲中的不同频率成分具有不同的群延迟或群速度,这种色散要比模式间色散小很多,下面讨论这种色散。

光波中群速度最慢与最快频率成分的传输时延差为

$$\Delta\tau = L \cdot D \cdot \Delta\lambda \tag{8-37}$$

其中,D 为色散系数;L 为光传输长度;$\Delta\lambda$ 为传输光的波长范围,单位为 ps/(nm·km)。

D 与传输常数 β 之间的关系为

$$D = -\frac{2\pi c}{\lambda^2}\frac{\mathrm{d}^2\beta}{\mathrm{d}\omega^2} \tag{8-38}$$

根据光纤的模式理论,可以得到

$$D = D_m + D_w + D_p \tag{8-39}$$

其中,D_m 为材料色散;D_w 为波导色散;D_p 为折射率剖面色散。

材料色散和波导色散是比较大的,折射率剖面色散较小,通常可以忽略。石英单模光纤的色散曲线如图 8-9 所示,其中 ZMD 是材料色散的色散零点,λ_0 是总色散零点波长,常规

石英光纤的 λ_0 约为 1310nm。

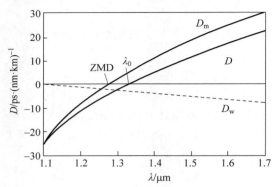

图 8-9　石英单模光纤的色散曲线

3. 偏振

在光纤的横截面内,由于材料和几何形状的非圆对称性,都会产生双折射现象,即当一束线偏振光(圆偏光也有类似定义)通过光纤时,其传输常数 β 随偏振方向改变的现象。

双折射现象对光传感的影响主要是产生偏振模色散(Polarization Mode Dispersion, PMD)。单模光纤在其基模工作时有两个正交的极化方向,每个方向代表一个偏振模。传播常数为 β_x 和 β_y,由于双折射,$\beta_x \neq \beta_y$,单位距离的时延分别为

$$\tau_x = \frac{\mathrm{d}\beta_x}{\mathrm{d}\omega} \tag{8-40}$$

$$\tau_y = \frac{\mathrm{d}\beta_y}{\mathrm{d}\omega} \tag{8-41}$$

故时延差为

$$\Delta\tau_p = \tau_x - \tau_y = \frac{\mathrm{d}(\beta_x - \beta_y)}{\mathrm{d}\omega} = \frac{\mathrm{d}\Delta\beta}{\mathrm{d}\omega} \tag{8-42}$$

因为归一化双折射率为

$$B = \frac{\beta_x - \beta_y}{k} = \frac{\Delta\beta}{k} \tag{8-43}$$

故

$$\Delta\tau_p = \frac{\mathrm{d}(kB)}{\mathrm{d}\omega} = \frac{B}{c} + \frac{\omega}{c}\frac{\mathrm{d}B}{\mathrm{d}\omega} \tag{8-44}$$

对于石英光纤,第 2 项远小于第 1 项,因此有

$$\Delta\tau_p \approx \frac{B}{c} = \frac{\Delta\beta}{\omega} = \frac{\Delta\beta}{2\pi f} \tag{8-45}$$

普通光纤 B 在 10^{-6} 数量级,$\Delta\tau_p \approx 3.3\text{ps}/(\text{nm}\cdot\text{km})$。

4. 非线性效应

当光纤中的光场较弱时,光纤是线性介质,但光场加强后,任何电介质都会表现出非线性,光纤也是如此。由于光纤芯径小,损耗低,光场可以在较长距离保持高的场强,使非线性效应不可忽视。

1) 非线性极化理论

光纤作为电介质在外电场(包括光波电场)作用下,感应电偶极矩,极化所形成的附加电场与外电场叠加形成介质中的场。电偶极子的极化强度 $\boldsymbol{P}$ 对于电场 $\boldsymbol{E}$ 是非线性的,通常满足

$$\boldsymbol{P} = \varepsilon_0(\chi^{(1)} \cdot \boldsymbol{E} + \chi^{(2)} \cdot \boldsymbol{EE} + \chi^{(3)} \cdot \boldsymbol{EEE} + \cdots) \tag{8-46}$$

其中,ε_0 为真空介电常数;$\chi^{(1)}$、$\chi^{(2)}$、$\chi^{(3)}$ 分别为一阶、二阶、三阶电极化率。

当外场较弱时,$\boldsymbol{P} = \varepsilon_0 \chi^{(1)} \cdot \boldsymbol{E}$,$\boldsymbol{D} = \varepsilon_0 \boldsymbol{E} + \boldsymbol{P} = \varepsilon_0(1 + \chi^{(1)})\boldsymbol{E} = \varepsilon \boldsymbol{E}$,由此可由麦克斯韦方程组导出光在介质中传播的波动方程

$$\nabla^2 \boldsymbol{E} - \mu\varepsilon \frac{\partial^2 \boldsymbol{E}}{\partial t^2} = 0 \tag{8-47}$$

式(8-47)的波动方程是线性的,在线性光学范围内,光的叠加性原理成立。光在介质中传播时,光频率各分量独立产生极化,形成折射波,总极化强度是光频率各分量的叠加。光频各分量不存在相互作用,频率也不会变化,表征介质特性的参数,如介电系数、吸收系数都与外加光场强度无关。

但在非线性光学范围内情况就不同了,式(8-46)第 2 项及其以后的各项之和统称为非线性极化强度矢量,即

$$\boldsymbol{P}^{\mathrm{NL}} = \varepsilon_0 \chi^{(2)} \cdot \boldsymbol{EE} + \varepsilon_0 \chi^{(3)} \cdot \boldsymbol{EEE} + \cdots \tag{8-48}$$

由于非线性极化强度矢量的存在,物质方程不再是线性的,因此麦克斯韦方程组导出的波动方程也是非线性方程。

$$\nabla^2 \boldsymbol{E} - \mu\varepsilon_0 \frac{\partial^2 \boldsymbol{E}}{\partial t^2} = \mu \frac{\partial^2 \boldsymbol{P}}{\partial t^2} \tag{8-49}$$

二阶极化项 $\boldsymbol{P}^{(2)}$ 与入射光场强度 $\boldsymbol{E}_1$、$\boldsymbol{E}_2$ 都有关,可以产生入射光波频率分量的二次谐波(倍频)、和频波、差频波以及直流电场。$\chi^{(2)}$ 只有在分子结构反演不对称的介质中才不为 0,SiO_2 分子是反演对称结构,因此光纤中不显示二阶非线性效应,掺杂时才会考虑二阶非线性光学效应。

三阶非线性极化项导致克尔(Kerr)效应、双光子吸收、光波自作用(自聚焦、自相位调制)以及受激辐射、受激拉曼(Raman)散射和受激布里渊(Brillouin)散射等现象。这些是影响光纤传感的重要非线性光学效应。图 8-10 所示为光纤的散射示意图。

从物理机制上讲,非线性光学效应大致可以分为两大类。一类称为参量过程(非激活的),另一类称为非参量过程(激活的)。在参量过程中,光场与物质进行非线性相互作用后,介质中的原子依然处于初始状态,非线性介质本身的特征频率不与光场频率发生耦合。此类过程包括倍频、和频、差频、泡克尔斯(Pockels)效应、克尔(Kerr)效应。参与参量过程的光场之间需要满足一定的

图 8-10　光纤的散射示意图

相位匹配条件。在非参量过程中,参与作用的介质的原子终态与初态是不同的。非线性相互作用使介质激发,这时不仅存在入射光场间的耦合,而且存在入射光场与介质物质激发态之间的耦合,这类过程有双光子吸收、受激拉曼和受激布里渊散射等,非参量过程不需要相

位匹配条件。

2）受激散射

受激散射是三阶非线性极化项表现出来的现象，从量子观点容易说明其物理机理，并分析其对光传感系统的影响。

（1）物理机理

拉曼散射和布里渊散射是光纤物质中原子参与的光散射现象。在晶体中，原子在其平衡位置附近不停地振动，由于原子之间的相互作用，每个原子的振动要依次传递给其他原子，从而形成晶体中的格波。格波的形式很复杂，可以分解成一些简谐波的叠加。根据量子力学理论，格波的能量是量子化的，对于频率为 ν 的格波，它们的每份能量 $h\nu$ 称为一个声子。所谓声子，就是晶格振动能量变化的最小单位。入射光波被晶格振动散射的问题，可以理解为它与声子相互碰撞的问题，在散射过程中，常常伴随声子的吸收和发射，但必须满足能量守恒，从而使入射光发生频率转换。

通过薛定谔方程求出的格波解分为两支，频率较高的一支与晶体的光学性质有关，通常称为光学波；频率较低的一支与宏观弹性波（声波）有密切关系，称为声学波。由光学波声子参与的光散射称为拉曼散射，由声学波声子参与的光散射称为布里渊散射。

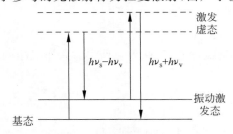

图 8-11　拉曼散射的基本过程

拉曼散射的基本过程如图 8-11 所示，可以理解为频率为 ν_{in} 的入射光子与介质相互作用，可以发射一个频率为 $\nu_s = \nu_{in} - \nu_v$ 的斯托克斯光子和一个频率为 ν_v 的光学波声子，在这个过程中，能量守恒，即 $h\nu_{in} = h\nu_s + h\nu_v$（$h$ 为普朗克常量），光波产生下频移。

入射光子与介质相互作用，也可能吸收频率 ν_v 的声子而产生一个频率为 $\nu_a = \nu_{in} + \nu_v$ 的反斯托克斯光子，能量仍守恒，光子产生上频移。

布里渊散射与拉曼散射过程相似，只是参与的声子是声学波声子，频率低，因此布里渊散射频移小。在 SiO_2 中，拉曼散射线宽可达 10^{13} Hz，而布里渊散射的线宽一般只有 100MHz 左右。

（2）受激拉曼散射

当光纤中传输功率较小时，主要是自发拉曼散射与布里渊散射，对光纤传感不会产生明显的影响。当光功率增大时，就可能诱发受激拉曼散射和受激布里渊散射，临界功率约为 3W，它与光纤有效面积以及光纤的长度、光学性质都有关。

受激拉曼散射主要以前向散射为主，对光纤影响主要表现为限制了光纤中传输的最大功率。受激拉曼散射导致频率转换，使光纤损耗加大，引起波分复用系统中的串扰。受激拉曼散射对波分复用系统的影响远远超过单通道光纤系统，这是由于当两个或两个以上不同频率的光同时传输时，短波长通道可以认为是长波长信道的泵浦光，光功率向长波长信道上转换，造成复用信道间的串扰。每信道只要几毫瓦的光功率就能引起明显的拉曼串扰，其特点是短波长信道功率向长波长信道转移。由于光纤中处于激发态的原子少，反斯托克斯光增益小，长波长信道功率向短波长信道转移不明显。

（3）受激布里渊散射

受激布里渊散射的特点是后向散射为主；增益系数大；阈值低，对常规单模光纤约为 4mW；频移小，仅有数十兆赫。因此，受激布里渊散射主要对窄谱线光源的系统产生严重影响，后向散射光反馈回窄谱线激光器会严重影响激光器的正常工作，必须用光隔离器。

3）非线性折射率调制引起的非线性光学效应

折射率与光强有关的现象是由 $\chi^{(3)}$ 引起的，光纤的折射率可以表示为

$$n = n_0 + n^{(2)} p / A_{eff} \tag{8-50}$$

其中，n_0 为线性折射率；$n^{(2)}$ 为与 $\chi^{(3)}$ 有关的非线性折射率系数，对于石英光纤，约为 $3 \times 10^{-20} \, m^2/W$；$p$ 为光功率；A_{eff} 为光纤的有效面积，即

$$A_{eff} = \frac{\left(\iint r I(r,q) \mathrm{d}r \mathrm{d}\theta \right)^2}{\iint I^2(r,q) \mathrm{d}r \mathrm{d}\theta} \tag{8-51}$$

其中，I 为光强。非线性折射率调制可以引发以下非线性光学效应。

（1）自相位调制（Self-Phase Modulation，SPM）

n 依赖于光功率 p，则光传输常数 β 也与 p 相关，即

$$\beta = \beta_0 + \gamma p \tag{8-52}$$

$\gamma = k_0 n^{(2)} / A_{eff}$，$k_0 = 2\pi/\lambda$，光传输 L 长度后，产生的非线性相位差为

$$\Phi_{NL} = \int_0^L (\beta - \beta_0) \cdot \mathrm{d}z = \int_0^L \gamma p(z) \mathrm{d}z = \gamma P_{in} \int_0^L e^{-az} \mathrm{d}z = \frac{k_0 n^{(2)} L_{eff}}{A_{eff}} p_{in} \tag{8-53}$$

其中，$L_{eff} = (1 - e^{-aL})/\alpha$ 为光纤的有效长度；p_{in} 为输入端光功率。

当光波被调制后，p_{in} 随时间变化，瞬时变化的相位说明光脉冲中心频率两侧有不同的瞬时光频率，SPM 导致频谱展宽，展宽值可以从 Φ_{NL} 的导数求得，即

$$\Delta \nu_{SPM} = \frac{1}{2\pi} \frac{\mathrm{d}\Phi_{NL}}{\mathrm{d}t} = \frac{n^{(2)} L_{eff}}{\lambda A_{eff}} \cdot \frac{\mathrm{d}P_{in}}{\mathrm{d}t} \tag{8-54}$$

SPM 导致的频谱展宽也是一种频率啁啾。

（2）交叉相位调制（XPM）

产生 XPM 现象的物理机制与 SPM 类似，当两束或更多束光波在光纤中传输时，某信道的非线性相位漂移不仅依赖于该信道的功率变化，而且与其他信道相关，从而引起较大的频谱展宽，以及在适当的条件下通过不同的非线性现象产生新频率的光波。

（3）四波混频（Four-Wave Mixing，FWM）

四波混频是起源于折射率的光致调制的参量过程，需要满足相位匹配条件。从量子的观点看，一个或几个光子湮灭，同时产生几个不同频率的新光子，在参量过程中能量和动量都守恒，动量守恒即波矢量守恒，就是相位匹配条件。四波混频大致分为两种情况，一种情况是 3 个光子合成一个光子，新光子 $\omega_4 = \omega_1 + \omega_2 + \omega_3$。当 $\omega_1 = \omega_2 = \omega_3$ 时，对应 3 次谐波；当 $\omega_1 = \omega_2 \neq \omega_3$，$\omega_4 = 2\omega_1 + \omega_3$ 时，对应频率上转换。由于在光纤中难以满足相位匹配条件，实现有困难。另一种情况是不同频率 ω_1、ω_2 的光子湮灭，产生频率为 ω_3、ω_4 的新光子，由能量守恒可得 $\omega_1 + \omega_2 = \omega_3 + \omega_4$，由动量守恒可得 $\Delta k = k_3 + k_4 - k_2 - k_1 = 0$，在光纤中满足 $\Delta k = 0$ 的条件，相对容易些。

FWM 引起波分复用系统中复用信道之间的串扰,严重影响传输质量。光纤色散越小,复用信道波长间隔越小,串扰越严重。这是因为有群速度色散时,相位匹配条件难以满足。在色散位移光纤中,相位匹配条件容易满足,四波混频严重。因此,非零色散位移光纤应运而生,通过一定手段使零色散波长发生位移,从而抑制四波混频效应的出现。

8.3 光纤传感

光纤传感包含对外界信号(被测量)的感知和传输两种功能。所谓感知,是指外界信号按照其变化规律使光纤中传输的光波的物理特性参量(如强度(功率)、波长、频率、相位和偏振态等)发生变化。这一过程往往是通过某种物理效应来实现的,如光的多普勒效应、萨格奈克效应、拉曼和布里渊效应、电光效应、声光效应和磁光效应等。测量光参量的变化即"感知"外界信号的变化。这种"感知"实质上是外界信号对光纤中传输的光波物理特性参量实施调制。根据被外界信号调制的光波的物理特性参量的变化情况,可将光波调制分为光强度调制、光频率调制、光波长调制、光相位调制和偏振调制 5 种类型。

还应指出的是,由于现有的任何一种光探测器都只能响应光的强度,而不能直接响应光的频率、波长、相位和偏振态这 4 种光波物理参量,因此光的频率、波长、相位和偏振调制信号都要通过某种转换技术转换为光的强度信号,才能被光探测器接收,实现检测。下面就这几类光纤传感技术分别加以介绍。

8.3.1 强度调制型光纤传感

第 46 集
微课视频

强度调制型光纤传感是将被测物理量的变化转换为光强度的变化,通过测量光强度的变化实现对被测物理量的测量,具有结构简单、易于实现等优点。

图 8-12 所示为最简单的一种强度调制型光纤位移振动传感器。入射光从第 1 根光纤的一端输入,其输出光束为一个锥形发散光束,其发散角取决于纤芯和包层的折射率差。第 2 根光纤的受光能力取决于数值孔径及两根光纤的距离 d。当 d 变化时,接收光的强度也发生变化。

图 8-13 所示为强度调制型光纤位移传感器的另一种形式,一个位置可调谐的反射镜感知外界物理量(如压力)的变化,从而使反射镜与光纤端面之间的间距发生变化,接收光纤接收到的光强就随之发生变化,实现对外界物理量的测量。

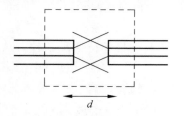

图 8-12 强度调制型光纤位移振动传感器

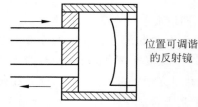

位置可调谐
的反射镜

图 8-13 反射式强度调制型光纤位移传感器

为了提高测量精度,可采用如图 8-14 所示的差动式强度调制型位置传感器。两个探测器的输出差值正比于入射光纤的横向位移。由于差动式强度调制型位置传感器是依据两个探测器探测的光强之差决定被测物理量的变化,光源光强的波动以及光强在光纤中传输的损耗对测量精度没有影响。因此,与一般的光强度调制型传感器相比,差动式强度调制型传感器具有更高的测量精度。

另一种强度调制型光纤传感器是基于物质本身的物理效应,如热色效应。热色效应是指某些物质的光吸收谱强烈地随温度变化而变化的物理特性。具有热色效应的物质称为热色物质。例如,用白炽灯照射热色溶液(溶于异丙基乙醇中的 $COCl_2 \cdot 6H_2O$ 溶液)时,其光吸收谱如图 8-15 所示。光吸收谱特征是在 655nm 光波长处形成一个强吸收带,光透过率几乎与温度呈线性关系;而在 800nm 光波长处为极弱吸收带,光透过率几乎与温度变化无关。因此,外界温度的变化可通过热色物质对 655nm 波长处的光强进行调制。为了消除光源波动对测量精度的影响,可以取 800nm 波长处的光强作为参考信号,测量原理如图 8-16 所示,利用差分吸收的强度型光纤传感器测量温度,测量分辨力可达 $\pm 1 ℃$ 。

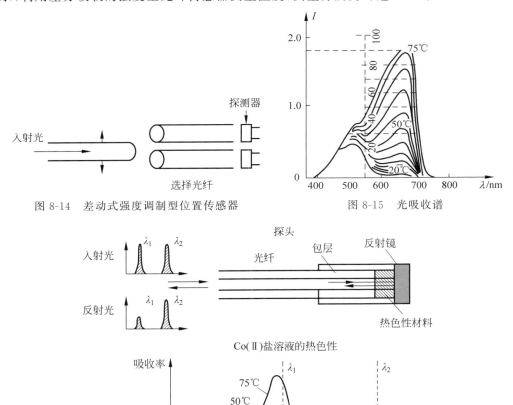

图 8-14 差动式强度调制型位置传感器   图 8-15 光吸收谱

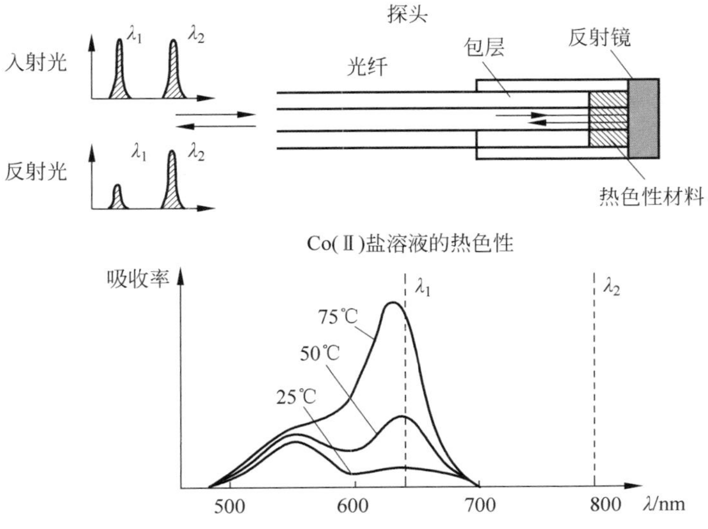

图 8-16 基于热色效应的光纤温度传感器

上述几种强度调制型光纤传感器的信号传感位置主要在光纤端面处或连接处,事实上,光纤整体或其中一段也可用于信号传感,如图 8-17 和图 8-18 所示。

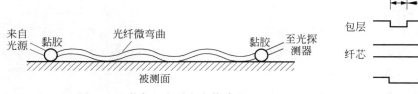

图 8-17　微弯型光纤应变传感器

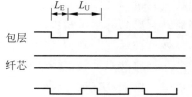

图 8-18　蚀刻型光纤应变传感器

图 8-17 所示为一种微弯型光纤应变传感器。在无应变的情况下,光纤输出端光强为一个常量。当外力作用时,被测对象产生应变,光纤的弯曲状况发生变化,光在光纤中传输所经过的路程和入射角发生变化,则光传输时的损耗也发生变化。例如,当被测面发生正向应变(被测表面伸长)时,光纤的弯曲弧度变小,光的入射角变小,光功率的损耗变小;反之,当被测面发生负向应变(被测表面缩短)时,光纤的弯曲弧度变大,光的入射角变大,光功率的损耗变大。由此可测量应变的大小和方向。

微弯效应造成的损耗 α 可写成如下形式。

$$\alpha \propto K f(l, m, x, a, b, \Delta) \tag{8-55}$$

其中,K 为比例系数;l 为齿距;m 为齿数目;x 为变形幅度;a 为纤芯半径;b 为光纤外半径;Δ 为内外层折射率差值。

任何一个参数改变,都会起到光强调制的作用。在实际问题中,变形器及光纤参数全部固定时,则可认为

$$\alpha \propto g(x) \tag{8-56}$$

图 8-18 所示为一种蚀刻型光纤应变传感器。当外力作用在蚀刻后的多模光纤上时,光纤长度的变化将引起折射率和模量系数的变化,进而引起功耗的变化,此变化大于未蚀刻光纤的功耗变化,且蚀刻得越深,功耗越多。实验结果表明,光纤长度变化与功耗成正比,光纤长度变化的灵敏度与蚀刻深度成正比。

8.3.2　相位调制型光纤传感

第 47 集
微课视频

相位调制是指被测物理量按照一定的规律使光纤中传播的光波相位发生相应的变化,相位的变化量即反映被测物理量的变化量。

1. 双光束光纤干涉仪

图 8-19(a)和图 8-19(b)分别是迈克尔逊光纤干涉仪和马赫-曾德尔光纤干涉仪。两个干涉臂分别作为信号臂和参考臂。作为信号臂的光纤置于被测场感知被测物理量的变化。光源(激光器)发出的光经过 3dB 耦合器后分为强度相等两束光,这两束光分别经过信号臂和参考臂,再经过 3dB 耦合器后会合(对于迈克尔逊干涉仪,经反射镜反射后,再次经过信号臂和参考臂,再经过 3dB 耦合器后再会合),形成干涉信号,由探测器 D 探测。当被测量变化时,干涉信号的相位就发生变化,通过解调出干涉信号相位的变化量即可测量出被测物理量的变化。

这类干涉仪有灵敏度高等特点,但易受温度漂移及机械振动等环境干扰。迈克尔逊干涉仪量程仅为 $\lambda/4$,马赫-曾德尔干涉仪量程为 $\lambda/2$。

图 8-19(c)所示为斐索光纤干涉仪。激光光源 L 发出的光束经偏振片 P1、3dB 耦合器

(a) 迈克尔逊光纤干涉仪   (b) 马赫-曾德尔光纤干涉仪

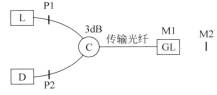

(c) 斐索光纤干涉仪

图 8-19　迈克尔逊光纤干涉仪、马赫-曾德尔光纤干涉仪和斐索光纤干涉仪

和自聚焦透镜 GL,入射到被测物体表面 M2。自聚焦透镜的出射端面 M1 和 M2 构成斐索干涉腔,外界信号通过改变斐索干涉腔的腔长对光纤中的光相位进行调制。偏振片 P1 和 P2 正交放置,以消除自聚焦透镜 GL 入射面回射光的干扰。

2. 多光束光纤干涉仪

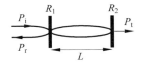

图 8-20　法布里-珀罗干涉仪

法布里-珀罗干涉仪(F-P 干涉仪)是多光束干涉仪。它由两个间距为 L 的反射率分别为 R_1 和 R_2 的平行平面镜组成,如图 8-20 所示。

定义每个平面镜的透过率为 T_i,反射率为 R_i,$i=1,2$,并且 $R_i+T_i=1$。F-P 干涉仪的透过光强和反射光强可表示为

$$R_{\text{F-P}} = \frac{R_1 + R_2 + 2\sqrt{R_1 R_2}\cos\phi}{1 + R_1 R_2 + 2\sqrt{R_1 R_2}\cos\phi} \tag{8-57}$$

$$T_{\text{F-P}} = \frac{T_1 T_2}{1 + R_1 R_2 + 2\sqrt{R_1 R_2}\cos\phi} \tag{8-58}$$

光波在 F-P 腔内反射一周引起的相位差 $\phi = \dfrac{4\pi n L}{\lambda}$。其中,$n$ 为 F-P 腔内介质的折射率;λ 为入射波长。用精细度 F 表征 F-P 干涉仪的特性,即

$$F = \frac{\pi\sqrt{R}}{1-R} \tag{8-59}$$

当 $R \ll 1$ 时,式(8-57)和式(8-58)可写为

$$R_{\text{F-P}} \approx 2R(1+\cos\phi) \tag{8-60}$$

$$T_{\text{F-P}} \approx 1 - 2R(1+\cos\phi) \tag{8-61}$$

图 8-21 所示为不同的反射率 R 条件下,反射光强与相位关系曲线。

由光纤构成的 F-P 干涉仪分为本征和非本征两大类。本征结构的光纤 F-P 干涉仪如图 8-22 所示。图 8-22(a)是光纤一个端面磨平构成一个反射镜,另一个反射镜是由光纤内置反射镜构成;图 8-22(b)是两个内置反射镜构成的光纤 F-P 干涉仪,由于光纤端面存在低反射率,为消除杂散光的影响,通常将光纤端面切成斜面;光纤光栅出现后,也有用两个参

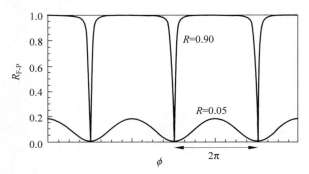

图 8-21 反射光强与相位关系曲线

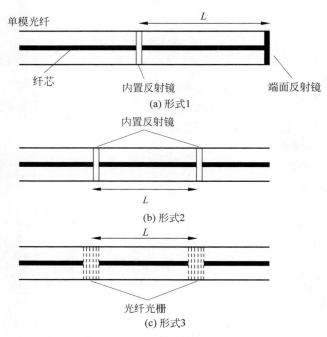

图 8-22 本征结构的光纤 F-P 干涉仪

数相同的光纤光栅作为反射镜构成光纤 F-P 干涉仪,如图 8-22(c)所示。

另一种非本征形式光纤 F-P 干涉仪如图 8-23 所示。F-P 腔由光纤的两个端面组成。图 8-23(a)是一端由磨平的光纤端面,另一端由弹性膜构成,中间距离 L 构成空气腔。图 8-23(b)利用一个固体材料的透明薄膜构成光纤 F-P 干涉仪,F-P 腔的长度 L 为薄膜厚度,光纤-薄膜分界面构成一个反射镜,薄膜-空气分界面构成另一个反射镜。由于腔长 L 仅为微米量级,所以可以用多膜光纤工作。图 8-23(c)是利用两根光纤端面磨平后构成 F-P 腔,利用毛细管准直。图 8-23(d)是利用空心光纤构成光纤 F-P 标准具的干涉仪。

图 8-24 所示为典型的探测光纤 F-P 传感器。从半导体激光器发出的光经过光纤耦合器以后,再由光纤干涉仪反射,再次经过耦合器,被探测器探测,最后经过信号处理显示最后结果。

3. 相位调制型光纤传感的关键技术

相位调制型光纤传感的关键是对信号相位的高精度检测,包括解决其中所涉及的灵敏

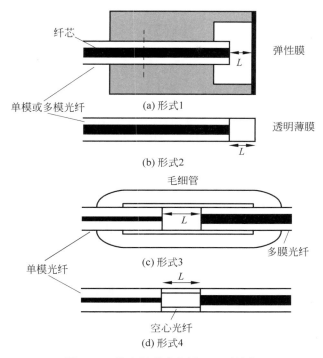

图 8-23 非本征形式光纤 F-P 干涉仪

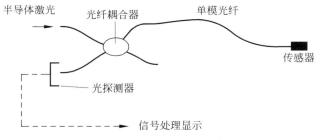

图 8-24 探测光纤 F-P 传感器

度问题、判向问题以及动态范围问题等。由此产生的最重要技术是相位产生载波(Phase Generated Carrier,PGC)技术,包括零差和外差两种基本方法,还有双光束偏振零差干涉法、基于 3×3 光纤耦合器的零差解调法等。相位产生载波技术是在被测信号带宽以外某一频带引入大幅度相位调制,则被测信号位于调制信号的边带上,这样就可以把外界干扰的影响转化为对调制信号的影响,并且把被测信号的频带与低频干扰频带分开,以便后续噪声分离。这种方法需要对相位进行调制,对信号的调制可以通过两种形式实现:①调制光源,通过调制驱动电流对激光频率进行调制;②调制干涉仪光程差,一般用压电陶瓷(PZT)调制参考臂来实现。

下面以调制干涉仪光程差为例对此类关键技术进行分析。如图 8-25 所示,用 PZT 调制参考臂是在两臂等长的马赫-曾德尔干涉仪的一臂用数匝光纤缠绕 PZT 元件,把载波信号加到 PZT 元件上,利用其在载波信号的驱动下产生电致伸缩效应,引起干涉仪一臂光纤长度和折射率发生变化,导致最后输出光波相位差随载波信号有规律地变化,从而实现相位调制。

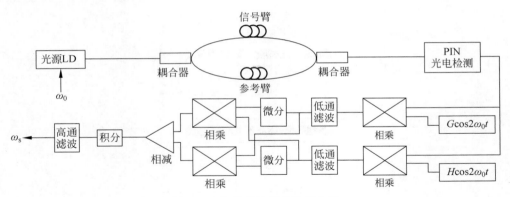

图 8-25　相位载波零差检测方案

设光源的输出光功率基本上是恒定的，则干涉输出信号强度可以表示为

$$I = A + B\cos[C\cos\omega_0 t + \varphi(t)] \tag{8-62}$$

其中，A、B 为常数，且 $B = kA$，$k < 1$ 为干涉条纹可见度，A 正比于激光器输出光功率。引入的相位差为 $C\cos\omega_0 t + \varphi(t)$，$C$ 为载波信号所引起的相位调制幅度，ω_0 为载波信号的角频率，$\varphi(t)$ 为待检测信号与环境噪声共同引起的相位变化。由于光电探测器只存在光电转换效率的关系，所以仍然可以用式(8-62)表示从光电探测器上得到的光电流信号。

把式(8-62)用贝塞尔函数展开得

$$I = A + B\left\{\left[J_0(C) + 2\sum_{k=1}^{\infty}(-1)^k J_{2k}(C)\cos 2k\omega_0 t\right]\cos\varphi(t) - \right.$$
$$\left. 2\left[\sum_{k=0}^{\infty}(-1)^k J_{2k+1}(C)\cos(2k+1)\omega_0 t\right]\sin\varphi(t)\right\} \tag{8-63}$$

其中，$J_i(C)$ 为第 i 阶贝塞尔函数宗量值。

从式(8-63)可以看出，当 $\cos\varphi(t) = \pm 1$，$\sin\varphi(t) = 0$ 时，信号中只含有 ω_0 的偶数倍频项；当 $\cos\varphi(t) = 0$，$\sin\varphi(t) = \pm 1$ 时，信号中只含有 ω_0 的奇数倍频项。

同理，$\varphi(t)$ 可以分解为频率为 ω_s 的待检测信号和环境漂移 $\psi(t)$ 共同引起的相位变化，表示为

$$\varphi(t) = D\cos\omega_s t + \psi(t) \tag{8-64}$$

其中，D 为待检测信号的幅度。同样，可以得到 $\sin\varphi(t)$ 和 $\cos\varphi(t)$ 的贝塞尔函数展开式为

$$\cos\varphi(t) = \left[J_0(D) + 2\sum_{K=1}^{\infty}(-1)^k J_{2k}(D)\cos 2k\omega_s t\right]\cos\psi(t) - $$
$$\left[2\sum_{k=0}^{\infty}(-1)^k J_{2k+1}(D)\cos(2k+1)\omega_s t\right]\sin\psi(t) \tag{8-65}$$

$$\sin\varphi(t) = \left[2\sum_{k=0}^{\infty}(-1)^k J_{2k+1}(D)\cos(2k+1)\omega_s t\right]\cos\psi(t) + $$
$$\left[J_0(D) + 2\sum_{k=1}^{\infty}(-1)^k J_{2k}(D)\cos 2k\omega_s t\right]\sin\psi(t) \tag{8-66}$$

可见，当 $\cos\psi(t) = \pm 1$，$\sin\psi(t) = 0$ 时，输出信号的频谱中，偶(奇)数倍角频率 ω_s(待测信号)出现在偶(奇)数倍角频率 ω_0(载波信号)的两侧；当 $\cos\psi(t) = 0$，$\sin\psi(t) = \pm 1$ 时，频

谱上偶(奇)数倍角频率 ω_s 出现在奇(偶)数倍角频率 ω_0 的两侧。这些载在奇(偶)数倍角频率 ω_0 的两侧的边带频谱携带了所要研究的信息。

由式(8-62)可知,若不加载波信号 ω_0,则有

$$I = A + B\cos\varphi(t) \tag{8-67}$$

那么,当 $\cos\varphi(t)=0$ 或 $\cos\varphi(t)=\pm1$ 时,我们会发现干涉信号将发生消隐和畸变现象,这时待测信号将无法检测出来。而由上面的分析可知,加入载波信号 ω_0 后,即使 $\cos\varphi(t)=0$ 或 $\cos\varphi(t)=\pm1$ 时,也不会发生信号消隐和畸变现象,这就是进行载波调制的意义所在。

由相位载波零差检测方案的原理可知,将幅度分别为 G、H,角频率为 ω_0、$2\omega_0$ 的载波信号与干涉仪的输出信号进行混频,得到的结果分别为

$$I_{1c} = GA\cos\omega_0 t + GBJ_0(C)\cos\omega_0 t\cos\varphi(t) +$$

$$BG\cos\varphi(t)\sum_{k=1}^{\infty}(-1)^k J_{2k}(C)\big[\cos(2k+1)\omega_0 t + \cos(2k-1)\omega_0 t\big] -$$

$$BG\sin\varphi(t)\sum_{k=0}^{\infty}(-1)^k J_{2k+1}(C)\big[\cos(2k+2)\omega_0 t + \cos2k\omega_0 t\big] \tag{8-68}$$

$$I_{2c} = HA\cos2\omega_0 t + HBJ_0(C)\cos2\omega_0 t\cos\varphi(t) +$$

$$HB\cos\varphi(t)\sum_{k=1}^{\infty}(-1)^k J_{2k}(C)\big[\cos2(k+1)\omega_0 t + \cos(2k-1)\omega_0 t\big] -$$

$$BH\sin\varphi(t)\sum_{k=0}^{\infty}(-1)^k J_{2k+1}(C)\big[\cos(2k+3)\omega_0 t + \cos(2k-1)\omega_0 t\big] \tag{8-69}$$

分别通过低通滤波器 LF1 和 LF2 后,得到

$$I_{1s} = -BGJ_1(C)\sin\varphi(t) \tag{8-70}$$

$$I_{2s} = -BHJ_2(C)\cos\varphi(t) \tag{8-71}$$

式(8-70)和式(8-71)中均含有外部环境的干扰,还不能直接提取待测信号。为了克服信号随外部的干扰信号的涨落而出现的消隐和畸变现象,采用微分交叉相乘(Differential and Cross Multiply,DCM)技术。从低通滤波器 LF1 和 LF2 出来的信号分别通过微分电路,得到微分后的信号为

$$I_{1d} = -BGJ_1(C)\dot{\varphi}(t)\cos\varphi(t) \tag{8-72}$$

$$I_{2d} = BHJ_2(C)\dot{\varphi}(t)\sin\varphi(t) \tag{8-73}$$

其中,$\dot{\varphi}(t)$ 代表 $\varphi(t)$ 的一阶导数。

交叉相乘后得到的两项分别为

$$I_{1e} = -B^2 GHJ_1(C)J_2(C)\dot{\varphi}(t)\sin^2\varphi(t) \tag{8-74}$$

$$I_{2e} = B^2 GHJ_1(C)J_2(C)\dot{\varphi}(t)\cos^2\varphi(t) \tag{8-75}$$

上述两路信号经差分放大器进行差分运算可得

$$V' = B^2 GHJ_1(C)J_2(C)\dot{\varphi}(t) \tag{8-76}$$

到这一步,我们已经把外界环境的干扰降低到了最低限度,再经积分运算放大器后有

$$V = B^2 GHJ_1(C)J_2(C)\varphi(t) \tag{8-77}$$

把式(8-64)代入式(8-77),有

$$V = B^2 GH J_1(C) J_2(C) [D\cos\omega_s t + \phi(t)] \tag{8-78}$$

式(8-78)包含了待检测信号的信息(幅度、频率)$D\cos\omega_s t$以及外环境所造成的相位扰动项(又称为噪声项)$\phi(t)$,后者通常情况下是缓变信号,所以通过高通滤波器滤去噪声项,就得到了待测的信号$D\cos\omega_s t$,系统最后的输出为

$$V_\circ = DB^2 GH J_1(C) J_2(C) \cos\omega_s t \tag{8-79}$$

为降低输出结果对贝塞尔函数的依赖关系,适当地选择载波信号的幅度,使$J_1(C) J_2(C)$乘积最大,这样的好处是当C值稍有变化时系统最后输出结果的幅值变化不大。为了提高信噪比,G、H值可适当大一些,但不要使后面的电路过载。

从以上推导可以看出,经过一系列的信号处理过程待测信号被解调了出来,只是其幅值变化了一个系数$B^2 GH J_1(C) J_2(C)$。由于B值与干涉条纹可见度有关,很难精确确定B值,因此在PGC信号处理方案中还不能得到待测信号幅值大小,但其频谱可完整获得,从频谱分析中可以提取出待测目标有无及其他相关信息。

8.3.3　偏振调制型光纤传感

偏振调制是指被测物理量通过一定的方式使光纤中光波的偏振面发生规律性偏转(旋光),从而导致光的偏振特性变化,通过检测光偏振态的变化即可测出被测物理量的变化。

如图 8-26 所示,当导体中通过电流 I 时,导体周围将产生电致磁场 B,光的偏振面将旋转 θ 角,且 $\theta = VlB$,其中 V 为 Verdet 常数,l 为传感器长度。

光纤出射的非偏振光经偏振薄膜或晶体后变成线偏振光,经过磁光材料后,其偏振态旋转 θ 角,再经过检偏器后,输出到接收光纤。透过检偏器的强度为

$$I = \frac{I_0 [1 + \sin(2\theta)]}{2} \tag{8-80}$$

其中,I_0 为传感器的传输光强。

式(8-80)的直流分量可以通过信号归一化加以消除。

图 8-27 所示为一种实用的光纤电流测量传感器。光纤绕在导体上,光纤环绕着整个磁路,这有效地避免了其他磁源的影响。石英光纤的 Verdet 常数约 8×10^{-6} rad/A,比其他用于点传感器的晶体材料低得多,这可以通过多次缠绕进行补偿。

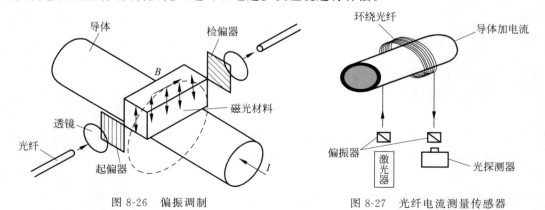

图 8-26　偏振调制　　　　　　　图 8-27　光纤电流测量传感器

第48集
微课视频

8.3.4 波长调制型光纤传感

波长调制型光纤传感是将被测物理量的变化转换为光波长的移动,从而实现传感。只要检测出波长的移动量,即可测出物理量的变化。

利用全息或模板掩模(如图 8-28 所示)的方式用波长为 244~248nm 的紫外光对于含锗的光纤曝光,使光纤纤芯折射率沿芯轴方向周期性地变化,如图 8-29 所示。

$$n(Z) = n_{co} + \delta_n [1 + \cos(2\pi Z/\Lambda)] \tag{8-81}$$

其中,n_{co} 为光纤纤芯的本身折射率;δ_n 为光纤纤芯曝光引起的折射率的最大增量;Λ 为纤芯折射率变化的周期,称为光栅周期。

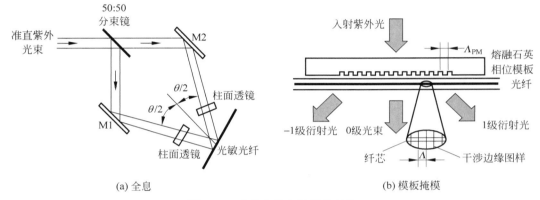

图 8-28 光纤布拉格光栅的制作

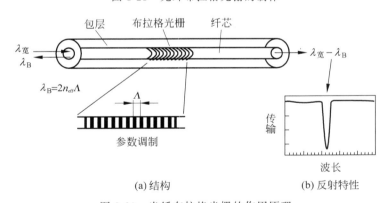

图 8-29 光纤布拉格光栅的作用原理

折射率周期性变化的结构使向前传输的光的纤芯模式耦合成向后传输的光的纤芯模式,产生反射效应,当一个宽谱光源发出的光经过光纤光栅时,光纤光栅将反射特定波长的光,其余波长的光将透射,反射特性如图 8-29(b)所示。此波长称为布拉格波长,即

$$\lambda_B = 2n_e \Lambda \tag{8-82}$$

其中,n_e 为传输光纤的有效折射率。

一个典型的光纤光栅反射的布拉格波长谱宽可小于 0.5nm,其反射率可达到 100%。当环境温度或光纤所受的应力发生变化时,光纤光栅的折射率和光栅周期都会线性地变化,从而使反射的布拉格波长也发生变化,这个特性使光纤光栅被用作传感器成为可能。

当环境温度发生 ΔT 变化时,光纤光栅反射波长的移动量 $\Delta \lambda_B$ 为

$$\Delta \lambda_B = \lambda_B [P_e (\alpha_s - \alpha_f) + \xi] \Delta T \tag{8-83}$$

其中,P_e 为弹光系数;α_s 和 α_f 为光纤粘合材料和光纤本身的热膨胀系数;ξ 为热光系数。

当温度一定时,标准化的应力响应为

$$\frac{1}{\lambda_B} \cdot \frac{\Delta \lambda_B}{\Delta q} = 0.78 \times 10^{-6} \tag{8-84}$$

当应力一定时,标准化的温度响应为

$$\frac{1}{\lambda_B} \cdot \frac{\Delta \lambda_B}{\Delta T} = 6.0678 \times 10^{-6} / ^{\circ}\text{C} \tag{8-85}$$

对于石英光纤制成的光纤光栅,在 1300nm 波长处,单位微应变引起的布拉格波长移动约为 1pm/$\mu\varepsilon$,单位温度变化引起的布拉格波长移动量约为 10pm/℃。光纤光栅作为传感器的关键问题是如何探测由于应力和温度引起的布拉格波长移动量。研究人员先后提出了多种针对布拉格波长移动量的探测或解调技术。

图 8-30 所示为利用边沿滤波器探测布拉格波长移动的原理。边沿滤波器是一个透光率随光波波长变化而线性变化的光学器件,其透光特性也在图 8-30 中给出,透光率随光波波长的增大而增长。宽带光源发出的光经过 3dB 耦合器到达光纤布拉格光栅(Fiber Bragg Grating,FBG),FBG 将满足布拉格条件的光波反射回来,再次经过两个 3dB 耦合器分为两路,一路直接被探测器探测,另一路经过边沿滤波器后再被探测器探测。边沿滤波器根据布拉格波长的大小线性调制其透过率,两个探测器探测到的光强的比值即反映了布拉格波长的大小。

图 8-31 所示为利用 FBG 测量布拉格波长移动量的原理。系统中用了两个光纤光栅,一个用于传感,感应外界物理量的变化;另一个用于跟踪,跟踪传感光纤光栅的布拉格波长移动量。宽带光源发出的光经过 3dB 耦合器后到达传感光纤光栅,满足布拉格条件的波长将被反射回来,反射回来的布拉格波长再次经过 3dB 耦合器,到达作为跟踪元件的光纤光栅。当跟踪光纤光栅与传感光纤光栅的布拉格波长相匹配时,探测器探测到光强,当两个光纤光栅的布拉格波长不匹配时,探测器探测不到光强,这时压电陶瓷调节跟踪光纤光栅的长度,使跟踪光纤光栅的布拉格波长与传感光纤光栅的布拉格波长重新匹配,探测器探测到光强。由于调节压电陶瓷的电压值正比于传感光纤光栅的布拉格波长移动量,可将输出压电陶瓷的驱动电压值作为最后测量结果。

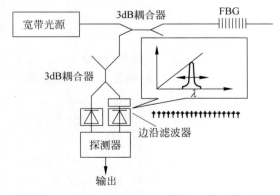

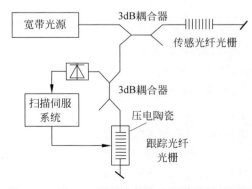

图 8-30　利用边沿滤波器探测布拉格波长移动的原理　　图 8-31　用 FBG 测量布拉格波长移动量的原理

图 8-32 所示为可调谐光纤 F-P 滤波器测量布拉格波长移动量的原理。宽带光源发出的光经过 3dB 耦合器以后,到达光纤光栅,光纤光栅将满足布拉格条件的波长反射回来,再次经过 3dB 耦合器,到达可调谐光纤 F-P 滤波器。当布拉格波长与可调谐光纤 F-P 滤波器的透过波长匹配时,布拉格波长通过可调谐光纤 F-P 滤波器,探测器探测到光强;当布拉格波长与可调谐光纤 F-P 滤波器的透过波长不匹配时,探测器探测不到光强,此时压电陶瓷调节光纤 F-P 滤波器,直到二者波长重新匹配。压电陶瓷的驱动电压值作为测量结果。

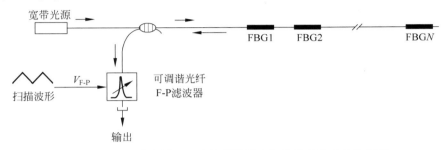

图 8-32　可调谐光纤 F-P 滤波器测量布拉格波长移动量的原理

与光强调制型和相位调制型光纤传感器相比,波长调制型光纤传感器具有更强的抗干扰能力,因为它是通过探测光纤光栅布拉格波长的移动量测量温度和应变等物理量的变化,光源光强的波动以及光在光纤中的传输损耗和光纤连接损耗等因素不会影响测量精度,而且光纤光栅传感器易于构成分布式传感方式。由于这些优点,光纤光栅传感器广泛应用于建筑物、大坝等的内应力和温度的监测。

8.3.5　光纤分布式传感

光纤传感器与其他类型传感器相比,一个显著特点是光纤传感器可以方便地构成分布式传感器,对多点应力或温度进行测量。光纤既是信号的传输介质,又是敏感单元,因此可以对光纤沿线进行不间断的连续测量。

图 8-33 所示为基于波分复用技术构成的分布式光纤光栅传感系统。来自宽光源的光经过隔离器、3dB 耦合器后,由串联在一起的布拉格波长不同的光纤光栅反射,反射回一系列不同的布拉格波长的光,分别检测出不同的布拉格波长的移动量,即测量对应各点的物理变化量。

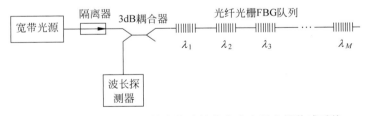

图 8-33　基于波分复用技术构成的分布式光纤光栅传感系统

在分布式光纤传感系统中,对传感光纤的远距离寻址还常常采用光时域反射测量法(Optical Time Domain Reflectometry,OTDR)。这是一种通过远距离测量光沿光纤路线的损耗或衰减分布的测量方法和技术,测量机理是应变引起光纤局部的微弯曲或温度引起瑞利散射系数变化。图 8-34 所示为基于瑞利散射的单点式 OTDR 光纤传感系统。脉冲激光器发出的短脉冲经过 3dB 耦合器后,在光纤中传输,如果光纤材质均匀,而且环境场无突变,探测器探测到的瑞利散射强度将随时间成指数衰减,探测器探测到的散射强度 P_s 可表示为

$$P_s(t) = P_o r(Z) e^{-\int_0^Z 2\alpha(Z)dZ} \tag{8-86}$$

其中,P_o 为与输入光强有关的常量;$r(Z)$ 为单位长度内的有效散射系数;$\alpha(Z)$ 为衰减系数。

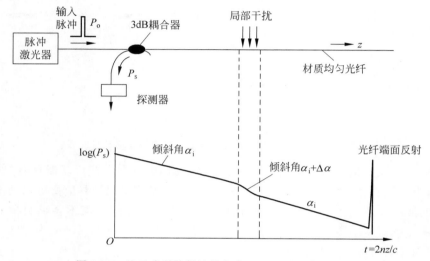

图 8-34 基于瑞利散射的单点式 OTDR 光纤传感系统

在单点式 OTDR 光纤传感的基础上,可以构成分布式 OTDR 光纤传感系统,如图 8-35 所示,通过对瑞利散射强度的对数曲线进行分析,可以确定被测对象相应位置处的参量变化。

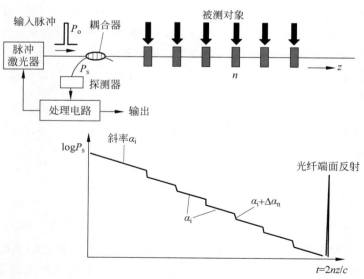

图 8-35 基于瑞利散射的分布式 OTDR 光纤传感与测量系统

如果在光纤某处受到横向的突变干扰,该处的衰减将与瑞利散射系数不同,这一点的衰减不服从指数规律。图 8-35 中,以时间为横轴,以 $\log P_s$ 为纵轴所作的曲线,在局部干扰处有突变。

脉冲激光器发出的光脉冲持续时间 τ_p 决定了 OTDR 传感的空间分辨力。假设探测器的响应时间 T 比脉冲持续时间短得多,即 $T \ll \tau_p$,那么空间分辨力为

$$\Delta z = \frac{c\tau_p}{2n} \tag{8-87}$$

其中,$n \approx 1.5$ 为光纤纤芯的有效折射率。

当 $\tau_p \approx 10\text{ns}$ 时,由式(8-87)可得空间分辨力 $\Delta z \approx 1\text{m}$,这也是分布式 OTDR 光纤传感系统所能提供的单元传感器的等效长度。

除瑞利散射外,还可以利用光纤中布里渊散射或拉曼散射的光强随被测参量的变化关系以及光时域反射技术构成分布式光纤传感系统。

布里渊散射的散射光相对于入射光的频移主要由介质的声学特性和弹性力学特性所决定,此外还与入射光频率和散射角有关,即

$$\Delta \nu = 2\nu_0 \frac{n\nu_p}{c} \sin\left(\frac{\theta}{2}\right) \tag{8-88}$$

其中,ν_0 为入射光频率;ν_p 为介质中的声速;n 为光纤介质的折射率;c 为真空中的光速;θ 为散射光与入射光之间的夹角。

当光纤因拉伸引起应变时,其石英玻璃材料的杨氏模量也随之变化,从而引起频移的变化,频移量 ν_0 与拉伸应变 ε 的关系为

$$\Delta \nu = \Delta \nu_0 (1 + \alpha \varepsilon) \tag{8-89}$$

典型的布里渊光时域反射系统结构如图 8-36 所示。脉冲激光器 1 产生脉冲调制光波进入光环行器到达传感光纤,激光器 2 产生连续光输入传感光纤,这两束光在传感光纤内部相互作用会产生布里渊散射效应进而得到可用于测量的信号,通过改变脉冲光和连续光源之间的频率差,能够探测到散射光光强的变化。调节脉冲光和连续光之间的频率差直至散射光强最大,便得到布里渊频移量。

利用该技术可以测量自发布里渊散射的强度或光纤的布里渊频移分布,并利用布里渊频移与温度以及应变的线性关系实现分布式的温度应变测

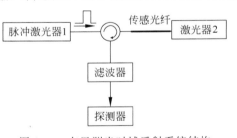

图 8-36　布里渊光时域反射系统结构

量。由于自发布里渊散射信号很弱,因此在布里渊光时域反射系统(Brillouin Optical Time Domain Reflectometry,BOTDR)中通常需要相干检测,即微弱的后向布里渊散射信号与本振光进行相干,然后接收拍频分量,通过扫描本振光的频率得到布里渊谱,再利用洛仑兹拟合得到布里渊频移。

拉曼散射分布式光纤传感器是利用拉曼散射效应和散射介质温度等参量之间的关系进行传感,利用光时域反射技术定位,从而构成拉曼散射分布式光纤传感器。

在自发拉曼散射中,反斯托克斯光对温度敏感,其强度受温度调制,而斯托克斯光与温度无关,两者光强度的比值只和温度有关,表示为

$$RT = \frac{I_{as}T}{I_sT} = \left(\frac{\nu_{as}}{\nu_s}\right)\exp\left(-\frac{h\nu_0}{kT}\right) \tag{8-90}$$

其中,RT 为待测温度的函数;I_{as} 为反斯托克斯光强;I_s 为斯托克斯光强;ν_{as} 为反斯托克斯频率;ν_s 为斯托克斯频率;h 为普朗克常量;k 为玻耳兹曼常数;T 为绝对温度。

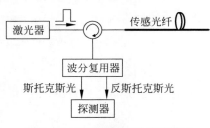

图 8-37　拉曼散射光纤传感原理

拉曼散射光纤传感原理如图 8-37 所示,大功率宽激光脉冲入射到传感光纤后,激光与光纤分子相互作用,产生极其微弱的背向散射光,包括温度不敏感的斯托克斯光和温度敏感的反斯托克斯光,两者波长不同,经波分复用器分离后由高灵敏度的探测器探测,根据两者的光强比值可计算出温度。而位置的确定是基于光时域反射技术,利用高速数据采集测量散射信号的回波时间即可确定散射信号所对应的光纤位置。

习题与思考 8

8-1　光纤传感的基本原理是什么?

8-2　传光型和传感型光纤传感有什么区别?

8-3　如何理解光在光纤中传输的"模式色散"? 会带来什么问题? 有怎样的改善方法?

8-4　光纤的传输特性有哪些? 请简要阐述。

8-5　如果采用光纤传感测量温度变化,有哪些测量原理或方法? 请简要阐述。

8-6　什么是布拉格光纤光栅? 影响布拉格光纤光栅传感测量分辨力的因素有哪些?

8-7　光纤分布式传感的显著特点是什么? 根据光纤中光散射特性的不同,有哪几种分布式光纤传感测量方法?

8-8　在分布式光纤传感系统中,为实现对传感光纤的远距离寻址,常采用什么方法? 请简要阐述。

第 9 章

激光雷达三维成像技术

　　激光雷达三维成像技术是在激光测距技术的基础上发展出来的一种主动成像方式,相比于被动成像方式,具有可以获得高精度的距离信息以及不易受光照条件限制的优点,特别适用于目标快速识别、目标精确分类、三维精密测量、自动驾驶等方面,已广泛用于军事、航空航天、遥感和传感等领域。

　　如图 9-1 所示,激光雷达三维成像技术根据成像过程是否存在光束扫描,可以分为非扫描和扫描成像激光雷达两大类。其中,扫描成像激光雷达又可分机械扫描模式和非机械扫描模式两种类型。在机械扫描模式下,激光雷达每次仅测量一个或多个像素的距离点云数据,结合云台和光束扫描机构获取视场内所有像素点云数据,根据点云数据处理算法重构出目标三维图像。例如,点扫描和点探测型测距系统固定在电控云台可以实现激光三维成像,或者采用线扫描和线阵探测器测距系统固定在电控云台的方式实现更快成像。根据光束扫描器是否有活动部件,又可分为电控机械光扫描式激光雷达、准固态激光雷达和固态激光雷达。

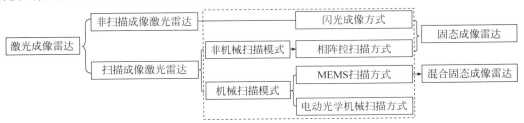

图 9-1　激光成像雷达的结构分类

　　对于非扫描成像激光雷达,一般利用脉冲光或连续光波调制照射目标区域,通过阵列探测器并行接收视场内所有目标的回波信号,实现闪光三维成像(Flash 3D Imaging)。它主要依赖阵列探测器和信号读取集成电路等关键部件,没有光束扫描的机械部件,故也称为固态激光雷达。在闪光成像激光雷达中,阵列探测器主要包括 PIN 阵列、PMT 阵列、APD 阵列、CCD、CMOS、ICCD(Intensified CCD)、条纹管等。其中,为了提高探测灵敏度、降低激光照射功率等,发展出了 256×256 单元的盖革雪崩光电二极管焦平面阵列(GM-APD FPAs);为了提高角分辨力和数据传输速度,CCD 相机通过距离选通获取不同时间切片内的二维图像,利用二维图像灰度信息重构出三维图像;为了进一步提高成像速度,利用距离选通脉冲和矩形激光脉冲对目标回波信号进行强度调制,通过强度相关只需 ICCD 获取两幅强度调制图像就可重构三维图像,后期还发展了基于 ICCD 的线性-恒定增益调制、线性-线性增益调制和指数-恒定增益调制等激光雷达三维成像方法。

在混合固态扫描成像模式下,结合 MEMS 光束扫描器小尺寸、高扫描速度和低成本等特征,所发展出的准固态激光成像雷达有助于缩小系统体积、提升成像速度和稳定性等,但是,由于 MEMS 器件有微机械活动部件,准固态激光成像雷达依然是机械扫描成像模式。

在非机械扫描成像模式下,以液晶器件和硅基光波导构造的光束扫描器通过改变光束相位实现光束偏转,没有活动的机械或微机械部件,所以发展的光学相阵控(Optical Phase Arrays,OPA)激光雷达也称为固态激光雷达。其中,液晶型 OPA 的光束扫描角一般偏小,需要结合体全息光栅、棱镜、微透镜阵列等光学元件扩大光束偏转角,以便满足激光三维成像雷达光束扫描视场的要求;而硅基 OPA 的光扫描器兼容 CMOS 工艺,通过优化硅基耦合器、硅基移相器、硅基功分器、硅基开关器等,可以提高激光雷达的系统集成度、稳定性等。

总之,随着激光三维成像雷达技术的不断发展,它正向小型化、固态化、价格经济、高分辨力、快速成像等方向发展,以便满足自动驾驶、机器视觉、智能手机等新需求。

本章主要介绍激光雷达三维成像原理、激光三维成像雷达技术、激光雷达三维成像新技术及激光三维成像雷达的应用和产业情况。

9.1　激光雷达三维成像原理

激光雷达是典型的光机电一体化系统,可以利用脉冲、相位测距等方法主动获取目标一维距离信息,结合照射光束二维扫描或面阵探测方式就可以测量出目标三维点云数据(二维方位＋一维距离),通过算法重构目标的三维表面图像。

9.1.1　激光雷达距离方程

激光雷达测距光路系统主要包括发射部分和接收部分,如图 9-2 所示。发射部分控制激光器发射光束以扫描或凝视方式照射一定视场区域内目标;接收部分负责获取目标区域的反射或后向散射回波光信号。对于扫描成像模式,当激光雷达通过大气对远方目标成像时,发射机输出光束的发散角通常在毫弧度量级,观察目标可以近似为小面元朗伯体的组合。如果忽略光在目标区域的多次散射、前后目标间光干扰、光的衍射和相干效应等影响,测距过程可以根据几何光学原理来描述。现在,假定目标与激光雷达的距离为 R,激光在大气中的透射率为 τ_a,目标被激光照射部分在发射光束横截面方向的投影面积为 A_t,目标处的激光光束横截面积为 A_1,目标的法线方向为 ON,发射机的发射光学系统光轴与目标法线方向 ON 的夹角为 θ。当激光器的发射功率为 P_t,发射部分的能量透过效率为 η_{ill},且均

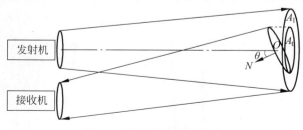

图 9-2　激光雷达测距光路

匀分布于照射光束横截面时,目标被照射部分的入射光通量可以表示为

$$\phi_i = \tau_a \eta_{ill} P_t \frac{A_t}{A_l} \tag{9-1}$$

假定目标的反射率为 ρ_T,根据朗伯体光强与光通量的关系,则从目标反射回接收机处的辐射强度为

$$I_\theta = \frac{\tau_a^2 \rho_T \eta_{ill} P_t A_t \cos\theta}{\pi A_l} \tag{9-2}$$

当接收机光学系统的有效面积为 A_r 时,则该面积对目标所张立体角为

$$\Omega_r = \frac{A_r}{R^2} \tag{9-3}$$

且假定接收光学系统的能量透过效率为 η_r,则激光雷达内光电探测器上接收的激光功率为

$$P_r = \frac{\tau_a^2 \eta_r \eta_{ill} \rho_T P_t A_t A_r \cos\theta}{\pi R^2 A_l} \tag{9-4}$$

式(9-4)为激光雷达距离方程的一般形式。由于发射光路和接收光路可以采用共轴模式,或即使采用离轴模式,但是目标与激光雷达相对间距 R 较大,则发射光路和接收光路的光轴可以看作近似重合。当观察目标可以视为面状,且不考虑目标面大角度倾斜情况时,式(9-4)可以进一步简化为

$$P_r = \frac{\tau_a^2 \eta_r \eta_{ill} \rho_T P_t A_r}{\pi R^2} \tag{9-5}$$

通过式(9-5)根据激光器输出功率、大气传输特性、目标光学特征和接收光路性能就可以初步估算光电探测器上接收的激光功率,进而分析系统信噪比、最大探测距离等参数。对于非扫描成像模式,尽管发射和接收光路的具体光学参数存在差异导致相应光学系统的能量透过效率不同,但是激光能量的传输规律相同。因此,面阵三维成像激光雷达的距离方程与式(9-5)一致。

9.1.2　信噪比

在不同的激光雷达三维成像过程中,由于激光器、探测目标、背景、探测器等存在差异,系统信噪比的具体数学表达方式可能不同。在直接探测模式下,以线性工作模式的 APD 为例,信号光散粒噪声电流的均分值为

$$\overline{i_{ns}^2} = 2eR_i P_r B_w M_a F_m \tag{9-6}$$

其中,e 为电子电荷($e = 1.602 \times 10^{-19}$ C);R_i 为探测器的电流响应度;M_a 为探测器的电流倍增因子;B_w 为噪声频谱带宽;F_m 为探测器的噪声系数。

同理,背景光功率为 P_b 时,其散粒噪声电流的均方值为

$$\overline{i_{nb}^2} = 2eR_i P_b B_w M_a F_m \tag{9-7}$$

当探测器暗电流 i_d 主要来自体漏电流时,其引起的散粒噪声电流的均分值为

$$\overline{i_{nd}^2} = 2ei_d M_a B_w F_m \tag{9-8}$$

而电阻内电子热运动引入热噪声,该噪声电流的均分值为

$$\overline{i_{nL}^2} = \frac{4kTB_w}{R_L} \tag{9-9}$$

其中，R_L 为探测器的负载电阻；k 为玻耳兹曼常数；T 为绝对温度。

根据信号光散粒噪声、暗电流噪声和热噪声的相互独立关系，无激光回波信号时，探测器输出噪声电流的均方根为

$$\bar{i}_{n1} = \left[2eR_i P_b B_w M_a F_m + 2ei_d B_w M_a F_m + \frac{4kTB_w}{R_L} \right]^{1/2} \tag{9-10}$$

而有激光回波信号时，探测器输出噪声电流的均方根为

$$\bar{i}_{n2} = \left[2eR_i (P_r + P_b) B_w M_a F_m + 2ei_d B_w M_a F_m + \frac{4kTB_w}{R_L} \right]^{1/2} \tag{9-11}$$

则探测器输出的电流信噪比为

$$\text{SNR} = \frac{i_{s0}}{\bar{i}_{n2}} = \frac{R_i P_r}{\left[2eR_i (P_r + P_b) B_w M_a F_m + 2ei_d B_w M_a F_m + \frac{4kTB_w}{R_L} \right]^{1/2}} \tag{9-12}$$

根据式(9-12)可以估算直接探测模式下激光雷达输出的信噪比。在间接探测模式下，对于采用 CCD 等积分型光电探测器件的面阵三维成像激光雷达。系统信噪比具体表达式可参考文献[3]。

9.1.3　可探测距离

由于在激光雷达测量过程中，大气传输、目标特性、激光功率、探测器噪声、放大电路噪声等都会影响光电转换信号的稳定性，其幅值和相位都是随机变化的，因此，需要根据激光雷达的信噪比和光电子探测的统计模型分析其探测效率。在直接探测方式下，探测器接收大量光子并产生大量光电子时，光电子噪声统计特征一般服从高斯分布，若放大电路输出电压信号，则其幅值的概率密度分布函数可以表示为

$$\rho(V_n) = \frac{1}{\sqrt{2\pi} V_n} e^{\left(-\frac{V_n^2}{2\bar{V}_n^2}\right)} \tag{9-13}$$

其中，V_n 为放大电路输出的噪声电压；$\bar{V}_n$ 为输出噪声电压的均方根。

激光雷达的虚警概率是无激光回波信号时噪声幅度大于探测阈值的概率。设探测阈值为 V_T，无激光回波信号时噪声的均方根为 $\bar{V}_{n1}$，对式(9-13)求积分则可以得虚警概率为

$$P_F = \frac{1}{2} - \frac{1}{2} \text{erf}\left(\frac{V_T}{\sqrt{2} \bar{V}_{n1}} \right) = \frac{1}{2} - \frac{1}{2} \text{erf}\left(\frac{\text{TNR}}{\sqrt{2}} \right) \tag{9-14}$$

其中，erf(·)为误差函数；TNR 为无激光回波信号时阈噪比，$\text{TNR} = \dfrac{V_T}{\bar{V}_{n1}}$。

激光雷达的探测概率是有激光回波信号时信号与噪声之和的幅度大于探测阈值的概率，计算式为

$$P_D = \frac{1}{2} + \frac{1}{2} \text{erf}\left[\frac{1}{\sqrt{2}} \left(\text{SNR} - \frac{\bar{V}_{n1}}{\bar{V}_{n2}} \text{TNR} \right) \right] \tag{9-15}$$

其中，SNR 为有激光回波信号时的电压信噪比。

为了便于计算探测概率和作用距离，定义探测指数为

$$\text{SD} = \text{SNR} - \frac{\bar{V}_{n1}}{\bar{V}_{n2}} \text{TNR} = \frac{V_s - V_T}{\bar{V}_{n2}} \tag{9-16}$$

将式(9-16)代入式(9-15),则探测概率可以简化为

$$P_D = \frac{1}{2} + \frac{1}{2}\mathrm{erf}\left(\frac{\mathrm{SD}}{\sqrt{2}}\right) \tag{9-17}$$

因此,根据式(9-15)～式(9-17),可以利用虚警概率和探测概率估算直接探测模式下激光雷达作用距离。

9.1.4　横向成像参数

对于光束扫描成像模式的激光雷达,如果不考虑光电信号转换和电信号传输速度的影响,激光三维成像系统的横向水平方向扫描视场可以表示为

$$\mathrm{FOV_H} = \theta_2 - \theta_1 \tag{9-18}$$

其中,θ_1 为最小的方位角;θ_2 为最大的方位角。

相应地,横向垂直方向扫描视场可以表示为

$$\mathrm{FOV_V} = \varphi_2 - \varphi_1 \tag{9-19}$$

其中,φ_1 为最小仰角;φ_2 为最大仰角。

根据方位角分辨力 $\mathrm{d}\theta$,水平方向的分辨力为

$$H_{\mathrm{res}} = \mathrm{FOV_H}/\mathrm{d}\theta \tag{9-20}$$

根据仰角分辨力 $\mathrm{d}\varphi$,则垂直方向的分辨力为

$$V_{\mathrm{res}} = \mathrm{FOV_V}/\mathrm{d}\varphi \tag{9-21}$$

因此,根据单次测量数据点的系统响应时间 T_{resp},可以确定完成一次水平视场内的线扫描时间为 $T_{\mathrm{Line}} = H_{\mathrm{res}} \times T_{\mathrm{resp}}$,即水平方向的扫描角速率为 $A_H = 1/T_{\mathrm{Line}}$。每帧图像的总扫描光点数为 $N = H_{\mathrm{res}} \times V_{\mathrm{res}}$,完成一帧图像的扫描时间为 $T_{\mathrm{frame}} = N \times T_{\mathrm{resp}}$,即垂直方向的扫描角速率为 $A_V = 1/T_{\mathrm{frame}}$。如果用弧度每秒表示扫描角速率,则换算关系为 $D = A \times \mathrm{FOV}$。

9.2　激光三维成像雷达技术

9.2.1　机械扫描激光成像雷达

早期扫描激光成像雷达由单点激光测距系统和光束扫描装置构成,通过单点激光测距系统获取每个测量点的距离信息,利用光束扫描装置改变照射光束的方位角和俯仰角,从而获得视场内被测目标的距离-角度-角度图像(即三维图像),该类激光三维扫描成像的核心就是根据测量环境和目标如何在激光测距系统上结合光束扫描技术。光栅扫描、电光扫描、声光扫描等方式尽管可以实现光束的快速扫描,但是一般不能直接满足激光雷达三维成像所需的大视场、高能量利用效率等要求。因此,激光雷达三维成像扫描装置主要是机械式扫描,包括摆镜扫描、万向节扫描、转镜扫描和双光楔扫描,即利用电机驱动镜面、光楔等光学元件转动,通过平面镜反射或光楔折射改变光束的传播方向,可以实现大视场以及快速光束扫描。

机械扫描激光成像雷达根据光点扫描方式可以分为点扫描和点阵扫描两类,如图 9-3 所示。由于受光束扫描速度的限制,机械扫描成像激光雷达主要用于静态或准静态目标的成像测量。激光点扫描成像雷达的其中一种是采用共轴光路模式,照明光束经机械式光束扫描器实现二维光场照射,目标回波信号经机械式光束扫描器去扫描后由单探测器接收,整

个光路发射和接收系统固定在电控云台以便获得大扫描视场；还有一种是将激光测距模块直接固定在电控云台，由云台旋转和俯仰实现三维成像。为了快速获取视场范围运动目标的三维信息，激光雷达从单点扫描向多点并行扫描（即点阵扫描方式）发展，最常用的机械扫描方式是垂直方向利用多个照射光源和线阵列探测器层叠方式实现多通道的激光照射和回波接收，或者利用单个或多个点光源结合光束转换元件形成线状照射；而水平方向通过电机驱动云台获取360°水平视场。机械扫描器的角度一般可由反馈电机和光栅在线检测等方法标定，即通过光栅叠加的莫尔效应放大微小位移精确测定旋转角度，准确标注激光雷达三维点云位置。由于信号和供电可以通过无线方式从旋转部分传递到固定底座，这导致该类型激光雷达的供电效率不高，易受机械冲击和磨损；由于垂直方向的分辨力是固定的且依赖发射和接收的通道数，增加通道数提高垂直方向的分辨力将使设备的成本显著提高。

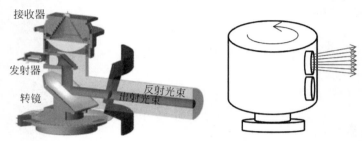

图 9-3 点扫描和点阵扫描激光成像雷达

机械扫描激光成像雷达是目前技术发展最成熟、推广应用最广泛的商业化产品，系统性能稳定，成像距离最远，但是受限于成像速度、系统体积和经济成本。例如，VELODYNE 公司的 HDL-64E 三维成像激光雷达采用组合扫描成像方式，外形结构如图 9-4 所示，有 4 组激光发射装置，每组有 16 个激光器，两套光电接收系统，每套接收系统的探测器是 32 通道，图像帧率为 5～15Hz，对于反射率为 0.1 的目标体，有效探测距离低于 50m；对于反射率为 0.8 的目标体，有效探测距离达 120m。水平方向视场角为 360°，垂直方向视场角为 26.9°，方位角分辨力为 0.08°，俯仰角分辨力为 0.4°，每秒测量点数接近 2200 万。

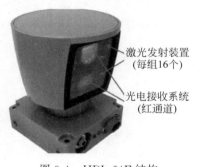

图 9-4 HDL-64E 结构

9.2.2 面阵成像激光雷达

面阵成像激光雷达采用闪光式成像方式，其内部没有光束扫描装置，属于非扫描成像激光雷达。非扫描成像激光雷达利用脉冲或调制的连续光波束直接照射目标，通过面阵探测器接收回波信号，根据直接或间接的激光测距方法提取不同像素对应的目标距离信息，从而利用算法重构出三维图像，是激光测距技术与阵列探测器的组合。该激光雷达三维成像的本质是将激光扫描成像逐点式距离信息的串行获取改为点阵式距离信息的并行获取，可以提高成像速度，不需要复杂的扫描机构，具备闪光三维成像能力，但是也要求系统接收的激光回波功率平均分布到每个像素上。在相同的激光发射功率和接收口径下，面阵探测器的像素越多，则分散到每个像素上的回波功率就越少，因此，面阵成像激光雷达的探测距离远小于单点探测系统,一般仅适用于较近的成像探测。根据阵列探测器性能、成像方法差异等,面阵成像激光雷达可以分为以下几类。

1. 基于线性 APD 阵列的闪光激光雷达

基于线性 APD 阵列的闪光激光雷达是最典型的无扫描三维成像激光雷达,通过照射光学系统发射一个或一组脉冲激光照射整个成像视场,利用闪光成像方式由 LM-APD 阵列获取目标的二维位置和距离信息,相当于并行 TOF 激光测距系统。每个探测器单元对应轴向距离的测量是基于脉冲飞行时间法,即脉冲发射后,触发时间测量电路,当回波信号到达接收端时停止计时,获取脉冲飞行时间从而确定目标的距离信息。飞行时间测量可以通过计数器、高速 A/D 采样、激光器充电的时间幅度变换等实现。最大测量距离主要受激光脉冲峰值功率影响,测距精度受脉冲上升时间影响;最小测量距离受脉冲半功率宽度影响。在三维成像过程中,系统的轴向空间分辨力取决于距离测量的精度;而横向空间分辨力受接收光学成像系统的数值孔径和面阵探测器的像素间距影响;成像速度受 APD 响应速度和读取电路的信号传输速度影响。

该技术的核心部件是 LM-APD 焦平面阵列,由 APD 阵列和读出电路构成,APD 决定激光雷达系统的探测能力;读出电路决定系统的信号处理能力,这些因素制约 APD 阵列往高像素方向的发展。其中,美国 Raytheon 公司采用 $0.18\mu m$ CMOS 工艺,推出 256×256 大面阵 APD 阵列(见图 9-5),单像素尺寸为 $60\mu m$,测距精度为 5cm,工作频率达 60Hz。

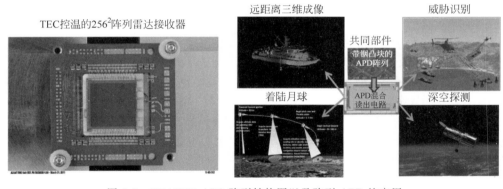

图 9-5　256×256 APD 阵列结构图以及阵列 APD 的应用

2. 光子计数激光三维成像雷达

探测器工作在盖革模式下,具有单光子级灵敏度,可以通过一个信号光子触发一次电脉冲响应,能高效区分回波信号的有无,一般适合远距离探测,但是不能提供回波信号的强度信息。因此,基于 GM-APD 阵列的闪光激光雷达利用 GM-APD 的单光子计数特性,可以提高脉冲飞行时间测量的精度和灵敏度。当 APD 工作在饱和增益模式下,通过光子计数模式对激光脉冲飞行时间进行统计测量,利用质心算法可以获得目标距离的准确值为

$$R = \frac{c\sum_{\tau_{\mathrm{bit}}}S_{\mathrm{P}}(i)\tau(i)}{2S_{\mathrm{P}}} \tag{9-22}$$

其中,S_{P} 为目标反射回来的平均光子数;c 为真空中光速;脉冲宽度 τ_{bit} 被分解成 i 个很短的时间片段,每个时间片断长为 $\tau(i)$,$S_{\mathrm{P}}(i)$ 为每个时间片段内的回波光子数。

"光子数字转换"的概念需要盖革模式 APD 阵列与全数字 CMOS 像素电路的有机结合,但是制作大尺寸、高像素密度的盖革模式 APD 还存在很多挑战,主要包括:①由于盖革模式 APD 高灵敏度导致热载流子发光使探测单元之间的光串扰难以消除,且像素间距越小,串扰噪声越大;②盖革模式 APD 阵列像素数增大使 CMOS 数字电路面临数据读取带宽和能量消耗问题;③常规盖革模式 APD 阵列与 CMOS 读出电路的混合集成涉及性能优化或非硅探测器阵列,增加大尺寸背光照明模式设备的制造难度。其中,美国林肯实验室推出过 256×256 盖革模式 APD 阵列用于激光三维成像(见图 9-6),不需要微透镜阵列收集信号光,对应成像速度达到 8000 帧/秒。2020 年,Ouster 公司基于垂直腔面发射激光器(Vertical-Cavity Surface Emitting Laser,VCSEL)和单光子雪崩二极管(Single Photon Avalanche Diode,SPAD)发展的多光束闪光成像技术,将光源和探测器分别集成到相应的单枚 ASIC 芯片,结合微光学元件推出第 1 款探测距离达 200m 的全固态、高分辨力、长距数字激光雷达。

图 9-6 256×256 盖革模式 APD 阵列及成像雷达结构

3. 调幅连续波三维成像激光雷达

由于直接脉冲测量易受激光脉冲宽度和探测器响应时间抖动影响,导致测距精度相对偏低(通常在厘米量级),而调幅连续波(Amplitude Modulation Continuous Wave,AMCW)激光雷达采用调制连续激光信号方式提高测距精度(一般在毫米量级),即通过测量相位差获取时间延时差,可以降低对面阵探测器的性能要求。但是,连续信号的发射导致其平均功率远低于脉冲信号的峰值功率,探测距离将受到约束。因此,AMCW 激光雷达常采用 ICCD 提高成像距离,在成像过程中,调制信号同时调制激光器和微通道板,CCD 在积分时间为调制信号周期整数倍内获得一个测量值,而在微通道板未经调制下,CCD 在相同条件下得到另一个测量值,两者的比值为

$$C_{\mathrm{p}} = 1 + \frac{1}{2} m_0 m \cos\varphi \tag{9-23}$$

其中,m_0 为激光功率调制系数;m 为微通道板增益调制度。

通过式(9-23)可求出相位差 φ,再利用调制频率 f 根据相位差与距离的关系($r = \varphi c / 4\pi f$)间接获得目标距离,由于鉴别的相位差只能为 $0\sim 2\pi$,超过 2π 的整数倍周期将会导致距离测量模糊。另外,当测量电路的鉴相精度一定时,信号调制频率与雷达测距精度成正比,与探测的最大不模糊距离成反比,即 AMCW 雷达探测距离与测距精度相互矛盾。为了解决这个问题,通常采用"多测尺"测量方法,即利用多个调制频率光信号同时发射,通过高调制频率提高测距精度,通过低调制频率提高测量距离。

4. 调频连续波三维成像雷达

相比于 AMCW 技术,调频连续波(Frequency Modulation Continuous Wave,FMCW)

技术采用相干探测模式,没有调制信号功率损失且测距精度更高,如果调制带宽足够,FMCW 技术测距精度可以达到微米量级,且能同时获取测量目标的距离和速度信息。FMCW 雷达系统将线性调频光信号由光学分束器进行分束,一路作为本振光信号,一路作为探测信号由发射光学系统照射目标,目标反射回波信号由接收光学系统接收后与本振光信号合束,通过光电探测器进行相干拍频转换成电信号。由于探测光信号为线性调频信号,其瞬时频率与时间呈线性关系。当回波信号存在延时,回波信号与本振光信号间将产生正比于回波延时的瞬时频率差,因此,FMCW 雷达通过差频频率的测量获取时间延期量,间接获得目标距离。根据频率调制函数,利用本振信号和回波信号混频,滤去高次谐波分量得到中频信号,则目标距离为

$$R = \frac{f_{IF} T c}{2 \Delta F} \tag{9-24}$$

其中,T 为调制周期;ΔF 为调制带宽;c 为真空中光速;f_{IF} 为中频频率信号。

5. 增益调制成像

为了提高测距精度,增益调制可以代替光源强度调制。增益调制测距原理是通过测量脉冲飞行时间和调制增益的函数关系计算出待测目标的距离值。该方法需要结合调制前后的图像灰度信息获取目标的三维图像,可以采用单个 ICCD 进行两次分时变增益测量,或者采用双通道 ICCD 一次测量,而两个 ICCD 进行不同的调制增益。在增益调制函数已知的条件下,测量两个通道或两次不同时间接收的光功率,可以推算出脉冲飞行时间。假定激光雷达统分时两次测量,即一次恒定增益测量,一次线性增益测量,则测量距离为

$$R = R_0 + \frac{c}{2k} \left(\frac{A I_1}{I_2} - G_1 \right) \tag{9-25}$$

其中,c 为真空中光速;A 为恒定增益值;k 为线性增益斜率;I_1 为线性增益测量光强;I_2 为恒定增益测量光强;G_1 为线性增益的起始增益值;R_0 为距离门选通起始位置离激光雷达的距离。

6. 基于偏振调制的三维成像激光雷达

由于不同目标的反射特性存在差异,观察目标的激光回波信号强度也就存在差异。因此,在偏振测距系统中,干涉条纹光强度包含目标反射率和调制时间未知信息。基于偏振调制的三维成像激光雷达利用晶体电光效应,改变反射回波信号的偏振态,通过比较反射回波在两个相互垂直的偏振方向信号的差异获取时间延期量,从而获得目标距离。假定总回波光束的强度为 I_{REC},一个测量通道接收的偏振分量光强为 $I_x = I_{REC} \cos^2 \left[\frac{\theta(t)}{2} \right]$,另一个测量通道接收的正交偏振分量光强为 $I_y = I_{REC} \sin^2 \left[\frac{\theta(t)}{2} \right]$,则调制时间与双通道接收光强关系为 $\tan^2 \left[\frac{\theta(t)}{2} \right] = \frac{I_y(\rho, t)}{I_x(\rho, t)}$。根据两个正交偏振分量相位差与调制电压关系

$$\theta(t) = \pi \frac{V(t)}{V_\pi} \tag{9-26}$$

其中,V_π 为两个偏振分量相位差为 π 时施加于电光晶体的电压值,即半波电压。以及调制电压与调制时间的关系

$$V(t) = \frac{V_\pi}{1 - e^{-a}}\left[1 - e^{-\frac{at}{T_G}}\right] \tag{9-27}$$

其中，T_G 为调制电压波形宽度；α 为与电源特性相关的参数。

就可以得到目标距离表达式

$$R = -\frac{L}{\alpha}\left[1 - \frac{2(1 - e^{-\alpha})}{\pi}\arctan\sqrt{\frac{I_y}{I_x}}\right] \tag{9-28}$$

其中，L 为调制电压波形宽度为 T_G 时激光雷达的作用距离。

7. 基于条纹管激光成像雷达

条纹管激光成像雷达采用脉冲激光器照射目标，将回波光信号经光学天线聚焦到条纹管，使光电子在荧光屏上形成条纹像，最终由 CCD 采集条纹图像。由于物体表面形貌差异，各位置的漫反射回波到达条纹管的时间不同，因此条纹管可以将脉冲飞行时间转换为荧光屏上条纹的相对距离，同时获取目标的光强度信息和距离信息。条纹管可以分为单缝和多缝。单缝是线性阵列探测器，需要一维扫描整个场景；多缝有助于无扫描直接获取整个场景信息。对于条纹管获取的条纹图像，图像与狭缝同一水平方向的灰度信息表示目标强度信号，图像与狭缝垂直方向的信息对应时间通道，表示来自不同距离目标的激光回波产生的时间位移。即条纹像素峰值点灰度信息表示目标对应的光强度信息，峰值点坐标信息表示物体对应的距离信息。当第 k 帧条纹像峰值点像素与位置的关系为 $f_k(i_0, j_0)$，峰值点强度为 $I(k, j_0)$ 时，则重构图像中某行的目标强度像和距离三维像可以表示为

$$I(k, j_0) = \max[f_k(i_0, j_0)] \tag{9-29}$$
$$R(k, j_0) = i_{max} \tag{9-30}$$

其中，k 为总共 K 帧条纹像的帧数编号，$k = 1, 2, \cdots, K$；i_0 为总像素 $N \times M$ 条纹像的行号，$i_0 = 1, 2, \cdots, N$；j_0 为总像素 $N \times M$ 条纹像的列号，$j_0 = 1, 2, \cdots, M$；i_{max} 表示单一时间通道上的像素峰值点的横坐标。

通过式(9-29)和式(9-30)获取的元素值构成行数为 K、列数为 M 的目标三维重构矩阵，就可以重构目标的三维图像。

8. 距离选通三维成像技术

距离选通三维成像技术也称为时间门选通成像技术，是一种对特定距离目标实现三维图像还原重构的技术手段，可以降低目标后向散射影响从而提高成像质量。在测距过程中，系统以脉冲激光作为照射光源，通过控制选通门开启延时间决定成像距离，而控制选通门时间（即波门宽度）决定成像的景深范围，使系统仅获取延时时间对应距离及选通门宽度对应景深内的目标场景反射光信号，实现目标场景的"层析成像"。因此，开启时间越精确，测距精度越高；波门宽度越窄，图像效果越好。距离选通成像技术具体成像过程是一次选通获得一幅二维图像，调整选通门距离获得多幅图像，即实现对目标图像的切片成像，然后根据系统接收光强度与接收距离的对应关系分析二维图像灰度值间接获得目标距离，最后融合所有灰度图像和距离信息得到目标三维图像。国内外很多单位已在该成像技术方面做了大量研究，相关设备已投入实际应用。

9.2.3　固态激光成像雷达

由于 MEMS 微型反射镜能够在自由空间操作、调制和开关光束，也能控制光束相位，已

广泛用于激光投影、显示和光纤通信领域。相对于传统机械扫描方式，MEMS扫描器通过微型反射镜的快速振动实现光束扫描，可以大幅提高扫描速度，同时克服机械扫描系统体积庞大的缺点，便于实现激光雷达三维成像系统的小型化。鉴于MEMS扫描器结构微观化，其在光束扫描时仅存在非常少的活动部分（一般直径为1~7mm），而其他大部分器件保持静止，即无明显可见的机械远动部件，故基于MEMS扫描的激光雷达称为混合固态激光扫描雷达，是固态激光雷达和机械扫描激光雷达的折中方式。

根据MEMS器件控制的光束扫描维度，MEMS扫描器可以分1D MEMS和2D MEMS两种。利用其中的1D MEMS器件替代光机械扫描器，就可以结合光学元件构造结构简单的混合固态激光成像雷达。如图9-7所示，激光器发射光束通过1D MEMS和柱状透镜构成线扫描方式照射，目标回波信号可以由平行扫描线方向放置的一维探测阵列获取。当MEMS扫描时，线状扫描光束覆盖成像视场，像素水平方向的分辨力由雷达测量采样率和MEMS扫描频率决定，而像素垂直方向的分辨力由线阵探测器的单元数决定。该结构方式构成的激光雷达存在的普遍问题是最大探测距离短，且由于线状照明导致光功率密度下降，探测器单元水平方向的接收角受制于与MEMS的扫描角度，将降低探测信号的信噪比。

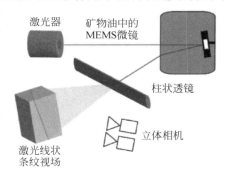

图9-7 基于点光源和1D MEMS的
混合固态成像雷达

如图9-8所示，利用多个激光器通过透镜和MEMS微镜面将所有发射激光束叠加构成照射光束。其中，1D MEMS控制垂直照明光束沿水平方向扫描；二维探测器阵列接收目标回波信号，该结构激光成像雷达可以解决照射光功率密度偏低和信噪比下降问题，但是需要额外对准和装配保证来自不同激光器的多个激光束准直入射到MEMS镜面，而且光束准直程度会明显影响激光雷达的角分辨力。

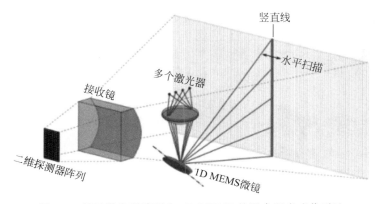

图9-8 基于激光器阵列和1D MEMS的混合固态成像雷达

如图9-9所示，混合固态激光成像雷达采用照射和接收光路共轴结构，将1D MEMS固定在一维电控云台，使MEMS镜面和电控云台按照正交方向移动实现二维扫描视场。电控云台可由旋转马达驱动有助于作为慢扫描轴获得水平方向360°的大扫描角度，而具有高谐振频率的MEMS扫描器（频率一般为几千赫兹）可以实现垂直方向快速扫描；共轴结构可以保证利用一个探测器获取目标回波信号，将简化激光雷达的结构和信息处理单元，但是，最大测量距离受限于 MEMS 微反射镜的孔径。接收光路部分也可以采用探测器阵列和大口径光学元件，但是大面阵探测器增加激光雷达成本。

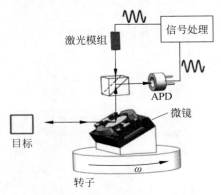

图 9-9　基于点光源和 1D MEMS 共轴结构的混合固态激光成像雷达

类似于 1D MEMS，2D MEMS 可以采用以下几种工作模式：双轴谐振扫描模式、双轴非谐振扫描模式以及谐振和非谐振混合扫描模式。如图 9-10 所示，2D MEMS 在混合固态成像雷达中主要用于控制照射光束，可以采用准直照射光束直接入射在 2D MEMS 镜面方式；或者多激光器以不同角度入射 2D MEMS 镜面，整个扫描视场采用子扫描区域复用方式，目标回波信号可以采用点探测器或探测器阵列，结合大孔径光学系统接收整个扫描视场的信息。2D MEMS 产品主要有电磁驱动 MEMS、静电驱动 MEMS、电热驱动 MEMS 和压电驱动 MEMS 这 4 种，都可以工作在谐振和非谐振扫描模式。其中，电磁驱动 MEMS 一般有大的镜面尺寸和相对高的谐振频率，用于激光雷达时需要一维位置传感探测监控扫描角度和提供反馈信号进行镜面控制；静驱动电 MEMS 通常镜面尺寸较小，可以单片集成，但是需要真空环境提高驱动效率；电热驱动 MEMS 可以获得接近 170° 的大

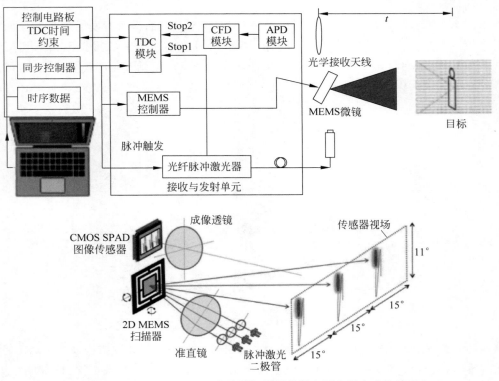

图 9-10　基于 2D MEMS 和阵列探测器的混合固态激光成像雷达

扫描角,但是响应速度较低;压电驱动 MEMS 一般具有高驱动效率、高响应速度等优点,但是驱动电压偏高。在非谐振扫描模式下,MEMS 的主要优点是环境扰动不会明显改变其扫描角和引入相位滞后,不需要镜面位置反馈控制就能很好地适应外界环境温度变化。

目前,1D MEMS 扫描器技术更加成熟,其具有更宽的扫描角度、更大的光学孔径和更高的谐振频率,比较适用于激光成像雷达,特别是电磁驱动和静电驱动的 1D MEMS。但是,为了获得三维点云数据,1D MEMS 往往需要结合电控云台和大面积探测器阵列,于是,高性能激光成像雷达趋向于选择 2D MEMS 扫描器。对于 MEMS 扫描方式,最大问题是若采用收发同轴扫描方式,则受微型反射镜尺寸的限制,其接收光学口径较小,探测距离受限制;若采用发射扫描、大视场接收的方式,则背景噪声过强,同样存在探测距离受限问题。因此,当前混合固态激光成像雷达主要应用在自动驾驶汽车和高级辅助驾驶系统。例如,速腾聚创推出的 RS-LiDAR-32 混合固态激光雷达有 32 个扫描线束,探测距离达 200m,水平视场角为 360°,垂直视场角为 40°,水平角分辨力为 0.1°,垂直角分辨力超 0.33°,刷新帧率可达 20 帧/秒。

9.2.4　非机械扫描激光成像雷达

光学相阵控技术(OPA)作为一种非机械光束扫描方式,能够将一束激光能量均分到光束传输阵列,动态调节光束传输阵列中各光束的相对相位,使光束相干合成变成角度偏转的扫描光束,该扫描方式具有高稳定性、扫描点操控灵活和高光功率利用效率的优点。由于基于 OPA 的激光雷达采用非机械扫描光束,没有机械移动部件,故其也被称为固态激光雷达。

目前,OPA 主要采用液晶、MEMS 和硅光子器件进行相位控制,液晶型 OPA 扫描器具有低驱动电压、使用简便的优点,但是相位控制效率在大偏转角度下偏低,导致最大的光束扫描角度一般在 ±10°,而微秒量级光束扫描速度对大部分激光雷达而言偏低。相对于液晶型 OPA 扫描器,MEMS 型 OPA 具有更高的调制效率、更快的扫描速度且不改变光束的偏振态,特别是二维 MEMS 型 OPA 可以保证光束在同一平面进行水平和垂直扫描,而二维反射型液晶 OPA 在扫描时无法保证同一平面,但是,绝大部分 MEMS 型 OPA 依然有机械活动部件,不是严格意义上的固态光束扫描。硅光子相位阵列具有阵列单元多、可与CMOS 过程兼容、高集成度和低成本优势,其主要挑战是如何提高硅光子 OPA 输出光功率以达到激光雷达的实用水平。

对于液晶型 OPA,光束扫描的物理机制是 2π 模相移方法,可以利用光栅衍射方程描述,即

$$\sin\theta \cong \frac{m\lambda}{A} \tag{9-31}$$

其中,λ 为入射光波长;θ 为光束偏转角度;A 为构造光栅周期;m 为构造光栅的衍射级。即构造一个电控闪耀光栅改变光栅周期 A 或闪耀角实现光束偏转;或者构造两个电控光栅组,一个改变周期,而另一个改变闪耀角。为了实现激光雷达成像所需的大角度光束扫描,液晶型 OPA 主要采用如图 9-11 所示的几种方法。

1. 两个液晶型光束扫描器和体全息光栅或体光栅堆组合
第 1 个液晶型光束扫描器让光束以体全息光栅的设定扫描角度入射,体全息光栅可以

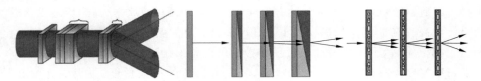

图 9-11　液晶型 OPA 光扫描器的大角度扫描方法

提供多个离散扫描角,实现扫描视场分区;第 2 个液晶型光束扫描器实现区域视场的小角度连续扫描。

2. 液晶型光束扫描器与双折射棱镜堆组合

第 1 个液晶型光束扫描器实现中小角度内连续偏转扫描,液晶型偏振旋转器改变入射光偏振态,使一个扫描光束经双折射棱镜再次发生偏转实现两区域复用扫描,最终区域扫描范围由双折棱镜数量按照 2 倍方式增加。在此,利用相位锯齿状分布的液晶型光栅代替双折射棱镜,可以避免双折射棱镜随大角度偏转需要增大厚度的缺陷。

3. 液晶型偏振光栅组合

该扫描光路可以等效为两片偏振片、两片 $\lambda/4$ 波片、一片半波片构成的对称光路排布状态,能够实现三区域复用扫描。此外,结合微透镜阵列、电浸润液体透镜阵列等有可能进一步缩小液晶型光束扫描器尺寸。

对于硅基型 OPA,光束扫描的物理机制可以根据光衍射理论描述。为了控制远场衍射光束二维扫描,硅基型 OPA 可以采用横向(x-y)双轴相位控制方式或一轴(x)相位控制结合一轴(y)波长控制方式。对于如图 9-12 所示的硅基型 OPA 结构,波导光栅天线的光束纵向俯仰角(θ)和横向方位角(ψ)出射角度的关系为

$$\sin\theta = n_{eff} - \lambda_0/\Lambda \tag{9-32}$$

$$\sin\psi = \lambda_0\phi/2\pi d \tag{9-33}$$

其中,Λ 为光栅周期;λ_0 为自由空间波长;d 为天线单元之间的距离;ϕ 为天线单元之间的等相位差;n_{eff} 为光栅天线内波导有效折射率。

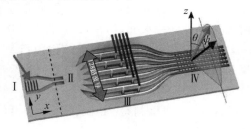

图 9-12　硅基型 OPA 结构

因此,通过波长调制实现光束沿纵向 θ 扫描,而横向一维相控阵调制单元相位实现光束沿横向 ψ 扫描。

由于硅材料具有较高的热光系数,且具有等离子体色散的电光效应,硅基片上集成技术有利于激光成像雷达技术向全固态、小型化、低功耗和低成本的方向发展。基于热光效应的硅基 OPA 相移速度较慢,一般在微秒量级;而基于等离子色散效应的 OPA 速度较快,可以达到纳秒量级,但是电光移相器调制效率很低。由于直波导 PIN 型电光移相器的长度一般在几百微米,硅基型 OPA 采用此类结构则所需的面积会非常庞大,而通过 PIN 型电注入微

环移相器简化系统结构可以缩小 OPA 面积,即采用多级 MMI 级联方式分配功率,OPA 面阵采用行列电极引线方式加电移相,定向耦合器与阵元通过微环作为移相单元连接。为了避免高阶栅瓣对波束扫描范围的限制,通过算法优化设计 OPA 阵元非等间距排布,利用热光效应移相实现波束方位角偏转和利用波长实现波束俯仰角偏转,可以将高阶栅瓣能量均匀分布到旁瓣,方位角偏转范围可达 $80°$,增加阵元数量可使波束半宽高压缩至 $0.14°$。针对直波导型光栅天线一维纵向排列只能实现一维角度(方位角)偏转,波长改变实现另一维光束偏转,而受光栅耦合器辐射效率对波长的限制导致俯仰角偏转不大的缺点,光栅天线单元需要小型化,如部分和全刻蚀圆弧型光栅齿,SiN 双层扰动光栅。

非机械扫描激光成像雷达的最大优势是系统集成度高、体积紧凑和价格实惠,有可能是下一代激光成像雷达的重点发展方向。例如,Quanergy 公司推出的基于 OPA 的固态激光雷达 M8TM 探测距离达 $200m$,水平视场角为 $360°$,垂直视场角为 $20°$,角分辨力为 $0.03°\sim$ $0.13°$,三维点云数超 1300 万点/秒。

9.3　激光雷达三维成像技术的新发展

1. 异构变分辨三维成像技术

目前,扫描或非扫描成像方式的激光三维成像方法总存在成像速度、分辨力、大视场和测距精度相互制约的问题。例如,在扫描成像模式下,激光雷达对同一视场多次重复扫描可以提高目标测距精度,但是会降低成像速度,特别是在大视场成像的情况下;在面阵成像模式下,激光雷达虽然可以获得较高的成像速度,但是面临大面阵 APD 阵列加工难度高、探测单元串扰导致信噪比偏低等问题。然而,根据人眼视网膜变分辨成像特征,可以通过人眼感光细胞非均匀分布,以及对数坐标映射具备外围数据压缩功能,发展具有自适应特点的异构变分辨力三维成像技术,即通过研制类视网膜的面阵探测器以及相关图像处理算法,在整个成像视场内对目标区域实现高分辨成像,而对背景区域进行低分辨成像。

2. 鬼成像技术

鬼成像技术又称为关联成像或单像素成像技术,是一种在量子理论发展的光学成像和量子信息并行处理技术。区别于传统光学成像均需要成像光路与目标接触,以便记录辐射场的光强分布获取目标信息,鬼成像技术属于非定域成像方式,可以通过与物体不接触的光路获取目标信息。经典鬼成像技术通过旋转毛玻璃产生随机涨落光场,利用分束器将调制光束分成参考光和探测光,其中参考光场被高分辨图像传感器采集;探测光直接照射目标,并由桶探测器接收被目标调制的信号光场,再通过参考光场和信号光场的关联运算反演出目标的二维或三维图像。计算鬼成像则利用作为参考光场的数字图像控制数字微镜器件(DMD),使产生的随机光场直接照射目标,不需要分束器提供参考光场,可以简化成像系统结构。该成像技术的核心是通过参考光场与信号光场的光强关联,避免散射效应对成像过程的影响。

3. 新光束扫描技术

为了满足车载激光成像雷达结构紧凑、价格便宜的要求,一些基于硅基芯片的新光束扫描技术被不断提出,以便开发新型固态激光雷达。例如,如图 9-13 所示的基于光开关阵列的光束扫描方法,照射光束耦合进入位于成像透镜焦平面的光子集成芯片,利用光开关阵列控制作为光学天线的光栅阵列单元输出光束,时空切换不同天线单元在焦平面上的相对位置,从而控制不同方向和位置的准直光束扫描输出。

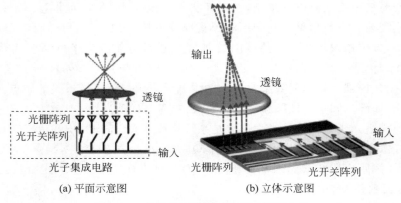

(a) 平面示意图　　　　　　　　(b) 立体示意图

图 9-13　基于光开关阵列的光束扫描方法

图 9-14 所示为基于光子晶体波导的慢光扫描方法,由于波长扫描或折射率变化容易引起慢光模式改变传输参数,当光子晶体波导传输的慢光模式近场耦合进入表面衍射光栅时,出射光束在垂直波导方向受波导尺度约束而大角度衍射,并沿波导方向基本不发散,形成扇形光束,而控制波长变化就实现沿波导方向的扇形光束扫描。通过双周期硅光子晶体波导实现光束二维扫描和利于光子晶体波导马赫-曾德尔调制器产生准频率调制信号光,验证基于光子晶体波导的 FMCW 激光成像雷达可行性。

图 9-14　基于光子晶体波导的慢光扫描方法

9.4　激光三维成像雷达的应用

随着高级辅助驾驶、无人驾驶、机器人、智能安防、智能手机等民用领域的兴起,激光三维成像雷达的需求越来越旺盛,国内外陆续涌现出一大批激光雷达公司。如表 9-1 所示,对比分析 18 家国内外知名激光雷达公司的核心产品,可以发现,大部分企业都以用于无人驾驶、机器人及无人车领域的激光雷达为主要研究方向,从生产传统机械扫描激光雷达逐渐转向开发新型固态激光雷达。从总的发展趋势来看,开发固态、小型、低成本激光雷达产品将是各激光雷达公司的主要目标。

表 9-1 国内外主要激光成像雷达产品状况

激光雷达公司		核 心 产 品	雷达类型	应 用 领 域
国外	Velodyne	VLP-16、HDL-32E 和 HDL-64E 激光雷达 3 个系列在内的 3 条产品线	混合固态及机械	无人驾驶
	Sick	SICK TIM 及 LMS 系列产品	机械	无人车、AGV
	lbeo	LUX4 线和 8 线激光雷达	固态	无人驾驶
	Quanergy	S3-Qi 激光雷达	固态	无人机、机器人、安防
	Hokuyo	URG-04LX、UBG-04LX-F01、UHG-08LX、UTM-30LX	固态	机器人、AGV
	Trimble	Trimble MX 系列	不详	无人车
	Innoviz	innovizone™ 和 innovizpro™	固态	无人驾驶、机器人
	LeddarTech	Vu8 激光雷达、LeddarCore LCA2 芯片	固态	无人驾驶
	Leica	Leica ALS80、Leica DragonEye Oblique 激光雷达	机械	无人机
	Riegl	VUX-1UAV 激光雷达	不详	无人机
国内	思岚科技	RPLIDAR 系列 360°激光扫描测距雷达	机械	机器人、AGV
	速腾聚创	RS-LiDAR-16/32 激光雷达	混合固态	无人车、机器人、无人机
	禾赛科技	PandarGT/Pandora/Pandar 40 激光雷达	机械/固态	无人驾驶、机器人
	北醒光子	TF 系列单点测距激光雷达	固态	无人车、机器人、无人机、AGV
	玩智商	YDLIDAR 系列激光雷达	固态	机器人
	镭神智能	N301 系列激光雷达	固态	服务机器人、AGV、无人机
	北科天绘	A-Pilot/R-Angle/R-Fans 等系列激光雷达	固态	无人机、无人车
	数字绿土	LiAir、LiEagle、LiMobile 系列激光雷达扫描设备	不详	无人机

习题与思考 9

9-1 为了实现对目标的三维成像和特征分析,激光雷达一般需要测量哪些信息?

9-2 什么是固态激光雷达? 相比于扫描激光雷达,固态激光雷达具有怎样的优势?

9-3 激光雷达的基本原理是怎样的? 试分析影响激光雷达接收反射光波功率的主要因素。

9-4 扫描激光雷达的核心技术之一即是光束扫描技术,试分别列举两种机械式和非机械式光束扫描技术,并分析其在激光雷达三维成像应用中的优势及面临的问题。

9-5 面阵成像激光雷达的本质是什么? 目前主要有哪几类面阵成像激光雷达? 试阐述其各自工作原理。

9-6 当前激光雷达三维成像有哪些新技术? 试调研并举例分析。

9-7 激光三维成像雷达的应用十分广泛,除了无人驾驶、机器人及无人车领域,还有哪些实际应用? 试调研并举例分析。你认为激光三维成像雷达技术还可用于哪些领域? 请简要阐述。

第 10 章

光学探针测量

探针测量技术因微观测量的高精度需求而产生,主要应用于微观表面形貌等的测量与分析。本章从微光表面形貌测量入手,在简要介绍机械式探针测量的基础上,重点聚焦于多种光学探针测量原理与技术,针对各种光学探针测量,讲述其基本原理与基本构成,并对比分析其技术特点。

10.1 微观表面形貌测量

物体表面的微观形貌不仅极大影响接触部分的机械及物理特性,如物体表面的磨损、摩擦、润滑、疲劳、焊接等,而且还影响非接触元件的光学及镀膜特性,如反射等。对于某些微系统中的三维微纳结构器件,即便是非常微小的加工误差都可能导致整个微系统的功能失效。另外,生物器官、组织、细胞、地质化石、金相和非金相物质的表面形貌也同样引起生物学家、化学家、地质学家和冶金学家的兴趣,如研究构建细胞表面超微结构变化与癌细胞侵袭转移等细胞生理活动过程之间的联系。所以,物体微观表面形貌的测量与分析引起了工业界和学术界的极大兴趣,出现了诸多突破性的测量原理与技术,如隧道扫描电镜、原子力显微镜等。

前面章节介绍了多种可实现物体表面形状测量的相关技术,如结构光测量技术等,这些测量技术属于宏观物体表面形状测量,其测量灵敏度一般为 0.1~0.01mm,能够满足大多数物体宏观表面形状测量的要求。然而,对于微观三维物体表面形貌的测量,如微电子器件表面、微型机械表面、微型光学表面、生物细胞表面等,其测量的灵敏度必须达到微米量级甚至纳米量级;对于半导体晶片表面的波纹度和粗糙度的测量甚至要求达到埃米级。此外,电子、机械、生物、化学和医学领域的科学家不再满足于显微镜得到的物体表面二维形貌图像,而是希望能观察到被研究物体表面的三维微观结构,并实现高精度的定量测量。近年来还出现了宏观与微观相交叉的应用案例,如关于 E-ELT 光学望远镜中 42m 直径的离轴椭圆主镜,它虽然由几个尺寸达到 1.42m 的六边形镜面构成,不属于微纳装置,但需要对其表面形貌进行严格控制,必须进行纳米测量,不断发展的光学测量技术为实现表面微观形貌的高精度测量与分析提供了研究手段。

10.1.1　微观表面形貌测量技术的发展

微观表面形貌测量可以追溯到 300 年前第 1 台显微镜发明的时期,通过显微镜可以观察到表面形貌,但无法得到表面的高度信息。光学镜面反射也是一个早期的表面测量技术,但它既不提供量化的表面形貌,也不提供表面图像。以均方根(Root Mean Square,RMS)作为粗糙度测量参数的第 1 台探针轮廓仪发明后,表面测量有了很大的进步。20 世纪 30 年代出现了第 1 台透射电子显微镜和扫描电子显微镜,表面微观形貌的观察又迈了一大步,但早期的透射电子显微镜和扫描电子显微镜的横向分辨力是几百埃米,至今,它们仍然属于非量化测量。

尽管诸如干涉显微镜和扫描透射电子显微镜得到很大的发展,直到 20 世纪 60 年代,三维表面形貌量化测量仍不尽如人意,这一方面是由于缺少适当的测量方法,另一方面是由于受数字计算机技术发展的限制。

随后,由于相关测量技术的发展和数字计算机技术的发展,三维测量技术得到了快速发展。20 世纪 60 年代末出现了最原始的三维探针测量系统,随后出现了三维表面形貌测量的光学焦点探测仪。另一种有发展前途的用于表面量化测量的光学仪是 20 世纪 80 年代发展起来的干涉仪,1981 年扫描隧道显微镜的出现和 1986 年原子力显微镜的出现使三维精密测量有了突破性的进展。此类仪器的横向分辨力和纵向分辨力都是纳米或亚纳米级,所以它们能探测到原子或分子范围内的形貌特征,并且都是量化测量仪器,可以用于导体和绝缘体材料的微观形貌测量。

10.1.2　微观表面三维形貌测量的特点

二维轮廓测量具有测量时间短、成本低等优点,仍然在表面形貌测量与评定中起着重要的作用,然而,由于三维测量能提供表面形貌的全部信息,引起了学术界和工业界的广泛兴趣。

与二维轮廓测量相比,三维形貌测量与分析主要有以下特点。

(1) 本质上物体表面形貌是三维的,三维形貌测量能提供表面形貌的本质特征。如图 10-1(a)所示,二维测量只知被测表面存在两个深谷,但无法判断这两个深谷是由坑还是槽引起的。图 10-1(b)所示的三维表面形貌测量结果却能清楚地显示表面的坑和槽,其尺寸和形状都可以计算出来。

(2) 三维测量得到的参数比二维测量得到的参数更真实。一些由二维轮廓特征提供的极限参数(如 R_y、R_z),由于是只通过被测表面的一个竖直截面得到的,这个竖直截面可能没有通过被测表面的最高点或最低点,所以得到这些极限参数只能是真实值的近似值。然而,三维表面形貌测量能找到真正的峰和谷,测量的极限参数就更接近真实值。

(3) 三维形貌测量可以提供一些二维形貌测量无法提供的参数,如容油体积、容屑体积以及接触面积。这些参数有利于帮助工程师分析工程表面的实用特性。

(4) 从统计观点来说,得到独立的样品数据越多,随机过程的整体特性的评价越好。三维表面形貌的统计分析由于它的大量独立的测量数据而更可靠、更具代表性。

三维表面形貌测量也存在一些缺点,主要是测量仪器本身的成本较高,测量时间较长。

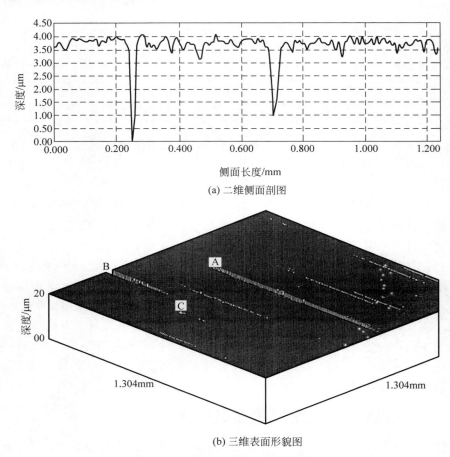

(a) 二维侧面剖图

(b) 三维表面形貌图

图 10-1 二维和三维表面形貌测量图

10.2 机械式探针测量

机械式探针测量经历了从二维轮廓测量到三维形貌测量的发展历程,并随着计算机技术的发展,三维探针测量系统在工业中的应用越来越广泛。

10.2.1 机械式探针测量基本原理

二维探针轮廓测量的原理是一个尺寸很小的探针沿着一个方向(如 x 方向)扫描被测表面,线性变换系统与探针相连,把探针垂直方向(z 方向)的位移转换为一个电信号,电信号被电路系统放大和处理后得到测量结果。为了实现三维测量,在测量中还需要增加一个方向,通常,有两种方法实现第 3 个方向的扫描。

1. 栅式扫描

栅式扫描是扫描一系列相互平行的间距很小的轮廓实现第 3 个方向的测量。如图 10-2(a)所示,测量二维轮廓时实现了 x 和 z 两个方向的测量,垂直于 xz 平面的第 3 个方向 y 通过测量一系列轮廓来实现,测量每个轮廓时都要从 yz 平面开始。通常是用离散数字采样画出三维图,采样间距 Δx 和 Δy 是有限的,一般是采用相同的间距 Δx 和 Δy 值采样,然而,为了提高各个平行轮廓的独立性以及为了观察非同一性特征,间距 Δy 需要选择地更大一些。图 10-3 所示为测量一个研磨表面的结果,其中扫描间距 $\Delta x = 8\mu m$ 和 $\Delta y = 80\mu m$。栅式扫描方法适用于各种表面形貌的分析,现有大多数三维探针仪都是基于这种方式。

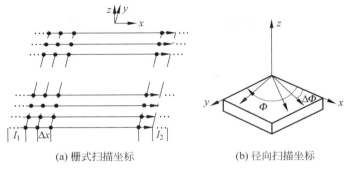

(a) 栅式扫描坐标　　　　(b) 径向扫描坐标

图 10-2　两种扫描方式

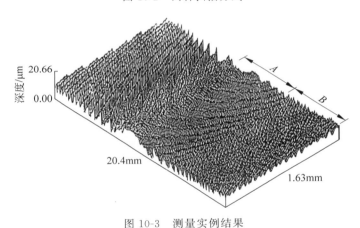

图 10-3　测量实例结果

2. 径向扫描

径向扫描是由一系列有一定的径向夹角的轮廓组成。如图 10-2(b)所示,径向扫描实现了半径方向 R 和纵向 z 两个方向,一系列夹角为 $\Delta\Phi$ 的轮廓实现了圆周方向的测量。由于这种方法不能像栅式扫描那样表示非同一性表面的细节,也由于这种扫描方式实现较困难,这种方式在三维探针数据系统中很少使用。

无论选择哪种扫描方式,都有两种采集数据的模式。第 1 种是动态测量,数据采集与探针扫描同时进行,这种方式减少了数据采集时间,采集数据的速度是影响数据位置精度的重要因素;第 2 种是静态测量,这种情况下,探针每横向扫过 Δx 停下一次,系统采集一次数据,由于需要停下来采集数据,这种扫描数据比起动态式测量方式慢得多,但是,采得的数据要可靠得多,而且不受扫描速度和探针的动态特性的影响。

10.2.2　机械式探针测量系统

图 10-4 所示为一个传统的二维模拟系统和两个数字三维形貌测量系统,三维系统比二维系统多用一个平台,三维系统中的计算机是测量过程中控制各个部件的管理中心。平台的

操作命令是通过一系列串行和并行的接口传输给电机驱动单元。由图 10-4(b)和图 10-4(c)所示，两个三维系统结构的不同在于 x 方向的平移模式，图 10-4(b)系统是用齿轮减速箱实现 x 方向平移的，图 10-4(c)系统使用平台实现 x 方向平移，齿轮减速箱和平台都是由步进电机、直流电机或线性电机驱动，机理的不同得到不同的测量数据。在如图 10-4(b)所示的系统中，测量数据是将输出值参考位于采集单元下面的平晶和 y 方向平台得到的；如图 10-4(c)所示的系统是综合 x 和 y 方向平台运动得到，x 和 y 方向平台的运动误差导致测量数据产生误差。

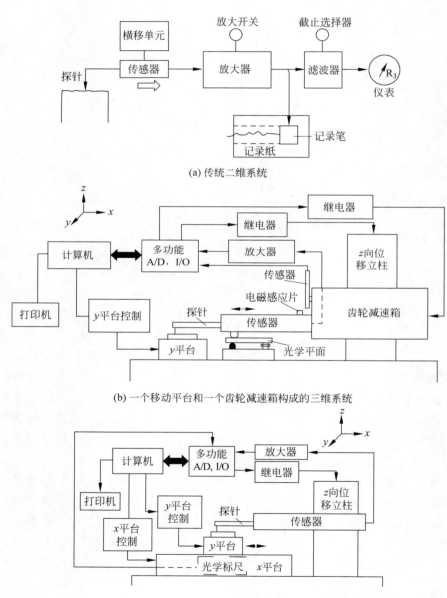

(a) 传统二维系统

(b) 一个移动平台和一个齿轮减速箱构成的三维系统

(c) 两个移动平台构成的三维系统

图 10-4　探针式表面形貌测量系统

当探针扫描表面时,采集单元将探针的机械运动转换为一个模拟电信号,经放大器和模拟滤波器后,再通过 A/D 转换并采集到计算机进行处理。

三维测量的一个重要特征是每次扫描都必须从 yz 平面开始。也就是说,每个平行轨迹都必须从同一点开始扫描得到被测区域的形貌。更进一步,对于探针和 x 平台的每个运动 Δx,数据采集必须动态特性好。这样,就有以下几种数据采集方式。

1. 开环位置触发

这种方式主要用于静态测量,数据采集的位置由送往步进电机的脉冲数决定。

2. 开环定时触发

如图 10-4(b)所示,一个传感器用来产生开始触发脉冲,A/D 转换卡中的时间间隔定时器产生一个定时脉冲触发采集数据,这种方式对于各平行轮廓有很好的数据采集开始点,适合于动态测量。然而,测量速度的不一致性和时间间隔定时器的精度将影响每次扫描的位置精度。

3. 闭环位置触发

如图 10-4(c)所示,光学标尺用于测量平台的位置以及产生触发信号。在这种情况下,数据采集的位置精度既不受测量速度稳定性的影响,也不受定时器精度的影响,理论上可以得到精确的数据采集位置,非常适合于动态测量。

10.3 光学焦点探测

焦点探测就是通过保持光学系统的焦点或利用焦点的原理测量表面轮廓。20 世纪 60 年代出现了用焦点探测技术测量二维轮廓;20 世纪 80 年代出现了焦点探测技术测量三维形貌。现在焦点探测仪器在工程应用和学术研究上得到越来越多的应用。例如,共焦激光扫描显微镜(CLSM)在观察细胞和组织的形貌上得到普遍应用,成为生物与医学领域内的一种重要检测仪器。

测量表面形貌的焦点探测原理如图 10-5 所示,光源发出的光由二向色性镜反射,经物镜聚焦在平面 B 上形成尺寸很小(1μm)的光斑,即为光学探针。对光斑进行扫描可实现三维测量,如果在扫描过程中可以通过纵向地调节物镜或标本,始终使焦点保持在被测形貌的表面上,那么被测

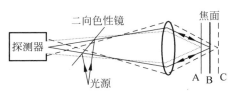

图 10-5 测量表面形貌的焦点探测原理

表面形貌的纵向尺寸信息取决于物镜或标本的位移。焦点探测技术的关键问题是尽量灵敏和方便地探测焦点,主要有以下几种焦点探测方法与技术。

10.3.1 强度式探测方法

强度式探测方法就是检测反射回来的最大光强,如果成像在被测表面上的光点是焦点,那么反射回来的光强为最大。一种强度式焦点探测系统如图 10-6 所示,准直激光光束通过一个分光镜被物镜 L1 聚焦在被测表面上;被物体反射回来的光再次通过 L1 被分光镜 BS 转向到物镜 L2 上;位于物镜 L2 焦平面上的探测器探测反射回来的光,并把它转换为一个模拟信号。当系统沿铅直方向扫描时,被测点的高度发生变化,探测器的输出也将发生变

化,将其输出送入控制单元,构成反馈信号,驱动线性电机或压电陶瓷驱动器保持物镜与被测物的相对位置,即保持成像光束的焦点始终位于被测表面上,由 LVDT 传感器得到的物镜的位置变化信息就是被测表面的高度信息。

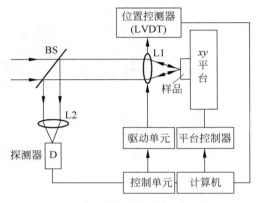

图 10-6　强度式焦点探测系统

10.3.2　差动探测方法

图 10-7 所示为差动探测方法的测量原理。这种方法与强度式探测方法的区别在于在物镜 L2 后面插入了分光镜 B2,使用了两个相同的空间滤波器 F1 和 F2、两个相同的探测器 D1 和 D2 以及一个差分放大器 DA。如果聚焦的光斑正好在被测表面上,L2 的两个焦平面

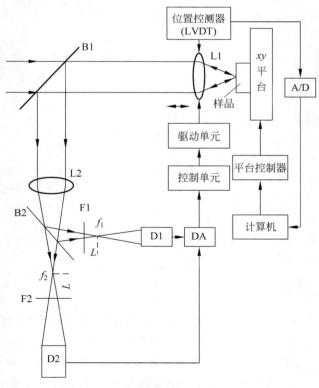

图 10-7　差动探测方法的测量原理

就位于 f_1 和 f_2，F1 和 F2 用来匹配光强分布，F1 位于焦平面 f_1 的前方 L 的位置，F2 位于焦平面 f_2 后方 L 的位置。因为 F1 和 F2 相对于物镜 L2 的焦平面有相同的相对位置，此时，探测器 D1 和 D2 探测到相同的反射光强，差分放大器 DA 的输出为 0；当被测面高度变化时，它将导致焦平面 f_1 和 f_2 有效地移动，焦平面接近一个空间滤波器，同时远离另一个空间滤波器，结果是一个探测器探测到的能量增加，另一个探测器探测到的能量下降相同的幅度。这样，差分放大器 DA 将给出被测表面的高度的变化，DA 的输出同时用来控制物镜 L1 的位置。

10.3.3　散光方法

图 10-8 所示为散光方法的原理。

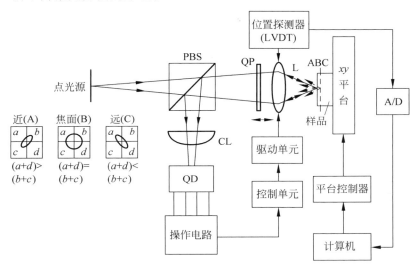

图 10-8　散光方法的原理

入射和反射光束通过一个偏振分光镜和一个 $\lambda/4$ 波片分开；柱状镜 CL 位于反射光路中的偏振分光镜 PBS 和已定位的四象限探测器之间。如果被测表面位于物镜 L1 的焦平面上（如位置 B），四象限探测器上得到圆形图像，其输出为 0，公式表示为

$$E = \frac{(a+d)-(b+c)}{(a+d)-(c+d)} \tag{10-1}$$

其中，E 为焦点误差；$a \sim d$ 为四象限探测器的 4 个象限探测到的光强。

如果被测表面偏离焦平面，将在四象限探测器上形成椭圆形的像。当被测表面远离物镜（如位置 C）或当被测表面靠近物镜（如位置 A）时，均将在探测器上形成椭圆形的像，但椭圆方向发生了偏转，由此可以得到焦点误差。

10.3.4　Foucault 方法

图 10-9 所示为 Foucault 方法的原理，刀片 KB 插入从窄缝 NS 入射的光路中，靠着物镜 L2 放置。在刀片的帮助下，在物镜 L2 上形成圆形像。如图 10-9 中右侧的像所示，像的本质依赖于以下 3 个条件成立。

（1）如果被测表面在焦平面上（位置 B），得到一个规范的像。

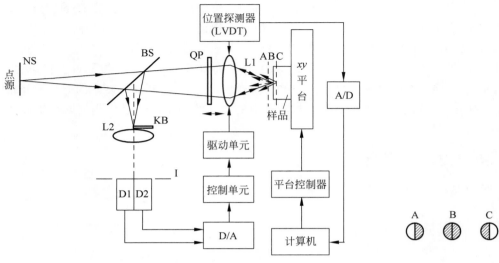

图 10-9　Foucault 方法的原理

（2）当被测表面偏离焦平面，如靠近物镜 L1（位置 A），刀片将插入部分光束中，将得到不规范的像，像的一边变得较暗，另一边变得较亮。两部分的分界线变得模糊，分界线平行于刀片边缘。

（3）当被测表面远离物镜 L1（位置 C），透镜 L2 的亮暗部分与条件（2）对换。因为 L2 把物镜 L1 的像成像在平面 I 上，探测器 D1 和 D2 置于像平面 I 上，将探测到像的两半的变化，而且输出离焦信号。

10.3.5　斜光束方法

斜光束方法使用位于物点 A 所在平面的两个集成在一起的狭缝探测器 D1 和 D2，如图 10-10 所示。从狭缝探测器来的辅助窄光束 b_1 离轴经过物镜 L，回来的光束由探测器 D1

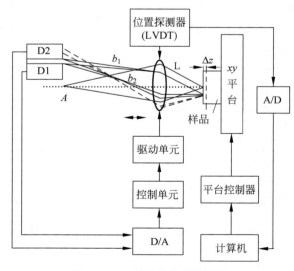

图 10-10　斜光束方法的原理

和 D2 探测。当被测表面相对于物镜做轴向运动时,表面高度发生变化并导致离焦 Δz,D1 和 D2 探测到的光信号不平衡,差值是离焦量的线性变量。

聚焦在被测表面的像点用作探测点,像点的强度分布随着被测表面的高度而变化,而且像点的尺寸变化与焦点偏离量成正比。通过利用置于 D2 前的狭缝 L 归一化 D1 和 D2 探测到的信号以消除被测表面反射率的变化。结果是 D2 探测到的光强 I_2 仅依赖于焦点偏离量,而且与焦点偏离量呈以下线性关系。

$$I_2(z) = CZ + I_2(0) \tag{10-2}$$

$$C = \frac{2\Delta l(b-d)I_1(0)M^2}{\pi \Gamma d^2} \tag{10-3}$$

其中,Δl 为缝宽;M 为物镜 L 的放大倍数;b 为物镜到像平面的距离;$I_1(0)$ 为焦平面上 D1 探测到的强度;$I_2(0)$ 为 $z=0$ 时 D2 探测到的焦点光强;C 为一个依赖于孔径半径 Γ 的常数;d 为狭缝 SL 与探测器 D2 之间的距离。

10.3.6 共焦方法

共焦方法通过保持在焦点上使光强尽量强,消除偏离焦平面时散射光、反射光和荧光,可以通过插入两个针孔 P1 和 P2,并使这两个针孔的像位于被测表面的焦平面上,如图 10-11 所示。当被测表面位于焦平面上,反射光聚焦在针孔 P2 时,反射光斑可以小至 $0.2\mu m$,探测器探测到一个强的信号;另外,当被测表面偏离焦平面时,在针孔 P2 上形成离焦光斑,由于从离焦表面来的散射光、反射光或荧光被针孔 P2 忽视,探测到的光强极大地减小了。这里的共焦是指发光针孔的像和反射投影的探测针孔的像有共同的焦点,这个焦点在被测表面上。由于在焦深范围内可得到强信号的能力,这种方法最适合测量标本表面形貌,这种方式构成的共焦扫描激光显微镜在生命学科中得到了应用。

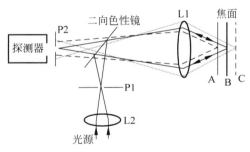

图 10-11 共焦方法的原理

为了避免成像共焦系统必须进行纵向深度扫描的耗时过程,光谱共焦探针测量得到了快速发展,它采用不消色差透镜和白光照明。由于沿光轴方向存在色散,不同波长的光聚焦在物镜不同距离处,如图 10-12 所示。通过光谱仪对反射光的分析,可以从光谱中重获共焦曲线。近处的点成像到光谱的蓝色端,而更远的点成像到红色端。光谱共焦原理允许设计为远程传感器测头,照明和分析光路经由光纤耦合,使其在污浊或危险的环境中具有显著优势。此外,它不仅可以通过改变孔径大小,还可以通过选择合适的色散透镜进行深度分辨力的自由设计。

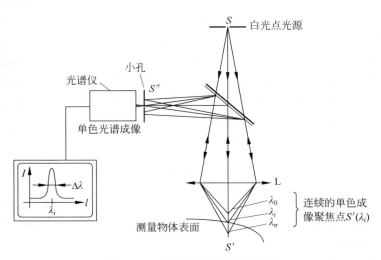

图 10-12　光谱共焦探针测量系统

10.3.7　光学焦点探针的特点

在这些焦点探测方法中,被测表面高度可以直接通过探测光强决定,即探测与被测表面的离焦量有关的离焦信号,并用这个离焦信号驱动一个纵向驱动元件,把被测表面复位到焦平面,表面高度信息通过焦点反馈控制系统测量出来。

对于焦点测量方法的扫描机理,横向和纵向扫描可以通过移动被测物(工作台扫描)或移动光束(光束扫描)实现。前者可以得到大的扫描面积,后者可以得到高的扫描频率。工程上用的很多仪器,横向扫描采用工作台来实现,而纵向扫描通过移动物镜来实现。可以用线性、步进或直流电机或压电陶瓷移动物镜。电机式驱动方式适合各种形式的粗糙度测量,而压电陶瓷驱动方式适合精细表面的粗糙度快速扫描测量。焦点探测方法的横向分辨力与光斑尺寸和扫描元件的分辨力有关,纵向分辨力取决于所采用的特定的焦点测量方法。表 10-1 所示为各种焦点探测方法的比较。可知所有方法的横向分辨力都限制在 $0.1\sim2\mu m$,差动探测方法和散光方法等有纳米或亚纳米级的纵向测量分辨力。由于测量系统中引入了反馈控制,这类光学系统的测量量程不再受入射波长的限制,其测量量程可达几厘米,与传统的探针式测量仪相当。

表 10-1　各种焦点探测方法的比较

方　　法	纵向分辨力/μm	横向分辨力/μm	垂直范围/μm
强度式探测方法	0.1	0.5	50
差动探测方法	0.002	<2	>1000
散光方法	0.002		4
Foucault 方法	0.01	<1	60
斜光束方法	≪0.1	2	>20
共焦方法	0.1	0.1	380

尽管焦点探测方法具有很多优点,但也存在一些不足之处,具体如下。

(1)焦点式探测仪对表面倾斜很敏感,如果表面倾斜超出了临界角,反射光将偏离物镜。被测表面越倾斜,聚焦就越困难。

（2）被测表面的反射率是影响测量值的一个关键因数。如果被测表面对入射光的反射率小于 4%，聚焦将变得不可能。对于低反射率的被测表面，测量对表面的倾斜更敏感。另外，当被测表面的光学对比度很高时，如存在鲜明的黑白变换，这将引起测量误差。

（3）相对于其他光学系统，焦点探测方法对任何形式的杂质都有反应。被测表面必须保持洁净、无水和油质，以保证测量结果，这限制了它们在加工现场的使用。

10.4　干涉型光学探针测量

第 50 集
微课视频

光学干涉方法已经用于表面形貌测量几十年了，出现了很多基于双光束和多光束的干涉测量仪器。20 世纪 70 年代以前，把亮暗相间的干涉图样转换为被测表面的形貌非常困难，当时这个技术主要应用在定性分析表面形貌上。由于现代计算机、光电和计算机图形技术的发展，现在的光学干涉已经变成一种最常用的二维和三维表面形貌测量技术。

图 10-13 所示为一种典型的迈克尔逊干涉仪。在此干涉仪中，从光源 S 发出的波前被分光镜 B 分为幅值近似相等的两束干涉光，这两束光分别被一个光滑的平面镜 M1 以及被测表面 M2 反射，回到 B 并会合，出现在 O 点。被测表面的变化改变了第 2 束光的路程，两束光的位相关系包含了被测表面形貌的详细信息。

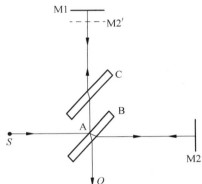

图 10-13　一种典型的迈克尔逊干涉仪

几乎所有商业化三维微观表面形貌干涉测量仪是由一个干涉仪、一个显微镜和一台计算机组合而成，迈克尔逊干涉仪、斐索干涉仪、Mirau 干涉仪、Linnik 干涉仪以及 Nomarski 干涉仪都可以用来建立三维微观表面形貌测量仪。根据形貌形成机理，这些干涉仪可以分为两大类。

（1）迈克尔逊、Fizeau、Mirau、Linnik 等干涉仪，直接测量被测表面的高度。

（2）Nomarski 等干涉仪，测量表面的倾斜。

第 1 类干涉仪对机械振动、空气旋流和温度变化非常敏感；第 2 类干涉仪具有对表面高度的变化敏感而对环境振动不敏感的优点，但因为表面高度是通过集成多个斜面而得，会导致数字累计误差。

近年来，相移、外差、共路偏振、差分干涉以及扫描差分干涉已经成功地应用于微观表面形貌干涉测量中。

10.4.1　相移干涉光学探针测量方法

相移干涉技术测量表面形貌与第 2 章介绍的移相干涉仪的原理雷同，表面高度由从被测表面和参考表面反射回来的波前干涉图的对应点(x,y)的位相差决定。当从干涉场中获得相位 $\varphi(x,y)$，对应点的高度就可以由以下方程得到。

$$h(x,y)=\frac{\lambda}{4\pi}\varphi(x,y) \tag{10-4}$$

显然，相移干涉技术的关键是决定位相 $\varphi(x,y)$，可以通过 3～4 幅干涉图样得到，每幅干涉图都与被测表面或参考表面沿轴向的微小移动有关。这种情况下,每幅干涉图在位置 (x,y) 的强度是初始相位 $\varphi(x,y)$ 和相移 $\alpha_i(i=1,2,\cdots,n)$ 的函数,即

$$I_i(x,y)=A+B\cos[\varphi(x,y)+\alpha_i], \quad i=1,2,\cdots,n \tag{10-5}$$

其中,$B\cos[\varphi(x,y)+\alpha_i]$ 代表了相干相。如果相移 α_i 是以 $i(2\pi/n)$ 的增量增加,那么可以得到

$$\tan\varphi(x,y)=-\frac{\sum_{i=1}^{i=n}I_i(x,y)\sin[2\pi(i-1)/n]}{\sum_{i=1}^{i=n}I_i(x,y)\cos[2\pi(i-1)/n]} \tag{10-6}$$

为了实现相移,需要用一个驱动元件移动参考平面或被测表面,图 10-14 所示为这类干涉系统原理。干涉仪位于仪器的底部,参考平面固定在压电陶瓷(PZT)上,移相通过来自计算机的 D/A 转换的电压驱动 PZT 实现,PZT 产生力驱动参考平面移动一个位移,得到一个相移。

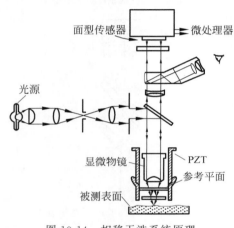

图 10-14　相移干涉系统原理

为了减小移相时产生的振动影响,系统采用了整体移动参考平面的方式,相位 α_i 被调制成 $\alpha(t)$,它按照一种恒定速率变化。干涉仪上方的光学显微物镜,放大了干涉仪产生的干涉图样,放大了的干涉图样由面型传感器探测。当采集到 3 幅或更多的干涉图样时,可以通过计算机计算得到表面三维图样。

相移干涉仪的横向分辨力和量程与物镜的放大倍数和像元的空间距离有关,如果像元空间距离为 $2.5\mu m$,物镜的放大倍数为 10 倍,那么横向分辨力为 $0.25\mu m$,被测表面的面积为 $0.25(m-1)\times 0.25(n-1)$,其中 m 和 n 分别为面阵探测器的二维像元个数。

10.4.2　扫描差分干涉光学探针测量方法

差分干涉仪通常用于表面形貌的质量评定。用差分干涉仪可以很容易地看到划伤、尘粒、指纹、细微结构以及具有中等到高等反射率表面的机械痕迹。

扫描差分干涉仪是基于聚焦于被测表面的相邻两束光的位相差与表面的高度差有关这一事实,而且位相差与高度差成正比,其结构和原理如图 10-15 所示。该系统包括两部分,一部分是照明和相位探测,位于图 10-15(a)的左半部分,主要包括激光器、非偏振分光镜、偏振分光镜和两个探测器;另一部分是干涉仪,位于右半部分,置于调节架上,这部分主要元件包括 Nomarski 棱镜或可调谐渥拉斯顿棱镜、物镜和置于五角棱镜状态的两个反射镜,其中 Nomarski 棱镜由两个形状相似的双折射材料的楔形块组成。准直激光束经过反射镜反射到 Nomarski 棱镜上,该棱镜把入射光分为两束偏振态垂直的两束光,如图 10-15(b)所示。这两束偏振光被聚焦在被测表面上,焦点直径为 $1\sim1.6\mu m$,两焦点分离约为光斑直径的 1/4。这两束从被测表面反射回来的光在 Nomarski 棱镜会合,并且在通过非偏振分光镜以前一直保持各自的偏振状态。共线的偏振光束最后由偏振分光镜分开,并且由各自的探

测器探测。两个探测器探测到的信号相位之差与被测表面的高度差或被测表面的倾斜成正
比。移动调节架,可使偏振光的焦点扫描被测表面,得到扫描方向的一系列数据,通过计算
得到表面轮廓。三维表面形貌可以通过增加一个与前次扫描方向垂直的扫描方向得到。

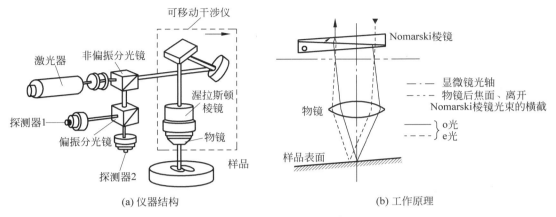

图 10-15　扫描差分干涉仪

　　与其他表面形貌测量仪相比,扫描差分干涉仪的主要优点在于可以得到亚埃米级的纵
向测量分辨力,可用来测量很精细的表面,如光学透镜、激光陀螺镜、软盘、磁头等,但它们的
纵向量程受入射光的波长限制。虽然有一些扩大量程的措施,商业化的仪器的量程仍然限
制在几十微米以内。此外,被测表面的光学特性不一致会导致干涉图样相位的变化,产生测
量误差。对于不同反射率的表面,需要不同反射率的参考平面与之对应以提高干涉条纹的
对比度,减小测量误差。

10.5　扫描隧道显微镜

　　1981 年,德国科学家 Gerd K. Binning 和瑞士科学
家 Heinrich Rohrer 等在 IBM 苏黎世实验室发明了扫
描 隧 道 显 微 镜（Scanning　Tunneling　Microscope,
STM）,使人类第 1 次能够实时观测单个原子在表面的
排布状态以及与表面电子行为相关的物理、化学性质。
STM 具有分辨力极高（横向分辨力约为 0.1nm,垂直
分辨力约为 0.01nm）、可获得物质表面的三维图像及
电子态密度信息、可同其他分析技术联用、可适用于多
种环境中（如大气、真空、溶液等）、工作温度范围宽等
特点,对凝聚态物理学、材料学、生物医学等科学技术
的研究和发展具有重要意义,在众多科学领域具有十
分宽广的研究和应用前景,是公认的 20 世纪世界十大
科技成就之一。

图 10-16　世界首款无液氦低温
STM 系统

　　图 10-16 所示为世界首款无液氦低温 STM 系统,
温度范围达 9～400K,可在全温区范围实现原子级分辨

力的扫描隧道显微图像,在制冷机运行的状态下噪声水平低于 1pm,室温下扫描范围达到 $6\mu m\times 6\mu m\times 1.5\mu m$。

10.5.1 扫描隧道显微镜的基本原理与系统结构

扫描隧道显微镜的基本结构如图 10-17 所示,通常包括精细定位扫描系统(包括探针和扫描头)、前置放大器、反馈系统、粗步进装置(步进器)、隔音系统(通常在非真空中使用)、减振系统和控制与成像系统。

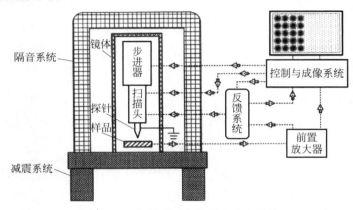

图 10-17 扫描隧道显微镜的基本结构

STM 的基本原理是利用量子理论中的隧道效应,将原子尺度的极细探针和被研究物质的表面作为两个电极,当样品与针尖的距离非常接近时(通常小于 1nm),在外加电场的作用下,电子会穿过两个电极之间的势垒流向另一电极,形成定向的微弱电流,这种现象即为隧道效应,定向的电流也被称为隧道电流。隧道电流 I 是电子波函数重叠的量度,与针尖和样品之间的距离 S 和平均功函数有关,即

$$I \propto V_b e^{(-A\varphi^{\frac{1}{2}}S)} \tag{10-7}$$

其中,A 为常数,在真空条件下约等于 1;V_b 为加在针尖和样品之间的偏置电压;φ 为平均功函数,$\varphi \approx (\varphi_1+\varphi_2)/2$,$\varphi_1$ 和 φ_2 分别为针尖和样品的功函数。

扫描探针一般采用直径小于 1mm 的细金属丝,如钨丝、铂-铱丝等。被观测样品应具有一定导电性才可以产生隧道电流。

由式(10-7)可知,隧道电流强度对针尖与样品表面之间的距离非常敏感,如果距离 S 减小 0.1nm,隧道电流 I 将增大一个数量级。因此,利用电子反馈线路控制隧道电流的恒定,并用压电陶瓷材料控制针尖在样品表面扫描,则探针在垂直于样品方向上高低的变化就反映出了样品表面的起伏,如图 10-18 所示。将针尖在样品表面扫描时运动的轨迹直接记录显示出来,就得到了样品表面态密度的分布或原子排列的图像,这种扫描方式称作恒流模式,恒流模式可用于观察表面形貌起伏较大的样品,且可通过加在 z 方向驱动器上的电压值推算表面起伏高度的数值,是一种常用的扫描模式。对于起伏不大的样品表面,可以控制针尖高度守恒扫描,通过记录隧道电流的变化也可得到表面态密度的分布,如图 10-19 所示,这种扫描方式称作等高模式。等高模式的特点是扫描速度快,能够减小噪声和热漂移对信号的影响,但一般不能用于观察表面起伏大于 1nm 的样品。

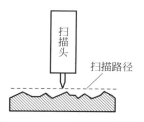
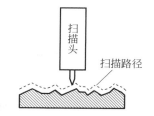

图 10-18　STM 恒流扫描模式　　　　图 10-19　STM 等高扫描模式

恒流模式和等高模式是扫描隧道显微镜的基本扫描成像方式,如果样品的表面功函数相同,则这两种基本模式可以反映真实的样品形貌;而实际测量的多数样品都是由不同化学组分构成的,这时,因为不同部位表面功函数不相同,基本测量模式不能得到样品的真实形貌。为消除表面功函数差异引起的测量误差,得到更多的样品表面信息,衍生出了扫描隧道谱和功函数成像模式。

10.5.2　扫描隧道显微镜的功能

扫描隧道显微镜的主要功能是成像,它在 x 和 y 方向上的分辨力可达 0.1nm,在 z 方向上的分辨力可达 0.01nm,因此扫描隧道显微镜可以观察到导体或半导体样品表面的原子排布状态。相比于透射电镜采用高压电子轰击样品而成像,扫描隧道显微镜提供了一种无损检测技术,不会对样品造成损坏,因此广泛用于表面成像领域。以石墨烯为例,石墨烯是 2004 年才被发现的一种新型的二维材料,它实际上就是只有一个碳原子厚度的单层石墨,碳原子之间紧密排列形成蜂窝状结构,石墨烯以其独特的结构和在电学、光学、力学等方面的优异性能,展示出了巨大的应用前景,已经成为国内外众多学者的研究热点。对于石墨烯的研究,扫描隧道显微镜发挥了重大的作用,它能够在原子尺度上直观地给出石墨烯的表面电子态结构,同时可以用来研究石墨烯掺杂、缺陷等对材料表面电子性质的影响。图 10-20所示为利用扫描隧道显微镜观察到的单层石墨烯和多层石墨烯的原子分辨力图像,其中单层石墨烯呈六边形蜂窝状结构,多层石墨烯的结构与石墨的结构类似。

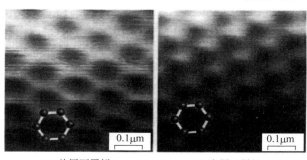

(a) 单层石墨烯　　　　(b) 多层石墨烯

图 10-20　利用扫描隧道显微镜得到的原子分辨力图像

除了表面成像功能外,扫描隧道显微镜还可以对原子或分子进行操纵。借助针尖和吸附在样品表面的原子之间的作用力(引力或斥力),通过控制针尖,将吸附原子在样品表面进行移动(一般采用推动、滑动和牵引 3 种方式移动原子);还可以将原子吸附在针尖上,然后把针尖移动到样品表面的另一位置,然后把吸附原子"放下来",重复这个过程就能在样品表面排出任何想要的原子图案。1990 年，IBM 公司的 D. M. Eigler 等研究人员利用 STM 的原子操纵技术首次在镍表面把氙原子排列成 IBM 商业字样，如图 10-21(a)所示，开启了人类历史上原子操纵的新领域；1993 年，D. M. Eigler 等又利用扫描隧道显微镜移动吸附在铜表面的铁原子，最终将 48 个铁原子排列成一个圆形的量子围栏，如图 10-21 所示，从而观察到了奇妙的物理现象，这是人类第 1 次使用扫描隧道显微镜构筑的量子结构。

图 10-21　利用扫描隧道显微镜操纵原子排列而成的 IBM 字样(左)及量子围栏(右)

10.5.3　扫描隧道显微镜设计的主要考虑因素

STM 设计主要考虑以下几个因素。

1. 探针与扫描头

根据基本原理，需要探针和样品具有导电能力，所以通常使用金属钨或铂-铱合金作为探针，这两种探针硬度较高，在高速扫描时针尖不易发生晃动导致成像质量下降。探针的制作方法主要有两种：电化学腐蚀和机械剪切。电化学腐蚀制作探针时，可使用交流电或直流电进行腐蚀反应，从而制作出不同面形的探针。金属钨的化学活性较高，可使用直流或交流腐蚀法，制作过程简单；铂-铱合金的活性较低，通常需要使用交流电进行腐蚀，且腐蚀过程比较烦琐。并且，金属钨在空气中容易氧化，形成的氧化层不具备导电能力，所以，钨探针一般在真空中使用，使用前需要利用场发射、离子束轰击等方法去除表面氧化层；铂-铱合金可在空气中稳定存在，所以，室温大气环境下使用机械剪切的探针即可。

STM 的扫描头需要具有极高的定位精度，通常由压电陶瓷材料制成。第 1 台 STM 中使用的是三脚架形压电陶瓷扫描器，3 个脚相互垂直，每个脚控制一个方向。现在比较常用的扫描头是管式压电陶瓷，也称为压电扫描管。压电扫描管内壁和外壁均镀有导电层作为电极，商业压电扫描管内壁通常镀满导电层，作为一个电极使用，外壁一般平行轴向等分为 4 个电极，外电极之间相互绝缘独立。这样，改变压电扫描管内电极上的电势(相对于外电极)，即可控制其进行轴向定位；改变扫描管相对两个外电极上的电势两个对电极电势改变方向相反，则可控制其进行径向扫描运动。

2. 前置放大器与反馈系统

隧道电流通常比较微弱，一般在皮安(pA，10^{-12} A)至纳安(nA，10^{-9} A)范围，所以，若要测量隧道电流，必须将其转换为数据采集系统可探测的宏观信号，这就需要另一个重要组成部分——前置放大器。优异的前置放大器需要在不影响隧道电流的前提下，具有较强的驱动能力，以便能将准确的信号传递给数据采集系统和反馈系统。

反馈系统是 STM 的另一组成部分，通常反馈系统接收来自前置放大器的信号，通过控制扫描头垂直方向调节探针样品间距，使隧道电流稳定在预设值。反馈电路通常包括比例(Proportion)、积分(Integration)和微分(Differentiation)模块，通过调节这些模块的参数调节反馈的幅度、时间和速度。稳定的反馈调节对于测量表面粗糙度较大的样品和进行大范围搜索扫描尤为重要。

3. 粗步进装置

根据量子力学理论,我们知道,探针和样品电子云发生重叠时,二者的间距在1nm左右,为了保证探针样品间距缩小到这一尺度而同时不发生探针和样品的碰撞,就需要用到粗步进装置。

STM中使用的粗步进装置需要具有纳米级的精度和毫米级的移动范围。因为,通常为保证测量准备过程(如移动镜体、切割样品等)不发生探针碰撞样品的事件,探针同样品一般相距较远,在毫米量级。而在粗步进装置推动探针(或样品)缩小探针样品间距时,必须要有较高的精度才能避免过冲,让探针停留在隧道电流区而不发生碰撞。目前,应用比较广的粗步进装置是压电步进器(或压电马达),压电步进器使用压电陶瓷器件作为驱动器,借助压电陶瓷受电压控制的高定位精度,实现其精确定位。

4. 隔音、减振系统

STM探针和样品间距如果变化0.1nm,隧道电流强度将变化一个量级,因此,振动对STM系统的干扰十分明显。为了保证STM能稳定工作,通常需要对其进行隔音和减振。

在大气环境下使用的STM尤为需要隔音,因为声音可以通过空气传播,引起探针和样品间距变化。隔音系统可以使用内壁带有吸音海绵的密封箱,如果条件允许,也可以将整个STM系统置于隔音的房间中。

几乎STM系统都需要减振系统,其结构相对复杂,减振的主要对象是频率为$10\sim100\text{Hz}$的振动,如房间地面的振动、电机的振动、风扇的振动等,这就需要降低减振系统的共振频率,使以上频率范围内的振动干扰被吸收消耗。通常使用的减振方法有弹簧悬吊、提高减振台质量(降低固有频率)、磁悬浮等。

10.5.4　扫描隧道显微镜的新发展与应用

STM从发明至今,在基础科研和工业应用领域一直十分活跃。经过30多年的应用和发展,扫描隧道显微镜技术已得到了很大的进步,衍生出了许多针对不同测量条件和对象的"专业级"仪器设备。其中,尤其以低温超高真空STM系统和用于电化学研究和生物成像的溶液STM系统应用最为广泛。

低温超高真空STM系统(LT-UHV-STM)可以维持环境温度在液氦低温(4.2K)及以下的温度,系统真空度可达10^{-10}Pa。处在这种低温环境下的STM系统,其机械热漂移极低,稳定性非常高,而极高的真空度可以长时间维持样品表面洁净,对于长时间研究样品表面物理性质十分有利。低温超高真空STM是研究凝聚态物质的"利器",科研工作者已经应用其做出了许多具有重要意义的工作,如原子操纵、单分子器件操作、研究超导体电荷密度波、涡旋态等。

需要使用STM测量的对象不单是在大气环境下或真空环境下,还有许多研究需要在液体环境下才能进行,这就催生了溶液STM系统。因为样品和探针需要处在溶液环境中,通常溶液会具备一定的导电能力,这会使探针和样品间产生漏电流,影响隧道电流信号。所以,溶液STM使用的探针需要进行包封绝缘处理。经过包封的探针,最理想情况下应只有最尖端的一个原子暴露在溶液中,因而,研究中多使用化学腐蚀制得的探针(机械剪切得到的探针尖端较复杂,包封处理很难接近理想状态)。溶液 STM 系统可用于研究溶液中的固体表面重构、原子和离子吸附、复合物在固液界面的自组装、金属的溶解与腐蚀等电化学问题,也可用于研究 DNA 氨基酸、叶绿素 c 分子等生物大分子在固液界面的吸附,以及纳米生物结构的自组装等生命科学问题。

STM 在物理学、化学、生命科学等基础学科领域一直发挥着重要的作用,是科研工作强有力的帮手。更小巧、更稳定、环境适应能力更强、可同更多其他仪器设备兼容联用,将是 STM 技术发展长期追求的目标。

第 52 集
微课视频

10.6 原子力显微镜

STM 使人类第 1 次能直观地观测到原子在样品表面的排布情况,但是 STM 只能观察到导体和半导体的表面结构,而许多研究对象是非导电材料,必须在其表面覆盖一层导电膜才能完成测量。导电膜的存在往往掩盖了表面的结构细节,为了弥补 STM 的这一不足,在此基础上,1986 年,Binning、Quate 和 Gerber 发明了第 1 台原子力显微镜(Atomic Force Microscope,AFM),将观察对象由导体和半导体扩展到绝缘体。此外,由 AFM 得到的是对应于表面总电子密度的形貌,因而对于非导电样品,AFM 结果可以补充 STM 对样品观测得到的信息。

10.6.1 AFM 的基本硬件组成

图 10-22 所示为韩国 Park 公司的 NX10 型原子力显微镜外观示意图,其横向分辨力达到 0.05nm,纵向分辨力达到 0.015nm。

图 10-22 NX10 型原子力显微镜外观

典型 AFM 系统主要由 5 个部分组成:探针、信号检测系统、反馈回路、扫描系统和图像采集及处理系统,如图 10-23 所示。

1. 探针

探针是 AFM 系统的重要组成部分,是决定 AFM 分辨力的最关键因素,最早的 AFM 探针是一根手工弯折的钨丝,随着微机械制备工艺的成熟,现在所用的 AFM 探针材质基本都是硅或氮化硅($Si_X N_Y$,以 $Si_3 N_4$ 为主)。原子力探针一般由基片、悬臂和探针 3 部分组成。基片可以方便探针的固定,一个基片上既可以只有一个悬臂,也可以有多个悬臂形成阵列。典型的探针悬臂形状有矩形和三角形,其中三角形探针的 V 形悬臂对横向扭转力比较不敏感。悬臂的关键参数包括长度、宽度、厚度、弹性系数以及共振频率,因设计和应用的不同,悬臂的尺寸有所差异。探针的弹性系数与探针悬臂的硬度有关,弹性系数越大表示探针悬臂越硬,探针与样品之间的相互作用力越大,一般弹性系数较大的探针,其共振频率也比较高。为了增加悬臂背面的反射效果,有一些类型的探针悬臂背面会有镀层,镀层的材质以 Al、Au、Pt/Ir、Co/Cr 等较为常见。探针也具有多种形状,最重要的参数就是它的曲率半径,决定了可获得的最高横向分辨力。

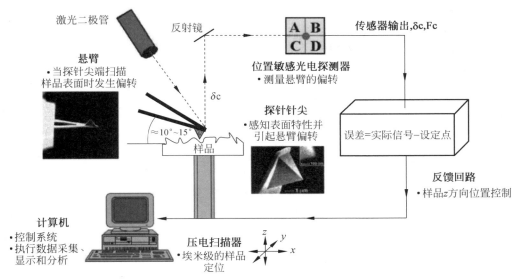

图 10-23 原子力显微镜结构

2. 信号检测系统

AFM 信号检测系统是将探针微悬臂的有关变化(如弯曲、扭转或频率改变等)转换为光、电、磁、热等信号实时输出的系统,早期的信号检测是通过光学干涉仪实现的。1988 年,Meyer 等最先在 AFM 中引入了一种新型读出技术——光学杠杆检测法,现在已经成为商用 AFM 普遍采用的信号检测系统。光学杠杆检测法的基本原理是利用一个位置敏感光电探测器对探针悬臂背面的反射激光光斑位置进行检测,当悬臂发生弯曲或偏转时,激光光斑在探测器上的位置也随之发生变化,从而可以得到由于待测样品表面形貌变化引起的探针悬臂偏移变化的大小。光学杠杆检测法中悬臂和光电探测器之间的距离可以起到对悬臂弯曲或偏转量进行放大的作用,因而可以检测到 AFM 探针亚埃米级的位置变化。

3. 反馈回路

反馈回路是 AFM 系统的核心工作机制。在系统扫描过程中,反馈回路的作用就是根据探针和样品相互作用的强度控制扫描系统的移动、伸缩,从而调节探针和被测样品之间的距离,并反过来控制探针和样品相互作用的强度,以此实现反馈控制。AFM 系统一般采用 z 反馈的方法,扫描过程中不断地比较检测信号与设定值,一旦检测信号与设定值不相等,则对扫描系统施加相应的电压调整探针 z 方向的运动,使差值信号恢复到 0,这样保证了探针可以精确地持续跟踪样品的表面形貌。z 反馈可以选择开启或关闭,关闭反馈时,差值信号被用来生成图像;开启反馈时,扫描器的电压值被用来生成图像。关闭和开启反馈的方法各有所长,关闭反馈可以使扫描速度变得更快,因为系统不需要上下移动扫描器,但该方法只针对表面起伏变化相对平缓的样品;开启反馈虽然增加了扫描时间,但该方法可以精确测量表面起伏较大或不规则的样品。

4. 扫描系统

扫描系统用于驱动扫描器完成扫描并根据反馈控制系统给出的调整信号准确控制探针和样品之间的距离。扫描器一般用管状压电陶瓷实现精确定位,对压电陶瓷施加电压可以改变其伸展和收缩的方向和大小。对于 x 轴和 y 轴的扫描可以利用对称分布的扫描器两侧的压电陶瓷,当一侧伸展时,另一侧收缩,可使探针在垂直于扫描器的方向进行扫描。z 轴的压电陶瓷则是一个整体,它的伸展和收缩可使探针上下移动。x 轴、y 轴和 z 轴的压电陶瓷可以独立加压,因此扫描器可以带动探针在三维空间中精确地移动。

5. 图像采集及处理系统

图像采集及处理系统根据施加在扫描器 z 方向压电陶瓷上的电压值推算出探针与样品之间的位置移动量,结合 x、y 方向压电陶瓷的位置偏移量,以影像的方式呈现出探针的三维移动轨迹,即反映出样品的表面特性。

10.6.2　AFM 的工作原理

AFM 的工作原理如图 10-24 所示,当使用一个带有探针的弹性微悬臂扫描样品表面时,探针和样品之间的相互作用力会使微悬臂发生形变,该作用力随探针与样品之间的距离变化而变化,通过监测微悬臂的形变可以直接度量探针-样品间相互作用力的大小。激光经过微悬臂背面反射到四象限光电二极管,二极管不同部位接收到的激光强度差值与微悬臂的形变程度具有对应关系。扫描过程中反馈回路根据微悬臂探测器电压的变化而不断调整探针或样品 z 方向的位置,以保持探针-样品间作用力为恒定,记录 z 值对应于扫描各点的位置变化,即可获得样品表面的高度变化分布。

图 10-24　AFM 的工作原理

AFM 的关键部分是力敏感元件和力敏感元件检测装置,包括微悬臂和固定其一端的探针。为了能准确反映样品的表面形貌,力传感器要满足以下几个要求。

(1) 在探针与样品的接触过程中,为了不使探针损坏样品,要求微悬臂有相对较低的力弹性常数,即受到很小的力就能产生可检测的位移。

(2) 为了降低仪器的噪声敏感性,并使其有较高的扫描速度,要求微悬臂具有尽可能高的固有共振频率(一般为 200～300kHz)。

(3) 因为微悬臂上的探针与样品的摩擦力会引起微悬臂的横向弯曲,从而导致图像失真,这就要求微悬臂有高的横向刚性,实际应用中将微悬臂制成 V 字形就可提高其横向刚性。

(4) 如果采用隧道电流方式检测微悬臂的位移,微悬臂的背面必须要有金属电极;如果采用光学方法检测,则要求微悬臂背面有尽可能光滑的反射面。

(5) 如果采用光学反射方法检测微悬臂位移时,并且微悬臂一端的线性平移量是一定的,那么臂长越短,微悬臂的弯曲度就越大,检测的灵敏度就越高。

AFM 仪器的发展也可以说是微悬臂和探针不断改进的过程,一般 AFM 采用微机械加工技术制作的硅、氧化硅以及氮化硅微悬臂。

10.6.3　AFM 的工作模式

当 AFM 的微悬臂与样品表面原子相互作用时,通常有几种作用同时作用于微悬臂,其中最主要的是范德华力。原子力与探针至样品表面原子间距离关系曲线如图 10-25 所示,当两个原子相互靠近时,它们先相互吸引,随着原子间距继续减小,两个原子的电子排斥力将开始抵消吸引力直到原子的间距为几埃米时,两个力达到平衡,间距更小时,原子力由负变正(排斥力)。

利用原子力的性质,我们可以让探针与样品处于不同的间距,使微悬臂与探针的工作模式有所不同。AFM 有 3 种不同的工作模式:接触式、非接触式和共振式(轻敲式)。这 3 种工作模式各有特点,分别适用于不同的实验需求,这些工作模式相互补充,能在各种环境中对众多类型样品进行实时扫描成像。

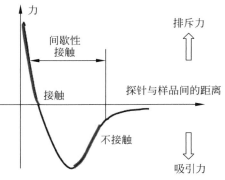

图 10-25　原子力与探针至样品表面原子间距离关系曲线

1. 接触式

接触式 AFM 是一种排斥性的模式,探针端和样品做柔软性的"实际接触",当探针轻轻扫过样品表面时,接触的力量引起悬臂弯曲,进而得到样品的表面图形。由于是接触式扫描,在接触样品时可能会使样品表面弯曲。经过多次扫描后,探针或样品有钝化现象。

接触式的特点是通常情况下都可以产生稳定的、分辨力高的图像。但由于探针在样品表面上滑动及样品表面与探针的粘附力,可能使探针受到损害,样品产生变形,故对不易变形的低弹性样品存在缺点,不适用于研究生物大分子、低弹性模量样品以及容易移动和变形的样品。

2. 非接触式

在非接触模式中,探针在样品表面的上方振动,始终不与样品接触,探测器检测的是范德华作用力和静电力等对成像样品没有破坏的长程作用力。这种模式需要使用较坚硬的悬臂,防止探针与样品接触,所得到的信号更小,需要更灵敏的装置。这种模式虽然提高了显微镜的灵敏度,但当探针和样品之间的距离较长时,分辨力要比接触式和轻敲式都低。

非接触式的特点是,由于为非接触状态,对于研究柔软或有弹性的样品较佳,而且探针或样品表面不会发生钝化效应,不过会有误判现象。这种模式的操作相对较难,通常不适用于在液体中成像,在生物中的应用也很少。

3. 轻敲式

微悬臂在其共振频率附近做受迫振动,振荡的探针轻轻地敲击表面,间断地和样品接触。当探针与样品不接触时,微悬臂以最大振幅自由振荡。当探针与样品表面接触时,尽管压电陶瓷片以同样的能量激发微悬臂振荡,但是空间阻碍作用使微悬臂的振幅减小。反馈系统控制微悬臂的振幅恒定,探针就跟随表面的起伏上下移动获得形貌信息。

轻敲式的特点是对样品的损害很小,适用于柔软、易脆和粘附性较强的样品,且不对它们产生破坏。这种模式在高分子聚合物的结构研究和生物大分子的结构研究中应用广泛。缺点是扫描速度比接触模式要慢。

10.6.4 AFM 在力学测量中的应用

虽然 AFM 是为成像而生,但是其与生俱来的力学测量能力也很快受到关注,并得到了快速的发展和广泛的应用。现在,基于 AFM 的单分子力谱技术已经成为在单分子水平上研究分子间相互作用的重要工具。

AFM 力学测量的基础是获得探针和样品相互作用过程中的力曲线,力曲线记录了探针和样品在完成一次相互作用过程中的作用力大小的变化。具体来说,AFM 测量时,探针相对于样品在垂直方向往复运动,系统记录下在探针靠近样品表面和从样品表面回退提拉过程中探针微悬臂的弯曲方向和弯曲程度的变化量,再根据胡克定律将这一变化转换为力值随距离变化的曲线,就得到了测量过程中的力曲线。

此外,研究人员可以将待测分子或分子对采用一定方法固定在探针和基底表面,用于研究大分子的拉伸过程或特异性相互作用的分子间的作用强度。

第 53 集
微课视频

10.7 扫描近场光学显微镜

扫描近场光学显微镜(Scanning Near-Field Optical Microscope,SNOM)是对传统远场光学显微镜的革命性发展。光学近场是指所涉及的尺寸和距离均为亚波长或纳米尺度,通常指 $1\sim100nm$ 的介观尺度。扫描近场光学显微技术利用纳米尺度的针尖尖端的光场增强有效地把光斑汇聚,可以有效提高实空间的成像精度,空间分辨力可以达到 10nm 级,相比传统光学衍射极限的几百纳米,有了实质性的突破。自出现后的 30 多年来,扫描近场光学显微技术发展得如火如荼,已经可以在等离激元、材料表面分析、纳米器件分析、生物探测等多个领域实现广泛应用。

10.7.1 扫描近场光学显微技术的基本原理

扫描近场光学显微技术所探测到的信息是在样品表面被束缚在非常小的空间范围内且不能被传播到较远区域的隐失波,它包含高频信息。任何物质都是由纳米、微米级别的粒子构成的,当把入射光照射到物质的表面时,物质表面的微小粒子会在入射光光场的作用下形成反射波。该反射波包含两部分:一部分是在样品表面近场区域的隐失波;另一部分是会传向远处的传播波。隐失波部分来自物体表面中的微小结构,特别是那些尺度小于入射光波长的粒子;传播波部分来自物体中的大结构,即尺度大于入射光波长的结构,因为隐失波并不符合瑞利判据,它的变化规律是在一个入射光波长的距离内,随着与样品表面的距离的增大而呈指数衰减。

因此,要想探测到隐失波的信号,可以在离样品一个波长的范围内放置一个同样小尺度的探针,探针可以将隐失波转换为传播波传播出去,并在远处区域被探测到,放置在远处区域的探测器就可以把信号收集起来。经过移动样品待扫描的区域,对一个一个格点进行探测,构成图像的每个像素,将信号的探测结果再集到一幅图像上,就能看到样品不同区域的信号强弱变化。实际近场光学显微镜系统使用的探针基本分为两大类:孔径型探针和散射型探针,探针需要与样品表面保持纳米尺度间距,并进行扫描成像。如图 10-26 所示,其说明了孔径型探针和散射型探针对隐失波探测的基本原理。

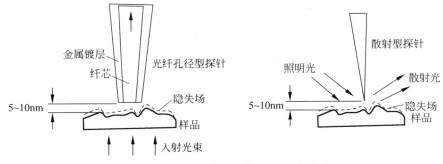

图 10-26　孔径型探针和散射型探针对隐失波进行探测

10.7.2　光子扫描隧道显微镜

扫描近场光学显微技术中最值得关注的当属光子扫描隧道显微镜(Photon Scanning Tunneling Mieroscope,PSTM)。PSTM 在许多方面与 STM 非常相似,STM 是利用电子的隧道效应;而 PSTM 则是利用光子的隧道效应。PSTM 是基于全内反射光路,原理如图 10-27 所示,一束光从光密媒质(棱镜)以入射角入射到光疏媒质,当入射角大于临界角时,一束全内反射光会在界面光疏媒质一侧产生一个隐失场,该隐失场的场强随离界面的距离增大呈指数衰减。

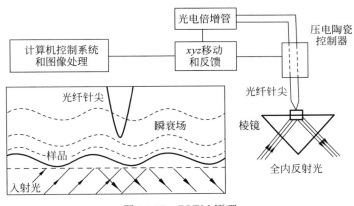

图 10-27　PSTM 原理

在光疏媒质中不存在扰动影响的情况下,隐失波全部返回光密媒质,但若有第三媒质存在,如折射率大于光疏媒质折射率的光纤探针,从光疏媒质一侧逐渐靠近前两种媒质分界面,且靠近的距离在光波长范围时,全反射条件会受到明显的破坏,光能量不能全部返回光密媒质,入射光的一些光子会穿过界面和光探针之间的势垒,即产生光子的隧道效应,产生的光子经过光导纤维传送到远处的光电倍增管并转换为电信号。如同在 STM 中一样,PSTM 也可以用一个管状压电陶瓷扫描器控制针尖在样品表面扫描,并且可采用恒高和恒流两种扫描模式,在恒高模式中,测量耦合光的强度;在恒流模式中,测量加在控制光探针高度的压电陶瓷管上的电压,通过分析获得的信号,可以获得样品表面光的显微图像和形貌像。在 STM 中,电导性的样品对分辨力最有利;而在 PSTM 中,光导性的样品分辨力最好。在 STM 中,在样品和针尖之间加一个偏压促使产生隧道效应;而在 PSTM 中,改变波长可出现类似的效应。尽管光子的波函数是矢量,而电子的波函数是标量,但对于电子和 S 极化的光子,对隧道效应的反射和透射系数是相同的。

10.7.3　扫描近场光学显微镜的基本结构与系统

除了 10.7.2 节介绍的光子扫描隧道显微镜的全内反射模式,按光源、样品、探针及探测器的相对位置分类,近场光学显微镜的基本结构还包括透射模式和外反射模式。图 10-28 所示为透射模式近场光学显微镜的结构,这种结构要求样品为极薄的透明或半透明切片,如生物切片或半透明薄膜等。透射模式又分为两种形式:照明模式和收集模式。其中,照明模式是最常用的一种形式,如图 10-28(a)所示,系统中探针作为针孔光源进入样品近场区域照明样品,而在样品的另一侧则用透镜收集经样品调制后的透射光来获得样品的超分辨信息;另一种称为收集模式,探针作为收集光的针孔,收集经过样品后的透射光,如图 10-28(b)所示。为了保证光信号的强度,探针的孔径一般要求大于 20nm,这限制了系统的分辨力,一般为 20～50nm。

图 10-29 所示为外反射式近场光学显微镜,对于光纤探针,既起到照明作用,同时又进行样品光信息的收集,它主要用于微电子和磁光等不透明材料的成像检测和有关光谱的研究。

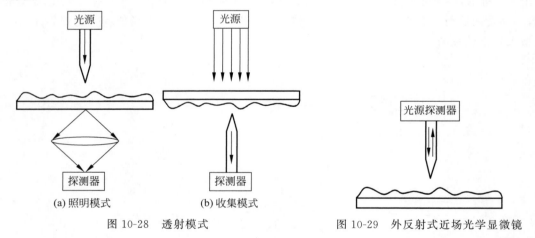

(a) 照明模式　　　　　(b) 收集模式

图 10-28　透射模式　　　　　　　　　　图 10-29　外反射式近场光学显微镜

典型 SNOM 系统结构如图 10-30 所示,可以分为光机结构、控制电路和软件程序 3 部分,包括 DSP 主控制系统、反馈控制系统、相位检测系统、光电检测系统、压电陶瓷管高压驱动模块、探针扫描系统、探针位置斜照明系统、样品台系统、上位机控制软件等。SNOM 的工作原理如图 10-31 所示,光纤探针被固定在扫描装置上,由压电陶瓷管组成的扫描单元控制探针在三维方向上的运动,x、y 平行于样品表面,z 垂直于样品表面。当针尖接近到样品表面的近场区域后,扫描装置控制探针在样品表面方向进行扫描,同时,探针-样品距离反馈控制系统控制扫描装置中的 z 向距离,使针尖一样品间的距离保持恒定,通过计算机逐点记录下反馈信号和探测的光学信号在 x 和 y 位置的值并进行数字成像。

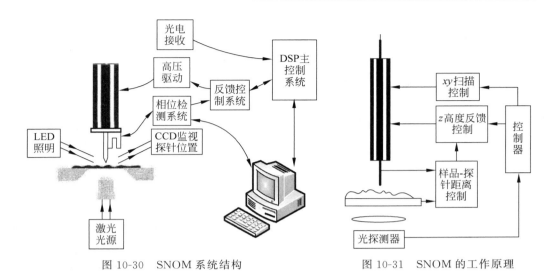

图 10-30　SNOM 系统结构　　　　　　图 10-31　SNOM 的工作原理

10.7.4　扫描近场光学显微镜系统的关键技术

扫描近场光学显微镜系统的关键技术主要包括以下几方面。

1. 压电扫描控制

多数 SPM,包括 SNOM,都使用压电陶瓷管作为扫描驱动器,这种驱动器是一种利用压电陶瓷的压电效应而制成的固态驱动器,具有纳米级的移动精度、较快的响应速度、较大的扫描范围、紧凑的结构等优点,使纳米级的逐点扫描可以很好地实现。

2. 数据采集和成像分析

由于 SNOM 是一个逐点扫描成像的过程,不能直接形成样品的图像,要用扫描技术使局域光源逐点网格状照明样品,收集这些光信号,再借助计算机才能把来自样品各点的局域光信号重构出样品的图像。随着计算机和集成电路技术的发展,SNOM 可以采用更快速的数据采集手段和更丰富、复杂的图像处理方法,这为 SNOM 的发展提供了更加丰富的处理和分析手段。

3. 光纤探针的制备

一般 SNOM 的探针主要分为光纤探针和基于 AFM 的悬臂梁探针。光纤探针是SNOM 的核心部分,光纤探针的孔径大小直接决定了 SNOM 的分辨力。从分辨力的角度看,光纤探针的孔径需要尽可能小,以满足分辨力的需求;从信噪比的角度看,需要探针有高的光场传输率,以获得足够强的信号和提高信噪比。

4. 探针-样品间距控制

SNOM 要将探针放在样品的近场区以获得样品表面精细结构的信息,所以必须保持探针样品距离在几纳米到几十纳米的范围,这就需要相应的反馈控制技术来实现。这些技术主要有隧穿电流强度测控技术、近场光强度测控技术、切变力强度测控技术等。

随着科学技术的发展,人类对于微观世界的探索愈发重要,SNOM 在技术应用上为单分子探测、生物结构、纳米微结构研究、半导体外陷分析等多个领域提供了一种有力的工具。SNOM 的高分辨力以及各种成像方式,如荧光成像、反射成像、拉曼光成像和非线性光子像,再与 AFM 光镊技术、共聚焦等技术结合,可在高空间分辨上研究活细胞中单个分子的结构与功能,而与时间分辨光谱技术(如飞秒激光技术)结合,能达到飞秒时间分辨解决分子细胞生物学中的一些难题。

10.8 扫描探针显微镜

前文所介绍的 STM、AFM 等各种光学探针显微镜具有极高的分辨力与测量精度,这些技术代表了现代测量与加工精度已达到了分子与原子量级。但无论是用于表面检测分析还是用于纳米结构的制造,这些仪器的工作范围较小,多为几平方微米到几十平方微米,主要用于材料的微细结构、表面特征的测试分析,不能满足机械制造加工中的实际需要。例如,表面粗糙度的测量就要求仪器在纳米级测量精度(或垂直分辨力)的同时具有毫米级的量程,因此,在精密与超精密加工领域,还缺少一种纳米级精度的宽测量范围的非接触表面测试分析仪器。

当探针与样品表面接近至纳米尺度时,在这个微小间隙内形成的各种相互作用的物理场,通过检测相应的物理量而获得样品表面形貌。根据所利用的探针与样品之间相互作用物理场的不同(隧道电流、原子力、磁力、静电力、范德华力等),扫描探针显微镜(Scanning Probe Microscopy,SPM)包含了扫描隧道显微镜以及基于此发展起来的所有具有新型探测功能的探针显微镜,如原子力显微镜、压电力显微镜(Piezo Response Force Microscopy,PFM)、磁力显微镜(Magnetic Force Microscopy,MFM)、开尔文显微镜(Kelvin Probe Force Microscopy,KPFM)等。

一般的扫描探针显微镜的扫描范围十分有限,在很多场景下还不能满足应用要求。造成 SPM 扫描范围受限的原因主要有 3 方面。首先是扫描器的机械结构限制,目前大多数都是采用压电陶瓷驱动的柔性铰链扫描台,机械部分的塑性变形极限将扫描范围限制在数百微米;其次,压电驱动本身的延展范围通常限制在几十微米,即使通过机械杠杆或采用大尺寸的压电陶瓷,其最大延展也被限制在几百微米,但同时其机械刚度将会减小;最后,目前 SPM 位移传感器通常采用电容传感器、应变仪、线性压差换能器等,当扫描范围只有几十微米时,这些传感器能提供纳米级和亚纳米级的分辨力,但是当扫描行程到达 $1 \sim 10\text{mm}$ 时,它们的分辨力会衰减到几十纳米,不能满足大范围扫描的需求。

一种解决方法是将 SPM 测头与大行程扫描定位系统相结合实现大范围测量,如加拿大国家研究委员会(National Research Council,NRC)下属国家计量标准研究院研制的大范围计量型原子力显微镜和德国联邦物理技术研究院(PTB)研制的大范围扫描探针显微镜。

10.8.1 NRC 的大范围计量型 AFM

加拿大国家计量标准研究院研制了一种基于堆叠平台概念的大范围精密运动定位系统,由已经成熟的商用移动定位平台构成。其中包括如图 10-32(a)所示的进行粗定位的 xy 方向位移台(行程为 $100\text{mm} \times 100\text{mm}$,分辨力为 100nm)、粗定位的 z 方向位移台(行程为 15mm,最小步进为 50nm)、细定位的 xy 方向位移台(行程为 $100\mu\text{m} \times 100\mu\text{m}$,分辨力为 0.3nm)和如图 10-32(b)所示的 AFM 所配备的精确定位装置(z 方向行程为 $12\mu\text{m}$,分辨力为 0.05nm)。移动过程中的角偏移量由如图 10-32(c)所示的 6 个压电驱动器进行补偿,测头部分包括六自由度平台、z方向位移台和自感应石英音叉探针,如图10-32(d)所示。六自由度平台和z方向位移台均由因瓦合金制成,以减轻温漂影响。

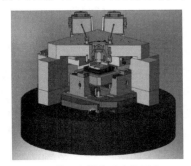
(a) 大范围多轴移动定位平台

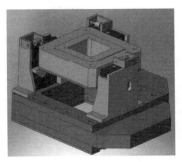
(b) AFM精确定位装置

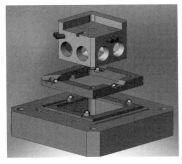
(c) 补偿角偏移量的6个压电驱动器

(d) AFM测头

图10-32 NRC的大范围计量型AFM

为保证位置的可溯源性,样品位移由3个方向上的激光干涉仪进行检测,如图10-33所示。激光干涉仪相互垂直构成笛卡儿坐标系,测头位置即在激光的交汇处,这样可以最大限度地减小阿贝误差,载物台利用微晶零膨胀玻璃制成,减小温漂带来的误差,利用3个自准直仪检测平移台运动引起的角度偏移。该系统旨在对大体积样品实现40mm×40mm×6mm扫描范围和1nm定位不确定度的测量。

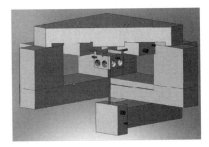
图10-33 大范围计量型的AFM的位移检测

10.8.2 PTB研制的大范围SPM

德国联邦物理技术研究院(PTB)在伊尔梅瑙工业大学研制的纳米测量机(Nano-Measuring Machine,NMM)的基础上研制了计量型大范围扫描探针显微镜(Metrological Large Range Scanning Probe Microscope,MLRSPM),其主要结构如图10-34所示。纳米测量机主要提供 x、y、z 方向的 25mm×25mm×5mm 行程和 0.1nm 分辨力的三维尺寸定位测量,3个方向的位移台不再采用行程偏小的压电陶瓷位移台,而是利用线性马达驱动的**精密滚珠轴承导轨**。合理地配置传感器,可以在三自由度上提供零阿贝误差测量。样品位置由3个微型激光干涉仪进行测量,同时有两个角度传感器检测扫描过程中角偏移量实时修正工作台的偏摆,消除角度误差对测量的影响。

z 方向压电位移台能够提供 $2\mu m$ 的行程,样品放置在 z 方向压电位移台上,在测量过

程中,NMM 和 z 方向压电位移台构成复合式 z 方向位移台。测量过程中 AFM 测头水平位置固定,位移台移动,x、y 方向位移由 NMM 提供;z 方向位移由 NMM 和 z 方向压电位移台构成的复合式 z 方向位移台提供。z 方向压电位移台固有频率较高,负责快速测量。NMM 固有频率较低,但移动范围大,与 z 方向压电位移台同时移动,实现大范围测量。

大范围扫描探针显微镜的关键在于提供纳米级定位精度和大行程的精密定位平台以及与之相匹配的 SPM 测头。将 SPM 测头与大范围精密定位平台相结合能够在保持 SPM 测头高分辨力的前提下,实现毫米范围的微纳米测量,能够有效提升现有 SPM 测试技术在大尺度微纳测试方面的应用水平。

图 10-34　PTB 研制的大范围扫描探针显微镜

10.9　探针式测量仪器的测量分辨力和量程

测量分辨力和量程以及量程与分辨力的比值是三维测量仪器中非常重要的参数,前两个参数决定分辨最小量的能力和它的应用范围;第 3 个参数表示完成组合测量的能力,量程和分辨力的比值越大,在一次测量中对几个参数的组合测量的能力就越强。

常用微观表面形貌测量方法的分辨力与量程如图 10-35 所示,图中的两个坐标轴分别代表横向和纵向分辨力(靠近坐标轴原点)以及量程(远离坐标轴原点);图中的每块区域代表该类方法的工作范围。从工作范围中的任意一点 P 作水平和竖直两条相互垂直的线,与

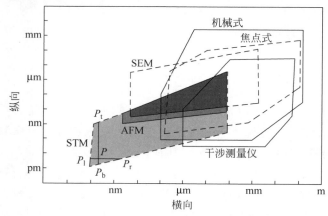

图 10-35　常用微观表面形貌测量方法的分辨力与量程

底部和左部相交于 P_b 和 P_l，这两点分别表示这一工作点的测量分辨力；与顶部和右端的交点 P_t 和 P_r 分别表示这一点的测量量程；每条线段的长度分别代表对应方向的量程与分辨力的比值，线段越长，比值越大。

由图 10-35 可见，STM 和 AFM 测量系统在两个方向都有最高的分辨力，但其测量量程很小，说明 STM 和 AFM 测量系统适用于测量原子或纳米级的物质和生物表面。

机械式探针测量在纵向方向有亚纳米级的最高分辨力和大的量程，它最适合测量微米或亚微米级的工程表面。在水平方向，大的测量量程与分辨力的比值使机械式探针测量能够得到包括粗糙度、波度、形貌以及由于制造过程中引起的表面形貌的特性。

焦点式探测在纵向和横向方向比机械式探针测量的分辨力略低，然而它在纵向也有较大的测量量程，它适用于测量与机械式探针测量仪所能测量的表面。

干涉测量仪在纵向的测量分辨力最高达亚纳米级，但是在横向的测量分辨力不能与这个数据相比，甚至不如机械式探针测量的分辨力。

扫描电子显微镜 SEM 的分辨力与干涉测量仪相反，它的横向分辨力最高可达几纳米，纵向分辨力则较低，纵向测量量程也不大，所以 SEM 更适用于得到表面形貌，而不是三维的数字信息。

一般来说，每个技术和仪器都有它自己的适用范围。机械式探针测量最适用于工程表面的测量，在制造、金属加工、磨损、摩擦以及润滑研究中应用最为广泛。基于焦点式探测方法和反馈控制机理可以提供大的测量范围和高的测量分辨力，除了一些边界条件，焦点式探测仪与传统的机械式探针测量有相似的特性，可以用在机械式探针测量可以用的场合。由于非接触测量，它尤其适用于被测表面易被破坏或探针本身易被破坏的场合，如测量软表面或镀有软金属膜的表面等。各种扫描探针显微镜具有极高的分辨力和测量精度，能够胜任精细表面的高精度测量，通过将测头与大行程扫描定位系统相结合，可以增大测量量程，扩展应用范围，当然，不可避免地带来测量系统更加复杂、体积增大、成本提高等问题。

习题与思考 10

10-1　光学焦点探测有哪几种方法？结合图 10-7 阐述差动焦点方法的测量原理。

10-2　光谱共焦探针测量的原理是什么？相比于普通成像共焦系统，光谱共焦探针测量有什么优势？

10-3　阐述扫描隧道显微镜（STM）的基本原理及性能影响因素。

10-4　阐述原子力显微镜（AFM）的工作原理。为了准确反映出样品的表面形貌，AFM 对其关键部件——力敏感与检测部件有哪些要求？

10-5　扫描近场光学显微镜（SNOM）有哪几种基本结构？各有怎样的适用场景？

10-6　简要分析扫描近场光学显微镜（SNOM）系统的关键技术。

10-7　为了实现大范围的扫描探针显微测量，有怎样的解决方案？影响测量的主要因素有哪些？

10-8　试通过调研，对比分析各种探针式测量仪器的测量分辨力和量程。

参 考 文 献

[1] 冯其波.光学测量技术与应用[M].北京:清华大学出版社,2008.

[2] 孙长库,何明霞,王鹏.激光测量技术[M].天津:天津大学出版社,2008.

[3] 陈家璧,彭润玲.激光原理及应用[M].北京:电子工业出版社,2008.

[4] 范志军,左保军,张爱红.光电测试技术[M].北京:电子工业出版社,2008.

[5] 万德安.激光基准高精度测量技术[M].北京:国防工业出版社,1999.

[6] 金国藩,李景镇.激光测量学[M].北京:科学出版社,1998.

[7] 中华人民共和国国家质量监督检验检疫总局,中国国家标准化管理委员会.直线度误差检测:GB/T
11336—2004[S].北京:中国标准出版社,2004.

[8] 谭佐军,薛松,康竞然,等.激光引信中半导体激光器的准直及其测试[J].应用光学,2007:28(4):
454-457.

[9] 崔兆云,曾晓东,安毓英.LD光场柱透镜准直技术研究[J].激光杂志,2003,24(4):14-15.

[10] 匡翠方.激光多自由度同时测量方法的研究[D].北京:北京交通大学,2006.

[11] 丁志中.非球面液滴透镜的制作及其在半导体激光器准直中的应用[D].合肥:中国科学技术大
学,2009.

[12] 杨国光.近代光学测试技术[M].杭州:浙江大学出版社,1997.

[13] 金国藩,李景镇.激光测量学[M].北京:科学出版社,1998.

[14] 郑光昭.光信息科学与技术应用[M].北京:电子工业出版社,2002.

[15] 胡鹏程,陆振刚,邹丽敏,等.精密激光测量技术与系统[M].北京:科学出版社,2016.

[16] 蒋文浩.高性能半导体单光子探测器研究[D].合肥:中国科学技术大学,2019.

[17] 杨照金,崔东旭,纪明.激光测量技术概论[M].北京:国防工业出版社,2017.

[18] 高雅允,高岳.光电检测技术[M].北京:国防工业出版社,1995.

[19] 吕海宝.激光光电检测[M].长沙:国防科技大学出版社,2004.

[20] 殷纯永.现代干涉测量技术[M].天津:天津大学出版社,1999.

[21] 郁道银,谈恒英.工程光学[M].北京:机械工业出版社,2005.

[22] 《国防科技工业无损检测人员资格鉴定与认证培训教材》编审委员会.全息和散斑检测[M].北京:
机械工业出版社,2005.

[23] 王文生.现代光学测试技术[M].北京:机械工业出版社,2013.

[24] 于美文.光全息学及其应用[M].北京:北京理工大学出版社,1996.

[25] 孙长库,叶声华.激光测量技术[M].天津:天津大学出版社,2001.

[26] 苏显渝,李继陶.信息光学[M].北京:科学出版社,1999.

[27] 王仕璠.信息光学理论与应用[M].北京:北京邮电大学出版社,2003.

[28] 刘思敏,许京军,郭儒.相干光学原理及应用[M].天津:南开大学出版社,2001.

[29] 周继明,江世明.传感技术与应用[M].长沙:中南大学出版社,2005.

[30] 范志刚.光电测试技术[M].北京:电子工业出版社,2004.

[31] 姜燕冰.面阵成像三维激光雷达[D].杭州:浙江大学,2009.

[32] 何勇,王生泽.光电传感器及其应用[M].北京:化学工业出版社,2004.

[33] 赵凯华.光学[M].北京:高等教育出版社,2004.

[34] 叶盛祥.光电位移精密测量技术[M].成都:四川科学技术出版社,乌鲁木齐:新疆科技卫生出版
社,2003.

[35] 沈熊.激光多普勒测速技术及应用[M].北京:清华大学出版社,2004.

[36] 桑波.激光多普勒测振技术理论、信号处理及应用研究[D].西安:西安交通大学,2003.

[37] 赵斌.多维X射线衍射及其在纳米薄膜的应用[D].北京:中国地质大学(北京),2020.

[38] 苏孺.基于X射线衍射技术的金属材料受限形变行为研究[D].北京:北京理工大学,2015.

[39] 王雪英.基于衍射干涉原理的高精度光栅位移测量系统研究[D].哈尔滨:哈尔滨工业大学,2014.

[40] 吕强,李文昊,巴音贺希格,等.基于衍射光栅的干涉式精密位移测量系统[J].中国光学,2017, 10(1):39-50.

[41] 尚平,夏豪杰,费业泰.衍射式光栅干涉测量系统发展现状及趋势[J].光学技术,2011,37(3): 313-316.

[42] 潘峰,王英华,陈超.X射线衍射技术[M].北京:化学工业出版社,2016.

[43] 邾继贵,于之靖.视觉测量原理与方法[M].北京:机械工业出版社,2012.

[44] 张广军.视觉测量[M].北京:科学出版社,2008.

[45] 刘洋.光栅投影双目视觉形貌测量技术研究[D].天津:天津大学,2014.

[46] 刘方明,林嘉睿,孙岩标,等.一种立体相位偏折测量系统标定方法[J].激光与光电子学进展,2020, 57(5):136-143.

[47] 姜硕,杨凌辉,任永杰,等.基于相位偏折的类镜面物体表面缺陷检测[J].激光与光电子学进展, 2020,57(3):113-121.

[48] 宋军.白车身几何特征参数在线测量方法研究[D].重庆:重庆大学,2018.

[49] 薛婷,吴斌,叶声华.白车身视觉检测系统中视觉传感器的可修复技术[J].机械工程学报,2009, 45(2):238-242.

[50] 孙渝生,赵建新,范丽娟.激光多普勒测速技术的最新发展[J].传感器世界,1998,8:20-26.

[51] 刘彦宇.物体离面位移的激光多普勒测量技术的研究[D].天津:天津大学,2003.

[52] 卜禹铭,杜小平,曾朝阳,等.无扫描激光三维成像雷达研究进展及趋势分析[J].中国光学,2018, 11(5):711-727.

[53] 胡春生.脉冲半导体激光器高速三维成像激光雷达研究[D].长沙:国防科技大学,2005.

[54] 陈敬业,时尧成.固态激光雷达研究进展[J].光电工程,2019,46(7):190-218.

[55] 曾召利,张书练,谈宜东.基于激光回馈效应的纳米计量系统[J].光电子·激光,2014(3): 508-513.

[56] 姜春雷.基于多重反馈自混合干涉的振动测量技术研究[D].哈尔滨:哈尔滨工业大学,2017.

[57] 刘刚,张书练,朱钧,等.引入激光回馈的双光束干涉效应的研究[J].激光技术,2003,27(5): 470-472.

[58] 丁迎春,张书练.正交偏振He-Ne激光自混合干涉的实验研究[J].光电子·激光,2005(7): 837-840.

[59] 毛威,张书练,张连清,等.双频激光回馈位移测量研究[J].物理学报,2006,55(9):4704-4708.

[60] 张书练,谈宜东.第三代激光干涉仪:固体微片激光自混合测量技术的突破[J].计测技术,2018, 38(3):43-59.

[61] 胡金春,高阵雨,成荣,等.光刻机工件台六自由度超精密位移测量研究[J].中国基础科学, 2013(4):17-20.

[62] 吉泽彻.光学计量手册:原理与应用[M].苏俊宏,徐均琪,田爱玲,等译.北京:国防工业出版 社,2015.

[63] DRAIN L E.激光多普勒技术[M].王仕康,沈熊,周作元,译.北京:清华大学出版社,1985.

[64] WATRASIEWICY B M,RUDD M J.激光多普勒测量[M].徐枋同,译.北京:水利出版社,1980.

[65] DURST F,MERLIN A,WHITELAW J H.激光多普勒测速技术的原理和实践[M].2版.沈熊,译. 北京:科学出版社,1992.

[66] 赵力杰,周艳宗,夏海云,等.飞秒激光频率梳测距综述[J].红外与激光工程,2018,47(10): 211-226.

[67] 邢书剑.基于多脉冲干涉的任意长绝对测距系统研究[D].天津:天津大学,2014.

[68] JOO K N,KIM S W. Absolute Distance Measurement by Dispersive Interferometry Using a Femtosecond

Pulse Laser[J]. Optics Express，2006，14(13)：5954-5960.

[69]　ZHU Z B，WU G H. Dual-Comb Ranging[J]. Engineering，2018，4(6)：772-778.

[70]　WANG Y，XU G，XIONG S，et al. Large-Field Step-Structure Surface Measurement Using a Femtosecond Laser[J]. Optics Express，2020，28(15)：22946-22961.

[71]　KNAUER M C，KAMINSKI J，HAUSLER G. Phase Measuring Deflectometry：A New Approach to Measure Specular Free-Form Surfaces［C］//Proceedings of SPIE 5457，Optical Metrology in Production Engineering. 2004：366-376.

[72]　ZHAO B. Digital Moiré Fringe-Scanning Method for Centering a Circular Fringe Image[J]. Applied Optics，2004，43(14)：2833-2839.

[73]　RAJ T，HASHIM F H，HUDDIN A B，et al. A Survey on LiDAR Scanning Mechanisms［J］. Electronics，2020，9(5)：741.

[74]　WU C M. Heterodyne Interferometric System with Subnanometer Accuracy for Measurement of Straightness[J]. Applied Optics，2004，43(19)：3812-3816.

[75]　JACK M，CHAPMAN G，EDWARDS J，et al. Advances in LADAR Components and Subsystems at Raytheon［C］//Proceedings of SPIE 8353，Infrared Technology and Applications XXXVIII. 2012：83532F.

[76]　LIU C H，HUANG H L，LEE H W. Five-Degree-of-Freedom Diffractive Laser Encoder［J］. Applied Optics，2009，48(14)：2767-2777.

[77]　GAO W，ARAI Y，SHIBUYA A，et al. Measurement of Multi-Degree-of-Freedom Error Motions of a Precision Linear Air-Bearing Stage[J]. Precision Engineering，2006，30(1)：96-103.

[78]　WANG D，WATKINS C，XIE H. MEMS Mirrors for LiDAR：A Review[J]. Micromachines，2020，11(5)：E456.

[79]　HUTCHISON D N，SUN J，DOYLEND J K，et al. High-Resolution Aliasing-Free Optical Beam Steering[J]. Optica，2016，3(8)：887-890.

[80]　FENG Q B，ZHANG B，KUANG C F. Four Degree-of-Freedom Geometric Error Measurement System with Common-Path Compensation for Laser Beam Drift[J]. International Journal of Precision Engineering and Manufacturing，2008，9(4)：26-31.

[81]　PRAMOD K. Optical Measurement Techniques and Applications[M]. London：Artech House，1997.

[82]　JÄHNE B，GEIßLER P，HAUßECKER H. Handbook of Computer Vision and Applications［M］. San Francisco：Morgan Kaufmann Publishers Inc.，1999.

[83]　CHEN F，BROWN G M，SONG M M. Overview of Three-dimensional Shape Measurement Using Optical Methods[J]. Optical Engineering，2000，39(1)：10-22.

[84]　TANAKA Y，SAKO N，KUROKAWA T，et al. Profilometry Based on Two-photon Absorption in a Silicon Avalanche Photodiode[J]. Optics Letters，2003，28(6)：402-404.

[85]　CARDENAS-GARCIA J F，YAO H G，ZHENG S. 3D Reconstruction of Objects Using Stereo Imaging[J]. Optics and Lasers in Engineering，1995，22(3)：193-213.

[86]　MCMANAMON P F，BOS P J，ESCUTI M J，et al. A Review of Phased Array Steering for Narrow-Band Electrooptical Systems[J]. Proceedings of the IEEE，2009，97(6)：1078-1096.

[87]　NOTNI G H，NOTNI G. Digital Fringe Projection in 3D Shape Measurement：An Error Analysis ［C］//Proceedings of SPIE 5144，Optical Measurement Systems for Industrial Inspection III. 2003：372-380.

[88]　KONDO K，TATEBE T，HACHUDA S，et al. Fan-Beam Steering Device Using a Photonic Crystal Slow-Light Waveguide with Surface Diffraction Grating[J]. Optics Letters，2017，42(23)：4990-4993.

[89]　FRANKOWSI G，CHEN M，HUTH T. Real-time 3D Shape Measurement with Digital Stripe

Projection by Texas Instruments Micromirror Devices DMD[C]//Proceedings of SPIE 3958，Three-Dimensional Image Capture and Applications III. 2000：90-105.

[90] TAI W，SCHWARTE R，HEINOL H-G. Simulation of the Optical Transmission in 3-D Imaging Systems Based on the Principle of Time-of-Flight [C]//Proceedings of SPIE 4093，Current Developments in Lens Design and Optical Systems Engineering. 2000：407-414.

[91] INOUE D，ICHIKAWA T，KAWASAKI A，et al. Demonstration of a New Optical Scanner Using Silicon Photonics Integrated Circuit[J]. Optics Express，2019，27(3)：2499-2508.

[92] MASSA J S，BULLER G S，WALKER A C，et al. Time-of-Flight Optical Ranging System Based on Time-Correlated Single-Photon Counting[J]. Applied Optics，1998，37(31)：7298-7304.

[93] TAKASAKI H. Moire' Topography[J]. Applied Optics，1973，12(4)：845-850.

[94] SRINIVASAN V，LIU H C，HALIOUA M. Automated Phase-Measuring Profilometry of 3-D Diffuse Objects[J]. Applied Optics，1984，23(8)：3105-3108.

[95] TAKEDA M，MUTOH K. Fourier Transform Profilometry for the Automatic Measurement of 3-D Object Shapes[J]. Applied Optics，1983，22(24)：3977.

[96] LI J，SU S F，GUO L R. An Improved Fourier Transform Profilometry for Automatic Measurement of 3-D Object Shapes[J]. Optical Engineering，1990，29(2)：40.

[97] SU X Y，SU L K，LI W S，et al. New 3D Profilometry Based on Modulation Measurement[C]// Proceedings of SPIE 3558，Automated Optical Inspection for Industry：Theory，Technology，and Applications II. 1998：1-7.

[98] SU X Y，von BALLY D V G. Phase-Stepping Grating Profilometry：Utilization of Intensity Modulation Analysis in Complex Objects Evaluation[J]. Optics Communications，1993，98(1-3)：141-150.

[99] STOUT K J，BLUNT L. Three-Dimensional Surface Topography[M]. London：Penton Press，1994.